CMF
DESIGN
HANDBOOK

CMF设计手册

黄明富　主　编

邱耀弘　吴双全　仇 媛　董建春　张 莉　侯建军　副主编

李亦文　主　审

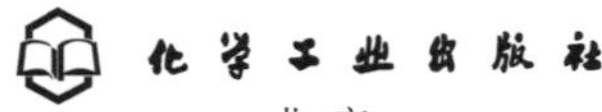

化学工业出版社

·北京·

内容简介

本手册从职业设计师查询习惯出发，在结构上分为两大模块：基础模块与专业模块。基础模块为 1 ~ 4 章：基础篇、色彩篇、材料篇、工艺篇，与企业应用保持着高度同频，为具体设计应用提供参考，具体包括简介、优缺点、成本参考、设计注意事项、应用领域、产品案例图、CMF 关键词推荐等内容。专业模块为第 5 ~ 8 章：方法篇、流程篇、清单篇、价值篇，详尽阐述企业界的真实方法、流程、材料与工艺应用情况，并整合了第 2、3、4 章的 CMF 关键词，方便查阅、检索。此外，本手册提出了部分新的理念，如萨米模型（Samy Model）；总结了 CMF 对于设计师、企业、消费者、社会四个层级相应价值，分为创新价值、商业价值、消费价值、社会价值，并将具体的材料、工艺与价值感进行了衔接，实现双向检索；将品类繁多的材料与工艺进行了分类整合，转变成为通俗易懂的口诀。

本书适合于产品设计、工业设计、CMF 设计及汽车、家电、消费电子、家居行业的从业人员参考使用，也可供高校相关专业师生参考阅读。

图书在版编目（CIP）数据

CMF设计手册 / 黄明富主编. -- 北京 : 化学工业出版社，2024.11. -- ISBN 978-7-122-46260-2

Ⅰ. TB472-62

中国国家版本馆CIP数据核字第2024E16V80号

责任编辑：李彦玲
责任校对：宋　玮
装帧设计：王晓宇

出版发行：化学工业出版社
（北京市东城区青年湖南街 13 号　邮政编码 100011）
印　　装：河北京平诚乾印刷有限公司
710mm×1000mm　1/16　印张 22¾　字数 480 千字
2025 年 1 月北京第 1 版第 1 次印刷

购书咨询：010-64518888　　售后服务：010-64518899
网　　址：http://www.cip.com.cn
凡购买本书，如有缺损质量问题，本社销售中心负责调换。

定　　价：168.00元　版权所有　违者必究

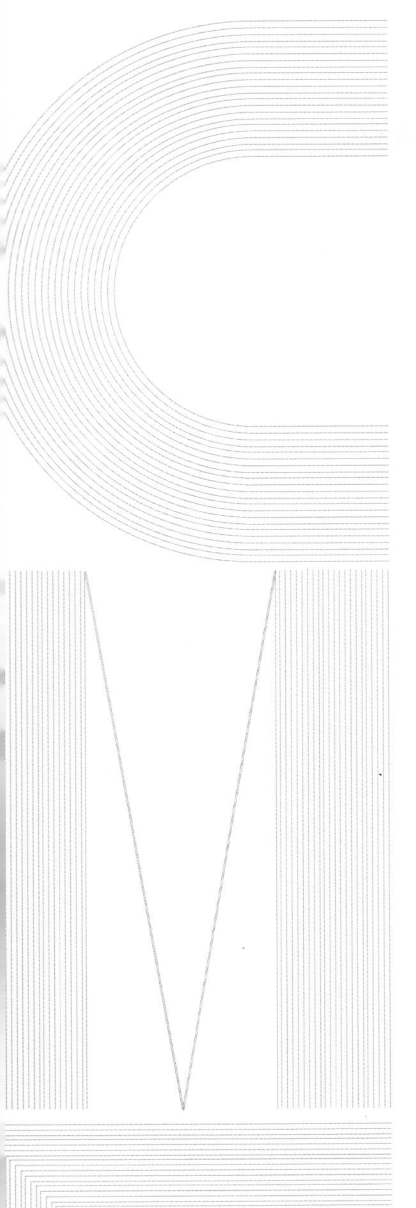

《CMF设计手册》编审委员会

顾　　问： 张凌浩

主　　审： 李亦文

主　　编： 黄明富

副 主 编： 邱耀弘　吴双全　仇　媛　董建春　张　莉　侯建军

编写人员： 黄明富　邱耀弘　吴双全　仇　媛　董建春　张　莉　侯建军　曲　辰　周文强　王娴雅　施　浩　井后帅　张　亮　唐丽丽　张美萍　张聪聪　闫胜晳　白华龙　王　祥　张根磊　吴　月　吴风南　葛凌蓝

前言 PREFACE

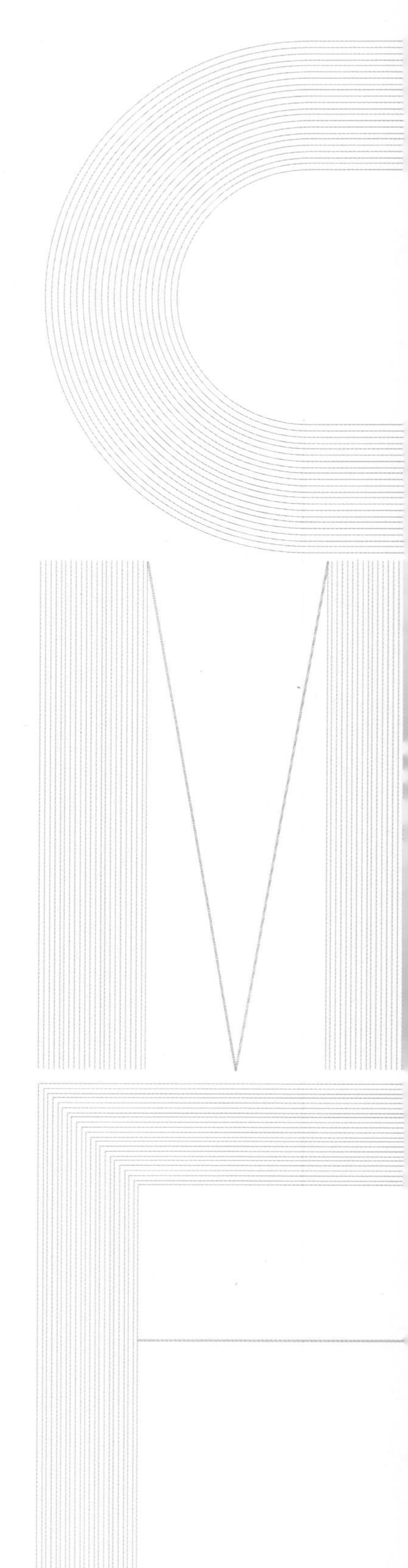

CMF设计的价值是赋予产品外表“美”的品质，创造产品功能之外的与消费者对话的产品灵魂。在21世纪初，随着国际跨国大企业将制造业大规模迁入中国，也将发展中的CMF设计带入了中国。在企业的推动下，CMF设计已在中国开启了职业化发展道路。目前企业与高校都对CMF有了较为专业的认知，从越来越多企业设立CMF岗位与组建CMF团队、高校开设CMF课程与建设CMF实验室的社会发展动态中得以印证。这也预示着，CMF设计即将进入到更高发展质量阶段。

CMF设计结合了设计思维、工程思维，又与供应链息息相关，随着CMF设计在交通、消费电子、家电、家居行业的充分发展，CMF设计创新工作进入到了更高的发展水平，跨界创新、底层创新成为重要方向。由于CMF需要大量的设计实践经验、海量的材料与工艺知识作为支撑，个体设计师的成长速度、知识获取量很难满足企业创新需求，加之受限于企业所在行业属性，CMF设计行业进一步发展需要更加全面的参考资料与理论体系。

为达成以上需求与目标，本手册编委会特别邀请企业与高校两大背景团队进行合作编写。企业方面邀请了长城汽车、上汽大众、美的、海尔、伊莱克斯、OPPO、魅族、安克、极米、我乐家居、延锋国际、旷达科技等现任或曾就职该企业的相关设计负责人、资深CMF设计师，他/她们拥有丰富的设计经验，代表交通、消费电子、家电、家居行业，同时还有材料与工程方面的资深专家及企业。高校方面得到了诸多高校多位专家学者的大力支持；企业与高校团队为本书奠定了扎实的产业与学术基础。

本手册具体编写分工如下：第一章：黄明富；第二章：王祥、张根磊、吴风南、张美萍、葛凌蓝、吴月、张聪聪、黄明富；第三章：张莉、闫胜昝、王娴雅、董建春、邱耀弘、施浩、吴双全、井后帅、黄明富；第四章：侯建军、张亮、邱耀弘、王娴雅、周文强、董建春、唐丽丽、井后帅、黄明富；第五章：仇媛、黄明富；第六章：唐丽丽、曲辰、仇媛、施浩、吴双全、黄明富；第七章：唐丽丽、曲辰、周文强、施浩、吴双全、黄明富；第八章：黄明富。

本手册的最终成型，要感谢编委会各位专家的通力协作撰写；感谢李亦文教授给予全程指导，进行专业学术把关及审定；感谢郑静教授/院长的大力支持；感谢材料与工艺专家邱耀弘博士、哈尔滨理工大学张莉教授、纺织面料专家旷达科技吴双全总工，给予材料与工艺方面的专业支持，感谢企业界的同仁，给予交通、消费电子、家电、家居等领域真实宝贵的产业支持；感谢国际CMF设计奖历届申报企业与设计师，为本书提供了大量真实优秀的产品案例；感谢唐伟嘉、谢戈倩、刘小惠、魏璟欣、刘坚，科美研创创始人高懋森，PPG色彩设计经理薛卫，以及业内众多企业朋友，为本书在配图方面提供的帮助。

由于CMF涉猎的行业领域、产品类型、专业学科极为广泛，是典型的交叉性学科，又是应用实践型岗位。在本手册编写过程中，深刻感受到编写难度之大，难免存在诸多不足之处：我们将不断地去更新与完善，我谨代表编委会感谢读者的包容与理解。

另，为便于设计师选材与应用，本手册对诸多材料提供了成本参考，但材料价格会因行情、地域、时间推移等因素而有所浮动、仅供大家比较与参考。

黄明富 Samy

2024年于深圳

目录 CONTENTS

4 CMF 工艺篇 159

7 CMF 清单篇 305

8 CMF 价值篇 321

1
CMF 基础篇

CMF 基础篇包含三个主要内容，

① 基本概念与术语，了解 CMF 的定义与分类、理论模型、思维模式、价值及特征。

② 行业发展与企业应用，了解 CMF 在产学研的发展历程，在企业的应用、岗位设置与价值。

③ 设计师团队架构，了解 CMF 在终端及供应链中，设计师框架及职责。

1.1 概念与基本术语

1.1.1 CMF 基础概念

CMF，Color、Material、Finishing首字母的简称，中文译为色彩、材料、工艺，常见应用为CMF设计师与工程师。CMF源自大型制造企业针对市场需求的分工演化，逐步形成了以CMF设计师、CMF工程师为主的专门岗位。

狭义定义：利用色彩、材料、工艺、图案纹理等元素，进行产品创新。

广义定义：以“物”涉及的三大属性——色彩、材料、工艺为切入点，延伸至五觉感官的体验。

CMF是一个研发方法论、专业技能岗位、创新思维工具。作为一种创新造物思维，CMF包含设计思维+工程思维+供应链。作为跨学科产物，CMF涉及色彩学、材料学、工程学、设计学等学科，也与流行趋势、工艺技术、创新材料、审美观念息息相关。作为专业岗位，要求从业者有跨学科的专业知识与丰富的产品经验，从而设计研发更加符合市场的产品与服务。

CMF分类

① CMF从结构来说，分为前端趋势、中端设计、后端转化。

② 从工作内容分工来说，可分为前瞻CMF、量产CMF。

③ 从专业背景来说，可分为CMF设计师、CMF工程师。其中CMF设计师岗位可细分为：趋势研究岗、色彩设计岗、图案与纹理设计岗、材料与工艺设计岗、CMF产品设计岗（专门负责某类产品CMF设计、主导量产产品）、资源对接岗、UMF设计岗（UX与CMF结合）。CMF工程师可细分为：CMF材料工程师、CMF工艺工程师、CMF材料与工艺工程师。

1.1.2 CMF 基本要素

CMF要素包含CMF设计模型、CMF设计思维、CMF价值、CMF特征四项内容。

1.1.2.1 CMF 设计模型

CMF设计模型中文名称为萨米模型（SAMY Model），要素包含CMFPSETDMBS。对应中英文为：C色彩Color、M材料Material、F工艺Finishing、P图纹Pattern、S感官Sense、E情感Emotion、T趋势Trend、D设计Design、M量产Manufacture、B商业Business、S社会Social。

该模型又可分解为一级结构、二级结构和三级结构。

一级结构

MF：材料与工艺，为工学、工程思维，是物本形式。代表学科：材料与工程，为工程创新价值。

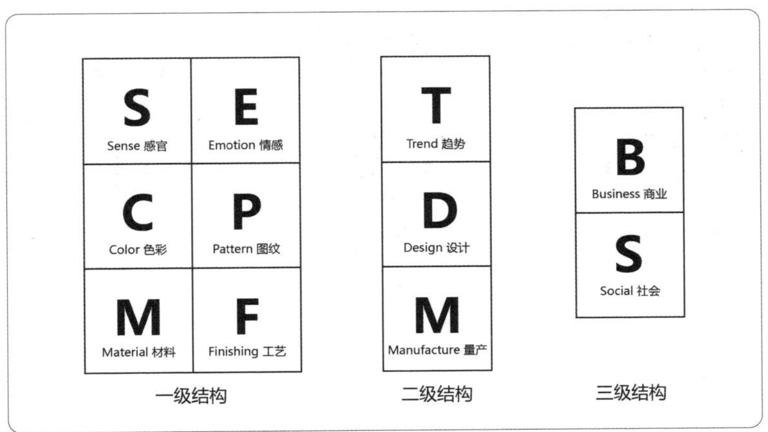

萨米模型（黄明富绘）

CP：色彩与图纹，为美学、设计思维，是覆着形式。代表学科：艺术与设计，为设计创新价值。

SE：感官与情感，为体验互动，是交互形式。代表学科：生理与心理，为消费价值。

二级结构

TDM：趋势、设计、量产，为CMF设计思维三大应用结构，包括前端趋势、中端设计、后端量产。代表CMF思维需关注行业发展趋势、将趋势应用于设计、将设计理念转化为量产产品。

三级结构

B：商业价值，CMF在企业中服务于商业，转化为商业价值，包含企业市场营销、展陈、品牌构建等。

S：社会价值，包含如绿色环保、节能减碳、健康无毒，为对社会的正向价值。

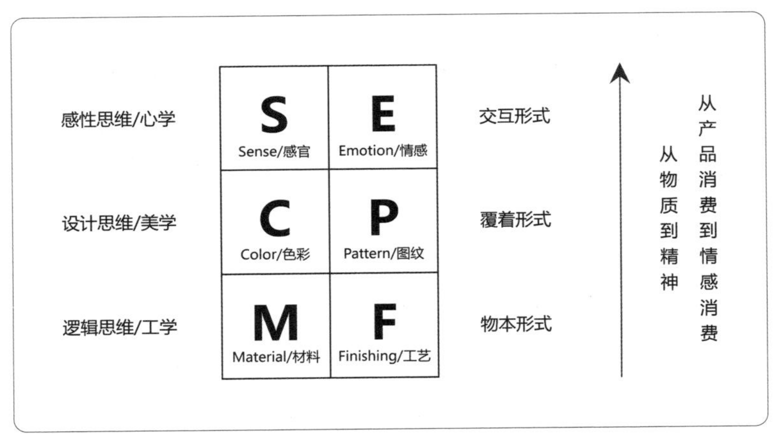

一级结构CMFPSE模型（黄明富绘）

艺术与设计
Art and design

生理与心理
Physiology and psychology

CMFPSE 模型对应的学科知识（黄明富绘）

1.1.2.2 CMF 设计思维

CMF 设计思维在设计领域具有独特特征，包含了设计思维+工程思维+供应链三个重要部分。设计思维为创意源泉，工程思维为底层逻辑，供应链为社会保障条件。

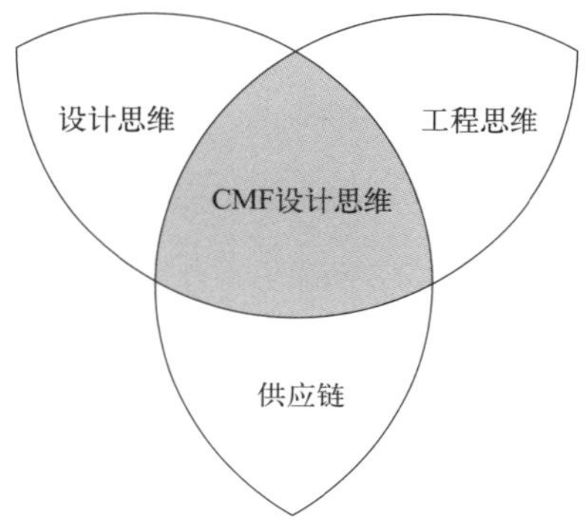

CMF 设计思维结构图（黄明富绘）

1.1.2.3 CMF 价值

CMF 对于设计师、企业、消费者、社会四个层级相应价值分为创新价值、商业价值、消费价值、社会价值。在本手册中，将具体的材料、工艺实物与四大价值进行了衔接。

CMF 四大价值与对应群体关系图（黄明富绘）

1.1.2.4 CMF 特征

CMF特征包含：装饰性、功能性、艺术性。装饰性为CMF最大众化的感官特征，是感官的直接体验点，应用场景如：汽车、家电、家居、手机，考虑大批量生产制造。功能性为CMF非感官的特征，应用场景如抗菌、防污、防水、耐刮等。艺术性为CMF小众化的特征，应用场景如珠宝、首饰、腕表、前瞻概念产品等。

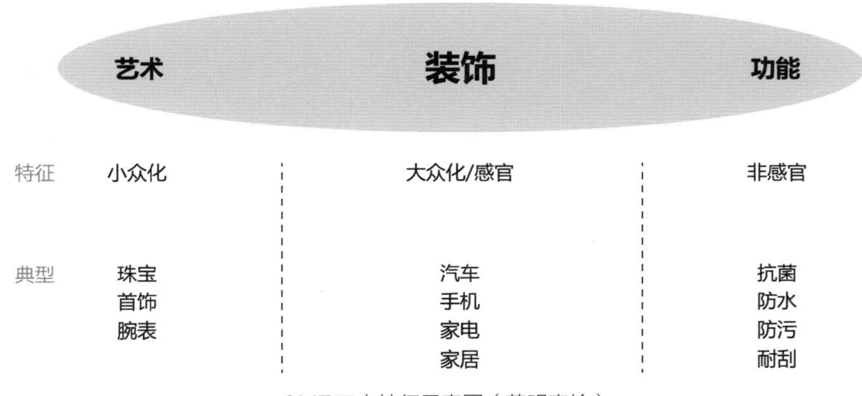

CMF三大特征示意图（黄明富绘）

1.2 行业发展与应用

1.2.1 CMF 发展历程

CMF发展历程分为三个阶段：孕育期、萌芽期、发展期。

第一阶段：孕育期（2000年前）

从学术层面，CMF概念出现在艺术设计的基础训练中。

例如，20世纪初德国包豪斯学校伊顿的基础教学，二战后伊顿的基础教学内容成为了欧美艺术设计教育的重要组成部分。

从行业层面，CMF概念开始于汽车制造业，开启了以色彩为商业触点的设计岗位。

例如，20世纪初期，通用双色搭配家用车的商业成功，促成了通用汽车“艺术与色彩部”的设立。20世纪中期，德国大众建立了专门的汽车色彩设计岗位。随后在时装业的快速发展下，20世纪60年代催化了国际流行色委员会成立，为CMF更大范围的应用奠定了基础。到20世纪末，美国Herman Miller家具和室内设计公司率先使用了CMF的术语，并设立了自己的CMF展厅。同时，随着电子工业和制造业的快速发展，各类的家用电器、汽车和电子产品成为人类生活中重要的组成部分，流行色引领市场的营销设计方法也自然成为产品设计领域效仿对象，荷兰飞利浦、美国摩托罗拉、韩国三星先后都建立了以色彩与材料为触点的CMF团队。

第二阶段： 萌芽期（2000～2016年）

从学术层面，对CMF概念的专业化研究开始起步。

例如在2005年德国柏林“塑料设计意识”国际会议（The Art of Plastic Design）上，Tina Rippon 发表了 Finish Trends-Getting the CMF (Colour，Material and Finish) Right 的专题演讲；2008年北京服装学院色彩专家崔唯教授开设了CMF课程；2009年南京艺术学院硕士仇媛撰写了硕士毕业论文《CMF研究在手机设计开发中的作用》；2014年，江南大学与卡秀堡辉联合策划，在无锡召开了中国首届CMF趋势研讨会；2015年，上海举办了“表面装饰创新技术论坛”。

从行业层面，CMF概念已逐步清晰，在各大企业开始生根。

例如，2004～2006年三星、诺基亚、海尔、联想、TCL陆续成立了CMF专职岗位及团队；2005年YANG DESIGN 设计咨询公司创建了 YANG DESIGN CMF 创新实验室等。

第三阶段： 发展期（2016年至今）

从学术层面和行业层面，对CMF概念的专业化研究进入融合发展阶段。

例如，2016年，CMF行业平台“CMF设计军团”成立，开启了CMF设计探索研究与分享传播，带动CMF设计进入到大众视野，进入社会化普及阶段。

2017年，CMF行业年度盛会“国际CMF设计大会”和首个CMF专项奖“国际CMF设计奖”同时创办，为推动CMF行业进入到系统化、规范化的发展营造了共同进步的平台。

2018年，“CMF设计研究院”成立，开发首个CMF系统知识结构，开设“CMF设计研修班”，开启了CMF设计的专业技能教育；同年“CMF综合馆”在深圳正式建成，带动专业CMF实验室建设；广州美术学院开始招收CMF方向的研究生，湖南大学、西安理工大学建设CMF实验室，CMF在中国高校中开始发力。

2019年首本中文CMF设计书籍《CMF设计教程》出版，解决了CMF行业长期以来没有教材的问题。

2020年，世界绿色设计组织WGDO成立CMF专委会，北京光华设计基金会成立CMF专项基金，CMF行业开始有了专业的行业组织。

2022～2023年，CMF教育从研究生及本科教育，下探至高职及中职教育，CMF在不同教育阶段得到进一步发展。

2023年5月，国际CMF设计奖展览馆建成开馆，成为首个CMF设计博物馆。

自此，CMF开启了产学研同步发展历程，CMF设计研究与行业组织工作得到进一步发展。

1.2.2 CMF 在企业及岗位中的应用

CMF发展初期主要在大消费市场领域，以汽车、家电、消费电子产业主体，形成了一批市场影响力强的一线头部品牌，同步带动了涂料、塑胶、金属装饰板材、色彩、趋势研究等领域的发展。随着CMF的下沉发展，产业进入到家居、美妆、美发、鞋服、箱包、包装、建筑、城市规划，以及特种领域，如安保、存储芯片、电力、军工、飞机、高铁，并延伸至投资、创业等场景。

CMF主要应用为CMF设计、CMF工程、CMF效果开发。

① CMF设计：指应用色彩、材料、工艺、图纹等CMF元素，从事创意设计，该人群集中在主机厂企业中，在部分供应商企业中也有CMF设计岗位。

② CMF工程：指应用材料、工艺为主元素从事产品或服务研发，该人群在主机厂及供应商企业体现为CMF材料工程师、CMF工艺工程师。

③ CMF效果开发：指应用材料、工艺自行或配合主机厂，从事的材料应用开发与工艺应用开发，该人群以供应商企业为主。

CMF在企业中的岗位为：CMF设计师、CMF工程师。在一些企业中，也有CMF设计经理、CMF高级经理、CMF设计总监、CMF战略总监、CMF品牌管理、CMF企划、CMF采购、CMF供应链、CMF营销、CMF测试、CMF品控等岗位或职能，根据企业需求及对CMF的重视程度而定。

1.3 设计师团队框架及职责

1.3.1 终端企业 CMF 设计师框架及职责

在终端企业中，设计大框架分为两类，最为常用的为模式一，将CMF放在设计部当中，与工业设计、包装、平面、策略、用研、交互等处于同一层级。

CMF岗位分工模式一

部门	设计部
组别	CMF
CMF细分	根据事业部、产品来细分岗位
主要职责	趋势、研究、提案、转化，全程负责

CMF岗位分工模式二

部门	设计部	
组别	CMF	
CMF细分	前瞻	量产
主要职责	趋势、配色、手板概念车、概念机	可靠性、工艺路径实现签样、批量

CMF岗位分工模式三

部门	设计部	
组别	CMF	
CMF细分	支持组	产品组
	色彩、材料工艺、图纹	根据事业部、产品细分
主要职责	输出专项创意、方案	对接具体产品转化

终端CMF设计岗位分工模式图（黄明富绘）

模式一：根据事业部、产品、平台、品牌进行分工。国际企业可针对北美洲、南美洲、欧洲、亚洲市场进行CMF设计团队分工；家电行业如冰箱事业部、空调事业部、洗衣机事业部、电视事业部、小家电事业部进行CMF设计团队分工；汽车行业可针对A级车、B级车、C级车、D级车、E新能源车进行CMF设计团队分工；多品牌企业可针对旗下高端、中端、低端品牌进行CMF设计团队分工。

模式二：根据前后期分工。分为前瞻组与量产组。在汽车行业、手机行业较多，前瞻CMF设计团队负责未来产品探索、研发，量产CMF设计团队负责即将上市产品或改款产品。

模式三：根据专业技能及产品分工。在家电、汽车、电子行业都有，支持组CMF设计团队如设立专门的色彩设计师、图案设计师、材料工艺设计师、皮革设计师、织物设计师、注塑设计师、喷涂设计师、金属设计师，该岗位对于细分专业技能要求较高。再结合产品进行另一组团队分工，负责具体产品的CMF设计转化与对接。

以上CMF团队成员背景，有纯设计师框架与设计师+工程师框架两个类别。团队规模分为小、中、大、超大四个等级，小为5人以内，中为5～20人，大为20～50人，超大为50人以上。从企业CMF链条配合来说，国际大型企业中有1200人规模服务于CMF框架。

CMF设计师职责

前期趋势研究：①收集新材料、新工艺、新技术、色彩、前沿时尚等方面发展资讯与流行趋势，整理及制作、发布CMF趋势报告；②研究使用者需求，收集竞品信息、社会动态、政策、生活方式变化。

中期设计创意：①根据趋势、产品需求、策划，负责CMF创意方案设计与研发，以创新设计的视角，发掘用户的需求，提供创新的色彩设计、材料设计、工艺设计、图案与纹理设计、质感设计、感官设计、情感设计等CMF相关解决方案，并确保设计创意可以有效转化、制作手板与量产；②进行设计评审汇报，准备相应的情绪版、设计效果图、手板、实物样品等。

后期落地转化：①跟进打样、签样、样品管理；②完善产品生产制程，跟进产品创意与开发流程，直至量产；③负责新技术、新材料、新工艺、新色彩、新设计、新制程、新效果、新的供应链，在具体项目中进行推广；④开发、整理、维护企业CMF实验室、样品库、资源库。

CMF设计管理：构建企业CMF设计哲学、设计理念、设计标准、设计策略、设计流程、设计定位、设计规划、设计管理。

部门协同：①与工业设计团队合作，对前期预研项目进行工艺推荐与评审；②与设计团队、市场团队、企划团队、品牌团队、工程团队、采购团队、品控团队、生产工厂密切沟通，确保设计方案满足市场及目标消费者预期；③与采购、供应链等部门配合考察、引进新的供应链。

以上为企业中的常规需求，根据经验不同、职责不同、企业规模不同存在差异。

1.3.2 供应链CMF设计师框架及职责

在供应链企业中，团队框架主要分为两类，根据事业部、产品或根据客户、市场进行团队框架搭建及分工。

CMF岗位分工模式一

部门	设计部
组别	CMF
CMF细分	根据事业部、产品来细分岗位
主要职责	从趋势、研究、提案、转化、跟进客户，全程负责

CMF岗位分工模式二

部门	设计部	
组别	CMF	
CMF细分	面向客户端	面向市场端
主要职责	为客户提供趋势、方案样品	培训、陈列

供应链CMF设计岗位分工模式图（黄明富绘）

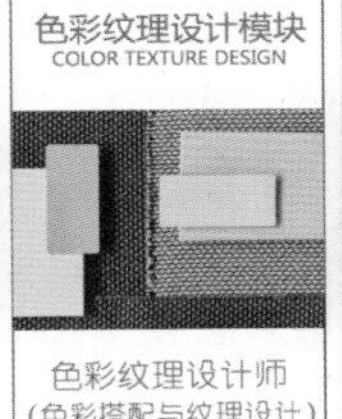

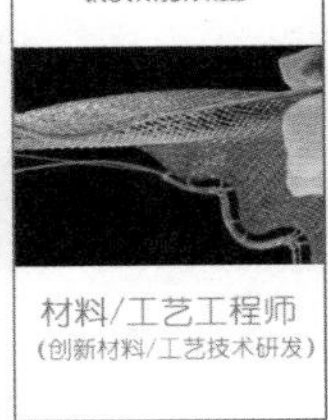

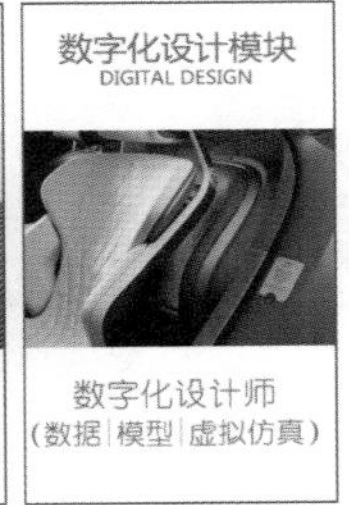

汽车内饰材料企业CMF团队模块图（吴双全绘）

CMF设计师职责

项目前期：设计策略

研究市场，如消费者、行业痛点、行业趋势、竞争对手、新材料新技术、供应链。

前瞻研究，市场调研、情报收集、趋势报告制作、趋势实物呈现。

需求研究，品牌定位、市场定位、设计要求解读、设计主题。

项目中期：设计转化

概念创意、设计提案与构思、设计呈现、技术路线、测试验证。

项目后期：量产实践

设计封样、设计转化、样品制作、转入量产；对接客户、成本性能。

2

CMF 色彩篇

CMF设计中，色彩（Color），占据重要地位，是消费者与产品交互的首要元素。在CMF设计中，应用好色彩，需要掌握多个色彩技能。包括基础的艺术色彩知识、产品色彩知识、光学物理知识、全球的主要色彩体系、不同的色彩搭配方法、色彩情感与含义、色彩趋势分析、色彩趋势报告制作、各类色彩工具应用、色彩与材[illegible]工艺的结合、色彩整合与管[illegible]、色彩营

2.1 色彩设计基础

2.1.1 色彩物理学

2.1.1.1 光与色

光与色彩，关系极为特殊。光决定了色彩，光包括了光源、光的吸收、反射、折射、散射、衍射，光进入到人眼传送到大脑后，形成了我们能看到的颜色。

在量子力学中，波粒二象性（wave-particle duality）指的是所有的粒子或量子不仅可以部分地以粒子的术语来描述，也可以部分地用波的术语来描述，即指同时具备波和粒子的特质粒子为物质，其中波的典型便是光波。光波通常指电磁波谱中的可见光，可见光通常是指频率范围在3.9×10^{14} ～ 7.5×10^{14}Hz之间的电磁波，其真空中的波长约为400 ～ 760nm，可见光便是我们生活中看到的颜色。

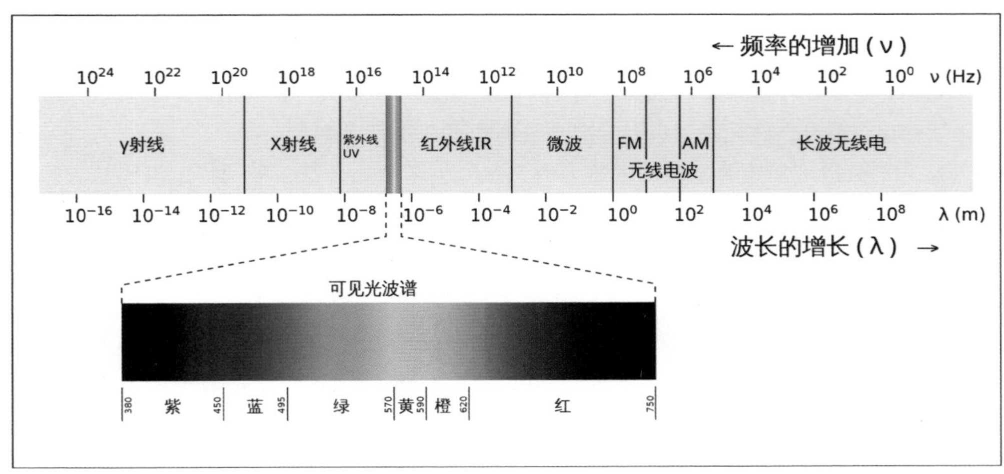

光波与人类可见光波

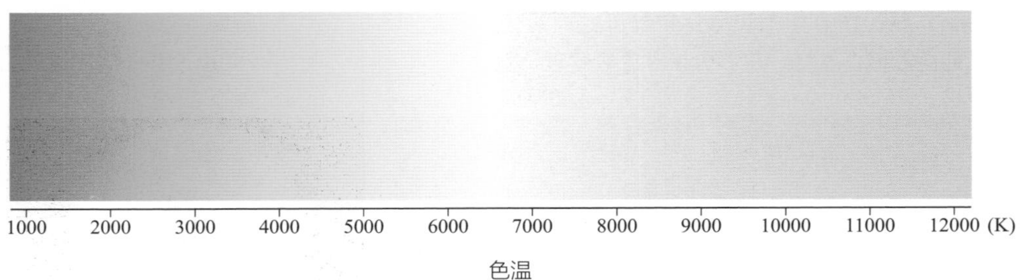

色温

了解光物理、色彩物理知识，人眼及大脑处理颜色的生物知识与心理知识，对于从事CMF设计中的色彩研究与设计，非常有必要。

光学设计在化妆品、手机后盖、笔记本电脑中的应用（苏州印象）

设计注意事项：光学设计、光学纹理、光栅、光柱、全息等近年新兴设计元素备受市场欢迎，通过肉眼无法分辨的极细微纹加工技术呈现光学纹理与色彩的变化。

应用领域：手机后盖、烟酒包装、防伪、钞票、化妆包壳体、家电面板、铭牌。

2.1.1.2 光源

光源决定了颜色的来源，包括了自然光源与人工光源。自然光源主要为太阳光、月光。人工光源有电灯、人工火光等。光波的长短、强弱、比例性质不同，形成不同的色光。

太阳光是生活中最重要的光源，对于产品的颜色影响极大，但随着时间、天气、维度变化而变化，故在自然光源下进行标准颜色判断不具备可行性。

人工光源是可掌控的光源，主要为电光源，生活中如台灯、吸顶灯、氛围灯、照明灯、射灯、平板灯等灯光光源。CMF设计中，常用标准光源类型：标准A光源色温为2856K，钨丝灯，其光色偏黄；标准C光源色温为6774K，光色相当于有云的天空光；标准D65光源色温6500K，模拟人工日光；D75光源色温7500K、TL84光源色温4000K、CWF光源色温4100K、U30光源色温3000K、TL83光源色温3000K等。其中D65光源是标准光源中最常用的人工日光，英文名：Artificial Daylight 6500K，在CMF设计师常用的标准光源箱中的D65光源，便是模拟人工日光，从而保证在室内、阴雨天观测物品的颜色效果时，有一个近似在太阳光底下观测的照明效果。

设计注意事项：在进行颜色判定时，既要考虑自然光源的真实颜色呈现，也要合理利用人工光源，两者相辅相成综合判定，需要特别注意同色异谱现象出现。

应用领域：签样、色彩分析、色彩管理、设计评审、质检、品控、卖场设计、展厅设计。

光与色——空间感

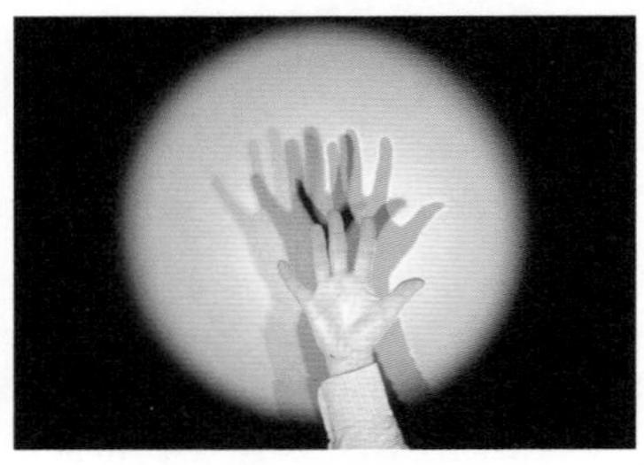

多种色彩光源照射下

2.1.2 色彩属性

色相、明度、饱和度称为色彩三属性。

2.1.2.1 色相

色相（Hue）来源于光波的波长，指的是色彩直观的外显相貌。例如红色、橙色、黄色、绿色、蓝色和紫色。对于大多数人一般可以区分出180种不同色相，但这些色相都在色彩的基本七彩（红、橙、黄、绿、青、蓝、紫）色相的范围内，近年逐步增加了渐变色、镭射、幻彩、透明等新型设计手法，同时黑白灰银金一直是经典选择。CMF设计师大多采用最直观色相来描述产品色彩，也就是用产品外表占据最大面积的色彩色相来描述，也有采用经典色黑白灰银金作为基础色，搭配其他彩色系进行点缀。色相是消费者感知色彩最直接的属性，是对产品最直接的视觉感观。在色彩定义阶段，选择合适的色相极为关键。

设计注意事项：色相的选择，从宏观角度来说，与社会环境、商业环境、色彩趋势、行业趋势相关。从企业角度来说，与企业定位、设计战略/规划、市场定位、目标客户群体定位、色彩实现材料与技术相关；从消费者角度来说，与消费者喜好、审美观念、消费观念、流行趋势相关。在特定情况下，企业影响力越强，具备色彩带动效应，可引导色彩趋势发展，反之则可适当跟随色彩应用趋势。

应用领域：汽车车身色彩、内饰色彩；家电壳体与机身色彩；消费电子壳体与机身色彩；家居产品、室内装饰、建筑外墙、城市色彩；服装、箱包、包装、视觉物料色彩等众多领域。

比亚迪汉-千山翠

吉利星瑞只此青绿版

上汽名爵气泡橙

COLMO冰箱-曜岩黑

努比亚红魔7S Pro氘锋透明银翼版

比亚迪宋PLUS渐变色内饰-墨浸棕

2.1.2.2 明度

明度（Brightness）来源于光波的幅度，指色彩的明暗程度和深浅程度，也就是色彩的亮度。不同的色相色彩和同样的色相色彩都存在着明度上的变化。例如红色有深浅之分，而色料三原色中的黄色比红色明度高。除此之外，同样明度的色料覆在不同材质上，因其肌理与粗糙度不同会改变色料的色彩明度，如咬花颗粒粗糙的亚克力比抛光亚克力明度要暗；还有不同的光线环境也会影响到色料的色彩明度，这些都是CMF色彩设计时特别要关注的细节。

明度是色彩骨骼，它是配色层次感、立体感和空间感的灵魂，没有色彩骨骼彩色画面就难以成立，优秀的彩色画面去除色相和饱和度外，其核心骨骼就是由明暗形成的素描关系。没有素描关系画面就没有层次，就缺乏空间感。在CMF设计中，计算明度的基准色呈一定的明度对比，才能更好地“被阅读”。这种对比差值也要固定下来，特别是在同一产品不同色相的区域，可统一明度差值。

设计注意事项： 产品色相定义之后，需根据企业/产品的特定情况，权衡是否进行明度的调整，根据色彩应用面积大小，可将明度调深或调浅。

应用领域： 汽车车身色彩、内饰色彩；家电壳体与机身色彩；消费电子壳体与机身色彩；家居产品、室内装饰、建筑外墙、城市色彩；服装、箱包、包装、视觉物料色彩等众多领域。

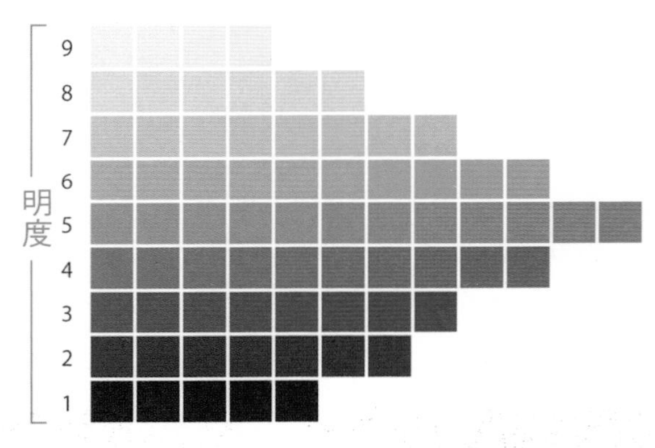

孟塞尔色系红色明度变化示意

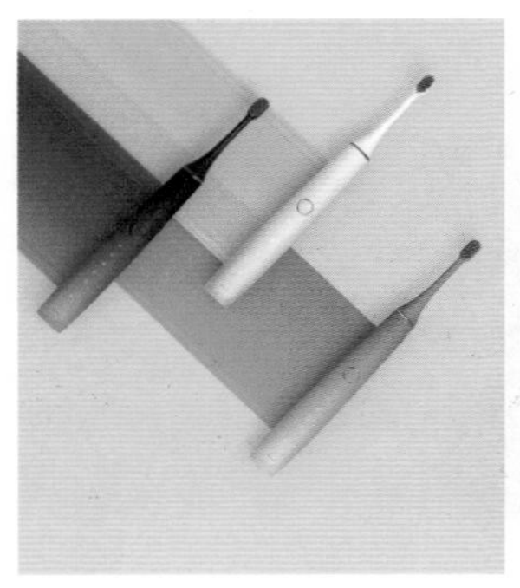

罗曼智能科技－小心机T40

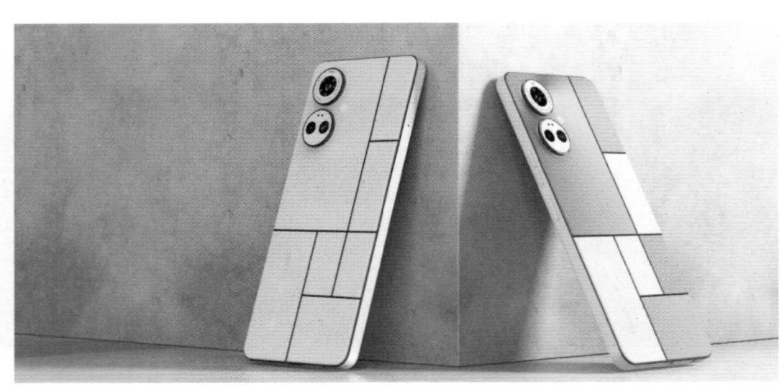

传音控股TECNO＆波士顿美术馆联名CAMON 19 Pro蒙德里安版

2.1.2.3 饱和度

饱和度（Saturation）来源于光波的幅度，指的是色彩的纯净度，也可以称为色彩的纯度或彩度，从本质上看，饱和度取决于该色中含色成分和消色成分（灰色）的比例。含色成分越大，饱和度越大；消色成分越大，饱和度越小。鲜明度和纯度最高的颜色称之为“纯色”，如鲜红、鲜绿。鲜明度和纯度最低的颜色称为完全不饱和色如黑白之间的各种灰色。不同的色彩，会给人的视觉带来不同饱和度的感知，每种色彩的饱和度可分为20个可分辨等级。因此，在色立体系统中我们能够看到每种色彩饱和度的等级感知体量。

所谓“有彩色”指的是一种色光或色料的彩度值，“无彩色”指的是一种色光或色料的彩度值为0，对于“有彩色”的彩度（纯度）高低的区别方法是根据这种“有彩色”中含灰色的程度。除了追求一些特别的效果，在工业产品中的色彩饱和度多数都不会特别高，因为产品的色彩除了要与人居环境协调，同时还要考虑日常使用过程中眼睛的舒适度，所以产品的色彩多数是选择中低饱和度的色彩。

设计注意事项：产品色相定义之后，需根据企业/产品的特定情况，权衡是否进行饱和度的调整，根据色彩应用面积大小，可将饱和度调高或调低。高饱和度容易刺激视觉，带来冲击力，但也容易导致视觉疲劳；低饱和度比较温和，视觉冲击强度较低，可带来温馨、安静、耐看等体验。

应用领域：汽车车身色彩、内饰色彩；家电壳体与机身色彩；消费电子壳体与机身色彩；家居产品、室内装饰、建筑外墙、城市色彩；服装、箱包、包装、视觉物料色彩等众多领域。

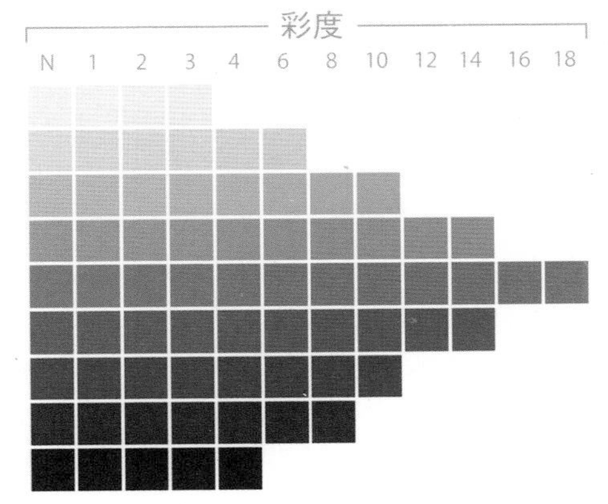

孟塞尔色系红色饱和度变化示意图

科大讯飞－讯飞智能录音笔古巴风情高饱和度配色

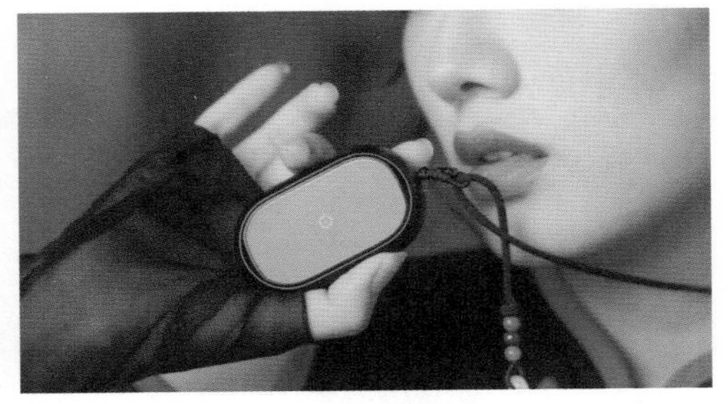

荣米青年良品科技－君语小魅TWS外壳，采用磨砂质感降低饱和度

2.1.3 色彩数值

色彩数值就是采用提前设定好的一套编码方法来表示颜色，颜色的色彩倾向、深浅程度、明暗对比等都可以用相对应数值来体现。根据不同的相应的编码方法，色彩数值仅且能够对应一种颜色。不同的色彩编码标准体系，会形成不同的色彩数值模式。色彩数值有利于色彩的交流、标准制定，不受限于时间、空间限制。目前常见的色彩数值有：RGB、CMYK、Lab、PANTONE、NCS、RAL、COLORO等，广泛应用在不同的设计领域，根据设计类别领域不同，会采用不同的色彩数值体系。色彩数值的呈现包含两类：电子显示与实物颜色，电子显示为电脑、手机等载体屏幕呈现，实物则包含色卡、产品等。

设计注意事项：在定义色彩数值时，需要区分显色体系与实色体系的数值存在本质区别，显色数值会因为不同产品品牌、不同显色模式、不同显示器存在色彩差异。实色数值与具体色彩体系、配方、成分、工艺息息相关，同一色彩体系色卡因为年份、批次的不同也可能色彩不同，使用同一色彩体系、同一年份及批次色卡交流可实现误差最小。

应用领域：产品色彩定义、色彩打样沟通与交流、产品官方宣传、色彩趋势报告。

2.1.3.1 RGB

RGB色彩数值中，颜色由红色、绿色、蓝色混合而成，它将颜色由一个十六进制符号来表示。每种颜色的最小值是0（十六进制：#00），最大值是255（十六进制：#FF）。这些颜色值以十六进制表示，前两位数字代表红色值，接下来两位表示绿色，最后两位表示蓝色。每个红色、绿色或蓝色值可以在00（没有那种颜色）到FF（完全是那种颜色）之间变化。通过计算256×256×256，从0到255的红色、绿色和蓝色的值一共可以组合出1600万种不同的颜色。RGB模式是加色模式。

黑色R：0、G：0、B：0

白色R：255、G：255、B：255

红色R：255、G：0、B：0

绿色R：0、G：255、B：0

蓝色R：0、G：0、B：255

设计注意事项：RGB模式常用于在屏幕上进行呈现，因不同品牌的显示屏存在差异，颜色存在差异，可采用色彩校正，实现显色的最大化统一。在PANTONE色彩桥梁（Color Bridge）色卡中，有RGB与CMYK模式对比，通常同一个色彩，RGB模式比CMYK饱和

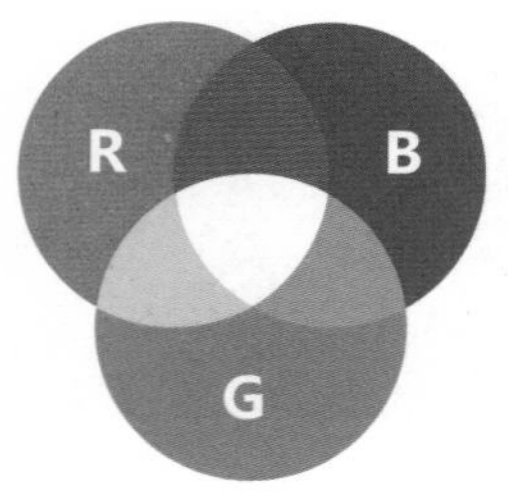

RGB色彩模式

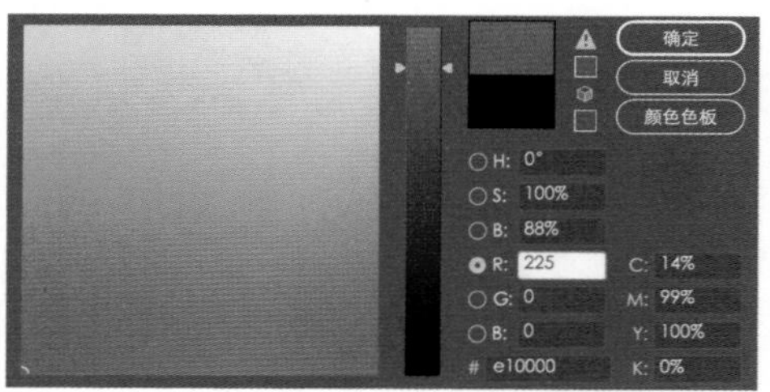

RGB模式下的红色选择

度更高。在进行色彩打印输出时，一般会将RGB模式转换为CMYK模式。

应用领域： 平面设计、产品设计、产品渲染等。

2.1.3.2 CMYK

CMYK印刷四色模式是彩色印刷时采用的一种套色模式，利用色料的三原色混色原理，加上黑色油墨，共计四种颜色混合叠加，形成所谓“全彩印刷”。CMYK也称作印刷色彩模式，即用来印刷，比如期刊、杂志、报纸、宣传画、喷绘、展板等。CMYK模式为减色模式。

CMYK四种标准颜色是：

C：Cyan = 青色，又称为天蓝色或是湛蓝

M：Magenta = 品红色，又称为洋红色

Y：Yellow = 黄色

K：blacK= 黑色

CMYK单项最大值为100

纯黑C：93、M：88、Y：89、K：80

纯白C：0、M：0、Y：0、K：0

纯灰C：46、M：38、Y：35、K：0

设计注意事项： 在输出设计稿时，需要将颜色模式设定为CMYK模式。

应用领域： 部分家电面板喷绘、设计展板喷绘、产品包装印刷、手机防爆膜胶印；胶印工艺、柯式印刷工艺、喷绘工艺、喷墨打印。

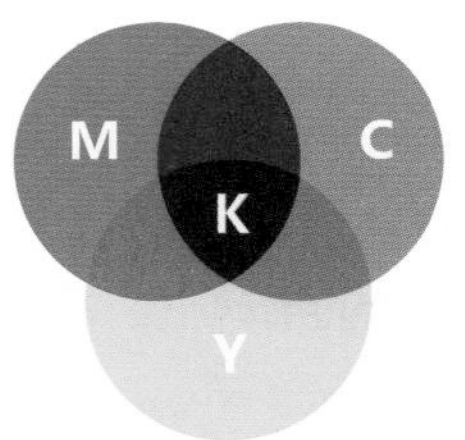

CMYK色彩模式

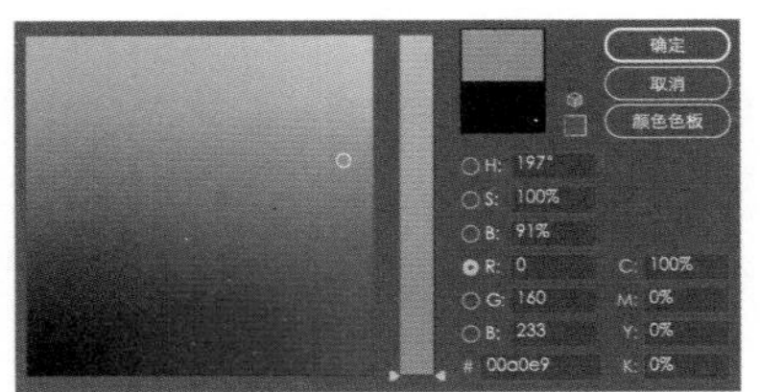

CMYK模式下的蓝色选择

2.1.3.3 Lab

Lab模式是根据国际照明委员会Commission Internationale de I'Eclairage（CIE）在1931年制定的一种测定颜色的国际标准建立的，于1976年被改进，并且命名的一种色彩模式。Lab颜色模型弥补了RGB和CMYK两种色彩模式的不足。它是一种设备无关的颜色模型，也是一种基于生理特征的颜色模型。

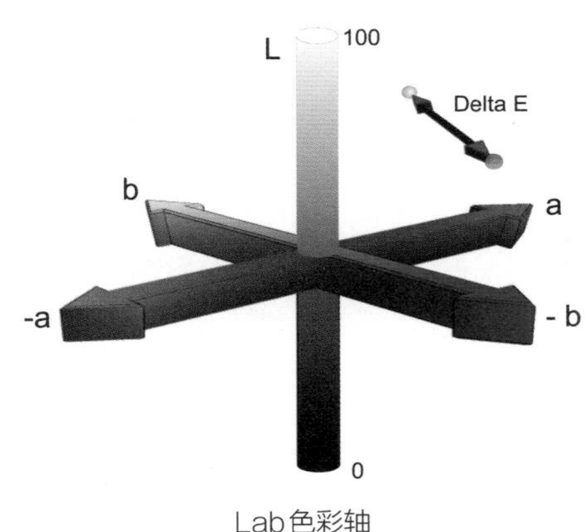

Lab色彩轴

Lab颜色模型由三个要素组成，一个要素是亮度（L），a和b是两个颜色通道。a包括的颜色是从深绿色（低亮度值）到灰色（中亮度

值）再到亮粉红色（高亮度值）；b是从亮蓝色（低亮度值）到灰色（中亮度值）再到黄色（高亮度值）。因此，这种颜色混合后将产生具有明亮效果的色彩。

CIE（国际照明委员会）Lab值对应的颜色标准值：

L：（亮度）轴，表示黑白，0为黑100为白

a：（红绿）轴，正值为红，负值为绿，0为中性

b：（黄蓝）轴，正值为黄，负值为蓝，0为中性

2.1.3.4 PANTONE

PANTONE中文一般译为潘通、彩通，其每个颜色都有其唯一的编号，根据编号可以准确地知道色卡种类。

比如，PANTONE印刷色卡中颜色的编号就是以3位数字或4位数字加字母C或U构成的，例PANTONE 100C或100U，或PANTONE 1205C或1205U。字母C表示这个颜色在铜版纸（Coated）上的表现，即哑光，字母U表示这个颜色在胶版纸（Uncoated）上的表现，即高光。

PANTONE色卡主要特征与应用行业如下：

① Solid Coated与Solid Uncoated色卡，通常为1～7开头，色号3～4位数，适用普通行业。

② 金属色卡，8开头，4位数，C结尾，适用工业行业。

③ 粉彩色卡，9开头，4位数，适用运动行业、消防行业。

④ 高级金属色卡，10开头，5位数，适用工业行业，不含铅，环保。

⑤ Color Bridge Uncoated与Color Bridge Coated色卡，1～7开头，RGB模式，适用平面行业。

⑥ CMYK Coated与CMYK Uncoated，P开头，CMYK模式，适用平面行业。

⑦ 塑胶色卡，Q开头为透明、T开头为不透明，适用工业行业。

⑧ 纺织TPG色卡，扇形色号6位数。T＝Textile服装 纺织、P＝Paper纸板、G＝

配方指南
GP1601A

- 编码：3~4码
- 后缀：U/C
- 没有颜色名字
- 2,161种色彩
- 适用于设计商标与品牌、营销材料、包装及其他的平面设计应用，油墨配方有助印刷厂在印刷品上准确实现彩通专色

色彩桥梁
GP6102A

- 编码：3~4码
- 后缀：U/C UP/CP
- 没有颜色名字
- 2,139种色彩
- 适用于数码、动画及包装设计需要采用四色迭印之时,色彩桥梁是唯一提供彩通专色的 CMYK、HTML 及 RGB 三种数值的指南

金属色指南
GG1507A

- 编码：3~5码
- 后缀：U/C
- 没有颜色名字
- 655种金属色彩
- 适用于色彩沟通、指定及产品生产
- 用于包装、标识与品牌、海报标志及行销材料的理想工具扩充与补全传统专色色系

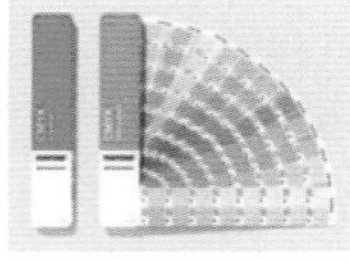

CMYK 指南
GP5101B

- 编码：3~4码
- 后缀：U/C
- 没有颜色名字
- 2868 种色彩
- 提供四种基础油墨的网屏色调百分比
- 适用于四色叠印的印刷时的灵感和创意设计，不要求准确的色彩准确性

Green绿色。

设计注意事项：使用PANTONE色卡，需注意色卡年份、版本，不同年份与批次存在一定色彩差异，建议使用同一年份、同一批次色卡进行色彩交流，保持色卡干净。

应用领域：服装、平面设计、工业产品、油墨、室内设计、建筑等领域。

2.1.3.5 NCS

NCS色卡是来自瑞典的色彩设计工具，它以眼睛看颜色的方式来描述颜色。NCS色卡可以通过颜色编号判断颜色的基本属性，如：黑度、彩度、白度以及色相。NCS色卡编号描述的是色彩的视觉属性，与颜料配方及光学参数等无关。

NCS规则，任何一种颜色所包括的原色数量总量为100，即白+黑+五颜六色=100，其详细的计算和表明方法如下：

以色号【S1050-Y90R】为例，1050表明该颜色包含有10%的黑和50%的彩度，也即是说，该颜色还有100%−10%−50%=40%的白。在50%的彩度中，Y90R表明色相，即黄色Y与红色R之间的对应联系，Y90R表明红色占彩度的90%和黄色占彩度的10%。

灰色是没有色相的，标示以 -N来表明非彩度。其范围从0500-N（白色）到9000-N（黑色）。

设计注意事项：NCS色卡拥有的企业较少，其色彩与其他色卡无对应关系。其次NCS需要专业的学习才能掌握使用方法。NCS颜色编号前的字母S表明NCS第2版色样。这一版的颜色规范下的涂料油漆中不含有毒成分。

应用领域：家居领域、服装领域、消费电子领域、汽车领域。

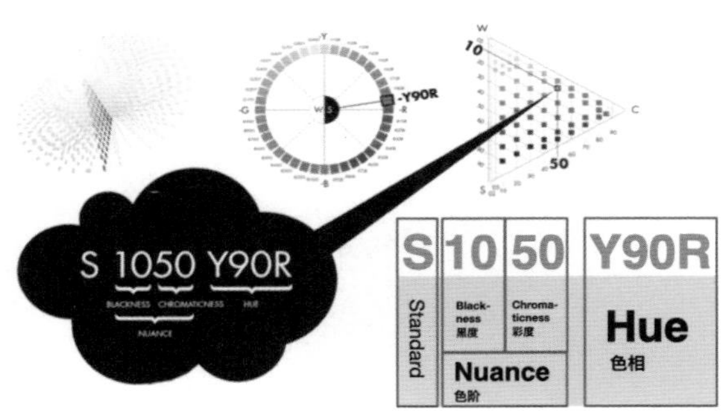

NCS颜色色号解读

2.1.3.6 RAL

RAL（劳尔）分为经典系列、设计系列、实效系列、塑料系列四类色卡。劳尔设计体系颜色标准以1976年国际照明委员会制定的国际通用的数字色彩空间为基础，按色相、明度和彩度进行系统排列，共有1825个颜色，由7位数组成，前3位数为色相，中间两位数为明度，后面两位为彩度，如色号：RAL 210 60 30，指色相为210、明度60、彩度30。

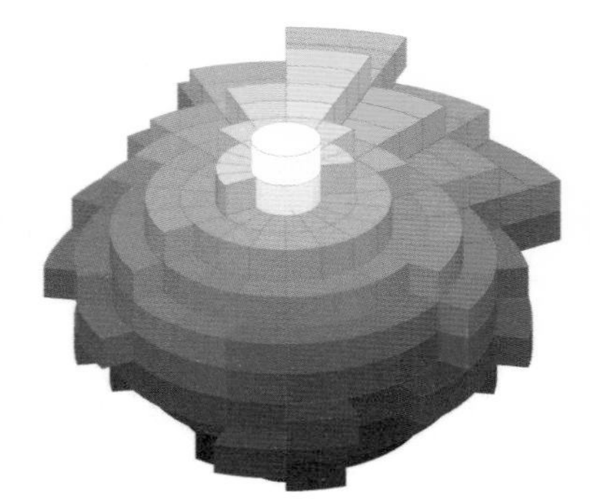

劳尔设计体系的空间组成

色相，前3位数，区间0～360，每10为一个阶梯，但在075、085、095额外增加了三个色相，原因是人的肉眼在黄橙区域，能够识别的颜色更多，合计共39个色相。色相被排列成一个圆圈，各角度有相应的颜色。红色在0°（=360°）处找到，黄色在90°，绿色在180°，蓝色在270°，同一色相内的不同的明度值分列在不同的层次上。

明度，中间2位数，区间0～100，每10为一个阶梯，00为纯黑、100为纯白。非色轴穿过空间中心，该轴相当于明度的刻度。非色轴从底部始于0度，代表着黑色，接着是逐渐变浅的灰色，最上方为100度。越靠上方（数值越大），颜色越亮；越靠下方（数值越小），颜色越暗。

彩度，最后2位数，区间0～100，每10为一个阶梯，00在灰轴上，100彩度最高。彩度表示了颜色的着色强度。从中心非色轴开始向外沿逐渐加强。灰轴上的值为0度。越靠近中心的灰轴（数值越小），颜色的彩度越低；距离中心灰轴越远（数值越大），颜色越艳。

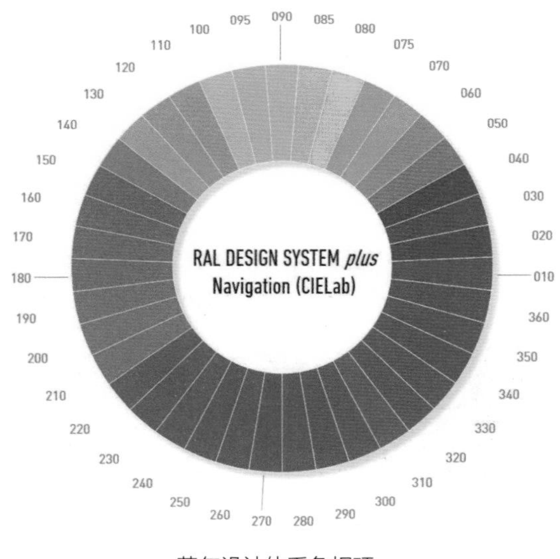

劳尔设计体系色相环

设计注意事项：经典系列，以K开头，如K3、K5、K7、K1、K6色卡，色号为4位数；设计系列以D开头，如D2、D3、D4、D8色卡，色号为7位数。实效系列以E开头，如E1、E3、E4，490个颜色，含70个金属色，色号4位数。塑料系列以P开头，如P1（经典系列100个颜色）、P2（设计系列200个颜色），色号位数加（-P）表示。

应用领域：建筑、室内设计、工业产品、重工业等领域。

2.1.3.7 COLORO

COLORO以人眼看颜色的方式编译颜色，将颜色分为色相、明度、彩度三属性，并根据视觉等色差原理分级。COLORO色卡收录了3500个常用色，能满足创意及市场的大部分需求，特殊需求可从几十万个颜色库中得到更多支持。

COLORO色彩体系基于特定3D模型：在这个模型中每个颜色都有一个特定的七位数色彩编码，分别代表色相、明度、彩度，每个编码对应模型中唯一确定的点，整个COLORO体系由160个色相、100个明度等级、100个彩度等级构成，三者共同构建了一个可以定义160万潜在颜色，均匀的视觉等色差的色彩模型。如色号：COLORO 074 73 21，指色相为074、明度73、彩度21。

应用领域：在纺织面料、时尚行业应用较多。

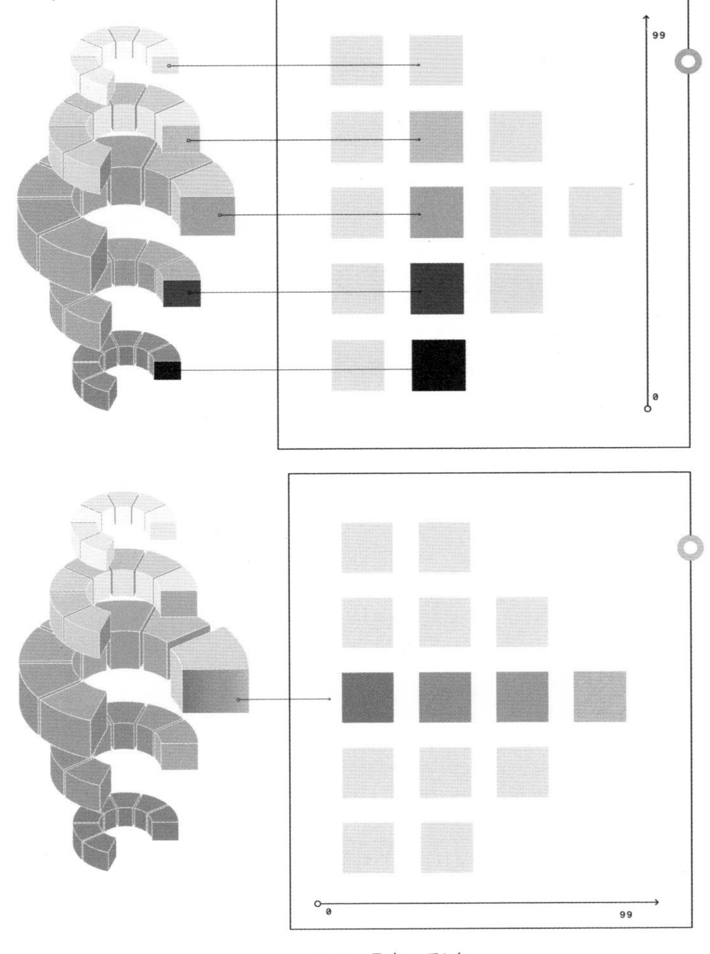

COLORO明度、彩度

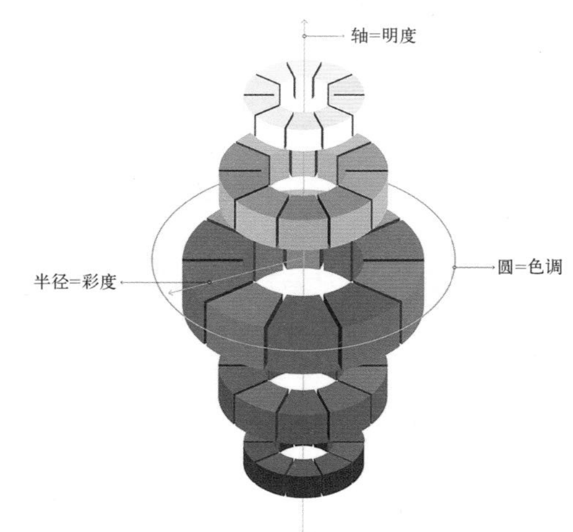

COLORO 3D模型、色相图

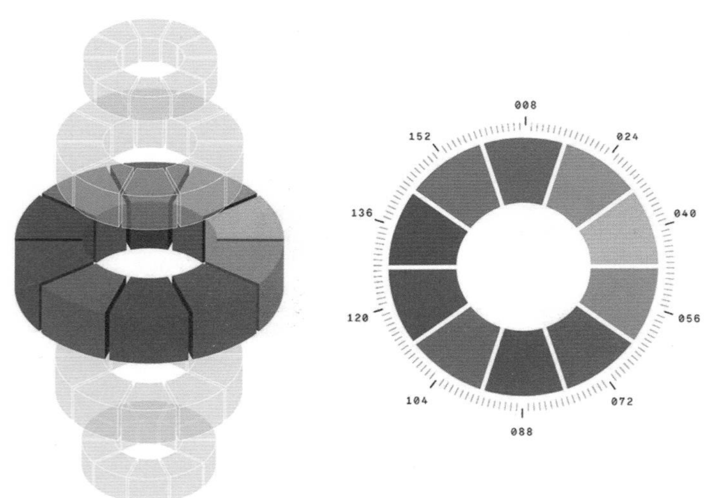

COLORO色相

2.1.4 色彩含义与情感

颜色	含义	情感
红色	吉祥、喜悦、奔放、激情	红色的色感温暖，性格刚烈而外向，是一种对人刺激性很强的色 红色容易引起人的注意，也容易使人兴奋、激动、紧张、冲动，还是一种容易造成人视觉疲劳的色
橙色	充实、友爱、豪爽、富饶	繁荣与骄傲的象征，是自然的颜色 代表着力量、智慧、震撼、光辉、知识和性能力，橙色也被奉成神圣的颜色
黄色	智慧、光荣、希望、光明	一种象征健康的颜色，因为它是光谱中最易被吸收的颜色 黄色能促进血液循环，增加唾液腺的分泌，刺激食欲，它能促进情绪稳定

续表

颜色	含义	情感
绿色	生命、自然、平衡、和平	一种令人感到稳重和舒适的色彩，它具有镇静神经、降低眼压、解除眼疲劳、改善肌肉运动能力等作用，对人的视觉神经最为适宜，是视觉调节和休息最为理想的颜色。但长时间在绿色的环境中，易使人感到冷清
青色	坚强、希望、古朴、庄重	青色清脆而不张扬，伶俐而不圆滑，清爽而不单调 青色是中国特有的一种颜色，在中国古代社会中具有极其重要的意义 青色象征着坚强、希望、古朴和庄重，传统的器物和服饰常常采用青色
蓝色	冷静、真理、真实、永恒	一种令人产生遐想的色彩，具有调节神经、镇静安神、缓解紧张情绪的作用
紫色	优美、高贵、尊严、神秘	紫色具有高贵优雅的含义，充满神秘感 大多数人喜欢淡紫色，有一种快乐的感觉，大多数人不喜欢青紫色，不容易产生美
棕色	真实、和谐、稳定、中立	一种可靠、值得信赖的颜色 当颜色由浅棕色逐渐加深时，一种真实的感觉也逐渐变成了让人信赖 棕色也可以令人感到难过、沮丧，但总的来说棕色象征着阳刚之气的颜色
金色	光荣、华贵、辉煌	金色给人清纯温暖的感觉，是暖色系中最温暖的色彩 容易给人积极的联想，如联想到硕果累累的金色秋天等，带来积极效应
银色	尊贵、纯洁、安全、永恒	银色代表尊贵、高贵、神秘、冷酷，给人尊崇感，也代表着未来感
白色	神圣、纯洁、无私、朴实、平安	无情色，是黑色的对比色，有纯洁之感，轻松、愉悦，浓厚的白色会有壮大之感觉，有种冬天的气息。在东方也象征着死亡与不祥之意
黑色	神秘、压力、严肃、气势	暗色，是明度最低的非彩色，象征着力量，有时又意味着不吉祥和罪恶 能和许多色彩构成良好的对比调和关系，运用范围很广

2.2 色彩体系与配色方法

色彩体系与配色方法相辅相成，不同的色彩体系，在配色方法上既有相同的搭配方法，也有独特之处。CMF设计师在从事色彩搭配工作时，应用色彩体系进行色彩搭配，可以更加高效、便捷。

2.2.1 色立体与色彩体系

在色彩的研究中，往往离不开色立体，如奥斯特瓦尔德、孟赛尔。基于不同的色立体，衍生出多个色彩体系，目前应用较多的色彩体系或机构有：PANTONE、NCS、RAL、PCCS、COLORO。

2.2.1.1 奥斯特瓦尔德色立体

奥斯特瓦尔德（W.Ostwald，1853-1932）是德国化学家，对染料化学研究作出过很大贡献，曾获得1909年诺贝尔化学奖。晚年的奥斯特瓦尔德对色彩产生了浓厚兴趣，开始了对色彩的研究，并创立奥斯特瓦尔德色立体，简称奥氏色立体。

奥斯特瓦尔德色立体的色相环，以赫林（EwaldHering，1834-1918）提出的“生理四原色学说”为依据。他把红、黄、绿、蓝四种颜色分别放在圆周的四等分处，形成两对补色对，然后再在每两色间分别加上橙、黄绿、蓝绿、紫4色，合计8色，然后再将这8个色相每一色相分成3种色，就形成了一个24色的色相环。以黄色为1号色，依次到24号止。每3种色中的第2色为正色。在这个系统认为所有颜色都是由“黑”（B）、“白”（W）、“纯色”（F）三种成分按照一定的面积比例旋转混色得到，而且W+B+F=100（%）。所以描述一个特定颜色，只要给出三种变量的具体数值就可以了。

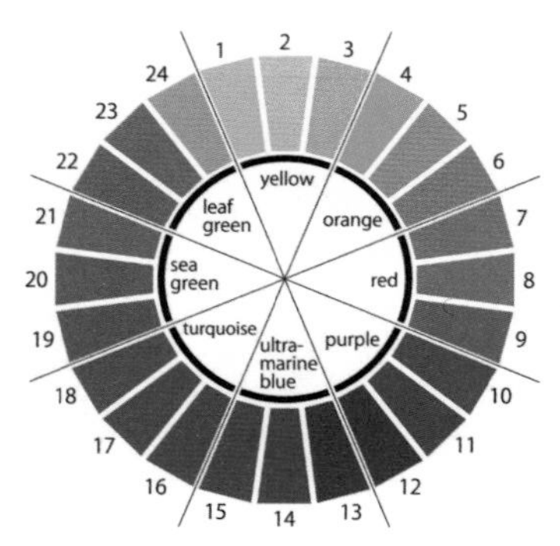

奥斯特瓦尔德色环

奥氏色立体的中心轴是从理想黑（B）到理想白（W）共10级的等差明度（即无彩色的明度轴），除去黑和白，中间共8个明度级，分别用小写英文字母a、c、e、g、i、l、n、p来表示，每一个字母黑、白含量不同。从中心轴的中心点画一垂直线，该线的顶点为理想纯色（C），而纯色的位置也是色相环上各纯色的位置。从纯色C到黑和白两端，成一正三角形，将这一正三角形依色相环顺序转一圈，即成为一个覆圆锥体形的色立体。奥氏色立体中每一种颜色的计算方法以W+C+B=100（即白色量+纯色量+黑色量=100）为标准。它的颜色表示方式由色相号（一共24色）与白色含量和黑色含量来表示。

奥氏色立体的优点是各色相除纯色外，符号均相同，容易记忆和说明，另外，通过中心直径相对的两个三角形内的各色为补色。其缺点是不同纯色相无论明度差异有多大，均在同一平面上，所有纯色相均与中心明度轴等距离，均按8级黑白含量来调配颜色，实际所得出的颜色尽管符号相同，其明度与彩度多少都有出入。如果用奥氏色立体来指导工业产品生产的话，误差会很大。

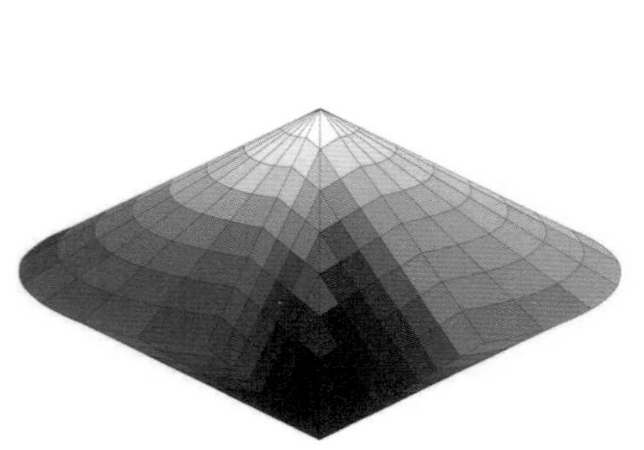

奥斯特瓦尔德色立体

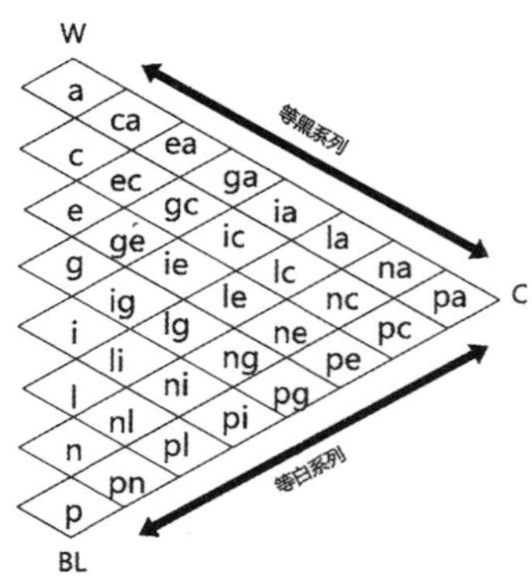

奥斯特瓦尔德明度级

2.2.1.2 孟赛尔色立体

孟赛尔是以色彩三要素为基础的色彩表示法，第一个将色调、明度和彩度分离为感知均匀和独立维度来系统地说明三维空间中的颜色，它由孟塞尔（Albet H. Munsell）教授在1905年创建，称为孟塞尔色立体。

该系统由三个独立的维度组成，可以用三维圆柱形表示为不规则的颜色固体。

色调：以水平圆周围度数衡量；

明度：从0（黑色）到10（白色）垂直测量；

彩度：从中轴向外测量。

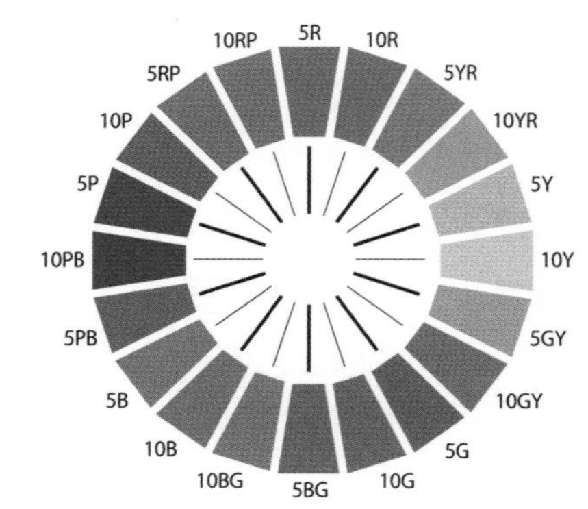

孟塞尔色相环

孟塞尔以红（R）、黄（Y）、绿（G）、蓝（B）、紫（P）、五种主色调和黄红（YR）、绿黄（GY）、蓝绿（BG）、紫蓝（PB）、红紫（RP）等五种中间色调组成，并将其排列在一个环中。每种色调又划分为10等个亚色调：1R、2R、3R、4R、5R、6R、7R、8R、9R、10R。这样色调就分成了100级。

孟塞尔通过测量人类视觉反应来确定沿着这些维度的颜色间距。在每个维度上，孟塞尔颜色尽可能地接近感知上的均匀性，这使得形状非常不规则。

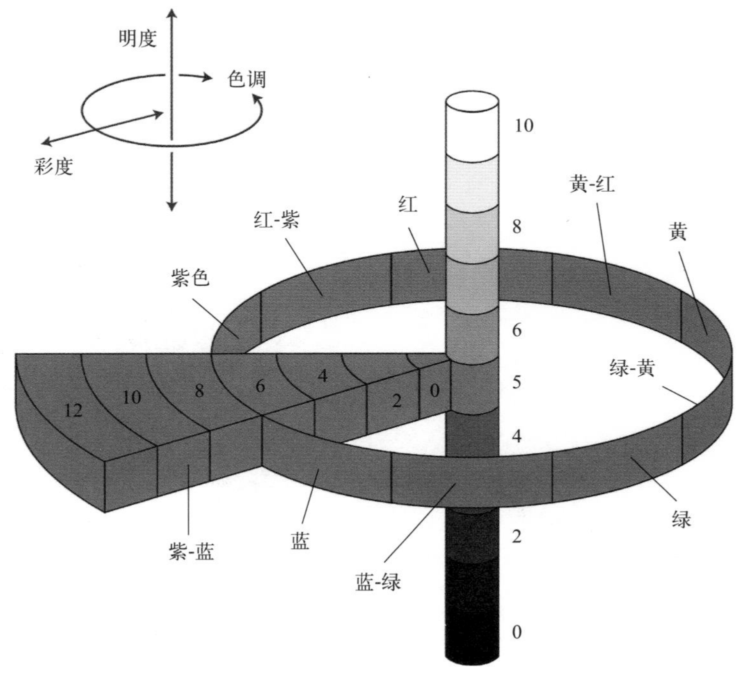

孟塞尔3D模型

2.2.1.3 PANTONE 色彩体系

见2.1.3.4。

应用领域：包装业、印刷业、纺织业、塑胶制品业、化妆品业、涂层业、数码设计业、家居装饰、工业和建筑行业等领域应用广泛。

2.2.1.4 NCS 色彩体系

NCS是Natural Colour System（自然色彩系统）的简称。NCS是全球主要色彩体系之一，是国际通用的颜色规范，该色彩体系来自欧洲瑞典，位于斯德哥尔摩。它是由瑞典的斯堪的纳维亚颜色研究所1981年提出的。

NCS体系已经变成瑞典、挪威、西班牙等国的国家查验规范，它是欧洲运用最广泛的颜色体系，并正在被全球范围选用。NCS广泛运用于计划、研讨、教学、修建、工业、公司形象、软件和商贸等范畴。目前也是CMF设计师进行色彩搭配、色彩管理的重要选择。

2.2.1.5 RAL 色彩体系

RAL色彩体系是全球几大色彩体系之一。

1925年，德国劳尔公司作为独立的质量保证机构正式成立。两年之后，劳尔色彩推出其第一版40色的劳尔色卡，主要用于汽车行业，旨在实现涂料生产和采购的合理化。

RAL作为德国的一种色卡品牌，在国际上广泛通用，又称RAL国际色卡，中文译为劳尔色卡。其设计原理是所制定的国际性颜色测试系统，在各个颜色间色差距离有CIE Lab颜色差距公式来规定。RAL广泛应用于各种涂料、建筑室内设计。

过去RAL在大型工业产品、设备中应用为主，如火车、高铁、建筑等，劳尔色彩擅长色差管理，拥有专属的色差管理实验室。近年RAL基于Lab系统，开发出一系列色彩产品，丰富了颜色选择。

RAL D4色卡

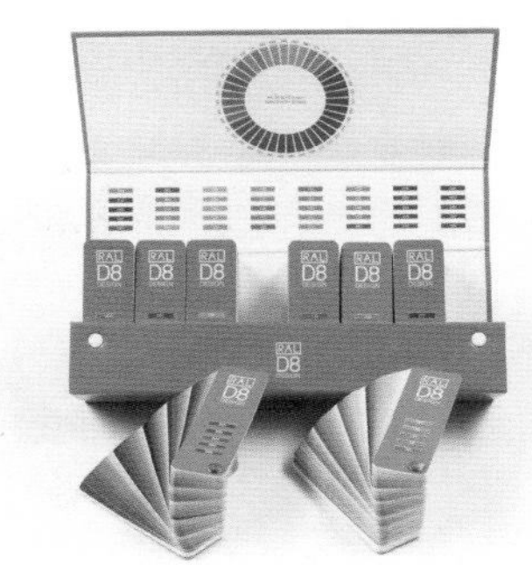

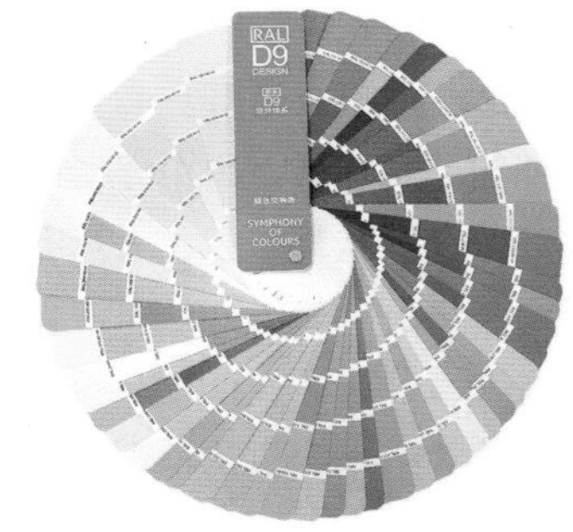

RAL D8色卡

2.2.1.6　PCCS 色彩体系

PCCS（Practical Color coordinate System）色彩体系是日本色彩研究所研制的，色调系列是以其为基础的色彩组织系统。其最大的特点是将色彩的三属性关系，综合成色相与色调两种观念来构成色调系列。从色调的观念出发，平面展示了每一个色相的明度关系和纯度关系，从每一个色相在色调系列中的位置，明确的分析出色相的明度、纯度的成分含量。

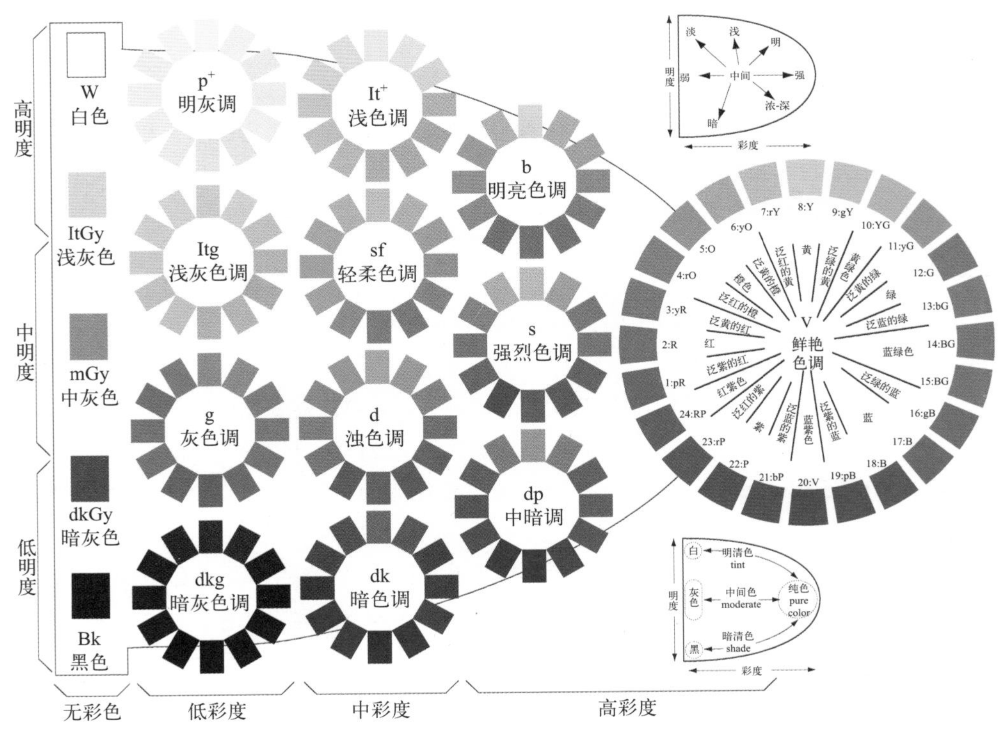

PCCS色调图

2.2.1.7 COLORO色彩体系

COLORO色卡

COLORO，即中国应用颜色体系，是中国应用色彩领域的国家标准，由中国纺织信息中心（CTIC）经中国科技部授权实施，其目的是创建具有完全知识产权的色彩体系，促进色彩在供应链的标准化管理。COLORO与全球最大的流行趋势预测公司WGSN共同推出具有革命性的色彩应用体系。

COLORO色彩体系是中国应用色彩体系面向全球推广时的商业名称，曾用商业名称CNCSCOLOR颜色体系，是色彩体系中最新的，也是颜色数量最为丰富的色彩体系。

COLORO体系还有自己的色彩调和理论，所有色相可以按明度及彩度分为高、中、低三个层级，两者结合构成COLORO独特的九色域模型，利用COLORO九色域可以对颜色进行理性的数据化分析，结合分析结果评估色彩策略，规划色彩开发，进一步明确产品及品牌风格定位。

2.2.2 配色方法

CMF设计师进行色彩搭配有诸多方法，可以应用不同的色彩体系、色彩理论、色彩工具，以及学习优秀产品、优秀空间、优秀服装搭配等。在基础色彩教学、艺术类色彩教学中，也有很多色彩搭配方法。色彩搭配可以应用色彩体系，进行理性的色彩搭配，也可以发挥艺术空间，寻找独特的色彩风格。

2.2.2.1 色相配色

色相配色是以色相为基础的配色，具体可分为同一色相配色、类似色相配色、对比色相配色、互补色相配色。

同一色相配色。以同一色相色彩为主，利用明度及彩度深浅变化，即主色加上白色或黑色，形成明、暗的层次，进行配色。以单一颜色为焦点，通过混合一个色相的浅色、色调和色度作搭配产生变化。同一色相的细微颜色变化有助于简化设计，使其不过于单调，为构图增添趣味和多样性。

类似色相配色。以接近色配色，色彩性质相近，在色相环上相邻的三色或四色的颜色组合，因此这些颜色的搭配有着类似于单色配色的和谐美感，形成统一、协调而优美的配色效果，是常用的配色方法。在选择相似色组合构图时，最好只以一种色调为主，即冷色调或暖色调，挑一种主色，再用对应的相似色衬托。

对比色相配色。通常把色相环上相距120°～180°范围之间的两种颜色，距离越远，色相差别越大，对比越强，两种分明的颜色构成明显色彩差别，有对比才有强弱之分，对比配色一定是相对的，是赋予色彩以表现力的重要方法。除了两色对比，还有三色、四色、五色、六色、八色甚至多色的对比。

nubia-659氘锋版（对比色相配色）

互补色相配色是色相环上位置相对的两色，其中一色通常是原色，而另一色则为二次色，主要的互补色是蓝橙、红绿和黄紫，互补色相配色具有活泼、明快感，达到醒目、引起注意的目的。互补色由于在色相环上相距最远，色彩差异最大，色彩对比很强烈，合理的搭配往往会产生强烈的视觉冲击力。

设计注意事项：以色相为主的配色法，一般会先决定主要色相，暖色系或冷色系，再决定主要色调。单暖色调的配色，利用红、橙、黄在画面中占优势地位，会给人温暖感，有积极效果；单冷色调的配色，利用青、蓝、紫的冷色在画面中占优势地位，会给人寒冷感，有镇静、安神的效果。

广州星际悦动的密浪冲牙器
（对比色相及类似色相配色）

2.2.2.2　明度配色

明度感觉是人类分辨物体颜色最敏锐的色彩反应。明度是配色的重要因素，明度的变化可以表现事物的立体感和远近感。

将明度分为高明度、中明度和低明度三类，这样明度就有了高明度配高明度、高明度配中明度、高明度配低明度、中明度配中明度、中明度配低明度、低明度配低明度六种搭配方式。

传音TECNO & 波士顿美术馆联名CAMON 19 Pro蒙德里安版（采用光致变色技术，呈现蓝紫色中明度搭配）

泛亚汽车别克GL8旗舰概念车（采用中明度配中明度形成稳重内饰氛围感）

其中高明度配高明度、中明度配中明度、低明度配低明度，属于相同明度配色。高明度配中明度、中明度配低明度，属于略微不同的明度配色。高明度配低明度属于对照明度配色。明度是色彩调和最具影响力的因素，大部分色彩对比产生的不调和状况，均可借由调整明度来改善。配色时，明度差与色相差成反比的关系：即明度差愈小，色相差愈大；反之明度差愈大，色相差愈小。明度差与面积比成正比的关系：即明度差大时，面积比愈大；明度差小时，面积比愈小。

2.2.2.3 纯度配色

纯度是指色彩的纯净程度、含灰度，色彩饱和度越高，纯度越高，色彩饱和度越低，纯度也越低。配色中的纯度变化主要有高纯度搭配、中纯度搭配、低纯度搭配以及纯度差异大、纯度差异小等几种情况。

高纯度搭配高纯度的颜色搭配，通常会给人一种强烈的色彩对比感和视觉冲击，一般多用在舞台、晚会等特殊的场景，具有积极、快乐、活力、强烈的感受。日常我们要使用高纯度配色的话，建议选择在配饰上或局部、小面积地使用。

中纯度搭配在邻近色搭配中，将纯度调节到中等程度，可以增加色相对比感，不至于太过平淡，具有温和、沉静、中庸等感觉。而在对比色和互补色搭配中，同样采用中纯度对比，效果不失华丽但又变得优雅。

低纯度搭配颜色混合得越多，越会显得浑浊、晦暗。如红加绿则变成色相不易辨识的棕色，我们就说纯度降低了。但恰恰是这些看似浑浊的颜色却有着迷人的美丽，它们也是我们日常最为常用的色彩类型，具有自然、简朴、安静、随和、超俗等感觉。越是纯度低的色相，其中包含的色彩也就越多。低纯度的色相也就是因此才展现出神秘的魅力：表面上看起来浑浊不堪，内部却有无数的色彩在升腾。在色立体中，高纯度的色彩是处于最外面的，离中心轴越近，色彩的纯度逐渐降低，直到中心轴位置上的无彩灰色。

任何一种鲜明的颜色，只要它的纯度稍稍降低，就会引起色相性质的偏离，而改变原

三星BESPOKE系列冰箱采用高纯度配色

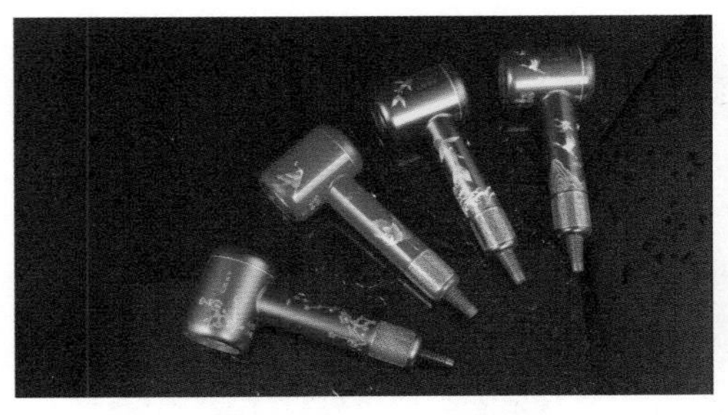

莱克电吹风机采用中纯度配色

美智纵横科技W12智能扫拖地机器人采用低纯度搭配

有的品格。高纯度色的色彩清晰明确、引人注目，色彩的心理作用明显，但容易使人视觉疲劳，不能持久注视。低纯度色的色彩柔和含蓄，不引人注目，可以持久注视。但因为平淡乏味，看久了容易厌倦。因此，较好的配色效果就是纯净色与含灰色的组合配置，利用色彩的纯度对比可以获得既稳定又艳丽的色彩效果。

2.2.2.4 冷暖配色

冷暖配色指色彩心理上的冷热感觉。红、橙、黄、棕等色往往给人热烈、兴奋、热情、温和的感觉，所以将其称为暖色。绿、蓝、紫等色往往给人镇静、凉爽、开阔、通透的感觉，所以将其称为冷色。

色彩的冷暖感觉又被称为冷暖性。色彩的冷暖感觉是相对的，除橙色与蓝色是色彩冷暖的两个极端外，其他许多色彩的冷暖感觉都是相对存在的。

色彩的冷暖感觉是相对的，在色彩冷暖对比中，既有总体冷暖差别，也有同是暖色或同是冷色的冷暖差异，如同是暖色的朱红和大红色，朱红偏暖，大红偏冷。由于不同色彩的对比，明度、纯度的差异，色彩的冷暖性质也有可能发生变化，如蓝色是冷色，调入一些黑色后，明度降低，纯度降低，也会变成偏暖的深蓝色。在同类色彩中，含暖色调成分多的较暖，反之较冷。哪个颜色偏暖，哪个颜色偏冷，是相对而言的，在色彩冷暖对比中，既有总体冷暖差别，也有同是暖色或同是冷色的冷暖差异，如同是暖色的朱红和大红色，朱红偏暖，大红偏冷。

吉利星越L外饰翠羽蓝

吉利星越L青铜色内饰

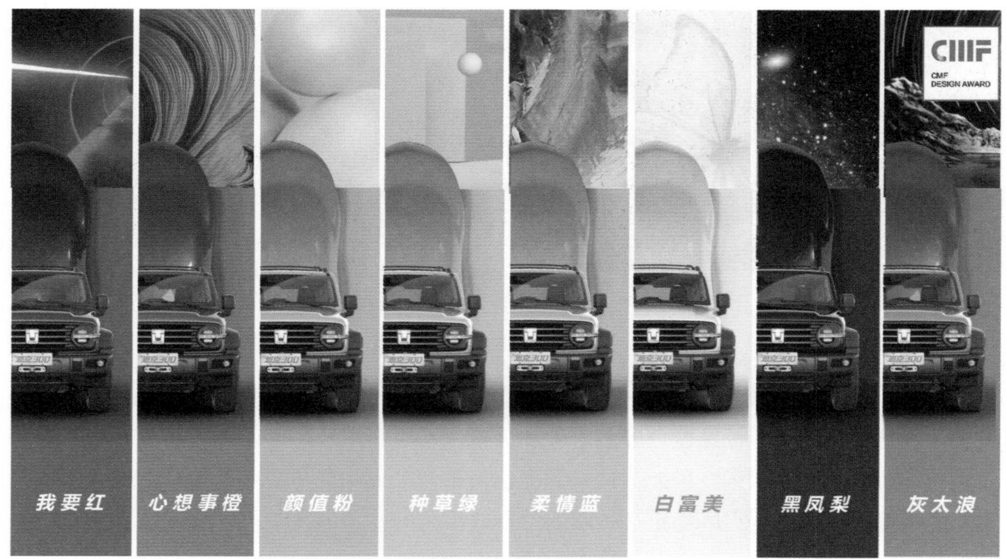

坦克300暖色系及冷色系配色

哪吒S耀世版外饰极夜绿

坦克300心想事橙暖色系外饰

2.3 色彩工具

色彩工具可辅助CMF设计师进行色彩相关工作，如颜色参考标准、颜色沟通交流、颜色的测量、色彩的光源标准。具体如不同类型的色卡、色立体、取色器、色差仪、光源箱、分光仪等，CMF设计师可根据公司情况进行选择。

2.3.1 色卡

色卡是自然界存在的颜色在某种材质上的表现，用于色彩选择、对标、沟通，是色彩实现在一定范围内统一标准的工具。色卡是CMF设计师以及相关企业人员在设计流程中必经的一步，是选色、配色、校色的理想工具，同时也是色彩领域不可或缺的交流工具。根据色卡材质，CMF设计师常用色卡有：纸质色卡（采用胶印、丝印工艺）、塑胶色卡（色母粒子注塑）、纺织面料色卡、皮革色卡。色卡的出现是为了便于形成统一的色标标准值，便于企业在工作和生产中使用。通过色卡可以减少沟通成本，控制生产成本的浪费。

色卡名称	色卡种类	注意事项
PANTONE 色卡	印刷色卡：配方指南色卡、色彩桥梁色卡、金属色色卡、CMYK色卡、粉彩色&霓虹色卡，色卡形式有扇形色卡与可撕式册装 纺织行业：纺织色卡、涤纶色卡、尼龙色卡 产品领域：塑胶色卡	应用最为广泛、普及率最高的色卡。但不同年份的色卡可能存在色彩差异
NCS色卡	色卡：NCS Index低光泽色卡、NCS Index Glossy高光泽色卡、NCS Album色谱集大尺寸、NCS Atlas色谱集小尺寸、NCS BLOCK分区色卡集、NCS BOX色谱盒 工具：NCS lightness meter明度尺、NCS Glossy Scale光泽度尺	NCS拥有很好的逻辑关系，适用色彩配色与管理。NCS需要进行额外的专业学习才能掌握
RAL色卡	经典系列有：K1、K5、K6、K7、F9、840-HR、841-GL 设计系列：D2、D3、D4、D6、D8、D9 实效系列：E1、E3、E4 塑料系列：P1、P2	RAL经典系列色卡的色号是随机的，最新的RAL设计系列色卡的色号为非随机，带有规律

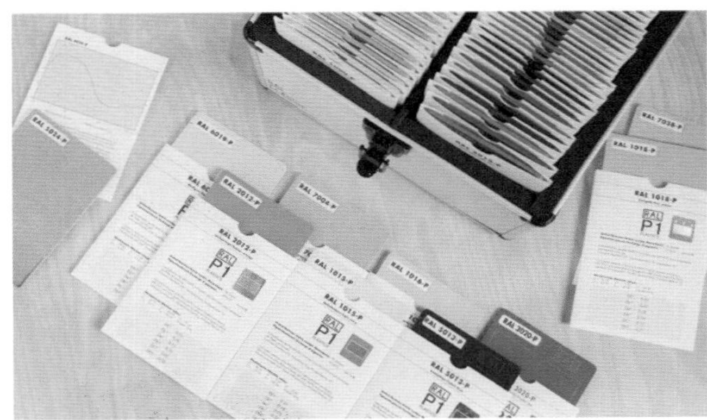

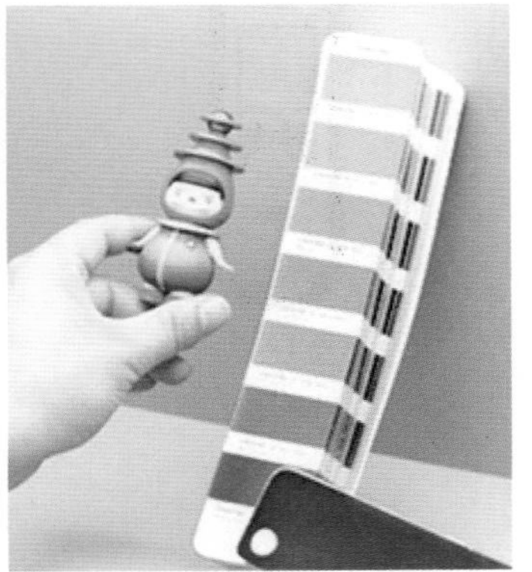

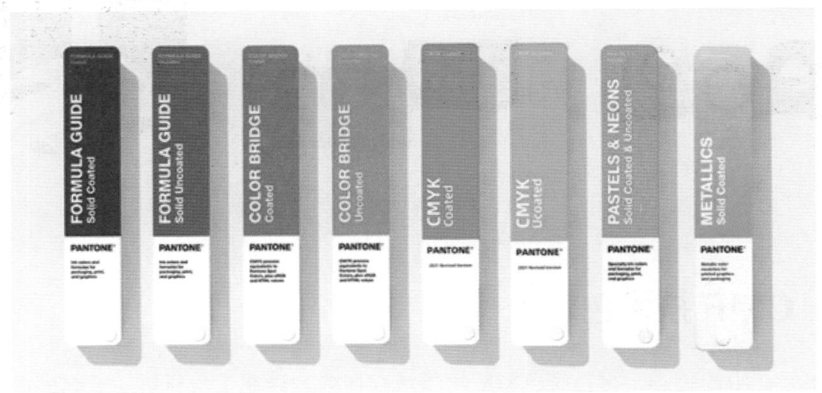

色卡

2.3.2 色彩仪器

色彩仪器包含对色灯箱、色彩检测工具（取色器、测色仪、光泽度仪、雾度仪）、数码色彩管理工具等。

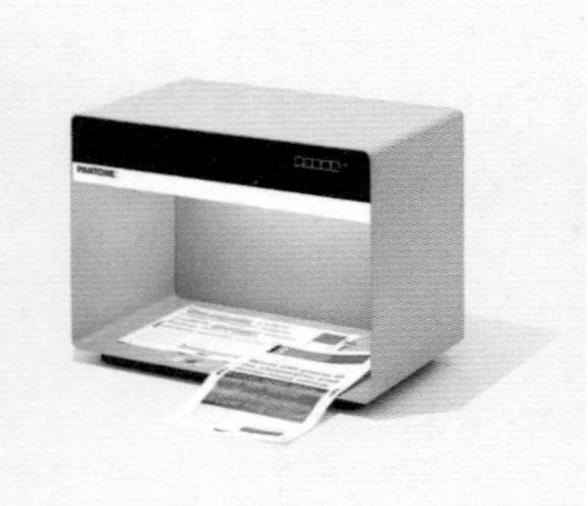

对色灯箱

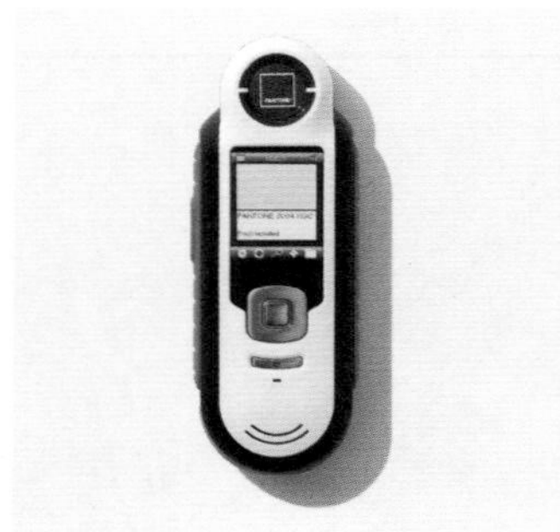

不同类型测色仪

数码色彩管理工具

2.4 CMF 技术色彩

CMF 设计中的色彩，与传统色彩应用领域存在的差异在于与材料、工艺的深度结合。CMF 技术色彩重点分享基于技术背景的色彩应用，如变色、光学色彩、极致色彩。

2.4.1 光致变色

光致变色是指材料的颜色属性，在光照作用下发生稳定、可逆的颜色变化的现象。通过使用多色光异构体技术，光照环境下材料微观分子结构迅速发生变化，实现单色到多色的色彩变化。

优缺点：效果神秘多变，个性突出，通过色彩变化实现了产品、用户与环境的互动，增加了产品的趣味，具有一定的品牌识别性。效果变化本身不耗电，产品应用范围更广，无电量方面的负担，色彩变化稳定性较高。同时缺点也较为突出，光致变色工艺配套生产的厂家较少，属于较为小众工艺，需提前做好供应商体系规划，测试标准根据产品不同会有不同的需求，需要反复的调整研发制定。其中产品良率目前工艺水平较低，且研发调整时间较长，但是随着工艺的成熟，这些问题会得到比较好的改善。

设计注意事项：可以通过遮蔽光线的方式，设计出独特的图案，极大增强产品个性，给用户带来不一样的感官互动体验，非常具有创新性。光致变色展现的效果跟设计应用有很大的关联，应用前需要关注公司供应链的体系，是否可以满足设计需求，需要根据产品特点关注性能需求，同时成本有一定增加，适合中高端产品。

应用领域：目前主要应用于智能手机、建筑玻璃、生活用品、艺术画作等。

Infinix光绘皮革（光致变色复合物集成到改革中，在紫外线的作用下，分子结构迅速发生变化，从而带来颜色变化）

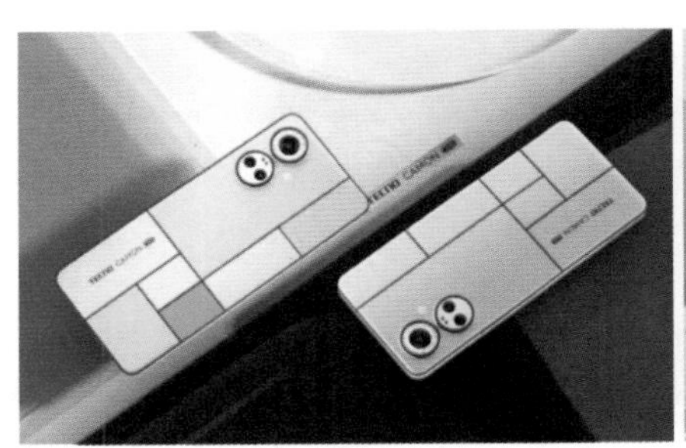
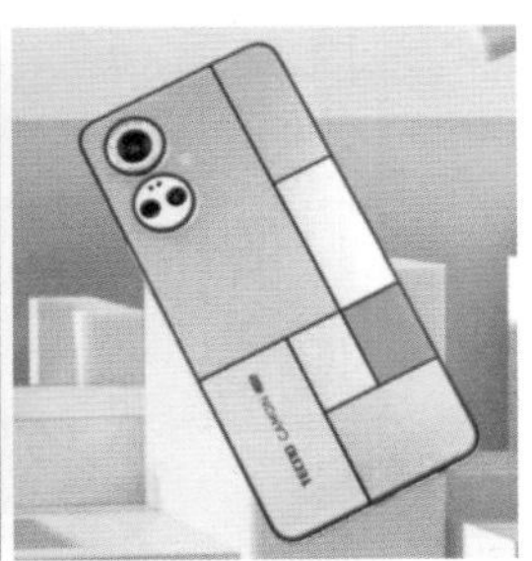

传音TECNO Camon 19 Pro蒙德里安版
（手机背面是白色，在室内外暴露于任何类型的光线时均会改变颜色）

vivo S10 Pro“绮光幻彩”版（一秒变色可实现冰蓝幻彩色与克莱因蓝之间的变化）

CMF关键词推荐

创新价值：新颜色、新材料、新工艺、新图纹
商业价值：高附加值、高识别度、艺术、装饰、流行
消费价值：变色、多色、智能、科技
社会价值：低能耗

2.4.2 电致变色

电致变色是指材料的光学属性（反射率、透过率、吸收率等）在外加电场的作用下发生稳定、可逆的颜色变化的现象，在外观上表现为颜色和透明度的可逆变化。可分为有机电致变色材料、无机电致变色材料和复合型电致变色材料。

华为P50 Pro涟漪云波版以及Relame V25紫薇星版量产实现了电致变色技术，在电话打进来时或者闹钟响起时手机玻璃背板图案产生波光粼粼的效果。

优缺点： 成本较高，在量产手机中应用较少。

设计注意事项： 注意材料的衰减现象。

应用领域： 如建筑、飞机、家居玻璃、汽车防眩光后视镜、手机等。电致变色玻璃广泛应用在汽车玻璃、航空玻璃、建筑材料等，例如英国伦敦的瑞士再保险大厦玻璃幕墙、法拉利Superamerica的挡风玻璃、波音787的机舱窗等。

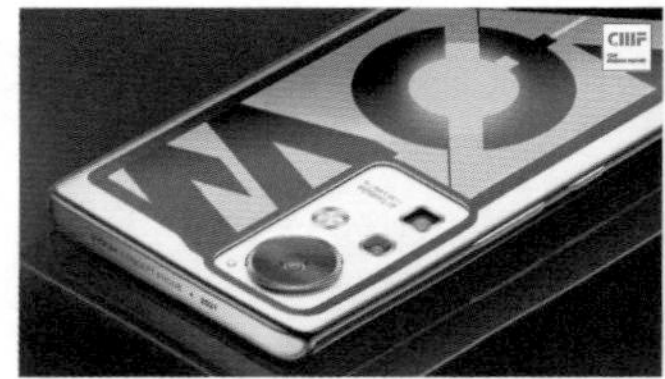

传音TECNO - Infinix概念手机

OnePlus Concept One2概念机

OPPO Reno5 Pro+艺术家限定版手机

华为P50 Pro涟漪云波版

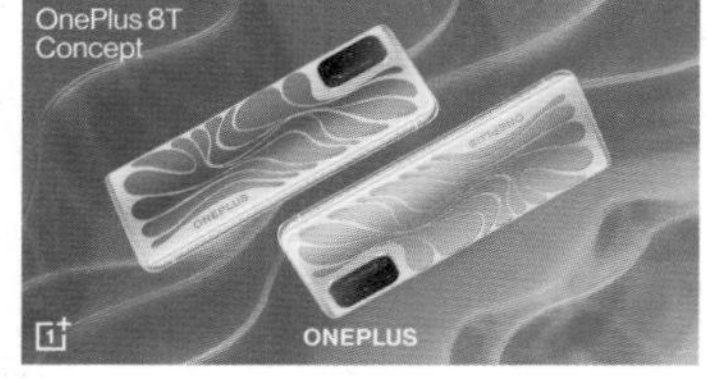

OnePlus 8T Concept概念机

CMF关键词推荐

创新价值：新颜色、新材料、新工艺、新图纹、智能材料、动态图案
商业价值：高附加值、高识别度、装饰
消费价值：发光、荧光、变色、多色、智能、科技
社会价值：低能耗

2.4.3 感温变色

感温变色是指材料在特定温度的作用下发生的颜色变化的现象，分为可逆和不可逆两种。其原理是温变颜料受热后，内部的分子之间发生了微妙的变化，导致呈现不同的色彩，温度范围大致在−15 ～ 70℃之间。感温变色材料依据变色状态可分为热消色型和热

发色型，其中，热消色型在低温时为有色状态，当温度升至一定值时材料从有色变为无色；而热发色型正好相反。

优缺点：感温变色用品属于食品接触材料，材质安全无毒，价格较低，使用简单，适用性广，可用于油墨、涂料、注塑等多个领域。产品耐候性参差不齐，感温变色材料本身是一个不稳定体系，所以耐光、耐热、耐老化等性能相对较弱。

设计注意事项：不同颜色的温变材料抗老化性能差异较大。

应用领域：产品如表带、母婴产品、文创产品、玩具、首饰、服装、书籍、包装、卫浴产品等。其中米兰顶级卫浴品牌MARIAN感温变色水龙头，会根据水温不同结合灯光变化出不同的颜色，从22℃～44℃共8个区间色变化。

变色笔记本

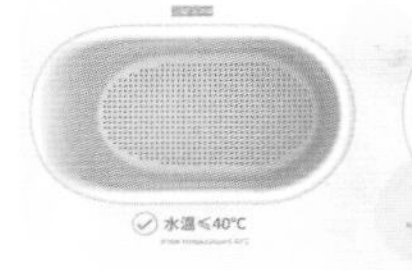

广州信联智通实业－感温防烫婴儿澡盆

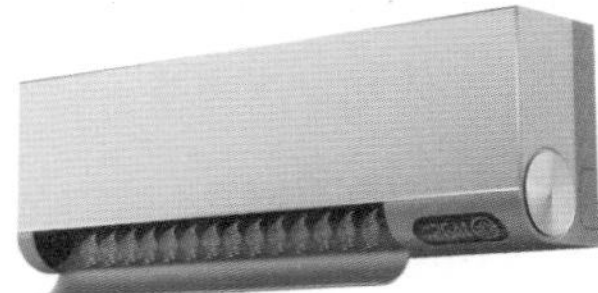

TCL 空调感温变色叶片

Root7－变色龙水瓶

《千里江山图》感温变色杯

CMF关键词推荐

创新价值：新颜色、新材料、新工艺、新图纹
商业价值：高附加值、高识别度、艺术、装饰
消费价值：变色、多色、无味、精致、科技
社会价值：无毒

2.4.4 随角异色

随角异色是指随观察角度的不同能闪现出明度和色调不同的颜色的一种光学效应，是由效应颜料对入射光的不同散射和反射方式所致。其基本原理为薄膜分振幅干涉效应，当视角改变时，入射光经多层薄膜的平行界面发生反射、折射及干涉等物理现象，由于相干光的光程差发生改变，从而产生色变。通常包括：双色幻彩效果、多角度幻彩效果、彩虹金属效果、镭射金属效果、变色龙效果等。

优缺点：变色慢，即要角度变化比较大才可以看到明显的变色；直射光照下为某一颜色（非银白色），在某一角度可以看到特定的颜色；强光下，感官颜色饱和度变低。

设计注意事项：随角异色在曲面变化较大的情况下更能体现出效果，平面情况下视觉效果不明显。

应用领域：汽车外饰颜色。

上汽名爵HS－魅影红，实现红紫随角异色变换

冲浪蓝实现蓝绿随角异色变换

CMF关键词推荐

创新价值：新颜色

商业价值：高附加值、艺术、装饰

消费价值：变色、多色、奢华、精致、舒适

2.4.5 变色龙

变色龙颜料的原理是吸收特定光源，由该光源的能量而产生颜色变化，使得我们在不同角度看到不同颜色，也就是说在同一种光源下，变色龙颜料可产生多个颜色变化，并且让它产生变化的源头是光；变色龙颜料在不同的基材上产生的颜色变化也有所差异，比如在白色基材的变色和在黑色基材的变色就是不同的。

台铃电动车变色龙应用

优缺点：变色龙油漆既适合塑料件的喷涂，也适合金属件的喷涂，可以常温固化，也可以烘烤成膜，但目前喷漆的范围比较窄，对施工环境和喷枪要求较高（如油漆黏度，喷涂压力，出漆量以及雾化效果），同时变色龙产品，颗粒中等，随着角度的变化15°—45°—120°，珠光色相变化趋势为蓝色—橙色—红色。

变色龙颜料在汽车上的应用

设计注意事项：由于变色龙的特色效应，故在使用此产品时要求配套黑底，这样变色的效果会更加鲜艳、直观，反之，希望效果弱化则可采用白底。变色龙粉应尽量避免在280℃以上进行加工，减少物

容声冰箱面板玻璃面板变色龙印刷应用

料的受热时间，高温长时间加热会使得变色颜料的变色性能损害。

应用领域： 变色油墨材料的运用领域极其广泛，颜色丰富多彩，适用于汽车、鞋材、塑胶制品、喷涂、油墨、运动器材等，光变油墨在防伪领域上的用途是很常见的，一般用于高端商品的包装上面，国内一些著名的厂家也已用于包装防伪。

CMF关键词推荐

创新价值：新颜色

商业价值：高附加值、艺术、装饰、流行

消费价值：变色、多色、奢华、科技、精致

2.4.6 光学结构色

光学结构色也叫结构色、物理色。结构色可分为两大类型，生物显色与人工显色。生物显色，最典型的就是自然界中，有许多生物体都能够产生五彩斑斓的颜色，通过细胞乃至分子水平的显色，生物体甚至能够对颜色进行对比度和灰度水平上的微调。人工显色如常说的光学结构、光学纹理、微纳纹理、光栅、纳米微球、真空镀膜等。通过光学结构，形成结构色的四种方式。第一种结构色产生的机理是光的单层薄膜干涉，生活中经常看到的例子是油膜在水面的颜色。不同颜色的光在不同入射角度、不同的油膜厚度发生干涉，就造成了油膜的丰富色彩。第二种结构色的产生机理是光在多层薄膜中发生干涉，多层薄膜是由两种折射率不同的物质交替叠加而成。第三种结构色是由光子晶体造成的，所谓光子晶体就是由两种折射率不同的物质周期性排布形成的微观结构。比如孔雀羽毛的结构色来自羽毛内部的光子晶体结构。第四种结构色是光栅衍射造成的，光栅结构通常采用激光直写、全息干涉、离子/电子束光刻、数控加工（CNC）等方法制备。光栅线条间距通常在几微米甚至几百纳米量级，通过调控光栅周期、角度、深度、折射率、占空比等参数，实现对光的衍射、散射作用形成结构色。

优缺点： 光学结构色具有不褪色、环保和虹彩效应等优点，在显示、装饰、防伪等领域具有广阔的应用前景。从它的美观性和新颖性上来说，很多印刷产品是不能与之相比

vivo x27手机后盖

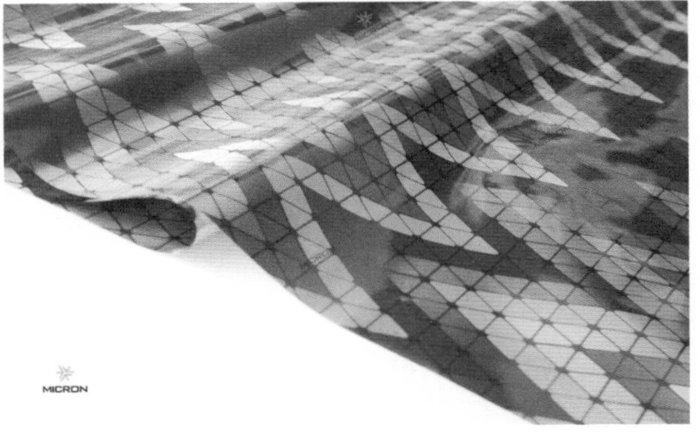

光学结构色膜片（图片来源：苏州印象）

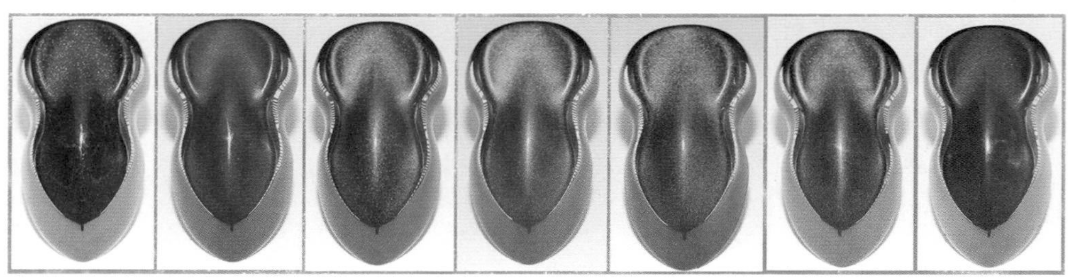

融光纳米结构色颜料

的。油墨印刷最大的弊端一个是不安全、不环保，另一个是图案达不到动态立体的效果，而光学纹理则完美避开了这些问题。

设计注意事项：光学结构色的实现工艺、材料类型、加工手段有多种方法，可以制成膜片、颜料、涂料等，根据产品特征选择合适的材料与加工工艺。

应用领域：基础颜料领域、化工涂料；化妆品如眼影材料；手机后盖；鞋服材料、包装材料、防伪材料、手提袋等。

CMF关键词推荐

创新价值：新颜色、新工艺、新图纹、新技术
商业价值：高附加值、高识别度、艺术、装饰
消费价值：金属感、镜面、高亮、变色、多色、奢华、精致、科技
社会价值：绿色环保

2.4.7 极致黑

极致黑是一种非常深的黑色，通常被描述为几乎没有任何光线反射的颜色。它是黑色的一种极端表现，具有强烈的视觉冲击力和神秘感，通常用来营造高贵、神秘、优雅氛围。极致黑代表材料有垂直排列的纳米碳管阵列，它最高吸收99.965%可见光波段电磁辐射，是目前已知的最黑的物质之一。纳米碳管结构上是一种管状的碳分子，由六边形的碳原子构成，该碳管的半径只有20纳米，是一根头发丝的1/3500，当光线摄入碳纳米管黑体的时候，光线并不会反射出去，而是会局限于管壁之中不断偏折，直到光能被转换成为热能为止。

优缺点：极致黑在氛围营造上独具一格，以碳纳米管为代表的高科技极致黑材料，质量轻、量产少、成本高。

成本参考：这种材料涂层本身价格十分昂贵，还需考虑到化学侵蚀等因素，造价更高。

应用领域：交通、消费电子、航天领域、军事领域、艺术创造领域。太空用途如高敏度的镜头，可防止杂散光进入望远镜，以便只需要极少的光线就能观测到遥远的星体。

Vantablack Black Hands超黑主题腕表

宝马 THE VBX6

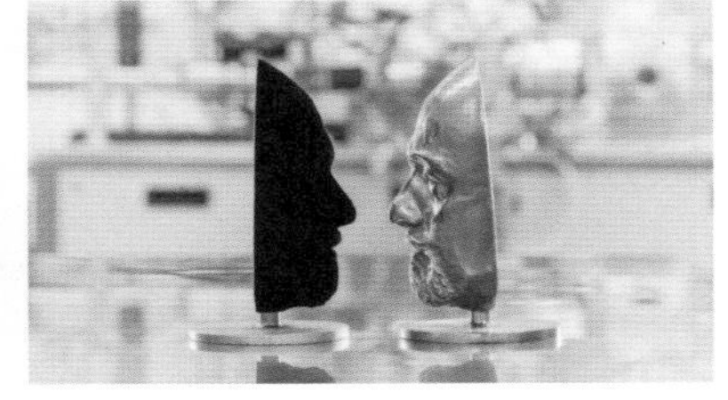

Vantablack金属轮廓面具

CMF关键词推荐

创新价值：新颜色、新技术

商业价值：高性能、高附加值、高识别度、艺术、装饰

消费价值：哑光、吸光、无色、奢华、科技

2.4.8 极致白

极致白，是指物质表面白色的高程度，以白色含有量的百分率表示。测定物质的白度通常以氧化镁为标准白度100%，并定它为标准反射率100%，以蓝光照射氧化镁标准板表面的反射率百分率来表示试样的蓝光白度；用红、绿、蓝三种滤色片或三种光源测出三个数值，平均值为三色光白度。反射率越高，白度越高，反之亦然。测定白度的仪器有多种，主要是光电白度计，标准不完全相同。习惯上把白度的单位“%”作为“度”的同义词，如新闻纸的白度为55%～70%（即55～70度）。

优缺点：极致白给人强烈的视觉效果，也因其极致白让人产生易脏不好打理的心理反应。

设计注意事项：极致白色目前应用材料较多的是超纤材料、有机硅皮革，多为软质材料，需处理好耐脏污性能。

应用领域：汽车内饰、手机、笔记本、沙发等。

赛博坦克300汽车内饰

上海华峰超纤Laedana

（材料白度可以接近100，几乎达到了白色的极限）

CMF关键词推荐

创新价值：新颜色、新材料

商业价值：高性能、高附加值、防水、耐污、易清洁、艺术、装饰

消费价值：亲肤、柔软、无色、无味、奢华、精致、家居、科技、舒适

2.5 色彩应用

2.5.1 经典色

经典色指受众面广泛的典型色彩应用，有较好色彩应用受众基础。

2.5.1.1 蒂芙尼蓝

蒂芙尼（Tiffany）蓝是PANTONE公司专门为蒂芙尼诞生年份而定制，经过多年来的推广和知识产权保护，让人看到这款颜色便联想到蒂芙尼。这款颜色第一次出现是在1845年蒂芙尼发布的第一份蒂芙尼蓝书（Blue Book）上。

在众多蓝色中，蒂芙尼蓝被认为是世界上最美好、最幸福的蓝色。同时也被称为知更鸟蛋蓝，比普通的知更鸟蛋蓝要稍微淡一点。它代表着浪漫与幸福的色彩，蓝中带绿的色泽好似一抹清泉，流淌在心间，如浅水般冰凉，让燥热瞬间消散。许多女性朋友非常容易被蒂芙尼蓝那种饱满粉嫩的糖果质感所深深吸引，而该颜色也成为时尚圈永不衰退的热门流行色彩。

蒂芙尼蓝及应用

CMF关键词推荐
创新价值：新颜色
商业价值：高附加值、高识别度、艺术、装饰
消费价值：奢华、精致、时尚

2.5.1.2 玫瑰金

玫瑰金，单从它那浪漫的名字，就能引起人们无数美妙的联想。在闪闪发光的黄金饰品与经典高雅的铂金饰品之后，色调柔和迷人的玫瑰金饰品日渐成为时尚人士的“新宠”，以其独特的风格与文化，演绎出贵金属饰品的又一片崭新天地。

其实严格来说，“玫瑰金”并不是特指某一个颜色，它就像“金色”也不是指一个颜色，玫瑰金给人带来的视觉感受是和黄金一样的光泽，和略略偏向红色调的黄色，当然那红色调只是和黄金的本色相比。玫瑰金，跟曾经红极一时的“土豪金”不一样，它的色调独特，延续了粉嫩色彩的柔和感，在纺织服装、化妆饰品制作加工及数码科技领域都能常见它的身影，可以说，它比“土豪金”更受用户的喜爱，且喜爱热度有增不减。

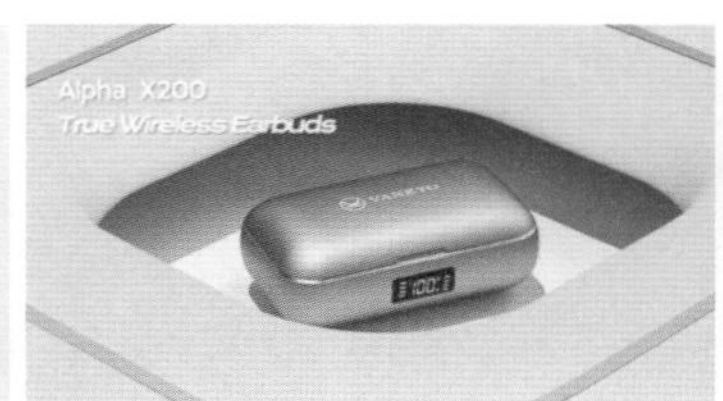

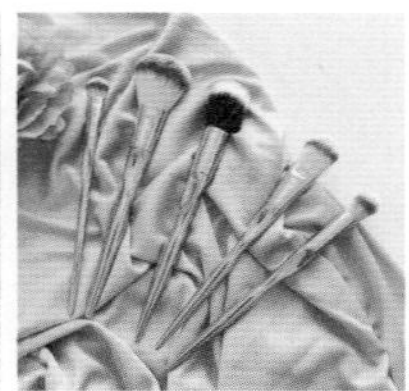

玫瑰金及应用

CMF关键词推荐

创新价值：新颜色

商业价值：高附加值、艺术、装饰

消费价值：金属感、奢华、精致、温馨、舒适、时尚

2.5.1.3 爱马仕橙

爱马仕是法国奢侈品品牌，爱马仕橙是该企业除了LOGO外的另一大标识，它象征着活力与时尚，代表着一种张扬和活力。爱马仕作为著名的奢侈品牌，拥有一百多种不同尺寸颜色的包装，而爱马仕橙是个神奇的色彩，更是最具有品牌象征的颜色，它不像红色深沉艳丽，又比黄色多了一丝明快厚重，在众多色彩中耀眼却不令人反感，它自带高贵的气质与爱马仕品牌内涵不谋而合。

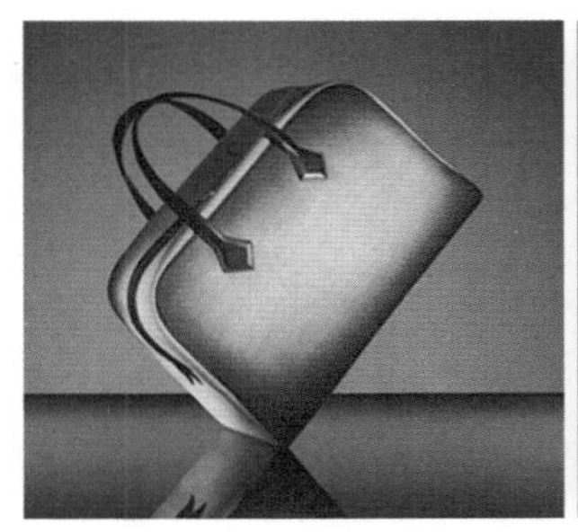

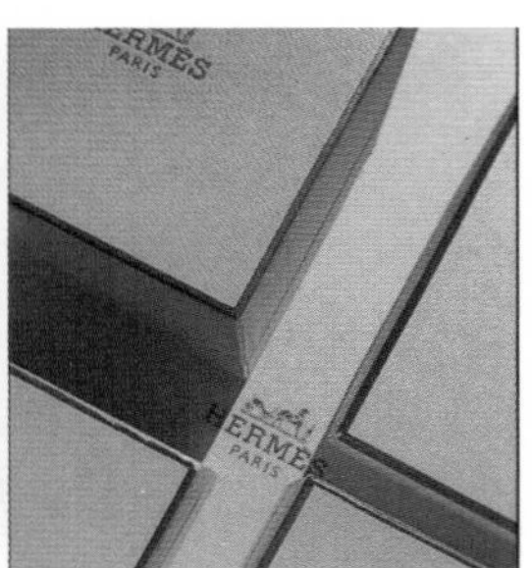

爱马仕橙及应用

CMF关键词推荐

创新价值：新颜色

商业价值：高附加值、艺术、装饰

消费价值：奢华、温馨、经典

2.5.1.4 克莱因蓝

克莱因蓝（International Klein Blue，简称IKB），是深蓝颜色，蓝色系之一，亦称宝蓝色。因被法国艺术家伊夫·克莱因新现实主义者混合而成和首先得到专利而得名。

“克莱因蓝”，不只是一种颜色，更是伊夫·克莱因这位现代艺术大师的“作品”，它有着精确的色彩配比：RGB (0, 47, 167)，CMYK (100, 72, 0, 35)，HSV (223, 100%, 65%)，HEX：#002FA7，同时具备极强的视觉侵蚀力，纯粹的蓝让我们看一眼就难以忘记。

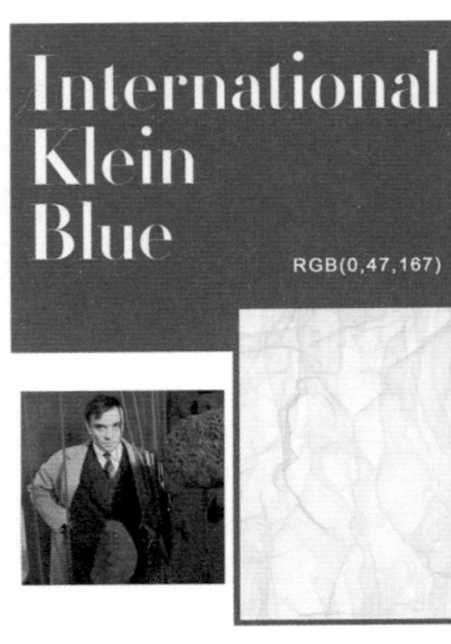

克莱因蓝及应用

CMF关键词推荐

创新价值：新颜色

商业价值：高附加值、高识别度、艺术、装饰

消费价值：奢华、精致、经典、时尚

2.5.1.5 草木绿

草木绿是彩通公司（Pantone）2016年12月发布的2017年度代表色，色号为PANTONE 15-0343 Greenery，该颜色在色彩领域备受关注，并在华为P10手机、OPPO R9s手机中量产应用，开启手机产品与年度色结合应用的先端。

PANTONE 15-0343草木绿，一个具有生命力、令人愉悦的颜色，也象征着个人对热情和活力的追求。色彩表现了人们对表达、探索、尝试和创新的渴望，同时赋予一种轻快愉悦的感觉，草木绿所表现出来的生机与活力能激发人们的自信，让人们怀有无限憧憬。

草木绿应用在日常生活的多方面，比如城市规划、建筑、生活方式、设计等。草木绿从原来的边缘位置正走向潮流前线。

草木绿及应用

CMF关键词推荐

创新价值：新颜色

商业价值：高识别度、流行

消费价值：时尚

2.5.2 流行与传统色

2.5.2.1 流行色

流行色是一种社会心理产物，它是某个时期人们对某几种色彩产生共同美感的心理反应。所谓流行色，就是指某个时期内人们的共同爱好，带有倾向性的色彩。

流行色主要应用在时尚领域，如鞋服、箱包、纺织。随着工业产品的发展，消费电子、小家电，甚至汽车类产品也进入到流行色领域。流行色领域有国际知名色彩机构：国际流行色协会。同时在世界众多国家，都拥有该国流行色协会，成为国际流行色协会的重要一员。在时间维度上，流行色有春夏流行色、秋冬流行色。也有以一年为单位的流行色，在特定情况下，流行色可能会影响3至5年，甚至更长时间。

流行色渠道：国际流行色协会每年发布流行色，PANTONE公司每年在12月发布色彩趋势，并推荐一款年度色。在涂料领域，比如PPG、阿克苏诺贝尔、卡秀，化工领域比如巴斯夫、科思创，汽车内饰面料领域如旷达科技等企业，都拥有自己的色彩团队，每年会发布色彩趋势。

设计注意事项：流行色有一定的行业界限，在应用流行色时需要根据行业自身情况而定，不可盲目应用。

iPhone 5s的金色带动香槟金成为后续多年的流行色

上汽名爵木兰MULAN外饰

渐变色设计手法成为流行色彩应用手法

CMF关键词推荐

创新价值：新颜色

商业价值：高识别度、艺术、装饰、流行

消费价值：时尚

2.5.2.2 年度色

年度色的典型代表为：PANTONE公司从1999年发布至2022年，历经了23个年度色。目前其他色彩机构或企业，也发布有年度色，如PPG、立邦、卡秀等。

年度色与过去发布色彩趋势报告有重要变化，过去色彩趋势报告拥有多个色彩主题、多种色彩搭配推荐方案，往往涉及数十个或几十个颜色，色彩信息的复杂性容易导致大众记不住具体色彩。年度色在色彩趋势报告的基础上，从中挑选1个最能代表下一个年度色色彩，做为主推，可以吸引更多的媒体关注、消费者关注，形成很好的色彩认知。

设计注意事项： 年度色的推出周期为1年，但年度色的应用不一定局限在1年以内，有可能会被应用更长时间。

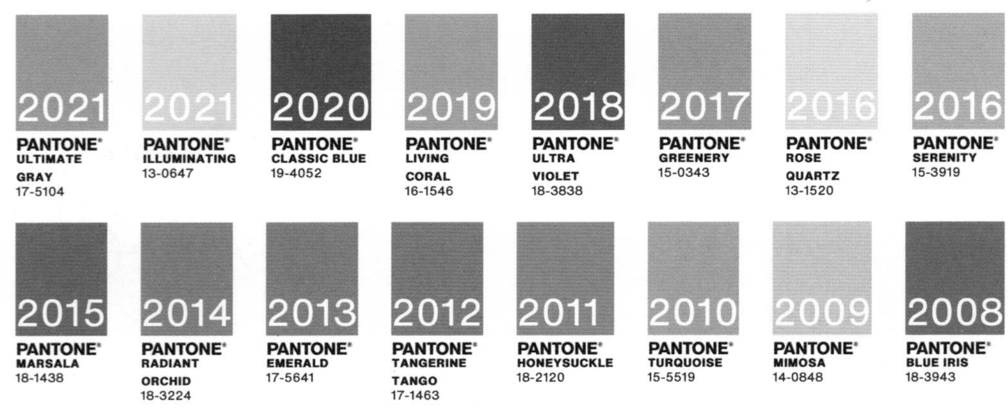

PANTONE历年年度色

PANTONE年度色之2016静谧蓝与粉金、2019珊瑚橙、2020经典蓝

CMF关键词推荐

创新价值：新颜色

商业价值：高识别度、艺术、装饰、流行

消费价值：时尚

2.5.2.3 传统色

传统色是指在一个国家或地区的历史、文化、艺术等方面具有代表性和传承性的颜色。这些颜色通常与特定的文化、宗教、传统、习俗等相关联，具有深厚的文化内涵和象征意义。

中国色彩历史丰富，古建筑古文物是重要载体，如故宫、敦煌、寺庙、陶瓷、书画作品；以及历史文化、诗词歌赋等；不同朝代的色彩特征，如唐朝的唐三彩、草木染、唐装，宋朝的风雅、千里江山图；还有藏族、傣族、苗族、布依族等特色民族的服饰、文化等。传统色有着特定含义，如红色代表吉祥、喜庆；黄色代表尊贵、权威；蓝色代表清新、宁静；绿色代表生机、活力等。这些传统色在建筑、服饰、绘画、工艺品等方面都有广泛的应用。

不同地区、民族、国家对于传统色的认知不同，在色彩设计应用上，了解该地区的色彩传统非常有必要，传统色容易引起消费群体的情感共鸣，从而取得更佳的市场效应。

花西子傣族印象

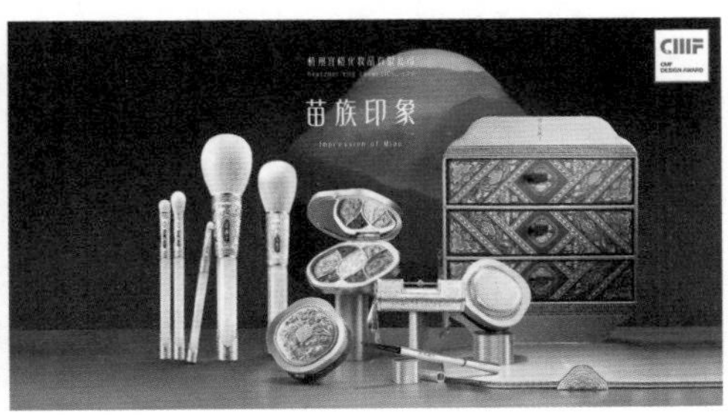

花西子苗族印象

华帝墨境套系，油烟机与烤箱，采用水墨及鎏金色

莱克电气风范吹风机，采用中国传统色调，搭配仿掐丝珐琅工艺效果

CMF关键词推荐

创新价值：新颜色

商业价值：艺术、装饰、传承

消费价值：经典、舒适、文化

2.5.3 色彩应用手法

在具体产品设计中，如何进行色彩选择、搭配、定义，是CMF设计师重要的工作内容。色彩设计中较常用的手法有：对比、撞色、同色、互补色、点缀色，流行色、年度色与传统色等，以及马卡龙色系与莫兰迪色系，还有渐变色、矩阵色等新型色彩手法。在特定领域也有独特的色彩应用，如汽车行业采用双色进行车身设计，成为高端车型的一个重要色彩印证。

2.5.3.1 点缀色

点缀色可以是一种色彩也可以是多种色彩，点缀色的作用并不直接用于表现主体，而是在于衬托，点缀色起到装饰作用，为产品或空间增添丰富的效果，起到画龙点睛的效果。

点缀色出现在现实生活的各个方面，以空间为例，空间色彩可以分为背景色、主体色和点缀色，背景色与主体色、点缀色之间的关系是相互的。点缀色在空间中的占比一般在

5% ～ 10%，主要通过装饰画、靠垫、植物花卉、工艺摆件、装饰品等装饰物来呈现。点缀色通常用来打破单调的整体效果，是室内环境中最易于变化的小面积色彩，所以通常情况下点缀色应选择较鲜艳的颜色。在选择点缀色时，如果主体色倾向于明亮的高明度色调，点缀色就选用低明度色彩，起到稳定明度、增加重色的作用。如果主体色倾向于深暗的低明度色调，点缀色就应挑选高明度的浅色，起到提升亮度、平衡轻重感的作用。如果主体色形成明显的大面积主调色，可采用小面积或局部的对比色或互补色点缀，使之在色相上取得平衡，使得整个空间的色彩效果更加生动不单调。如果你想营造出活泼生动的空间氛围，点缀色应选择较鲜艳的颜色。如果是需要特别营造低调柔和的整体氛围，点缀色也可以选用与背景色相近的颜色。由于点缀色自身的特点所决定它的功能更多会体现在细节上，点缀色可以很好地强调空间中原本容易被忽略的细节之处。点缀色的特点主要是面积小、色相清晰、醒目突出，点缀色的面积越小，色彩对对越强，点缀的效果也就会越突出。点缀色可以瞬间引人注意，突出必要的细节或者突出空间中的层次感。

设计注意事项：点缀色不宜面积过大，适可而止即可。

应用领域：汽车、家电、消费电子、室内空间等。

长安CS75 PLUS采用红色点缀

荣威RXS PLUS采用柠檬黄点缀

劳斯莱斯采用黄色点缀

CMF关键词推荐

创新价值：新颜色

商业价值：高识别度、艺术、装饰

消费价值：精致

2.5.3.2 渐变色

渐变色设计是一种新型CMF色彩设计手法，即从一种颜色过渡到另一种颜色或多种颜色。起因于2017年手机行业盖板应用，进入到工业产品领域，而后结合不同的材料、装饰工艺，发展成为影响消费电子、家电、汽车、家居等多个领域的重大现象级CMF色彩应用手法，成为了社会潮流现象，在2021年，渐变色与黑白灰银金一样，进入到常规色彩搭配方案当中。

渐变色关键点包含三个方面，第一：色彩过渡。渐变色单纯从视觉来说，包含从一种颜色过渡到另外一种颜色、一种颜色变化到另一种颜色或者多种颜色、不同角度看到不同颜色、同一角度看到多种颜色等。第二：渐变方式。如规则渐变，从左到右、从上到下、从内到外；到不规则渐变，如S渐变、光柱光感渐变、幻彩渐变。第三：渐变色的实现工艺。如：印刷、喷涂、打印、涂布、染色、氧化、色带转印、镀膜等，在特定产品中往往是几种工艺的结合、叠加应用。同时还可以通过原材料如镭射粉，物理手段如：光学纹理设计、纳米微球结构色等方式实现。

设计注意事项：渐变色因为色彩更加丰富，往往带来生产难度的增加、成本的上升，以及良品率的降低。

应用领域：电子类如手机盖板、手机中框、电子产品机身；家电面板、装饰件；汽车内饰（方向盘、座椅、装饰件）、汽车外饰漆；家居板材、膜片、墙体、门体；箱包、鞋服、食品包装等。

比亚迪宋PLUS渐变色汽车内饰

创维渐变色音响

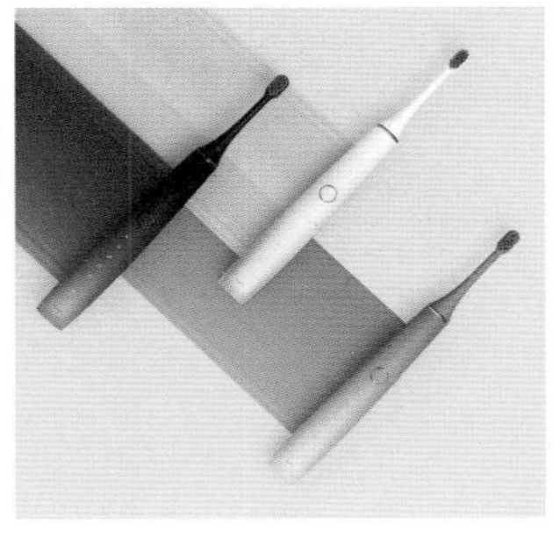

渐变色电动牙刷

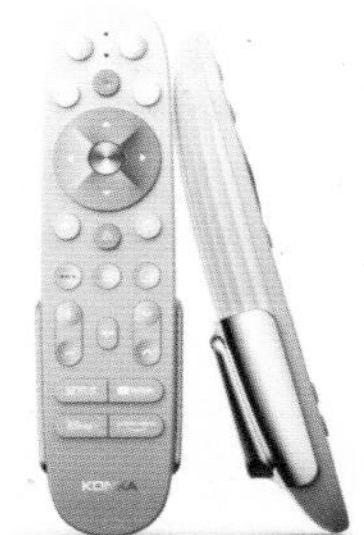

康佳遥控器

渐变色手机

CMF关键词推荐

创新价值：新颜色

商业价值：高附加值、高识别度、艺术、装饰、流行

消费价值：变色、多色、奢华、精致、智能、科技、时尚

2.5.3.3 矩阵色

矩阵色是色彩设计领域的新名词，矩阵色的形成源于渐变色的发展，并在此基础上发展出的更高维的CMF色彩设计应用手法。

CMF设计军团于2021年3月萌芽矩阵色想法，并于2021年5月正式提出矩阵化色彩概念，7月策划举办了《2021CMF色彩设计大会》，推动矩阵化色彩概念的落地。矩阵化色彩，可带来独特色彩价值、营销、吸引力、视觉冲击，成为企业应用的商业动力。

矩阵色定义：矩阵式、系统的色彩应用，区别于单个或无规律、混乱的多种颜色应用。矩阵化色彩，将若干个色彩变成了“一”。如，一款车有6个分散色彩，可以说由6个颜色组成一组矩阵色彩。

设计注意事项：矩阵色强调数字、逻辑，对于设计师的色彩知识与工具存在一定要求。

应用领域：手机、消费电子产品、汽车、家电、空间、建筑、城市。

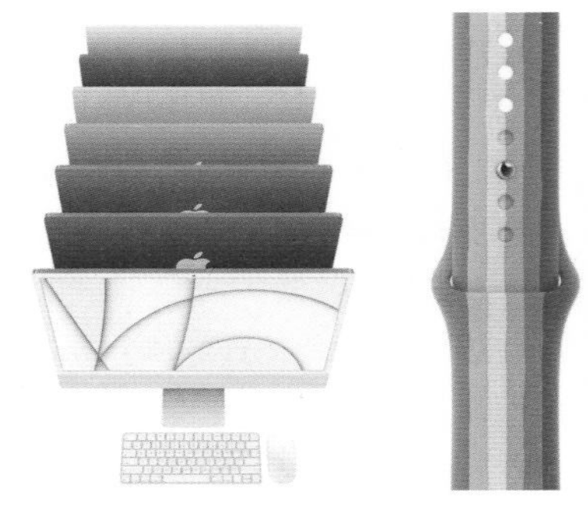

苹果imac与手表表带

五菱宏光mini马卡龙

三星BESPOKE系列冰箱

CMF关键词推荐

创新价值：新颜色

商业价值：高附加值、高识别度、艺术、装饰、流行

消费价值：多色、时尚

2.5.3.4 莫兰迪色

莫兰迪色系源于意大利著名版画家、油画家乔治·莫兰迪（1890-1964，Giorgio Morandi）。莫兰迪以静物为题材，运用独特的色彩观念、空间结构观念和艺术哲学加以其高度个人化的特点，确立了卓越的视觉审美体系，同时也确立了其在西方20世纪绘画史上的地位。

莫兰迪将所有颜色倾向灰色调的颜色组合，使原本光鲜亮丽的原色仿佛蒙上了一层灰调，温和温暖是莫兰迪色系独有的特点，它不像鲜艳的彩色极尽浮夸的视觉感受，也不至于带给人冷峻不易接近的“性冷淡”风格，而是将两者融合后，带给人视觉的完美平衡。莫兰迪色系里带着神秘又冷漠的灰色调，有种静态的美。在设计中巧妙利用莫兰迪色系可以使颜色搭配呈现出不同高级感，给人一种优雅别致的感觉。

设计注意事项：莫兰迪色系不管作为主色还是点缀色，都有很好的应用场景。因莫兰迪色系为低饱和度色系，与高饱和度色系搭配时需要注意比例关系，或尽量采用统一的低饱和度色系。

应用领域：手机、消费电子产品、汽车、家电、空间、建筑、城市。

奶油绿汽车外饰

莫兰迪色家具空间

CMF关键词推荐

创新价值：新颜色

商业价值：高附加值、高识别度、艺术、装饰、流行

消费价值：家居、温馨、经典、文化

2.5.3.5 双色车身

双色车身，是通过不同色彩和不同位置的组合搭配，打造出更加丰富的外观色彩效果，可以通过以下两种方式来实现，一是原厂双色车线体喷涂，在正常涂装线体完成单色车身喷涂的基础上，再按照设计方案确定分色位置，进行部分遮蔽后再进行二次喷涂；二是车身贴膜，汽车改装公司可以对车身进行贴膜达到双色车身的效果，而且规避了传统汽车美容原车漆不可恢复的问题，可以根据自己的需求进行定制化的双色贴膜。

优缺点：双色车身提升了产品的市场竞争力，满足购车者对外观颜色的个性化需求；但是在原厂车辆生产的过程中，两种颜色拼接位置容易出现虚喷和边缘不齐的问题，需在设计和生产过程中全面考虑，以保证产品静止性。

成本参考：双色车身的喷涂根据不同的位置，一般是单色车身2～3倍，所以双色车身大多数是要加价购买的，从而达到颜色溢价的效果。

设计注意事项：因容易出现虚喷和边缘不齐的问题，在设计方面除了考虑整体效果的协调性外，还要考虑批量生产的可行性，尽量将分色位置设计在有造型转折特征或者预留分色槽，在生产方面应注意遮蔽膜和分色胶带定位方式的合理性。

应用领域：汽车外观色彩及装饰件，过去双色车身主要是豪华车专属，如迈巴赫、劳斯莱斯、宾利、奔驰GLS，目前如红旗H9、长城坦克800、长城欧拉、五菱宏光MINI等都在应用。

双色车身应用

CMF关键词推荐

创新价值：新颜色、新工艺

商业价值：高附加值、高识别度、艺术、装饰、产品溢价

消费价值：多色、奢华、精致、经典

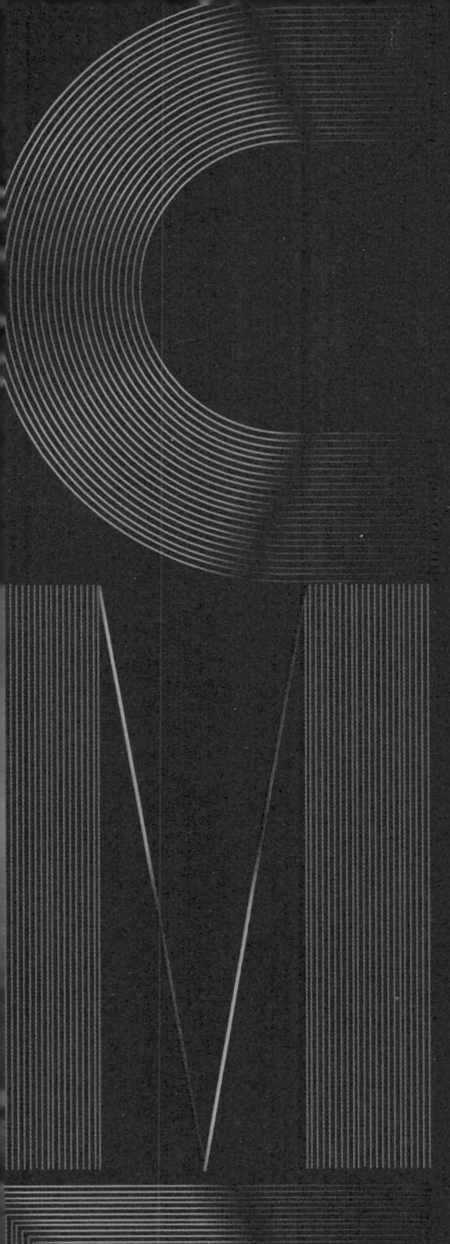

3

CMF 材料篇

CMF 设计中，Material材料，是产品成型的基础，是消费者感知产品的重要元素。材料包含两大部分，成型材料与装饰材料。

3.1 成型材料

成型材料主要用于产品塑形，作为主结构件、主外观件、主功能件，主要有塑胶、金属、玻璃、陶瓷、天然类材料等。

3.1.1 塑胶

塑胶是高分子聚合物，根据触感的不同，一般分为硬质塑胶、半硬质塑胶和软质塑胶。常见硬质塑胶有ABS、POM、PS、PMMA、PC、PET、PBT、PPO等；半硬质塑胶有PP、PE、PA、PVC等；软质塑胶有软PVC、K胶（BS）、TPE、TPR、EVA、TPU等。根据聚合物的状态不同，又分为塑料、热塑性弹性体和橡胶。

塑料通常有两种分类方法。按照应用领域不同，塑料分为通用塑料、工程塑料和功能塑料；按成型性能不同，塑料又分为热塑性塑料和热固性塑料。通用塑料一般作为非结构性材料使用，其产量大、价格相对低廉、性能一般，多用于制作日用品，如PE、PP、PVC、PS、PMMA、EVA等；工程塑胶具有较高力学性能且耐高温、耐腐蚀，具有优异的综合性能，可以作为结构性材料使用，被公认的七大工程塑料为ABS、PC、POM、PA、PET、PBT、PPO，工程塑料的产量相对较少，价格较贵；功能塑料是指具有某些特殊机能的塑料材料，如导电塑料、磁性塑料、抗菌塑料、缓释塑料、吸水性树脂等。热塑性塑料在一定温度条件下，能软化熔融成任意形状，冷却后形状不变，这种状态可多次反复，而材料始终具有可塑性，且这种反复只是一种物理变化；热固性塑料是在一定温度条件下能软化成熔融态，降温后形状固定、变硬，但是再次加热升温后，则不能再次熔融软化的塑料。

热塑性弹性体是指热塑性塑料和热固性橡胶相结合的高分子材料，既具有橡胶的柔软性、回弹性，像橡胶那样使用硫黄及其他硫化剂进行压制成型的加工方法加工成型，又具有热塑性塑料的熔融性、可塑性，可以利用一般塑料加工设备加工方法而加工成型，如注塑成型、挤出成型、吹塑成型和压延成型等。它是继天然橡胶、合成橡胶之后的又一种被称为“第三代热塑性橡胶”的新材料，由于具有橡胶、塑料的双重性能，所以具备在常温下显示橡胶特性、在高温下能塑化成型的优化组合特性。

橡胶（Rubber）是指具有可逆形变的高弹性聚合物材料，属于完全无定形聚合物，玻璃化转变温度（T_g）低，分子量往往很大，大于几十万。橡胶分为天然橡胶与合成橡胶两种。天然橡胶（NR）是从橡胶树、橡胶草等天然橡胶植物中采集并经加工而得到的一种高分子弹性材料；合成橡胶则由各种单体经聚合反应而得。天然橡胶是应用最广的橡胶，主要应用于轮胎、胶带、胶管、胶鞋、电线电缆和多数橡胶制品，例如日常生活中使用的雨鞋、暖水袋等。根据橡胶的性能和用途，除天然橡胶外，合成橡胶可分为通用合成橡胶、半通用合成橡胶、专用合成橡胶和特种合成橡胶，广泛用于轮胎制造、耐磨制品、密封和减震配件等。

硅胶，按其性质及组分，分为有机硅胶和无机硅胶两大类。无机硅胶是二氧化硅的缩合物，是一种高活性吸附材料，其化学分子式为$m\mathrm{SiO_2}\cdot n\mathrm{H_2O}$，不溶于水和任何溶剂，无毒无味，化学性质稳定，除强碱、氢氟酸外不与任何物质发生反应，各种型号的硅胶因其制造方法不同而形成不同的微孔结构，常说的整形中填充的硅胶就是该种硅胶。有机硅胶又称硅橡胶，是由二氯硅烷经过水解、缩聚而得到的一种线型聚合物有机弹性体，其主链以Si—O（硅氧键）单元为主，具有卓越的耐高、低温性能，工作温度范围−100 ～ 350℃；优异的耐臭氧老化、耐光老化和耐天候老化性能；优良的电绝缘性能，广泛用于硅胶手机套、硅胶礼品、硅胶垫、硅胶生活用品等。

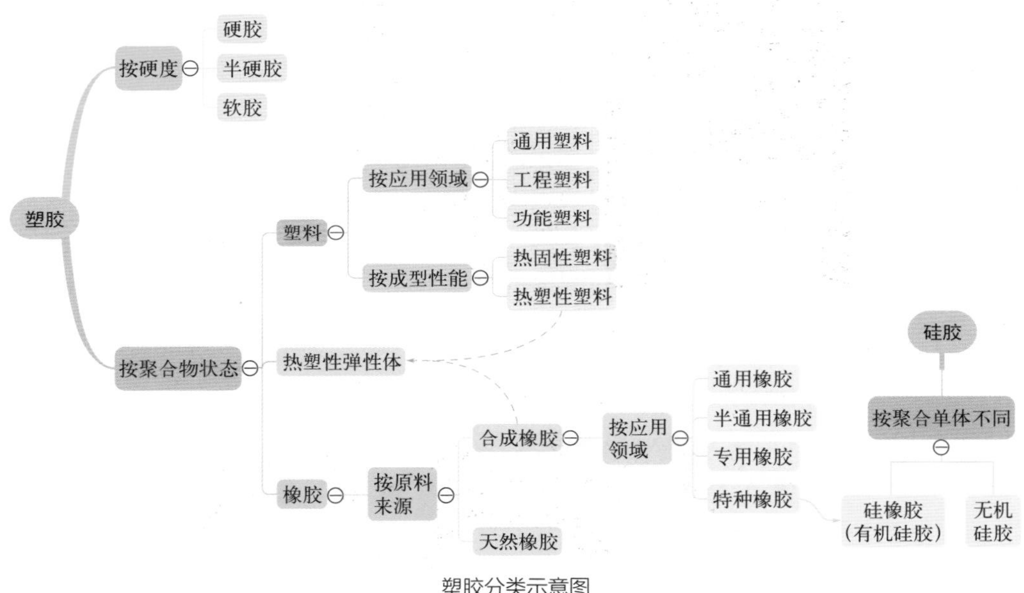

塑胶分类示意图

3.1.1.1 ABS

ABS（Acrylonitrile-Butadiene-Styrene）塑料诞生于20世纪40年代，是在聚苯乙烯树脂改性基础上，由丙烯腈（A）、丁二烯（B）、苯乙烯（S）三种单体共聚合而成。丙烯腈（A）使其耐化学腐蚀、耐热，并有一定的表面硬度；丁二烯（B）使其呈现橡胶状的韧性；苯乙烯（S）使其具有刚性和流动性。ABS兼有三种组元的协同性能，综合性能良好，俗称“超不碎胶”。改变三种单体相对含量，可制成不同型号、不同性能的ABS树脂，如耐热ABS、高抗ABS、高光泽ABS等，ABS采用挤出成型、注射成型和热成型来成型制品。ABS为热塑性塑料。

优缺点：坚韧、质硬、刚性，性价比高；易染色、易电镀、高光泽，装饰性能好；不易燃；但耐溶解性较差。

成本参考：成本较低，在产品中大量使用。

设计注意事项：ABS收缩率为0.4% ～ 0.7%，合适壁厚为1.8 ～ 2.3mm。基于外观化、舒适化、安全化、轻量化的发展方向，ABS改性产品不断出现，如耐热ABS、低气味ABS及合金、低光泽ABS合金、吹塑级ABS、电镀级ABS和抗静电ABS。

应用领域：①汽车。前脸格栅、仪表盘、方向盘、空调出风口、手套箱、内饰部件等。②办公设备和家用产品。存储器外壳、计算机、传真机、复印机、家用吸尘器、空调、厨房用具等大量使用了ABS制作外观零部件。INS嵌片注塑工艺膜片为ABS或ABS/PMMA。

西门子洗衣机，顶盖板、控制面板、投料盒把手、门圈采用ABS

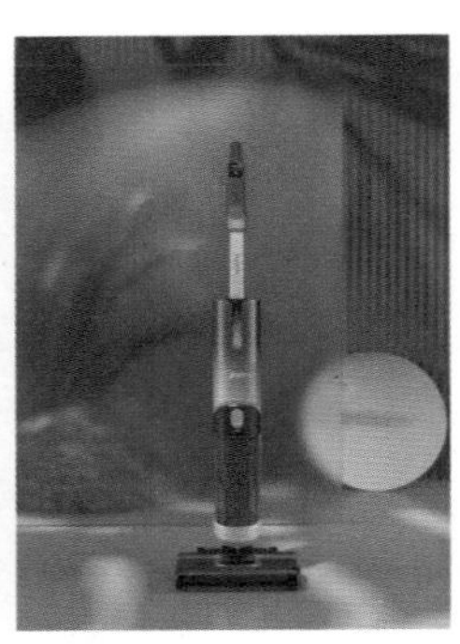

美的WD40洗地机，壳体采用ABS

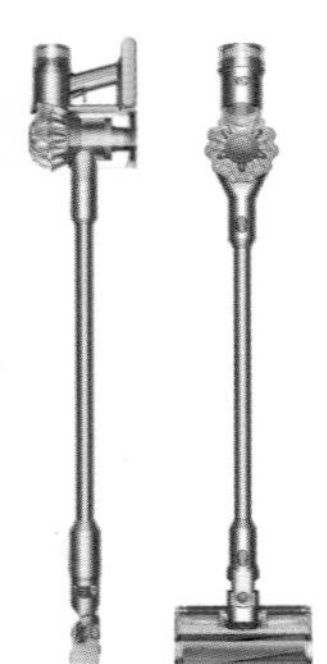

戴森吸尘器外壳

Xbox手柄外壳

CMF关键词推荐

商业价值：高效率、高性能、低成本、耐污、防水、耐刮、耐磨、易加工

消费价值：亲肤、无味

社会价值：循环再生、可回收、无毒

3.1.1.2 PP

PP（Polypropylene）塑料，中文名聚丙烯，最早于1958年在市场上出现，是无毒、无臭、无味的乳白色高结晶的聚合物，密度为0.9～0.91g/cm³，是最轻的塑料材料之一。PP透光、强度、耐磨损、抗冲击性能均较好，化学性能稳定，绝缘性很好，耐热，是当今塑料品种中发展最快的之一。PP原料容易获得，价格相对便宜。PP塑料制品有：管材、板材、薄膜、扁丝、纤维。作为通用塑料，PP广泛用于盒、杯、盘等

合肥为先小海星儿童防烫吸管，海星主体采用PP

日用品及各种工业配件制品。聚丙烯树脂可采用挤出成型、注射成型和中空吹塑成型。PP为热塑性塑料。

优缺点：聚丙烯塑料的耐弯曲疲劳性优良，反复弯折几十万次到几百万次不断裂，形成“合叶”效果，常被用于生产文具、洗发水瓶盖的整体弹性铰链。由于黏合性能很差，PP很难表面喷涂；耐低温性能较差，易老化；高度易燃。

成本参考：在产品中大量使用的常用塑料，成本较低。

设计注意事项：PP收缩率大（为1% ～ 2.5%），厚壁制品易凹陷，对一些尺寸精度要求较高的零件，很难达到要求。高透明聚丙烯由于其透明性高、流动性好、成型快，有更好的开发前景。

应用领域：在家用电器中的应用，例如洗衣机的内外桶、电视机的壳体以及后盖、电冰箱的透明抽屉，高透明的聚丙烯还可用于做餐盒、杯壶用品等。

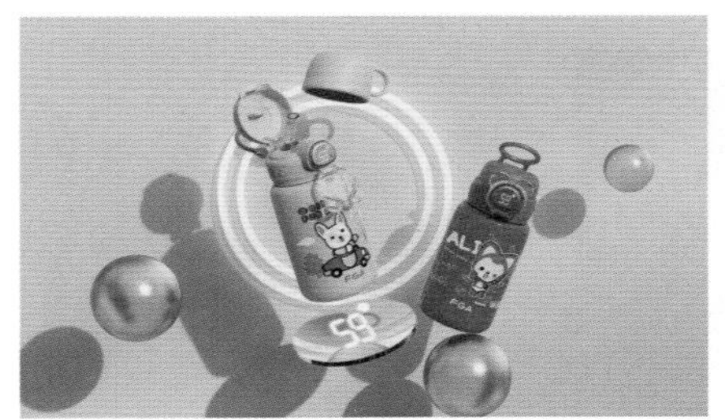

安徽富光FGA丛趣系列饮具，提手、上翻盖、连接体、饮杯均采用PP材质

Magis-Bell Chair

CMF关键词推荐

商业价值：高效率、低成本、耐污、防水、轻量化、易加工、耐热

消费价值：亲肤、光滑、透明、透光、无味

社会价值：循环再生、可回收、无毒

3.1.1.3 PC

PC（Polycarbonate），中文名聚碳酸酯，是分子链中含有碳酸酯基的芳香族高分子聚合物。PC具有高透明性，表面光泽好，具有优良的机械性能，其中抗冲击性和抗蠕变性尤为突出，耐热性、耐寒性和耐候性好，使用温度范围广，是综合性能优良的工程塑料，被称为“透明金属”。PC是工程塑料中增长速度最快的之一。PC塑料可采用挤出成型、注射成型和中空吹塑成型来完成制品。PC为热塑性塑料。

优缺点：具有高强度及弹性系数、高冲击强度、耐疲劳性佳、尺寸稳定性良好、高度透明性及自由染色性；但耐疲劳性能较差，容易开裂；耐碱性差，在高温下易分解，透明度低于PMMA。

成本参考：阻燃级原料价格成本26元/kg。

设计注意事项：聚碳酸酯的吸水率小，具有好的尺寸稳定性，适合制作尺寸精度高、外形复杂的模制品。避免尖角设计，防止应力集中而开裂。

应用领域：汽车照明、光学照明、汽车仪表板及保险杠；电子电气、机械设备、医疗器材；建筑上用作中空筋双壁板、暖房玻璃等；在纺织行业用作纺织纱管、纺织机轴瓦等；日用方面作奶瓶、水瓶、餐具、玩具、模型、LED灯外壳和手机外壳等。IML（In Mould Lamination）模内镶嵌注塑工艺薄膜片材为PC、PET。

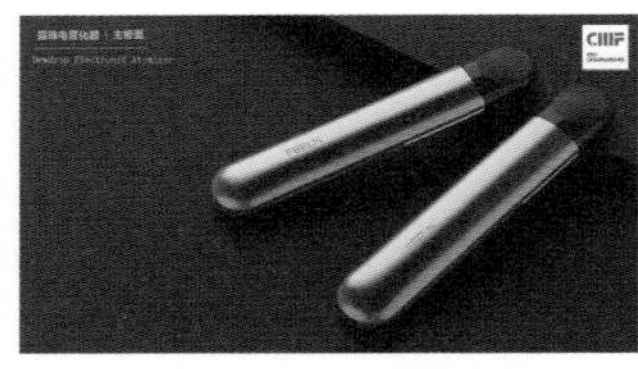

麦克韦尔露珠电雾化器（电池管采用透明PC）

苏泊尔显影水壶，壶身采用高亮黑色半透PC材质

北京汽车BJEV EU5车尾灯

方太油烟机，照明灯采用PC材质

苏泊尔AP自清洁无线轻量手持吸尘器，滤网罩采用高亮烟灰半透PC材质

CMF关键词推荐

商业价值：高效率、高性能、防水、易加工、耐热、耐寒、耐候、防水、阻燃

消费价值：亲肤、光滑、透明、透光、无味

社会价值：循环再生、可回收、无毒

3.1.1.4 PS

PS（Polystyrene），中文名聚苯乙烯，是指大分子链中包括苯乙烯基的一类塑料，具体品种包括通用聚苯乙烯（GPPS）、高抗冲聚苯乙烯（HIPS）、可发性聚苯乙烯（EPS）和茂金属聚苯乙烯（SPS）等。通用聚苯乙烯为透明颗粒状，又叫水晶聚苯乙烯，俗称响胶。聚苯乙烯流动性好，可用注塑、挤塑、吹塑、发泡、热成型、粘接、涂覆、焊接、机加工、印刷等方法加工成各种制件，特别适用于注射成型。PS为热塑性塑料。

创维BCD-500WXGPSi十字门冰箱，内胆、抽屉

优缺点：水晶般的透明度（87%～92%），有光泽，易着色，质轻（密度为1.04～1.09g/cm³），食品级，表面硬度高，制品尺寸稳定，具有一定的机械强度，但质

脆易裂，抗冲击性差，耐热性差。

成本参考： 食品级注塑原料价格成本9.8元/kg。

设计注意事项： 成型收缩率0.6%～0.8%，注意夹角处的圆弧设计，避免应力集中开裂。

应用领域： 由于良好的透光性，PS被广泛应用于光学工业中，可制造光学玻璃和光学仪器，也可制作透明或颜色鲜艳的，诸如灯罩、照明器具等；在家电和厨房用具中也得到了广泛的应用，如冰箱内部的格栅和食品容器等。

磁带外盒

透明水杯

CMF关键词推荐

商业价值：高效率、低成本、防水、轻量化、易加工

消费价值：亲肤、光滑、透明、透光、多色、无味

社会价值：循环再生、可回收、无毒

3.1.1.5　PET

PET（Polyethylene Terephthalate）含有聚对苯二甲酸乙二醇酯，是热塑性聚酯中最主要的品种，简称PET或PETP。PET与PBT一起统称为热塑性聚酯，或饱和聚酯。PET常用成型工艺为注塑、挤出、吹塑、涂覆、粘接；常用表面工艺为电镀、真空镀金属、印刷。PET为热塑性塑料。

优缺点： PET是乳白色或浅黄色、高度结晶的聚合物，表面平滑有光泽。在较宽的温度范围内具有优良的物理机械性能，电绝缘性优良，在高温高频下，其电性能仍较好，但耐电晕性较差，抗蠕变性、耐疲劳性、耐摩擦性、尺寸稳定性都很好。无毒、无味，卫生安全性好，可直接用于食品包装。

成本参考： 阻燃级注塑原料价格成本约20元/kg。

设计注意事项： 温度达到70℃的时候，会出现变形，并且会释放出对人体有害的物质。目前PET回收应用广，是循环再生、可回收、再生材料的重要选项，其中汽车内饰面料中的涤纶面料，就是PET的一种。

应用领域： 由于高透明和良好的阻隔性，PET大量用于瓶类包装，如碳酸饮料、矿泉水、油类、酒类、药品、化妆品及保健用品制品包装。PET还可制作电气插座、产品外壳、机械零件、容器，仪表机械、点钞机等的配件；汽车工业中的流量控制阀、脚踏变速器等；另外还有轮椅车体及轮子、钟表零件、喷雾器等部件。PET制成的薄膜应用广泛，如冰箱和洗衣机的彩钢板材料表面、计算机表面的拉丝磨砂效果。IMD（In-Mold Decoration）模内装饰技术会用到PET膜片。

饮料瓶

微软鼠标，利用海洋垃圾PET回收材料

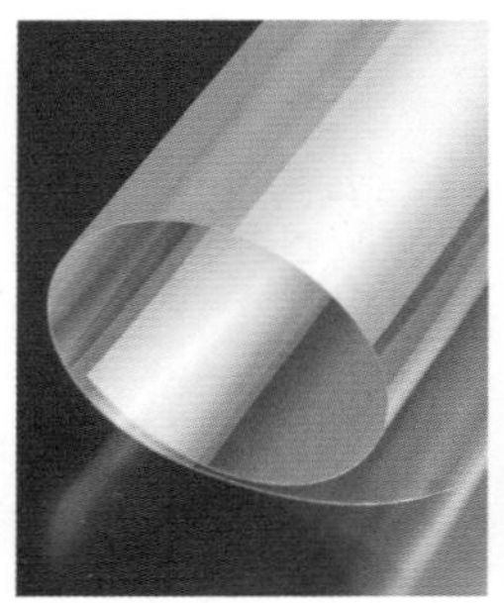

PET片材

PET热成型制品

PET瓶制成3M™新雪丽™100%循环再生保暖材料

CMF关键词推荐

创新价值：新材料、新技术
商业价值：高效率、低成本、耐污、防水、轻量化、易加工、阻燃
消费价值：亲肤、光滑、透明、透光、无味
社会价值：绿色环保、循环再生、可回收、可持续

3.1.1.6 PMMA

PMMA[Poly(Methyl Methacrylate)]，又叫亚克力或有机玻璃，化学名称为聚甲基丙烯酸甲酯，是一种开发较早的重要可塑性高分子材料。PMMA主要分为浇注制品和挤塑制品，形态有板材、棒材和管材等。其种类繁多，有彩色、珠光、镜面和无色透明等品种。PMMA成型方法有浇注、注射成型、机械加工、热成型等，还可采用切削、钻孔、研磨抛光等机械加工和采用粘接、涂装、印刷、热压印花。PMMA为热塑性塑料。

优缺点：具有水晶般的透明度（透光率可达92%以上），易着色，具有一定的强度，韧性好，不易破碎，具有良好的热塑性，耐水性、耐候性及电绝缘性好。但有机玻璃耐热性低，表面硬度低，易划伤而失去光泽。

成本参考：注塑级原料价格20 ～ 25元/kg。

设计注意事项：热膨胀系数大，吸水性高，因温度和湿度引起的尺寸伸缩量大，缺口冲击强度低，易产生应力开裂，适合壁厚1.5 ～ 4mm。

应用领域：由于PMMA制品有一定的强度，并且透明度好，所以多用在要求透明、防震和防爆方面。①建筑应用：橱窗、隔音门窗、采光罩、电话亭等。②广告应用：灯箱、招牌、指示牌、展架等。③交通应用：火车、汽车等车辆门窗等。④医学应用：婴儿保育箱、各种手术医疗器具。⑤民用品：卫浴设施、工艺品、化妆品、支架、水族箱等。⑥工业应用：仪器表面板及护盖等。⑦照明应用：日光灯、吊灯、街灯罩等。⑧创新设计应用：家居产品，如椅子等。⑨家电应用：空调面壳、小家电面壳、装饰件。INS嵌片注塑工艺（Film Insert Molding）膜片会用到ABS+PMMA。手机复合板材料，是PC+PMMA结合。

康佳PB2小白盒子，视窗采用PMMA

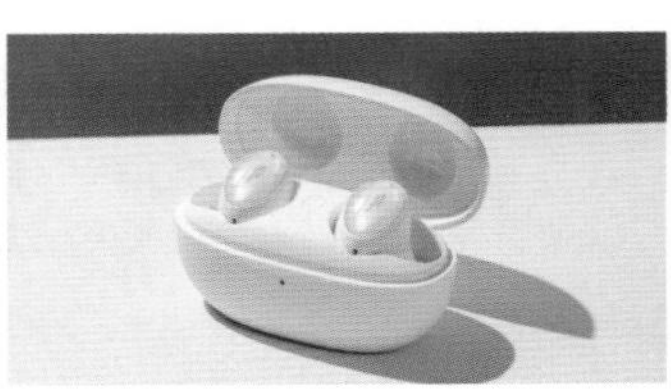

万魔猫眼耳机，采用复合板PC+PMMA

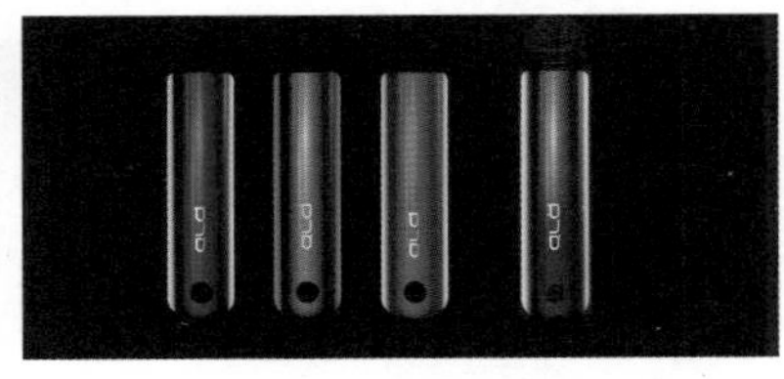

卓力能电子烟，采用复合板PC+PMMA

Grand Illusion桌子

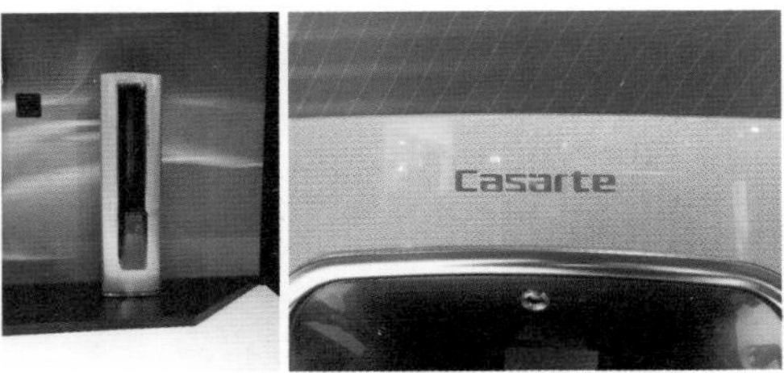

卡萨帝柜机空调，面板采用亚克力

亚克力透明椅

CMF关键词推荐

商业价值：高效率、高性能、防水

消费价值：光滑、透明、透光、发光、无味、精致、家居

社会价值：循环再生、可回收、无毒

3.1.1.7 PPSU

PPSU[Poly(Phenylene Sulfone)]，中文名聚亚苯基砜树脂，指在分子主链中含有砜基及芳核的高分子化合物，是一种无定形的热性塑料，在1965年由美国联碳公司研究推出，在当时的美国通过了药监局的认证。PPSU是新颖的热塑性工程塑料，具有高透明性，高水解稳定性，制品可以经受重复的蒸汽消毒。PPSU常用成型工艺为注塑成型，为热塑性塑料。

优缺点：PPSU为安心材质，不含扰乱内分泌的致癌化学物质双酚A；PPSU耐热温度高达207℃，可反复高温煮沸，蒸汽消毒；韧性好，耐温、耐热氧化，抗蠕变性能优良，耐无机酸、碱、盐溶液的腐蚀，耐离子辐射，无毒，绝缘性和自熄性好；刚性大，不能在沸水中长期使用。

成本参考：透明级食品级奶瓶用原料价格成本150元/kg。

设计注意事项：PPSU食用医疗级工程塑料，价格较贵，应选择合适的使用场景。

应用领域：手机纳米注塑的天线、食用级和医疗级PPSU主要用于食品用具、奶制品加工设备及医疗器械；作为工程塑料PPSU用于制作高温下工作的汽车配件、机械零件及各种电器零件。PPSU儿童奶瓶有抗菌能力。

Comotomo奶瓶，硅胶+PPSU

iPhone7天线采用PPSU+PEEK

CMF关键词推荐

创新价值：新材料

商业价值：高性能、高附加值、抗菌、耐温、耐酸

消费价值：亲肤、光滑、透光、无味、温馨

社会价值：可回收、无毒

3.1.1.8 PA

PA（Nylon），俗称尼龙，是美国DuPont公司最先开发用于纤维的树脂，于1939年实现工业化，20世纪50年代开始开发和生产注塑制品，以取代金属满足工业制品轻量化、降低成本的要求。尼龙是一种自润滑的材料，可以有效对抗磨损和化学物质的腐蚀。目前，全球尼龙市场仍然以PA6和PA66为主，合计占比约86%。近几年，中国PA6产能提升迅速，市场占比达到73%，而PA66的占比约为20%，包括PA12在内的其他PA产品仅占7%。PA为热塑性塑料。

优缺点：丝绸般光滑，具有很高的机械强度，软化点高，耐热，摩擦系数低，耐磨损，具有自润滑性、吸震性和消音性，耐油，耐弱酸，耐碱和一般溶剂；电绝缘性好，有自熄性，无毒，无臭，且尼龙可回收再利用。缺点是尼龙染色性差，不易着色；吸水性大，抗湿能力极差，会影响尺寸稳定性和电性能。

成本参考：注塑级脱模级原料价格成本22元/kg。

设计注意事项：玻璃纤维加强型PA甚至可以代替一些金属，被广泛运用在家具的结构部分、手持工具以及体育用品上。普通的PA可以回收再利用，但是加强型的PA比如玻璃纤维加强型，很难被回收再利用。收缩率为1%～2%，需注意成型后吸湿的尺寸变化，合适壁厚2～3.5mm。

应用领域： PA一般用于汽车零部件、机械部件、工程配件等，如轴承、电子设备外壳、家具部件和体育器材中。作为一种并纺纤维，尼龙和丝的特点很接近，因此广泛作为人造替代物用于服装和地毯。

华峰超纤，OxgenX绿氧面料，源于生物基的尼龙超细纤维丝束，采用纳米碳化技术

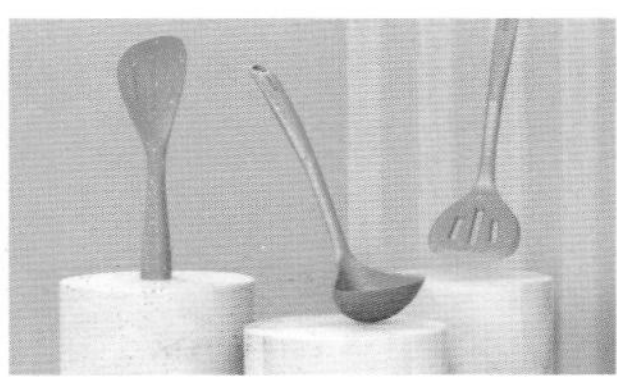

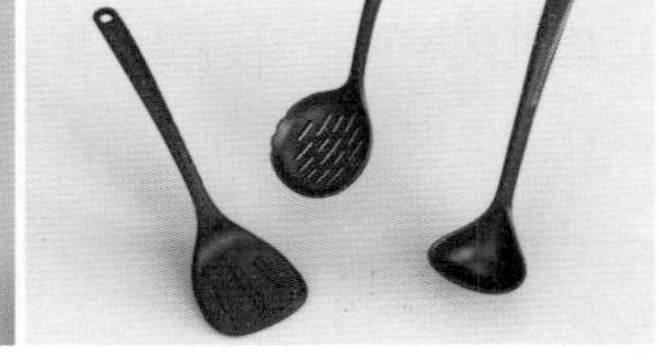

武汉苏泊尔炊具有限公司－厨房全硅胶铲勺用具套系，产品内置尼龙件

安徽富光朗行系列饮具，杯带采用尼龙编织材料

尼龙编织表带

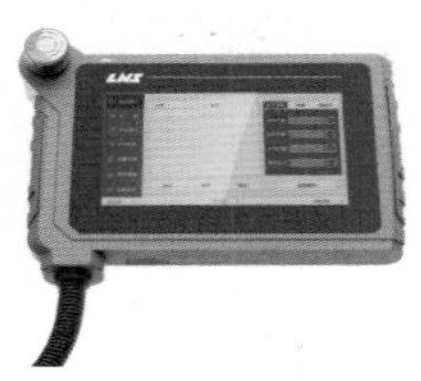

无锡信捷电气股份工业机器人示教器，软管采用尼龙

CMF关键词推荐

商业价值：高性能、安全、耐磨

消费价值：亲肤、柔软、光滑、家居、无味、吸音

社会价值：循环再生、可回收、无毒

3.1.1.9 PBT

PBT[Poly(Butylene Terephthalate)]，全称聚对苯二甲酸丁二醇酯，是一种结晶型热塑性塑料，工程塑料之一。PBT呈乳白色半透明到不透明，熔点为225℃左右，吸水率在热塑性塑料中是最低者之一，仅为0.07%。电性能优良，体积电阻率高于一般工程塑料。耐电弧性在塑料中也为最高；除强氧化性酸如浓硝酸、浓硫酸及碱性物质能使其分解，对有机溶剂、汽油、机油、一般清洁剂等稳定；尺寸稳定。最适宜加工方法为注塑，结晶速度快，加工周期短。其他方法还有挤出、吹塑、涂覆和各种二次加工成型。

优缺点： 具有高耐热性，可以在140℃下长期工作；韧性、耐疲劳性好，自润滑、低摩擦系数。可燃，遇水易分解，在高温、高湿环境下使用需谨慎。PBT无毒，对皮肤无刺激作用。生产过程存在对环境不利的影响，需加以治理。

成本参考： 注塑级阻燃级原料价格成本18元/kg。

设计注意事项： 成型收缩率大，大部分采用玻璃纤维增强或无机填充改性，其拉伸强度、弯曲强度可提高一倍以上，热变形温度也大幅提高。玻璃纤维强后制品纵、横向收缩率不一致，易使制品发生翘曲。对缺口冲击敏感，注意圆弧设计。

应用领域：主要用于汽车、电子电气、工业机械和聚合物合金、共混工业，如手机天线，汽车中的分配器，车体部件，电风扇、电冰箱、洗衣机电机的端盖、轴套；另外还有运输机械零件，缝纫机和纺织机械零件、钟表外壳、镜筒、电熨斗罩、水银灯罩、烘烤炉部件、电动工具零件、屏蔽套等。

PBT材质键帽

散热风扇

汽车制动器的变速箱壳体

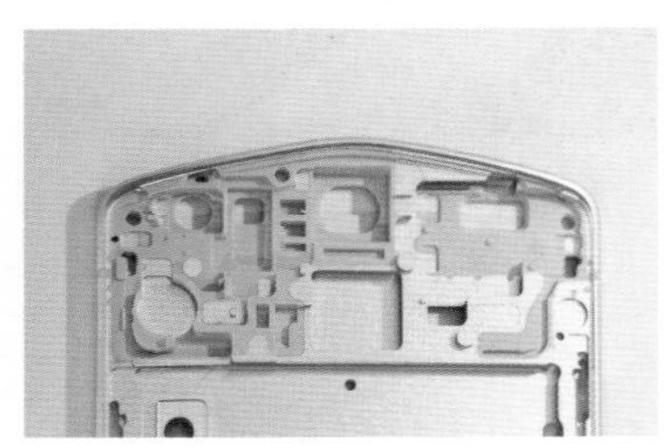

手机铝合金中框PBT纳米注塑天线内部图

TCL-X10洗衣机内门后盖采用PBT+30GF

康斯坦丁Myto椅

CMF关键词推荐

商业价值：高性能、轻量化、阻燃

消费价值：亲肤、光滑、无味

社会价值：可回收、无毒

3.1.1.10 PPS

PPS[Poly(Phenylene Sulfide)]，中文名聚苯硫醚，1968年美国菲利普石油公司成功开发出其工业化生产方法，1973年申请专利保护并正式商业化生产。1985年专利失效后，日本的吴羽化学、帝人等公司也开始生产，PPS成为继聚酰胺、聚碳酸酯、聚甲醛、聚酯、聚苯醚后的第六大工程塑料，并以其突出的性能优势，在各行业中的应用越来越广泛，成为近年来发展最快的工程塑料之一。PPS为热塑性塑料。

优缺点：硬而脆，结晶度高，难燃，热稳定性好，机械强度较高，电性能优良，耐化学腐蚀性强等。PPS是工程塑料中耐热性最好的品种之一，经玻璃纤维改性热变形温度一般大于260℃，耐化学性仅次于聚四氟乙烯。成型收缩率小，吸水率低，防火性好，耐震动疲乏性好，耐电弧性强，特别是在高温、高湿的环境下仍然有极佳的电绝缘性。其缺点是脆性大、韧性差，耐冲击强度低，经过改性，可以克服上述缺点，获得十分优异的综合性能。

成本参考：注塑级耐高温级阻燃级原料价格成本42元/kg。

设计注意事项：由于PPS是结晶型树脂，制品的角及壁厚变化部位应力集中易开裂。因此，设计时要注意圆角设计，并尽量使壁厚均匀，在适当的位置添加加强筋，可增加制品的强度和刚性，消除残留应力，提高流动性。

应用领域：在汽车领域，经过增强改性后的PPS材料具有轻质高强的特性，能够替代金属材料，在减轻汽车零部件重量的同时，还能降低采购成本，因此，被大量应用在汽车上来替代金属部件。另外，由于其绝缘耐高温的特性，在汽车的电气系统、发动机组件等系统，PPS可制作叶轮、叶片、齿轮、偏心轮、轴承、离合器及耐磨零件。PPS还可应用于电子电气领域，如制作变压器骨架、高频线圈骨架、插头、插座、鼓片及各种零件等。

汽车PPS水泵定子组件、水泵壳、一体式叶轮　　PPS筷子

CMF关键词推荐

创新价值：复合材料　　消费价值：科技、无味

商业价值：高性能、轻量化、阻燃　　社会价值：循环再生、无毒

3.1.1.11 PEEK/PEKK

PEEK/PEKK（Polyetheretherketone），是一类结晶型热塑性高分子材料，PEEK（聚醚醚酮）、PEKK（聚醚酮酮）是其中两个品种。PEEK呈褐色或黑色，作为一款高性能塑料，它是塑料中耐热性最高和机械强度最高的品种之一，也是耐化学性和抗辐射性最佳的材料之一。PEKK与PEEK相比，二者外观很相似，结晶行为也类似，但PEKK的工艺性能更好。PEEK/PEKK均可与玻璃纤维或碳纤维复合制备增强材料。PEEK/PEKK材料可以通过注塑方式和棒板机加工形式成型，复合材料通过热压罐工艺成型。PEEK/PEKK为热塑性塑料。

优缺点：耐高温，长期耐热260° C，短期耐热300° C；具有自润滑、易加工和高机械强度等优异性能，耐腐蚀、抗老化，与人体相容性好，但价格偏高。

成本参考：注塑级挤出级原料价格成本150元/kg。

设计注意事项：成本相对较高，适合对性能要求高的产品。

应用领域：PEEK在航空航天、汽车制造、电子电气、医疗和食品加工等领域得到广泛应用。在手机天线上也有应用，如iPhone手机。

机械零件

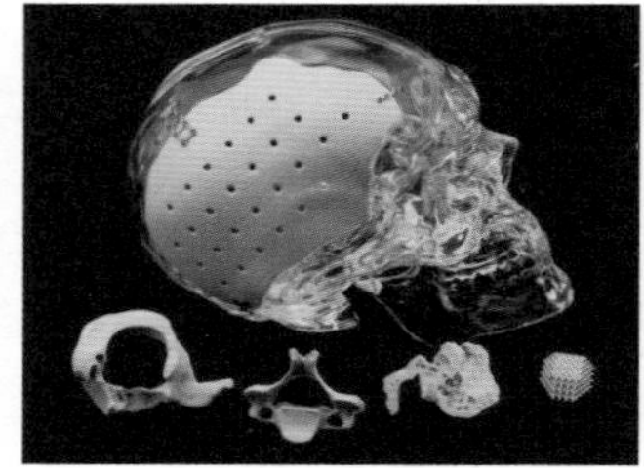

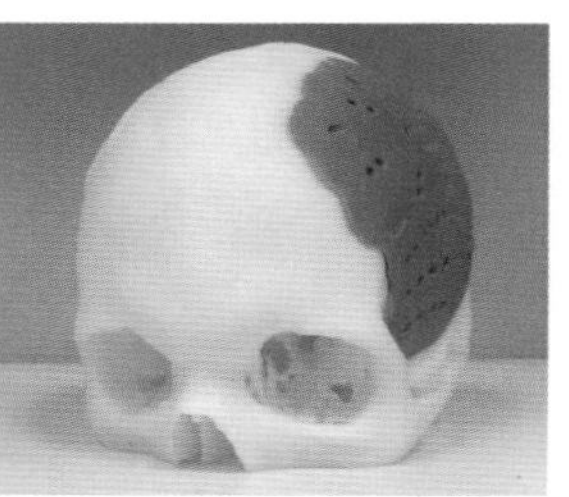

PEEK 3D打印材料在医学的应用

CMF关键词推荐

创新价值：新材料

商业价值：高性能、高附加值、耐污、耐温、防水、易加工、与人体相容性好

消费价值：亲肤、精致、科技

社会价值：循环再生、可回收、无毒

3.1.1.12　PVC

PVC[Poly(Vinyl Chloride)]，是氯乙烯单体的聚合物，全称聚氯乙烯树脂，是一种非结晶型材料，是世界上产量最大的通用塑料材料之一，价格便宜，应用广泛。PVC树脂呈白色或淡黄色粉末，或透明粒状，PVC制品突出的特点是有硬性和柔性两种形式，可制成多种硬质、软质和透明制品。根据增塑剂含量的不同，PVC塑料分为：无增塑PVC，增塑剂含量为0；硬质PVC，增塑剂含量小于10%；半硬质PVC，增塑剂含量为10% ～ 30%；软质PVC，增塑剂含量为30% ～ 70%；聚氯乙烯糊塑料，增塑剂含量在80%以上。PVC适合的成型工艺有：注塑、吹塑、挤出、搪胶、蘸塑、涂层等。

优缺点：透明，机械强度及电绝缘性良好，物理化学性质稳定，阻燃；软制品柔而韧，但是手感黏，易老化；PVC在成型过程中易释放出有毒气体。

成本参考：透明高柔韧性原料价格7元/kg。

设计注意事项：避免摩擦，容易产生划痕；避免高温，容易软化不易成型；不能长期暴晒，容易发生褪色变化。

应用领域：在建筑材料、工业制品、日用品、地板革、地板砖、人造革、管材、电线电缆、包装膜、瓶、发泡材料、密封材料、纤维等方面均有广泛应用，如手提袋、包装盒、PVC管道、PVC板材、PVC皮革、PVC挤出件。PVC制成的皮革户外家具应用广泛，在中低端汽车中常用于内饰装饰。

PVC水管、窗架

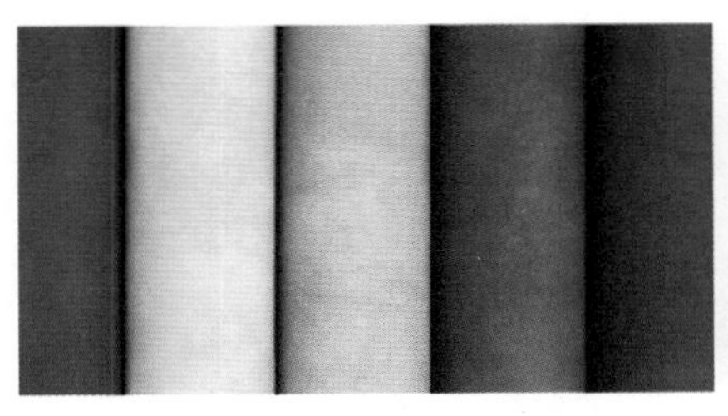
PVC膜片

汽车内饰超凡革

CMF关键词推荐
创新价值：新图纹
商业价值：高效率、低成本、防水、阻燃
消费价值：柔软、家居、透光
社会价值：循环再生、低能耗

3.1.1.13 PU

PU（Polyurethane），全称为聚氨基甲酸酯，简称聚氨酯。有聚酯型和聚醚型两大类，被誉为第六大塑料材料，可制成聚氨酯塑料（以泡沫塑料为主）、聚氨酯纤维（中国称为氨纶）、聚氨酯橡胶及弹性体。聚氨酯弹性体是一类新兴的高分子材料，性能介于塑料和橡胶之间，可塑性强、细节的表现能力强、手感好。颜色多样，有白色、米黄色、象牙白、透明等颜色，也可调制特殊颜色，既有橡胶的高弹性，又有塑料的热塑加工性。可用注塑、挤出和搪塑工艺成型。

优缺点：聚氨酯弹性体富有弹性且韧性强，硬度范围宽，具有较好的耐磨性、耐老化性及耐化学腐蚀性，耐油性良，抗裂强度大，有“耐磨橡胶”的佳称，具有优良的生物体相容性，因此逐渐被广泛用作生物医用材料。

成本参考：透明级、增韧级、耐老化原料价格21元/kg。

设计注意事项：PU皮革就是聚氨酯成分的表皮材料，广泛应用在服装、箱包、鞋、汽车、家具中，是替代真皮材料的重要材料选项，优质的PU皮革甚至比真皮价格更高。PU材料易受到紫外线、温度等因素的影响而老化。

应用领域：家具行业、建筑行业、制鞋、制革行业、交通运输行业、家电行业、体育行业、航空、航天、汽车制造、液化天然气运输车（船）制造、医学等领域广泛应用。PU皮革广泛应用在汽车内饰、家居沙发座椅等产品中；PU发泡用作冰箱冰柜隔热发泡材料；PU纤维（氨纶）具有高弹特征，广泛应用于高弹性服装，如内衣、休闲服、专业运动服、连裤袜等。

PU注塑件

PU皮革在汽车内饰中的应用

PU皮革在沙发中的应用

CMF关键词推荐

创新价值：新材料、新工艺

商业价值：高效率、高性能、低成本、耐污、防水

消费价值：弹性、温馨、无味、吸音

社会价值：可回收

3.1.1.14 PR

PR（Phenolic Resin），以酚醛树脂为基材的塑料统称为酚醛塑料，俗称电木，于1872年被发明，1909年投入工业生产，是世界上历史最悠久的塑料，也是最重要的热固性塑料之一。酚醛树脂原料为无色或黄褐色透明物，呈颗粒或粉末状。酚醛塑料一般可分为非层压和层压两类，非层压酚醛塑料又可分为铸塑酚醛塑料和压制酚醛塑料。酚醛塑料广泛用于电绝缘材料、家具零件、日用品、工艺品等，尤其在电器产品的手柄上应用广泛，俗称胶木手柄。酚醛塑料可压塑成型或浇注后机加工或雕刻成型。酚醛树脂为热固性树脂。

优缺点：耐化学性能、电绝缘性能优异，耐热性好，硬度较高，耐冲击性高，尺寸稳定性优异。颜色种类有限，易碎，不可回收。

成本参考：铸造涂料用原料价格成本16元/kg。

设计注意事项：酚醛塑料硬而脆，铸模壁厚较薄则易碎。

应用领域：主要用于制造各种塑料零部件、涂料、胶黏剂及合成纤维等。

酚醛树脂模压成轮子

电木板

电木茶盘

CMF关键词推荐

创新价值：新工艺

商业价值：低成本、耐污、防水

消费价值：光滑、高亮、科技

社会价值：无毒

3.1.1.15 EP

EP，环氧树脂是指分子中含有两个以上环氧基团的一类聚合物的总称，是一种热固性树脂，由于黏结性能优异，又称万能胶。环氧树脂一般和添加物同时使用，以获得应用价值。常用添加物有：固化剂、改性剂、填料、稀释剂等。固化剂是必不可少的添加物，无论是作粘接剂、涂料、浇注料都需添加固化剂，否则环氧树脂不能固化。由于优良的物理机械性能，环氧树脂常用作复合材料的基体材料。环氧树脂可层压、浇注和机加工或雕刻成型。

成本参考： E51 环氧树脂原料价格 31 元 /kg。

优缺点： 环氧树脂具有优良的物理机械性能、电绝缘性能、耐药品性能和黏结性能，收缩率小，制品尺寸稳定性好，硬度、光泽度高。

设计注意事项： 不适合制作存在凹陷、侧面斜度或小孔等的复杂制品。

应用领域： 可以作为涂料、浇注料、模压料、胶黏剂、层压材料以直接或间接使用的形式渗透到从日常生活用品到高新技术领域的国民经济的各个方面。

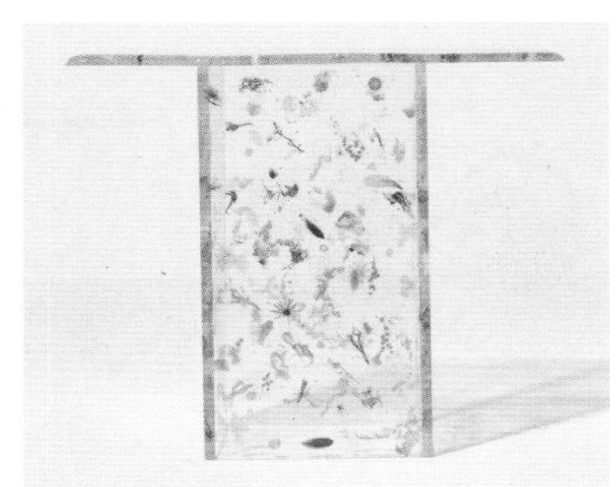

利用花朵与树脂制作的家具

利用木材、大理石、树脂制作的家具

CMF 关键词推荐

创新价值：新工艺、新材料

商业价值：高性能、低成本、易加工、防水

消费价值：亲肤、光滑、透明、无色、无味、精致、真实、家居、科技、舒适

社会价值：低能耗

3.1.1.16 UF

UF，尿素树脂又称脲醛树脂，是尿素与甲醛在催化剂作用下缩聚而成的热固性树脂。价格便宜，是胶黏剂中用量最大的品种。脲醛树脂坚固、触感温暖、密度高，呈半透明状，易着色。脲醛塑料表面陶瓷质感，不发黄，不发霉，给人一种高价的感觉。脲醛树脂

一般采用压制成型。

优缺点： 光泽度高，色泽稳定，抗拉强度高、柔韧性好、表面硬度高，抗刮擦性强，耐用，不易老化，无毒、抗菌；不可回收，有些应用会释放甲醛。

成本参考： E1级脲醛树脂原料价格6元/kg。

设计注意事项： 不适合制作存在凹陷、侧面斜度或小孔等的复杂制品。

应用领域： 脲醛树脂可用于电器开关面板、接线盒、马桶座圈、香水瓶盖、纽扣、胶黏剂，以及门把手。也可以发泡用于建筑物保温夹芯板，广泛用于保温层压板。

纽扣

开关面板

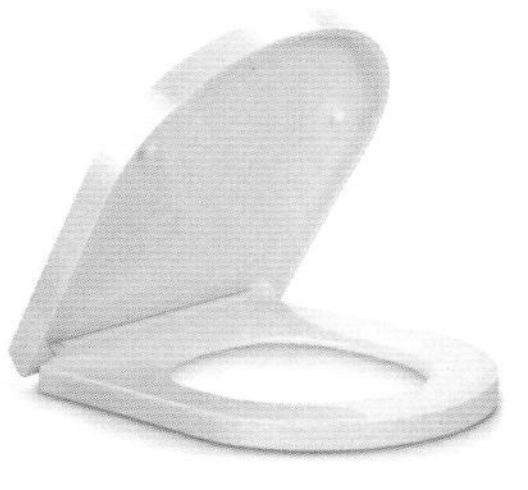
马桶盖

电器外盒

CMF关键词推荐

创新价值：新工艺
商业价值：高性能、低成本、抗冲击
消费价值：光滑、家居、无味
社会价值：低能耗

3.1.1.17 MF

MF，三聚氰胺树脂，又叫三聚氰胺甲醛树脂、密胺甲醛树脂、密胺树脂、聚脲树脂，无色透明液体或粉末状，俗称美耐皿、仿瓷塑料。三聚氰胺树脂在1939年投入生产，1980年世界产量为30吨左右。从俗称“皿、瓷”字眼可以看出，三聚氰胺树脂用于瓷质感器皿材料。尽管三聚氰胺和甲醛本身有毒，但二者的聚合产物MF是无毒性的，正逐步在日常餐具市场中被广泛应用。三聚氰胺树脂可以压制成型，也可注塑、挤出成型。三聚氰胺树脂（MF）为热固性树脂。

优缺点： 无毒、无味，食品级材料，易着色，抗冲击性好，耐热性好，表面处理性好，尺寸稳定性优，抗一定有机溶剂侵蚀，与纸浆和添加剂混合具有瓷器质感，可加工多种壁厚，但价格较贵，不可回收。

成本参考： 食品级密胺粉原料价格12元/kg。

设计注意事项： 不适合制作存在凹陷、侧面斜度或小孔等的复杂制品。

应用领域： MF在建筑材料、制革工业涂料、厨房用具、橱柜和家具制造、木材黏合剂等领域应用广泛。家居饰面板领域的三聚氰胺板应用极为广泛，是家居CMF的重要材料。

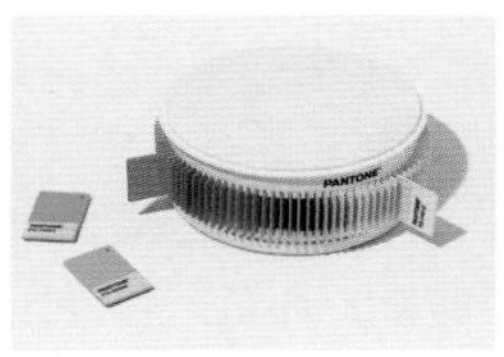

Pantone 塑胶色卡

Giro 儿童系列餐具

CMF关键词推荐

商业价值：高效率、耐污、抗菌、防水

消费价值：亲肤、光滑、无味、温馨、家居

社会价值：无毒

3.1.1.18 UP

UP，不饱和聚酯，是由二元酸（或酸酐）与二元醇经缩聚而制得的不饱和线型热固性树脂。各种不饱和聚酯未固化时是从低黏度到高黏度的液体，加入各种添加剂后加热固化，固化后即成刚性或弹性的塑料，可以是透明的或不透明的。不饱和聚酯的主要用途是用玻璃纤维增强制成玻璃钢，是增强塑料中的主要品种之一。不饱和聚酯成型工艺为手糊法、层压法。

优缺点： 工艺性能优良灵活，可以在室温下固化，常压下成型。固化后树脂综合性能好，力学性能指标略低于环氧树脂，但优于酚醛树脂。颜色浅，可以制成透明制品。它具有强度高、相对密度小、耐磨、电绝缘性好、光泽度好、耐腐蚀等特点，价格较低，贮存期限短。

成本参考： 复合材料不饱和耐腐蚀液体树脂原料价格 11.5 元/kg。

设计注意事项： 固化时收缩率较大，塑件形态结构设计应充分考虑。不饱和聚酯固化过程会释放一种叫苯乙烯的有毒气体。

应用领域： 户外雕塑、船身、板材等。纯 UP 的各种性能不够理想，常在其中加入填料或增强材料制成产品。玻璃纤维增强 UP（聚酯玻璃钢）大量用于制造户外制品及电器浇注制品，如机械设备外壳、容器、船体、汽车车身、公共垃圾箱、装饰板等。非玻璃纤维增强 UP 浇注可制成人造玛瑙、人造大理石、墙面和地面装饰砖。

不饱和聚酯玻璃钢制作的游艇船身

头盔

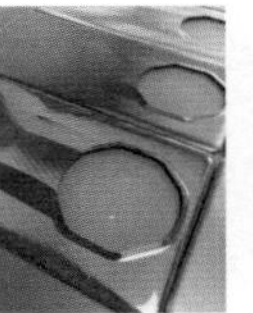

不饱和聚酯 UP+ 玻璃纤维制成的手机后盖

CMF关键词推荐

创新价值：新材料、新工艺

商业价值：高效率、高性能、低成本、耐污、防水、轻量化、安全、耐刮、易加工

消费价值：亲肤、光滑、无味

社会价值：低能耗

3.1.1.19 聚氟树脂

聚氟树脂是系列产品，包括聚四氟乙烯（PTFE）、聚三氟氯乙烯（PCTFE）、聚偏氟乙烯（PVDF）、乙烯-四氟乙烯共聚物（ETFE）、乙烯-三氟氯乙烯共聚物（ECTFE）、聚氟乙烯（PVF）等，其中聚四氟乙烯最为常用。聚四氟乙烯是一种以四氟乙烯作为单体聚合制得的高分子聚合物，又称特氟龙或F4，白色蜡状、半透明，抗酸、抗碱、不黏，俗称“塑料王”，为热塑树脂。聚四氟乙烯成型工艺为烧结、挤出、挤压和机械加工方法成型。

优缺点：耐高低温，使用工作温度可达250° C，即使温度下降到−196° C，也可保持5%的伸长率；耐腐蚀，对大多数化学药品和溶剂表现出惰性，能耐强酸强碱、水和各种有机溶剂；耐气候，具有塑料中最佳的老化寿命；高润滑，是固体材料中摩擦系数最低的；不黏附任何物质；无毒害，具有生理惰性，入人体内无不良反应；电绝缘性好，可以抵抗1500V高压电。

成本参考：悬浮树脂模塑原料价格52元/kg。

设计注意事项：由于聚四氟乙烯高温裂解时会产生有毒的副产物，所以要特别注意防止聚四氟乙烯接触明火。可以用电热板加热，如用明火加热需在石棉网上使用。

应用领域：用于电气工业，在航天、航空、电子、仪表、计算机等工业中用作电源和信号线的绝缘层、耐腐、耐磨材料，可制成薄膜、管板棒、轴承、垫圈、阀门及化工管道、管件、设备容器衬里、不粘锅涂层等。可代替石英玻璃器皿应用于原子能、医学、半导体等行业的超纯化学分析和贮存各种酸、碱、有机溶剂；还可用于制作人工器官等。

氟树脂涂层剪刀

白色铁氟龙胶带

不粘锅表面涂层

CMF关键词推荐

创新价值：新工艺

商业价值：高性能、耐污、抗菌、防水

消费价值：光滑、科技、无味

社会价值：生物材料、无毒

3.1.1.20 液态硅胶

硅胶分为液态硅胶和固态硅胶两种，液态硅胶是相对固体高温硫化硅橡胶而言的，又称液体硅胶，是一种无毒、耐热、高复原性的柔性热固性材料。液体硅胶流动性好，硫化速度快，安全环保性能突出，完全能够达到食品级的要求。根据应用领域的不同，液体硅胶形成系列产品，如：医用液态硅橡胶、奶嘴液态硅橡胶、潜水眼镜专用液态硅橡胶、食品级无味液态硅橡胶、手表带专用液态硅橡胶等。液态硅胶通过硅胶注塑工艺成型，注塑工艺是20世纪70年代末开发的一种新型高效率硅橡胶成型方法，产品精度及产量都很高，开辟了高效率、高质量及低成本制造的新时代。

优缺点： 液体硅胶安全环保，完全达到食品级品质；具有优异的透明度、抗撕裂强度、回弹性、抗黄变性、热稳定性，耐水，透气性好，耐热老化和耐候；线收缩率≤0.1%，制品尺寸精密；但价格高，产品有注胶口。

成本参考： 食品级原料价格55元/kg。

设计注意事项： 通过“软+硬”的材料设计，实现与多种基材（例如PA、PBT和其他特定工程塑料等）粘接，从而有效实现“软+硬”材料的一体化。随着消费电子产品越来越趋向于“轻薄化”，可用于软硅胶和硬塑料材料结合的设计，在双色注塑中的应用具有明显优势。

应用领域： 广泛用于婴儿用品、厨房用品、医疗用品，可穿戴设备和消费电子应用领域，可直接与食物和人体接触。

硅胶奶嘴

U形电动硅胶牙刷头

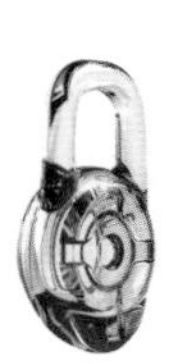

蓝牙耳机耳挂

小海星儿童防烫吸管

CMF关键词推荐

创新价值：新工艺

商业价值：高效率、高性能、耐污、抗菌、防水、透气

消费价值：亲肤、柔软、温馨、科技、无味

社会价值：绿色环保、无毒

3.1.1.21 固态硅胶

固态硅胶实际指的是固态硅橡胶，是一种合成橡胶，因其中含有高比例硅元素，所以称之为硅橡胶。固态硅胶原料半透明，无味，呈柔软的固态状，不具备流动性，无毒，不污染环境，属于环保材料。固态硅胶制品透明度低，有硫化剂或者其他遮盖硫化剂的香味，产品无注胶口。固态硅胶通过模压工艺成型。

优缺点： 具有耐高温、耐寒、耐溶剂、耐韧性、抗粘、电绝缘、化学稳定等特性。

成本参考： 混炼食品级模压原料价格68元/kg。

设计注意事项： 硅胶材质虽然有着很高的安全性能，但是在生产和材料的硫化过程中，应做好防范措施，避免造成不必要的影响。在设计的过程中还需要外观美观以及要注意硅胶制品的结构需要考量加工。

应用领域： 凭借出色的力学性能被广泛应用于生活用品和工业杂件以及汽车配件等方面。

模压固体硅胶手机保护套

硅胶杯套

Apple watch手表及表带

CMF关键词推荐

商业价值：高效率、高性能、低成本、耐污、防水、易加工
消费价值：亲肤、柔软、光滑、无味、温馨、舒适
社会价值：绿色环保、可回收、无毒

3.1.1.22 氟硅胶

氟硅胶又称γ-三氟丙基甲基聚硅氧烷。一般分子链中还引入0.2%～0.4%乙烯基硅氧烷共聚改性。无色透明高黏滞塑性直链高分子化合物，主链由硅和氧原子组成，与硅相连的侧基为甲基、乙烯基和三氟丙基，分子量在50万～80万之间。配合各种添加剂，可混炼成均相胶料。在有机过氧化物作用下，可硫化成各种弹性橡胶制品。氟硅胶具有一般硅橡胶的特性，还有优良的耐航空燃料油、液压油、机油、化学试剂及溶剂等性能，能在−55～+200℃下长期工作。

成本参考：挤出型混炼胶原料价格350元/kg。

优缺点：耐油、耐溶剂、耐化学药品，氟硅橡胶是唯一一种在−68～232℃下耐非极性介质的弹性体；耐热性好，在250℃高温下也具有足够的耐热性；耐寒性好，脆性温度低至−89℃，而一般的氟橡胶约为−30℃；防霉性、生理惰性、抗凝血性良好，但机械性能较差，特别是撕裂强度比较低。

设计注意事项：氟硅胶价格较高，机械强度低，一般应用于密封件、导管、传感器，外观材料应用较少。

应用领域：制备耐热、耐油、耐酸的橡胶制品，如密封件、胶管、胶垫、胶布、胶带、薄膜、油箱和浸渍制品等，也可用作导线的外护套及设备防腐衬里等，广泛应用于航空工业、石油工业、汽车工业、化学工业等领域。

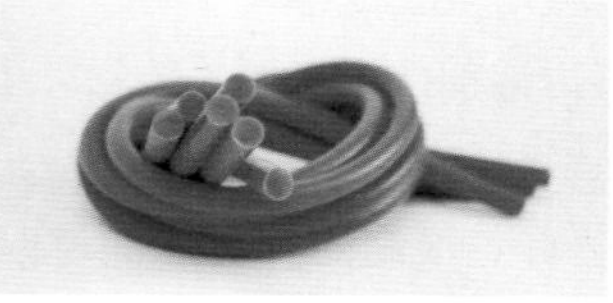

氟硅胶制品

CMF关键词推荐

创新价值：新材料
商业价值：高性能
消费价值：柔软、亲肤、防水、耐污
社会价值：绿色环保

3.1.1.23 氟橡胶

氟橡胶（Fluororubber）是指主链或侧链的碳原子上含有氟原子的合成高分子弹性体。氟原子的引入，赋予氟橡胶优异的耐热性、抗氧化性、耐油性、耐腐蚀性和耐大气老化性，在航天、航空、汽车、石油和家用电器等领域得到了广泛应用，是国防尖端工业中无法替代的关键材料。自从1943年以来，先后开发出聚烯烃类氟橡胶、亚硝基氟橡胶、四丙氟橡胶、磷腈氟橡胶以及全氟醚橡胶等品种。

优缺点：具有高度的化学稳定性，是目前所有弹性体中耐介质性能最好的一种；耐高温性能和硅橡胶一样，是目前弹性体中最好的；具有极好的耐天候老化性能、耐臭氧性能；真空性能极佳，机械性能优良，电性能较好，透气性小，低温性能不好，耐辐射性能差。

成本参考：生胶原料价格188元/kg。

设计注意事项：氟橡胶的性能随温度的升高会有所下降，应避免温度过高的情况。其次成本较高，适合中高端产品应用，亲肤性能好，表面爽滑。

应用领域：氟橡胶由于具有耐高温、耐油、耐高真空及耐酸碱、耐多种化学药品的特点，已应用于现代航空、导弹、火箭、宇宙航行、舰艇、原子能等尖端技术领域及汽车、造船、化学、石油、电讯、仪表、机械等工业领域，以及智能穿戴领域（如表带）。

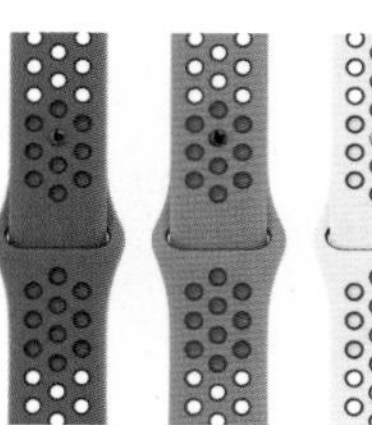

手表表带

CMF关键词推荐

创新价值：新材料

消费价值：亲肤、低气味、光滑、舒适

商业价值：高效率、高性能、防水、耐污

社会价值：无毒、低能耗

3.1.1.24 热塑性有机硅弹性体

热塑性有机硅弹性体（Thermo Plastic Silicone Vulcanizate，TPSIV）由道康宁公司首创开发，是世界上第一个以硫化硅橡胶颗粒与热塑性基材复合，形成的具有海-岛结构的热塑性有机硅弹性体。热塑性基材的强度、韧性和耐磨性与硅的丝滑性、抗紫外线性和耐化学性以及可着色性相结合，赋予TPSIV更耐脏、寿命长、不褪色、质感更细腻、表面处理工艺类型丰富（可印刷、镭雕、喷涂等）、柔软有弹性、易加工等特点，它是世界上最好的弹性材料之一。TPSIV材料适用于注塑成型和挤出成型。

优缺点：有优良的抗高温性能，材料的回弹性好，比一般的TPU软；表面不易吸附灰尘，不发黏，而且抗油性和抗化学性好，不易被污染；包覆性比较好，与许多热塑性工程塑料如PC、PC/ABS、ABS、PA、PVC等具有优异的粘接性，降低了摩擦系数，提高了耐磨性；材料抗UV、耐热；相比TPU，不容易出毛边，适合薄壁设计加工；可雕刻丰富图案；可以着色得到多彩的产品。不含塑化剂，不会出现TPE、TPU等材料的“析蜡”现象，影响身体健康。

成本参考： 注塑级挤出级原料价格65元/kg。

设计注意事项： TPSIV有不同硬度等级的系列品种，应根据使用要求合理选用；相对于普通热塑性弹性体而言，有机硅弹性体TPSIV具有更加优异的包覆性和独特的人体美学触感，要充分发挥这个特色优势。

应用领域： TPSIV可最大程度在各种应用中提供美观性和卓越工程性能，广泛应用于可穿戴电子产品、消费电子产品附件箱、饮用水系统柔性管道连接，如：小米手环、华为Color Band等智能穿戴产品、耐UV耳机、手机/平板电脑保护套、手机外壳、便携式测量仪器的把手、眼镜、助听器耳蜗、便携式音响、婴儿用品等。

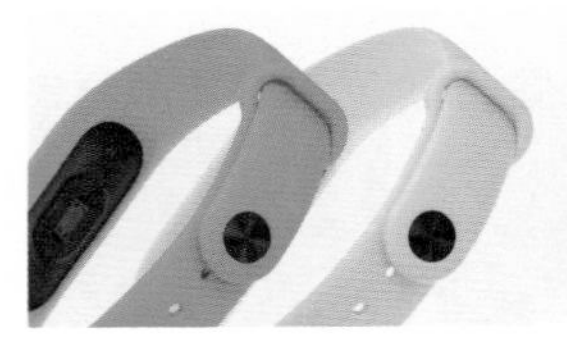

小米手环2

小天才儿童智能手表

CMF关键词推荐

商业价值：高效率、高性能、低成本、耐污、防水、易加工
消费价值：亲肤、柔软、光滑、无味、舒适
社会价值：绿色环保、循环再生、可回收、有机

3.1.1.25 TPE、TPU、TPR热塑性弹性体

热塑性弹性体是一种兼有塑料和橡胶特性，在常温下显示橡胶的高弹性，在高温下又能塑化成型的高分子材料（不需要硫化），是继天然橡胶和合成橡胶之后的第三代弹性材料，又被称为第三代橡胶。其分子链由硬链段（热塑性塑料）和软链段（橡胶）构成，也称为海-岛结构。热塑性弹性体硬度范围广，有优良的着色性，触感柔软，耐候性、抗疲劳性和耐温性均较好，可以循环使用降低成本，环保、无毒、安全。根据硬链段和软链段组分的不同，热塑性弹性体可以细分为多个种类，作为一种节能环保的新型原料，具有很好的发展前景。

优缺点： 总体而言热塑性弹性体不耐高温，但又各有特色。苯乙烯类热塑性弹性体“TPE”，雾面，硬度范围邵氏0～15A，手感舒适，加工性、抗菌性、耐黄变性等方面更有优势；热塑性聚氨酯弹性体“TPU”，高透明，硬度范围邵氏10A～75D，并且在相同硬度下比其他弹性体承载能力高；热塑性丁苯橡胶弹性体“TPR”，亮面，具有更好的静音效果，但耐候性相对较差，手感不够舒适光滑。

成本参考： 食品级、医用级注塑原料价格27元/kg。

设计注意事项： 适合注塑、挤压、吹塑成型，既可以一次成型，也可以二次注塑成型，与PP、PE、PC、PS、ABS等基体材料包覆黏合性好。

应用领域： 在日常生活用品、腕表表带、电动工具手、运动器材、鞋材鞋底、电器配件、五金工具手柄制品等领域用途广泛。

TPU弹性体发泡鞋底

TPE-3D打印鞋

TPU-小米手环7腕带

TPE瑜伽垫

TPU-中国移动智能手表W10表带

TPR鞋底

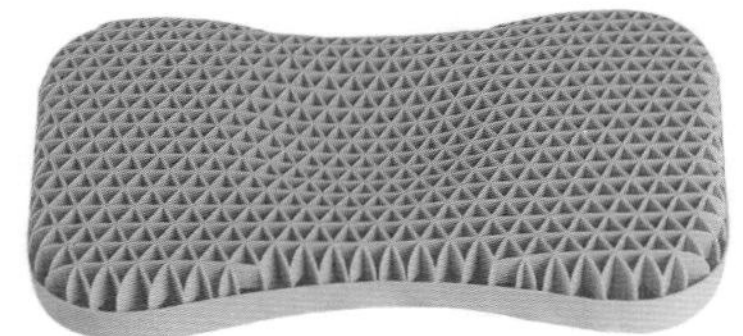
TPE枕头

CMF关键词推荐

创新价值：新材料、新工艺

商业价值：高效率、高性能、低成本、防水、透气、轻量化、耐刮、耐磨、易加工

消费价值：亲肤、柔软、低气味、温馨、舒适

社会价值：绿色环保、可回收、无毒

3.1.2 金属

金属是自然界中最为奇特的物质，它们能够反射光发散出耀眼的光芒；由于比热低，手的触摸感觉冰冷；强度高、延展性好是金属普遍的性质；导电和导热，也是金属物理的指针性能。金属分为纯元素金属（Pure Ellement Metal）、合金（Alloy，两种以上元素成分的金属一起），但大部分金属需要以合金形态才能更好地发挥材料的特色。设计师必须注

意到工业上用的金属也如塑料材料一般，有许多标准牌号且极易混淆，必须在使用前先了解规格和材质特性。

3.1.2.1 铁

铁（Iron，Fe），工业上所说的“黑色金属”之一，其实纯净的生铁是银白色的，铁元素被称为“黑色金属”是因为铁表面常常覆盖着一层主要成分为四氧化三铁的黑色保护膜。铁的含碳量比钢低，钢铁是基本的结构材料，被称为“工业的骨骼”。铁及其化合物广泛应用于生活、生产、工业、国防等领域，可用于制作发电机和电动机的铁芯，还可用于制作磁铁、药物、墨水、颜料、磨料等，但因为铁易腐蚀，真正用纯铁的地方并不多，铁一般经炼制或处理后成钢，再应用于工业产品中，随着科技的进步，各种新型化学材料和新型非金属材料广泛应用，钢铁的代用品不断增多，对钢铁的需求量相对下降，但迄今为止，钢铁在工业原材料构成中的主导地位还是难以被取代的。主要用于需要承载的场合，如机械产品、生活用品的承重结构等。

材质属性	纯铁/磁铁	低合金钢	不锈钢	高速钢与高合金钢
简介	生铁精炼而成的高纯铁。含铁99.8%～99.9%，杂质总含量<0.2%，含碳量不超过0.0218%。呈白色或银白色金属光泽。磁铁成分为铁、钴、镍等原子，能产生磁场，具有吸引铁磁性物质的特性	低合金钢（Low Alloy Steel），铁之外其他元素含量总和低于5%；灰金属色	不锈钢也属于高合金钢的一种大分类，由铬与镍加入铁形成的高级合金，合金元素含量5%～10%。白银金属色，色泽白度高。防锈能力和韧性提升，涂装费用减少	钢铁中合金元素含量在10%以上的合金钢；灰金属色。添加多种元素的超级合金，针对特殊的硬度、强度、耐热、低收缩率等需求的多功能材料
优缺点	有金属光泽，质地软，柔韧且延展性较好，导电、导热、电磁性也很好。强铁磁性，属磁性材料。强度低，易腐蚀呈锈迹斑驳状	密度高，重量感大。相对于同类碳素钢，强度高、塑性韧性好，焊接性好，冷热加工性功能好，耐腐蚀性好	耐热、耐高温、耐低温、耐超低温；耐化学腐蚀和电化学腐蚀；工艺性能好。密度高，重量感大，成本高，价格较贵	色泽明快，质地坚硬，塑性与韧性佳，在许多介质中耐腐蚀，耐高温，耐低温，焊接性能优良；但由于添加了众多合金元素导致其价格昂贵
成本参考	8～115元/kg	3～10元/kg	20～150元/kg	20～200元/kg
设计注意事项	注意其易腐蚀性，可通过表面处理进行改善，也可大胆地利用其腐蚀后的效果进行设计。带磁吸效应、磁悬浮应用。纯铁直接用于产品设计不多，可经过处理与其他材料组合使用	低合金钢多在构造上使用，如用作家电外壳、车壳和车架等；但低合金钢仍极容易生锈，涂装或上油可以防锈。带磁力吸附	用于各种外观件与结构件，与其他材料搭配使用；注意人体对不锈钢中所含镍的过敏性，选用低镍或无镍不锈钢低合金钢	明快的不锈钢金属色，可利用金属本身的材质美感、坚硬的质地、良好的光泽感，进行MCF设计，可营造高冷感设计风格
应用领域	磁铁用于制漆、建筑工业的防锈剂，多用于电子工业的磁性材料，在磁悬浮、核磁共振、音响喇叭等中应用较多，也可做磁性连接用于变形产品	主要用在结构和支撑场景	汽车车架、车用零部件；手机的中框、摄像头、卡针；家电中冰箱、洗衣机、热水器的面板等	坚固的模具和工具、高精度与重复耐用性好的武器零件

华帝干态抑菌洗碗机，采用一体化全钢内胆

科大讯飞AI学习机T10，升降支架采用不锈钢MIM+镀黑膜+UV

iPhone 14 pro采用不锈钢中框

好博窗控欧普斯执手，不锈钢PVD

CMF关键词推荐

创新价值：新材料

商业价值：高性能、低成本、安全、易加工、耐磨、磁吸、磁悬浮

消费价值：亲肤、光滑、凉感、金属感、镜面、高亮、奢华、经典

社会价值：循环再生、可回收

3.1.2.2 铜

铜（Copper，Cu），是唯一能大量天然产出的金属，属于有色重金属，是人类发现和使用较早的金属。铜被广泛应用于电气、轻工、机械制造、建筑工业、国防工业等领域，在中国有色金属材料的消费中仅次于铝。古代主要用于器皿、艺术品及武器铸造。现代在电气、电子工业中应用最广、用量最大，占总消费量一半以上。铜能以单质金属状态及黄铜、青铜和其他合金形态用于工业、工程技术和工艺上。铜具有很好的防腐蚀性、极好的导热性、极好的导电性、坚硬、柔韧、具延展性以及抛光后表面效果独特。

材质属性	纯铜	青铜	黄铜
简介	因颜色紫红又称紫铜，含铜量最高，主成分为铜加银，含量为99.5%～99.95%；主要杂质元素：磷、铋、锑、砷、铁、镍、铅、锡、硫、锌、氧等	原指铜锡合金，是金属冶铸史上最早的合金，后将除黄铜、白铜以外的铜合金均称为青铜，以第一主要添加元素命名，如锡青铜、铝青铜、铅青铜等	仅由铜和锌组成的铜合金称为普通黄铜。由两种以上的元素组成的多种合金称为特殊黄铜，如铅、锡、锰、镍、铅、铁、硅组成的铜合金
优缺点	优良的导电性、导热性、延展性和耐蚀性，易塑性好，易于热压和冷压加工，焊接性好，化学稳定性高，抗磁性强。在海水和氧化性酸中易被腐蚀	锡青铜抗腐蚀性很强，耐磨，力学和工艺性能好，质地坚硬，铸造性能好；铝青铜具有更高的机械性能、耐磨性和耐蚀性	黄铜有较强的耐磨性能；特殊黄铜强度高、硬度大、耐化学腐蚀性强，切削加工的机械性能也比较突出，易于切削、抛光及焊接
成本参考	50～100元/kg，根据锭、棒、粒、板等形态价格有所不同	锡青铜棒2022年最新市场价75.3元/kg	黄铜棒约72元/kg；黄铜板75元/kg；黄铜条约80元/kg
设计注意事项	充分利用纯铜的良好塑性，并可借助纯铜的颜色特质进行设计；注意或利用其密度大的特性，同时注意其价高的属性	可充分利用青铜的青绿色颜色设计元素，彰显传统及复古的感觉；发挥材料特性设计复杂形态，亦可与其他材质组合	可充分利用黄铜的黄金色特质，设计中用作点缀材料，可使产品更具质感，古典韵味，精致时尚，高端大气
应用领域	纯铜大量用于电子、电气工业领域，制造电缆、仪表等；古代曾用于制成铜镜、器皿等生活用品	青铜多用于铸造各种器具、机械零件、轴承、齿轮等；古代曾用于制作兵器及大型鼎类铸件	黄铜可制成各种型材，用作导热导电元件、耐蚀性结构件、弹性元件、冷冲压件和深冲压件、日用五金及装饰材料等

铜质香薰炉

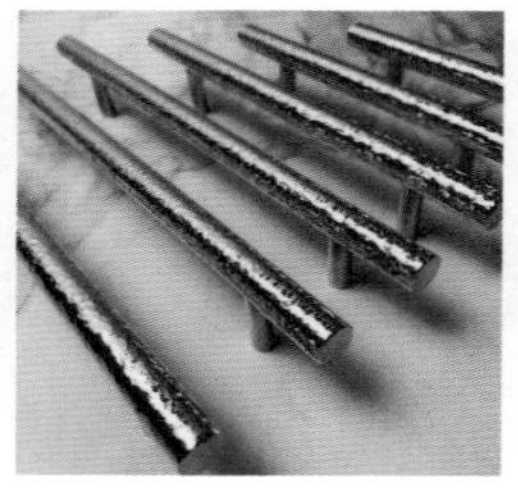
铜拉手

战国青铜豆

铜配件

CMF关键词推荐

创新价值：新材料
商业价值：高性能、高识别度、防水、易加工、艺术、装饰、传承、耐蚀
消费价值：亲肤、凉感、光滑、金属感、镜面、无味、奢华、精致、真实、经典、舒适、文化
社会价值：循环再生、可回收

3.1.2.3 铝合金

铝（Aluminum，Al），银白色轻金属，是地壳中含量最丰富的金属元素，密度2.7g/cm³，熔点660℃，沸点2327℃，有延展性，1886年取得电解法制取金属铝的技术，1888年建立第一家电解铝厂，1956年世界铝产量开始超过铜而居有色金属首位。铝制品在日常生活中，尤其是炊具、餐具避免使用。2017年铝制品被世界卫生组织国际癌症研究机构列入一类致癌物清单。

材质属性	纯铝	铝合金
简介	银白色金属光泽，铝含量不低于99.0%，根据铝含量分为高纯铝、工业精铝和工业纯铝。纯铝质软，强度不大，有良好的延展性，可拉成细丝和轧成箔片	纯铝加入合金元素即得铝合金。按其加工工艺特性，可分为形变铝合金和铸造铝合金两类。形变铝合金塑性好，适宜于压力加工。自然环境下可形成保护氧化层
优缺点	密度小，强度不高，但可强化，易加工，耐腐蚀，导电、导热性好，反射性强，无磁性，有吸音性，耐核辐射，美观，银白色光泽，且可阳极氧化着色，并适宜涂装成各种颜色	密度低，强度高，强度接近高合金钢，刚度超过钢，导电、导热性好，有抗蚀性，塑性好，易加工，耐冲压，良好的铸造和塑形加工性能，可焊性好，可制成各种颜色
成本参考	20～40元/kg，根据牌号不同及不同制成形态价格有所不同	20～50元/kg，根据不同型材制成有所不同。经过表面处理的铝合金价更高
设计注意事项	对使用强度有较高要求的产品不适合用纯铝制作，不适用于承载结构件设计。可利用其机加工后银白色高亮光泽和便于处理着色的特性	压铸铝合金阳极氧化效果较弱，常用于家居装饰件、把手等，手机、耳机等，常采用铝锭、铝砖进行CNC加工。汽车内饰常用铝板材，家居装饰中常用铝板作装饰面材
应用领域	作电工铝制电线、电缆等；作化工设备；作烟、茶、药等的包装，建筑材料，日常用品	在船用行业、化工行业、航空航天、金属包装、交通运输等领域广泛使用。消费电子行业如手机中框、后盖、耳机、笔记本、电脑机身；汽车如车身、轮毂、装饰件；家电如壳体、面板

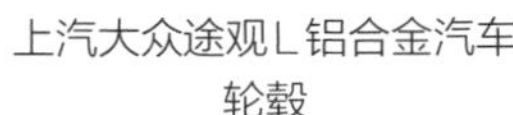

上汽大众途观L铝合金汽车轮毂

科大讯飞翻译笔S11铝合金机身

极米XGIMI RS Air投影仪铝合金机身

奥迪A6汽车内饰，采用铝合金纳米压印作为装饰件

iMac、iPhone采用铝合金机身

CMF关键词推荐

创新价值：新材料

商业价值：高效率、高性能、高附加值、高识别度、低成本、耐污、轻量化、安全、易加工、易清洁、装饰

消费价值：亲肤、凉感、光滑、触控、金属感、镜面、高亮、哑光、透光、无味、奢华、精致、真实、智能、科技、经典、舒适、时尚

社会价值：循环再生、可回收

3.1.2.4 钛合金

钛（Titainium，Ti），银白金属色，容易氧化成为灰雾表面。钛的牌号中以TA1 ～ TA4（或称Grade 1 ～ 4）视为纯钛，由于钛的特殊功能使得其可以作为许多极端环境中的优秀材料，密度4.5g/cm^3。钛合金不同牌号之间的差异在于纯度与元素添加的不同，因此造成应用上的差异，密度4.4 ～ 4.6g/cm^3。可用工艺有钣金（锻/挤/镦/拉伸/钳工）、切削（车/铣/钻/刨/磨/研）、焊接、粉末成型与增材制造。钛分为纯钛与钛合金两大类。

牌号系列	特性	应用领域
TA1 (Grade 1)	纯钛等级中最柔软，最具延展性的。它具有最大的成型性，优异的耐腐蚀性和高冲击韧性	任何需要易成型性的应用的首选材料，通常可用作钛板和钛管材
TA2 (Grade 2)	多样化的可用性和广泛的可用性，是商业纯钛工业的“主力”	良好的可焊性，强度，延展性和可成型性。这使得TA2级钛棒和钛板材成为许多应用领域的首选
TA3 (Grade 3)	最少使用商业纯钛等级，TA3比TA1和TA2更强，延展性相似，只有轻微的可成形性，但它具有更高的机械性能	要求中等强度和主要耐腐蚀性的应用中

续表

牌号系列	特性	应用领域
TA4 (Grade 4)	被认为是四种商业纯钛中最强的。其以优异的耐腐蚀性，良好的可成形性和可焊性而著称	部分高强度医疗级钛需要
TC4 (Grade 5)	Ti6Al4V钛合金的主要材料，是所有钛合金中最常用的。它占全世界钛总用量的50%。可以进行热处理以增加其强度。它可以在高达600° F的使用温度下用于焊接结构	特殊可用性使其成为用于多个行业的最佳合金，如航空航天、医疗、船舶和化学加工行业
TC4 ELI (Grade 23)	比TC4更高纯度形式。可以制成线圈、绞线、电线或扁平电线。对于任何需要高强度、轻质、良好耐腐蚀性和高韧性的情况，它都是首选	牙科和医用钛等级。由于具有优良的生物兼容性、良好的疲劳强度和低模量，它可以用于生物医学应用，例如外科手术器具、可植入人体组件

优缺点： 纯钛低热传导、耐腐蚀、强度高。钛合金强度高、低温性能好、化学活性大、导热弹性小、热强度高、抗蚀性好。缺点：化学反应差、价格较为昂贵。

成本参考： 140 ～ 400元/kg（视材料形式而定）。

设计注意事项： 大部分CMF设计师要注意的是钛合金对人体亲和性和低比重的质感，搭配纯钛可以进行阳极处理，使得钛类似铝合金可以展现丰富的色彩，同时钛又比铝更为坚硬并耐高温，但价格确实较高。

应用领域： 航空上高耐温、高应力的应用；人体亲和性和轻量方面的应用，在电子产品和医疗产品上都有不少应用。

纯钛冷饮杯

钛晶随身焖茶杯

Sturdy Cycles 3D打印定制钛合金自行车

Apple Watch Ultra钛金属表壳

CMF关键词推荐

创新价值：新材料、人体亲和、轻质金属、生物兼容、高阶航天与医疗用途
商业价值：高性能、抗菌、防水、强度好、安全、耐刮、耐磨、丰富的阳极染色处理
消费价值：金属感、凉感、无味、奢华、科技
社会价值：循环再生、可回收

3.1.2.5 锌合金

锌合金（Zinc Alloy，Zn Alloy），银白金属色，容易氧化成为灰雾表面。锌合金性脆、不耐高温（超过250℃破坏），由于其比重高比较有质感，而且多采用铸造或是压铸的方式加工接近设计所需的式样，是许多金属玩具的首选材料。商业上的锌合金当时甚为流行，

许多玩具商都冠以“超合金”而感到十足科技感。密度7.14g/cm³，纯锌性过脆，不适合作为材料使用，可用工艺有铸造与压铸、切削（车/铣/钻/刨/磨/研）、焊接。

标准合金成分	特性	应用领域
Zamak 2	工作温度高于250℃以上时，精度较低，性能较差；工作温度在250℃以下时，精度较高，性能较好	高精度适用于机械零件、壳体和支架
Zamak 3	良好的流动性和中等机械性能	应用于对机械强度要求不高的铸件，如玩具、灯具、装饰品、部分电器
Zamak 5	良好的流动性和好的机械性能	应用于对机械强度有一定要求的铸件，如汽车配件、机电配件、机械零件、电器组件
ZA8	具有良好的冲击强度和尺寸稳定性，但流动性较差	用于压铸尺寸小、精度和机械强度要求很高的工件，如电器件
Superloy	流动性是锌合金之中最佳的	用于压铸薄壁、大尺寸、精度高、形状复杂的工件，如电器组件及其壳体、笔记本（计算机）的外壳体

优缺点：流动性好、可塑性强、比重较大；熔点低、抗蚀性差，蠕变强度不高，易发生自燃及尺寸变化。

成本参考：18 ～ 25元/kg。

设计注意事项：必须注意锌合金的压铸有可能因为材料容易回收，多次回收料导致产品出现缺陷。选择锌合金时务必与供货商沟通清楚并进行质量要求，锌合金一旦破裂很难使用焊接修复。锌合金适合做复杂曲面。

锌合金的原料锭

压铸锌合金模型

昔马剃须刀，采用锌合金压铸

CMF关键词推荐

创新价值：新材料
商业价值：高性能
消费价值：金属感、凉感、无味、科技
社会价值：循环再生、可回收

3.1.2.6 锡合金

锡与锡合金（Tin and Tin Alloy，Sn and Sn Alloy），银白金属色，容易氧化成为灰雾表面。锡是一种低熔点的金属材料，可塑性强，是人类早期发现最适合用来铸造的低温金属，因此非常适合用来塑造形状做成工艺品，成型品也可经后加工如捶打、压延，不产生明显的加工硬化。锡能经压力加工成板材和箔材，用于电器、仪表等工业部门制造零件。密度7.3g/cm³，锡也是电子装置焊接材料。锡的可用工艺有铸造、钣金（锻/挤/镦/拉伸/钳工）、切削（车/铣/钻/刨/磨/研）、焊接。

优缺点：有较高的导热性和较低的热膨胀系数，耐大气腐蚀；强度低、熔点低。

成本参考：300 ～ 350元/kg。

设计注意事项：在环境温度一旦低于−13.2℃，锡合金就像受了刺激一样，膨胀、裂开，使产品崩坏，这种现象在添加了铋后获得改善，设计师必须要注意这点。选用锡合金要注意其成分，不同成分的价格差异很大。

应用领域：电子产品的电路板焊接材料，玩具与工艺品。

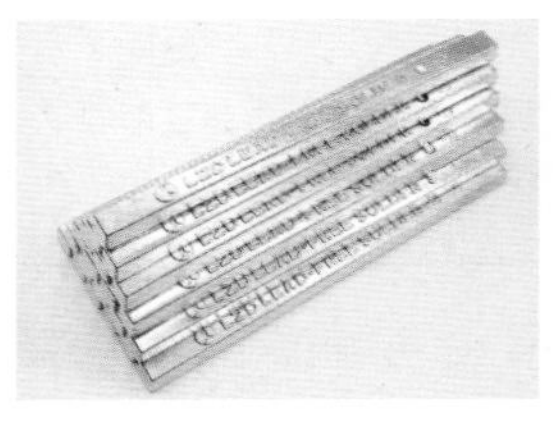

电子工业中的组件

锡器

锡制玩具

锡合金制作的焊丝

CMF关键词推荐

创新价值：新材料

商业价值：高效率、高附加值、耐磨、易加工、装饰、传承

消费价值：金属感、凉感、哑光

社会价值：循环再生、可回收

3.1.2.7 镁合金

镁合金（Magnesium Alloy，Mg Alloy），银白金属色。是以镁为基础加入其他元素组成的合金，单质镁活性过大只能作为烟花的材料。其特点是：质轻，强度高，弹性模量大，散热好，消震性好，承受冲击载荷能力比铝合金大，耐有机物和碱的腐蚀性能好。主要合金元素有铝、锌、锰、铈、钍以及少量锆或镉等。使用最广的是镁铝合金，其次是镁锰合金和镁锌锆合金，镁锂合金是目前已知相对密度最小（1.3）的金属材料，加工尚可但须注意保持模具工作温度（等温工作）以防止破裂。密度1.3 ～ 1.9g/cm³。可用工艺有铸造与压铸、钣金（锻/挤/镦/拉伸/钳工）、切削（车/铣/钻/刨/磨/研）、焊接、增材制造。

优缺点：密度小，比铝轻；疲劳极限高，导热性好，铸造性好，尺寸稳定性好，易于回收，有良好的切削加工性；缺点是耐蚀性差。

成本参考：180 ～ 300元/kg。

设计注意事项：由于镁合金的相对密度低（1.3 ～ 1.9），经常会出现在设计师的材料名单中，它主要以压铸和钣金弯折加工，在成型后处理打磨，镁的阳极处理很贵又不容易，通常使用烤漆比较容易和便宜。注意到镁是活性很高的金属，对于物料的管理不当极易造成爆炸与火灾。

应用领域：电子产品的外壳体，或是用于航空、航天、运输、化工等领域。

佳能单反相机机身

Acer TravelMate X5 笔记本，采用镁锂合金

MYSF 纯镁合金旅行箱

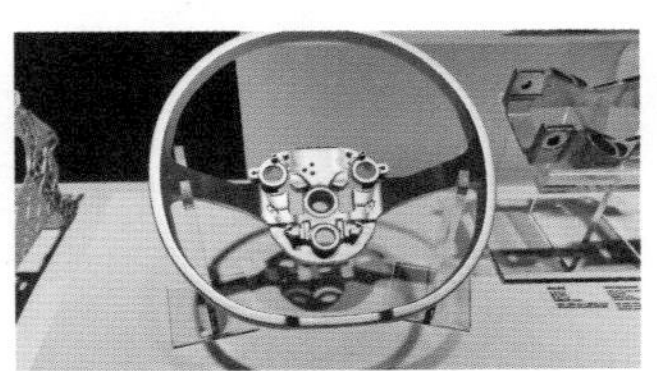

宝钢镁合金压铸方向盘

CMF关键词推荐

创新价值：新材料

商业价值：高性能、高附加值、轻量化、易加工

消费价值：金属感、凉感、科技

社会价值：循环再生、可回收

3.1.2.8 镍合金

镍与镍合金（Nickel and Nickel Alloy，Ni and Ni Alloy），银白金属色。以镍为基础加入其他元素组成的合金，单质镍在电子工业中属于高温耐热的导电材料，不像铜易氧化，电子产品的电池导电片几乎都是采用纯镍片（连特斯拉也不例外）。含镍的合金还有一个优点便是耐腐蚀、高温、磨损，磁导和延展性好，几乎是无可挑剔的优点，是严苛环境下的金属材料首选。密度8.5 ～ 8.9g/cm³。可用工艺有电铸、铸造、钣金（锻/挤/镦/拉伸/钳工）、切削（车/铣/钻/刨/磨/研）、焊接、粉末成型与增材制造。

优缺点：耐腐蚀、耐高温、抗氧化、延展性好。

成本参考：180 ～ 300元/kg。

设计注意事项：人类对镍的过敏是很严重的课题，生物亲和性是必须首要考虑的。

应用领域：电子产品的铭板与标牌和导电片，或是用于石油钻探、航空、航天、运输、化工等领域。

镀镍标

镍基合金喷射机涡轮叶片

镍币

雅赛崎AK8373镍合金水管钳

CMF关键词推荐

创新价值：新材料、超合金
商业价值：高性能、高附加值、耐腐蚀、耐高温
消费价值：亲肤、凉感、光滑、金属感、镜面、高亮、精致、科技
社会价值：循环再生、可回收

3.1.2.9 钴合金

钴与钴合金（Cobalt and Cobalt Alloy，Co and Co Alloy），银白金属色。以钴为基础加入其他元素组成的合金，用在一般民用电子产品中，包含手机镜头保护圈、蓝牙无线耳机磁环、锂钴电池，而不光是在医疗上的植入物零件和放射线源（钴60）而已。铁钴合金是当今磁通密度最高的材料，相当于黄金是导电性能最好的金属一般，钴是导磁性最好的金属。密度8.9g/cm³。可用工艺有电铸、铸造、钣金（锻/挤/镦/拉伸/钳工）、切削（车/铣/钻/刨/磨/研）、焊接、粉末成型与增材制造。

优缺点： 耐磨、耐热；成本较贵。

成本参考： 500 ～ 600元/kg。

设计注意事项： 有部分人对钴过敏，生物亲和性是必须首要考虑的。

应用领域： 电镀、玻璃、染色、医疗等领域，如电子产品的结构件、高性能磁石和电源管理材料，医疗植入物与放射线源，氧化后的钴是特殊颜料的基础，尤其是深蓝色的钴蓝色料。

钐钴合金磁石

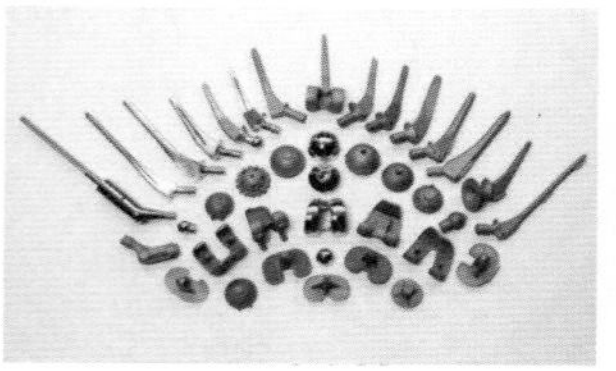

植入膝关节钴金属零件

一加WATCH钴合金限量版

苹果手机镜头保护圈

CMF关键词推荐

创新价值：新材料、超合金
商业价值：高性能、耐磨、耐热、磁性功能
消费价值：金属感、凉感、科技
社会价值：循环再生、可回收

3.1.2.10 钨合金

钨与钨合金（Tungsten and Tungsten Alloy，W and W Alloy），暗银白金属色，被称为高比重合金、重合金或高密度钨合金。钨灯丝可作为电灯泡的发光源，高硬度、高耐热和高密度是钨合金的特性，它也是热的良好导体，仅次于金、银、铜、铝、镁。密度16.5～18.75g/cm^3。可用工艺有切削（车/铣/钻/刨/磨/研）、粉末成型。

优缺点： 熔点高、硬、脆、加工困难、抗氧化性能差。

成本参考： 260～300元/kg。

设计注意事项： CMF所有的钨合金都以配重和震动提示应用为主，属于内结构件，很少数情形下会作为外观件外露，因为密度高所以使用材料上会有比较高的单价。

应用领域： 广泛用于电子装置中的震动与配重块、电光源工业散热块，也在航天、铸造、武器等领域中用于制作火箭喷管、压铸模具、穿甲弹芯、触点、发热体和隔热屏等，灯泡中的钨丝。在逃生用品中，用于车用逃生破窗锤。

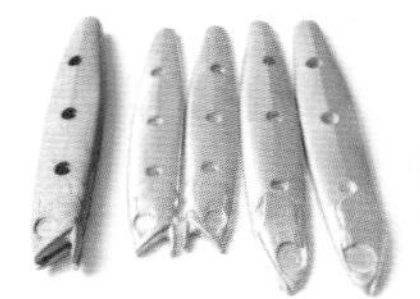
钨合金制作的鱼坠假饵

钨合金高尔夫球配重砝码

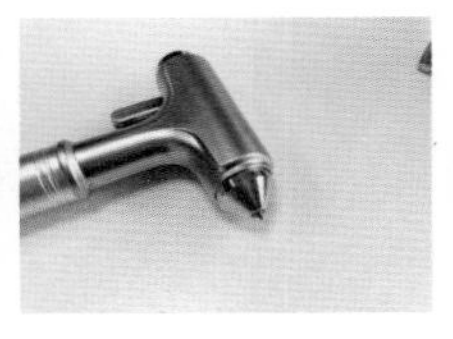
采用钨合金制作的锤尖，用于破窗的逃生锤

钨基高熵合金在全超导托卡马克核聚变实验装置中的应用

CMF关键词推荐

创新价值：新材料

商业价值：高性能、高附加值、高识别度、安全、耐刮、耐磨、高密度、高硬度、耐高温

消费价值：金属感、凉感、发光、科技

社会价值：循环再生、可回收

3.1.2.11 贵金属

金、银、铂、铱、铑等贵金属，单价昂贵。可用工艺有电镀、薄膜镀（蒸发镀与溅射）、切削（车/铣/钻/刨/磨/研）、手工打造。

贵金属	密度/(g/cm^3)	色泽	成本参考/(万元/kg)	应用领域
金 (Gold, Au)	19.32	金黄	42～48	黄金的用途广泛，尤其是尊贵的象征
银 (Sliver, Ag)	10.5	银白	0.6～0.7	银的用途广泛，尤其是尊贵的象征
钯 (Palladium, Pd)	12.03	银白	37～38	催化剂与抗腐蚀剂，用在电镀中作为镀层，具有抗蚀的作用，吸氢金属在未来有很多用途

续表

贵金属	密度/(g/cm³)	色泽	成本参考/(万元/kg)	应用领域
钌 (Ruthenium, Ru)	12.37	银白	15～16	钌是硬质的银白色金属，化学性质安定，通常被用来作为抗蚀镀膜，有很好的功效
铑 (Rhodium, Rh)	12.41	银白	402～420	催化剂与抗腐蚀剂，用在电镀中作为镀层，具有抗蚀的作用
铼 (Rhenium, Re)	21.04	银白	1.8～2.8	在耐高温方面，铼有很好的表现，通常作成钨铼合金，是热电偶的材料
铂 (Platinum, Pt)	21.45	银白	21～22	铂由于有很高的化学稳定性（除王水外不溶于任何酸、碱）和催化活性，常被用来作催化剂
铱 (Iridium, Ir)	22.56	银白	102～103	类似铂

优缺点：产品高端，但成本高昂，不利于大批量生产。

设计注意事项：在常规大消费领域，贵金属很少使用，不利于大批量生产及降低成本。但可以在特定要求、功能，以及定制、高端、奢侈品、腕表、首饰中应用。

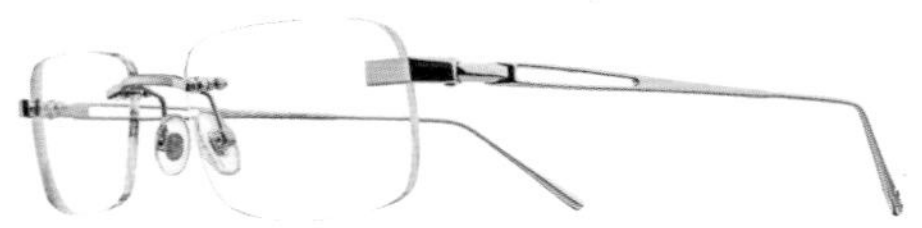

钯银眼镜框

铼在飞机发动机上的应用

万宝龙渡铑笔尖

Rotonde de Cartier
手表铂应用

Santos de Cartier
腕表黄金应用

CMF关键词推荐

创新价值：新材料、抵抗腐蚀

商业价值：高附加值、高识别度、艺术、装饰、传承

消费价值：金属感、凉感、镜面、高亮、奢华、精致、真实、科技、经典、舒适

社会价值：循环再生、可回收

3.1.2.12　液态金属

液态金属（Liquid Metal®）其实是一个商标名称，正式的名称为金属玻璃（Metal Glass），又称为非晶态合金（Amorphas alloy），CMF行业常用的液态金属技术是指以铝为

基本底材加上数种元素（锆、钛、铜、镍、铌、铍），使用改良的压铸机便可以注射成型得到金属零件产品的技术。密度6.5 ～ 7.2g/cm³。可用工艺有冲压、锻造、压铸、注射。

优缺点：强度高、性能优越，硬、加工困难、成本较高。

成本参考：120 ～ 300元/kg。

设计注意事项：价格较高是液态金属的限制，另外要注意液态金属不可以在高温环境下使用，一旦超过结晶温度会使材料瓦解。

应用领域：液态金属的表现是韧且硬，可以在薄型化的电子产品上灵活运用。CMF所有接触的液态金属产品，目前被用在手表外壳、折叠屏幕转轴和电视的支架、路特斯Eletro 换挡拨杆和调温拨杆上，特斯拉Model x鹰翼门采用液态金属锁盖。

液态金属指尖陀螺

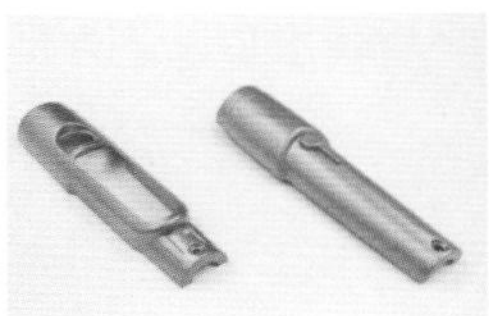

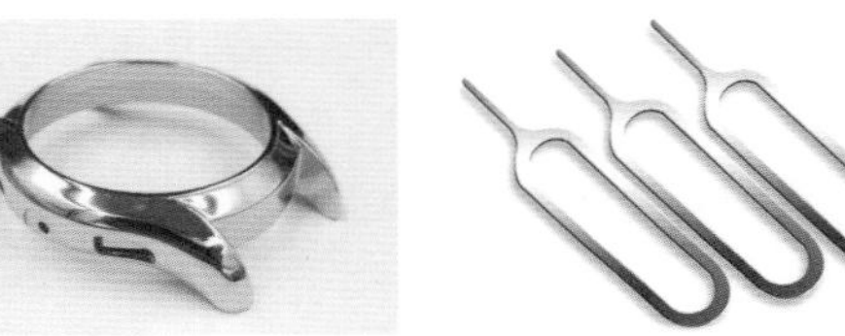

液态金属表壳、液态金属制品

液态金属制成的iPhone卡针

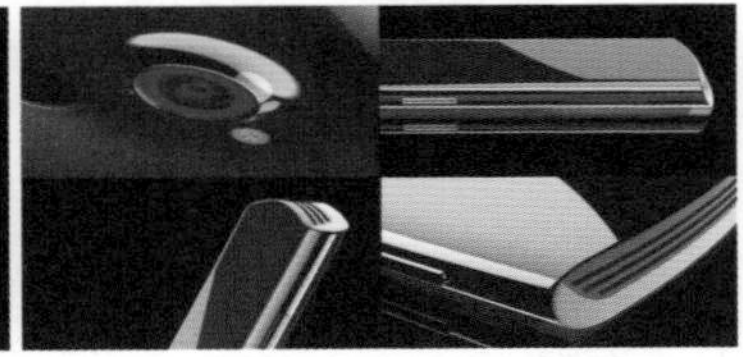

图灵手机Turing Phone Appassionato，采用液态金属

路特斯Eletro 换挡拨杆和调温拨杆

CMF关键词推荐

创新价值：新材料、新技术

商业价值：高性能、高附加值、耐刮、耐磨、高韧性、抗腐蚀、高硬度

消费价值：亲肤、凉感、光滑、金属感、镜面、科技

社会价值：循环再生、可回收

3.1.3　玻璃

玻璃（Glass）是经过熔融、冷却、固化的非结晶无机物，具有一系列特性：透明，坚硬，良好的耐腐蚀、耐热和电学、光学性质；能通过多种成型和加工方法制作成各种形状和大小的制品；可以通过改变其化学组成改变其性质，以适应不同的使用要求。制造玻璃的原材料丰富，价格低廉，所以玻璃有极其广泛的应用，在国民经济中起到重要的作用。

玻璃应用领域：窗玻璃，平板玻璃，空心玻璃砖，饰面板和隔声、隔热的泡沫玻璃，钢化玻璃、磨砂玻璃、夹层玻璃等在现代建筑中得到普遍采用；电真空玻璃和照明玻璃，利用玻璃的气密、透明、绝缘、易于密封和容易抽真空等特性，是电子管、电视机、电灯中等不可取代的材料；光学玻璃用于制造光学仪器的核心部件，广泛用于科研、国防、工业生产等各方面；玻璃纤维、玻璃棉及其纺织品，是电器绝缘、化工过滤和隔声、隔热、耐蚀的优良材料。

3.1.3.1 钠钙玻璃

钠钙玻璃是硅酸盐玻璃中的一种，主要成分为二氧化硅、氧化钠、氧化钙，目前市面上所使用的平板玻璃及日常生活中使用的瓶瓶罐罐多采用钠钙玻璃。

优缺点：钠钙玻璃硬度大，光泽好，透明性好，易加工，光折射率和反射率高，化学稳定性好；但钠钙含量较高时会使玻璃发脆，钠钙玻璃破碎时会形成长条尖锐状，容易伤人。

成本参考：实惠。

设计注意事项：钠钙玻璃硬度高，但脆，平板使用情况下大部分都需要进行钢化处理，来提升物理性能。

应用领域：平板玻璃、瓶、罐、灯泡等。

水龙头　　药瓶　　可口可乐瓶

火乐科技G9联名款投影仪

J10投影仪

边桌

CMF关键词推荐

商业价值：高效率、低成本、耐污、防水、易加工、耐蚀
消费价值：亲肤、光滑、透明、无味
社会价值：循环再生、无毒

3.1.3.2 高硼硅玻璃

高鹏硅玻璃是一种强化耐火性能的玻璃，氧化钠、氧化硼、二氧化硅为其基本成分。

优缺点：高硼硅玻璃的耐火性能好，物理强度高，其机械性能、热稳定性能都比普通玻璃要高。

成本参考：适中，高硼硅玻璃成本高于钠钙玻璃。

设计注意事项：高硼硅玻璃对应物理性能和热稳定性比常规玻璃好，有温度需求的产品可适当考虑。

应用领域：由于高硼硅玻璃的特性，它广泛用于化工、航天、军事、家庭、医院等领域，产品如卤素灯、微波炉托盘、滚筒洗衣机观察窗、耐热玻璃杯等等。

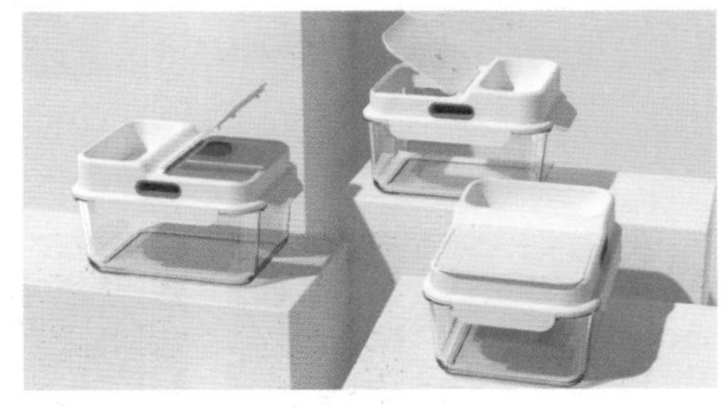

饭盒

实验烧杯

零食储物罐

水杯

CMF关键词推荐

创新价值：新材料
商业价值：高效率、高性能、耐污、防水、低成本、易加工、耐蚀
消费价值：亲肤、光滑、透明、无味
社会价值：循环再生、无毒

3.1.3.3 钢化玻璃

钢化玻璃（Tempered Glass）是指表面具有压应力的玻璃，又称强化玻璃，它一般采用物理或者化学的方式增加玻璃的机械强度和热稳定性，分为物理钢化玻璃和化学钢化玻璃。

优缺点：钢化玻璃表面具有压应力，因此钢化玻璃的强度对比普通玻璃有很大提升，并且钢化玻璃在破碎后形成很小的颗粒状，这样玻璃就不容易伤人，但钢化玻璃存在一定自爆率，且钢化后不能再进行切裁加工。

成本参考：钢化玻璃价格从30元/米^{2}到200元/米^{2}不等，主要与钢化玻璃的厚度有关。

设计注意事项：物理钢化玻璃厚度一般在2～12mm，2mm以下的玻璃一般采用化学钢化的方式来制作。

应用领域：钢化玻璃目前广泛运用于建筑、家电、家具、消费电子等领域，如门窗玻璃、家电玻璃面板、手机面板、汽车玻璃。

创维十字门冰箱

华帝鸳鸯灶（4mm厚钢化玻璃）

万和-生态水健康系列智能燃气热水器

康家佳品-科技套系燃气热水器

方太玥影套系

帅康电气-天际线集成灶

CMF关键词推荐

创新价值：新材料、新工艺

商业价值：高效率、高性能、耐污、防水、低成本、易加工

消费价值：亲肤、光滑、透明、无味

社会价值：循环再生、无毒

3.1.3.4 磨砂玻璃

磨砂玻璃（Frosred Glass）是用普通玻璃经过机械喷砂、研磨或化学腐蚀将玻璃表面处理成粗糙不平的半透明玻璃。

优缺点： 磨砂玻璃可对光进行漫反射，因此它对比常规玻璃可以做到保护隐私的效果，另外磨砂玻璃表面具有一定手感，符合现在CMF设计中Touch的理念，但由于磨砂玻璃表面进行了打磨，它的物理性能对比普通钢化玻璃要弱，并且在密闭空间中容易出现发霉的情况。

成本参考： 磨砂玻璃只需要在普通钢化玻璃成本基础上增加20～50元/米^2。

设计注意事项： 磨砂玻璃的优势主要有光学性能及表面的触摸手感，当然手感越细腻成本越高。

应用领域： 磨砂玻璃目前广泛运用于家居浴室玻璃、家电冰箱面板、手机背板玻璃、电子黑板玻璃。

Ombré Glass Chair

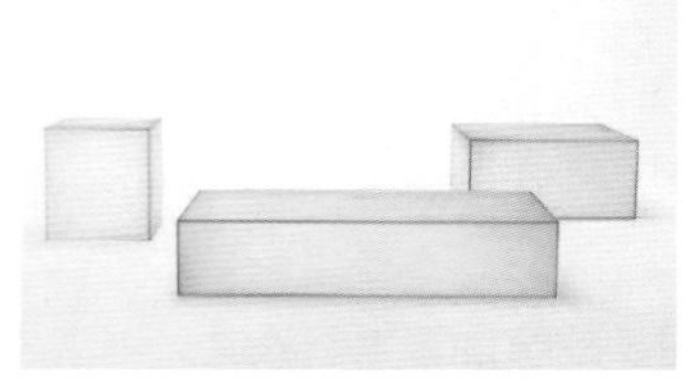
Soft玻璃展柜

华为P50手机

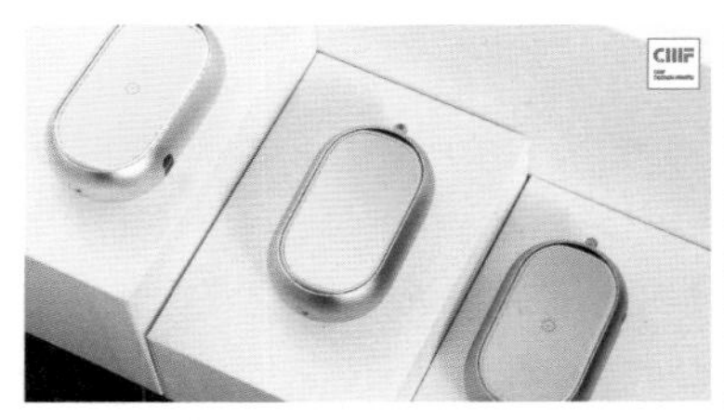
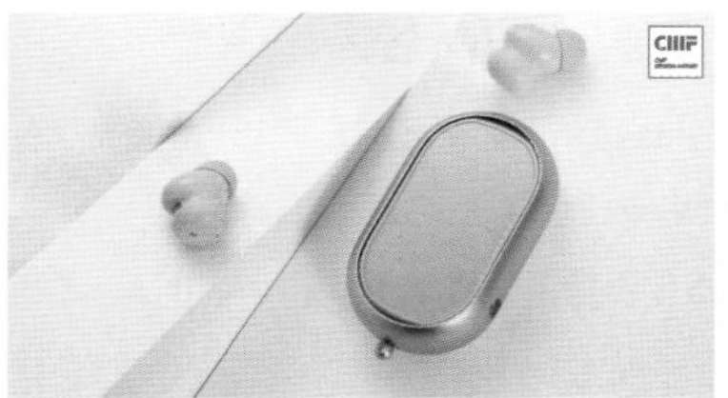

荣米青年良品君语小魅Magic 2

OPPO Find X6手机

CMF关键词推荐

创新价值：新材料、新工艺

商业价值：高识别度、防水、艺术、装饰、流行

消费价值：亲肤、光滑、哑光、无味、精致、家居、温馨、舒适

社会价值：循环再生、无毒

3.1.3.5 压花玻璃

压花玻璃（Patterned Glass）是采用压延法制作的一种平板玻璃，在玻璃硬化前用带有花纹的辊对玻璃的表面进行压制，从而制成单面或者双面带图案纹理的玻璃。

优缺点：压花玻璃装饰效果较强，能阻挡一定视线，同时又有良好的透光性。

成本参考：压花玻璃的成本目前主要在30～50元/米^2，比普通浮法玻璃成本要高。

设计注意事项：压花玻璃表面可以设计各种不同类型的花纹，但由于玻璃生产的特性，压花玻璃花纹的种类不会太多。

应用领域：压花玻璃目前广泛运用于光伏、家电面板、建筑装饰。

水纹玻璃

海棠花玻璃

砖石纹玻璃

方格纹玻璃

康家佳品智能电器－人文套系燃气热水器

CMF关键词推荐

创新价值：新材料、新工艺、新图纹

商业价值：高效率、高识别度、低成本、耐污、防水、艺术、装饰、流行

消费价值：光滑、哑光、透光、无味、自然、家居、温馨、经典、舒适

社会价值：循环再生、无毒

3.1.3.6 夹丝玻璃

夹丝玻璃（Wire Glass）是将普通平板玻璃加热到红热软化状态时，压入预热处理过的铁丝网而形成的一种特殊玻璃。

优缺点：夹丝玻璃受到冲击或者温度巨变时能破而不碎，裂而不散，避免飞溅伤人，遇火炸裂时也能起到隔绝火势的作用，它在生产过程中丝网容易氧化发黄，产生气泡。

成本参考：较高，夹丝玻璃受工艺影响因此成本浮动很大。

设计注意事项：夹丝玻璃可加入各种纹理的丝网，有很强装饰性。

应用领域：天窗、天棚顶盖，建筑空间用的装饰玻璃。

金刚线夹丝玻璃

夹丝玻璃

CMF关键词推荐

创新价值：新图纹、新材料、新工艺

商业价值：高识别度、耐污、防水、安全、艺术、装饰

消费价值：光滑、哑光、透光、无味、精致、温馨

社会价值：循环再生、无毒

3.1.3.7 中空玻璃

中空玻璃（Insulating Glass）是由两层或多层平板玻璃构成。四周用高强高气密性复合黏结剂，将两片或多片玻璃与密封条、玻璃条粘接、密封。中间充入干燥气体，框内充以干燥剂，以保证玻璃片间空气的干燥度。可以根据要求选用各种不同性能的玻璃原片，如无色透明浮法玻璃、压花玻璃、吸热玻璃、热反射玻璃、夹丝玻璃、钢化玻璃等与边框（铝框架或玻璃条等），经胶结、焊接或熔接而制成。

优缺点：中空玻璃有节能、防辐射、吸热、隔音等功能，但由于它是玻璃加玻璃，一般来说厚度对比其他加工工艺的玻璃来要厚得多，同时中空玻璃容易结露，所以在使用中要考虑。

成本参考： 中空玻璃一般成本在100～500元/米²不等，受选用的玻璃影响。

设计注意事项： 中空玻璃使用了密封胶，因此不应在70℃及以上的温度条件下使用。

应用领域： 中空玻璃主要用于需要采暖、空调、防止噪声或结露以及需要无直射阳光和特殊光的建筑物上，广泛应用于住宅、饭店、宾馆、办公楼、学校、医院、商店等需要室内空调的场合，也可用于火车、汽车、轮船、冷冻柜的门窗等处。

中空玻璃在建筑上的应用

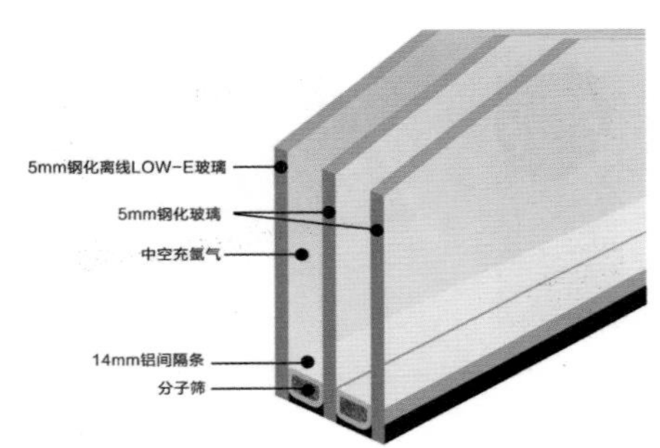

建筑用中空玻璃结构

CMF关键词推荐

创新价值：新材料、新工艺、新技术

消费价值：光滑、透明、透光、无味、隔音、温馨

商业价值：高性能、高附加值、耐污、防水、安全

社会价值：循环再生、低能耗、无毒

3.1.3.8 大猩猩玻璃

大猩猩玻璃（Gorilla Glass），是由美国康宁公司（Corning）生产的环保型铝硅钢化玻璃。主要应用于防刮划性能要求高的高端智能手机屏幕。大猩猩玻璃的前身是康宁公司在20世纪60年代生产的，具有防弹功能的特种玻璃，常被用于直升机。在乔布斯的推动下大猩猩玻璃在智能手机行业应用，大猩猩玻璃成为高端机型的首选屏。它享有“坚固玻璃”和“牢不可破的玻璃”代名词，2008年发布第一代，2020年7月发布第七代。

优缺点： 大猩猩玻璃厚度薄，可达0.5～2.0mm；化学强化后应力值在600MPa以上，表面粗糙度低，手感光滑，具有高耐用度及防刮花，能够承受强力的挤压和反复的触摸，能够满足大批量用户的需求。

成本参考： 目前手机白玻原片及加工，大猩猩三代6寸约4元，大猩猩五代6寸约5元，大猩猩七代约7元。

设计注意事项： 大猩猩玻璃成本相对较高，适合中高端机型，或对性能要求高的产品场景。

应用领域： 产品如智能手表和健身追踪器、智能手机、平板电脑和笔记本电脑，主要用来制作手机触摸屏（前盖）、后盖、保护壳、手机玻璃钢化保护膜，以及便携式平板显示器、触摸屏等。2016年，福特GT跑车是第一款在前后挡风玻璃上使用大猩猩玻璃的汽车。

大猩猩玻璃

大猩猩玻璃在iPhone14、12中的应用

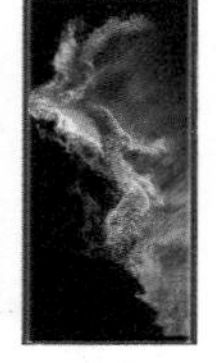

三星Galaxy S22 Ultra

宏碁ConceptD 7 Ezel

CMF关键词推荐

创新价值：新材料
商业价值：高性能、高附加值、耐污、耐刮、防水、安全、抗冲击
消费价值：光滑、触控、高亮、透明、无味、科技
社会价值：循环再生、无毒

3.1.3.9 2D玻璃

2D玻璃是指平面玻璃，在电子产品行业指由基材平面玻璃切割而成的更小面积的平面玻璃。2D、2.5D、3D等玻璃名称是伴随智能手机玻璃部件加工业的发展而产生的，代表了电子产品玻璃的造型加工的发展过程。2D玻璃的切割方式在2018年发生递进，由传统的CNC改进到激光切割，极大地提高了效率和减少了环境污染，并且实现了曲线边缘的切割。韩国三星手机最早使用了激光切割技术。玻璃原材料厂家国外有大猩猩、旭硝子等，国内有熊猫、彩虹等。

优缺点： 以大猩猩玻璃为例，平面玻璃加工简单，成本低廉，表面硬度优良，它的透明特质使在它背面做的效果在它的保护下可以经久如新，玻璃表面还可以做。但玻璃有易碎特性，因此在跌落和恶劣使用场景中的产品上需要谨慎选择。

成本参考： 常规尺寸的手机盖板，全工艺效果15 ～ 20元。

设计注意事项： 玻璃的透明特质，使使用者很少关注它本身的效果，因此需要设计者通过叠加手段来表现它的本质效果，比如通过底部纹理膜片来表现它的透明质感，通过磨砂工艺来表现磨砂透明质感。

应用领域： 2D玻璃的应用领域特别广泛，像电子产品的屏幕、后盖、摄像头镜片，汽车的液晶显示屏，电脑的触控板等。

使用2D玻璃的iPhone13 pro，正面2D玻璃

CMF关键词推荐
商业价值：高性能、耐污、防水、安全、抗冲击、耐刮
消费价值：光滑、触控、高亮、透明、无味、科技
社会价值：循环再生、无毒

3.1.3.10 2.5D 玻璃

2.5D玻璃是在平面玻璃的基础上，将一面的四边切削打磨出R角，其底部依然是平面。2011年的诺基亚N9是最早大规模使用2.5D玻璃的产品，并让消费者对2.5D玻璃产生认知。2013年联想推出的S820也使用了2.5D玻璃，2014年，iPhone6的应用使2.5D玻璃变成了接下来一段时间的主流应用。

优缺点： 2.5D玻璃的边缘弧度配合手机的弧面中框，会使整个造型更加流畅圆润，这是在应用2.5D玻璃时的一个主要思路。它会比平面玻璃更难加工，成本更高，因为边缘减薄，抗摔性也低于平面玻璃。

成本参考： 常规尺寸的手机盖板，全工艺光面效果20元。

设计注意事项： 常用玻璃厚度为0.55mm，侧边做弧度设计，最薄处不能低于0.2mm。

应用领域： 手机屏幕、手边屏幕以及一些玻璃装饰件上应用较多。

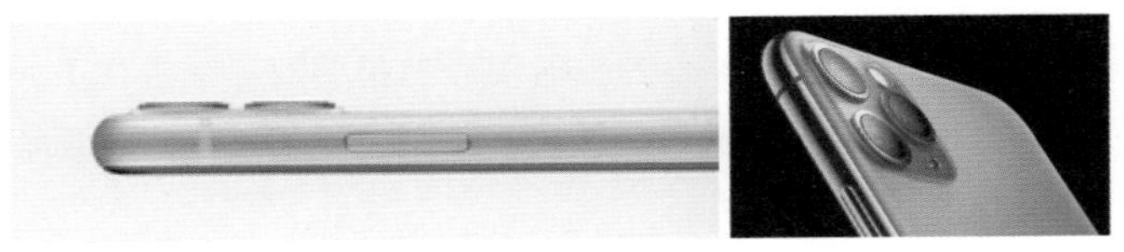

使用2.5D玻璃的iPhone11，侧面所达到的圆润效果

CMF关键词推荐
创新价值：新工艺
商业价值：高性能、耐污、防水、耐刮
消费价值：光滑、触控、高亮、透明、无味、科技
社会价值：循环再生、无毒

3.1.3.11 3D玻璃

3D玻璃是边缘有弧度设计的玻璃，区别于2.5D玻璃，它实现了真正的曲面。3D玻璃的加工方式有热压、浇注、CNC等很多种，以热弯最为成熟。韩国三星在他的玻璃供应商——伯恩开发出3D玻璃后，3D玻璃在智能手机行业开始普及，到现在基本是中高端手机标配。3D玻璃的加工流程为：开料—热弯—CNC—研磨抛光—强化—效果后处理。

优缺点：3D玻璃的弧面造型能更好地表达圆润的设计语言，光影感觉会更好。

成本参考：常规尺寸的手机盖板，全工艺光面效果35元。

设计注意事项：内导角不小于1mm，火山口导角大于3mm，拉伸高度小于3.5mm。

应用领域：手机屏幕、手边屏幕以及一些玻璃装饰件上应用较多。

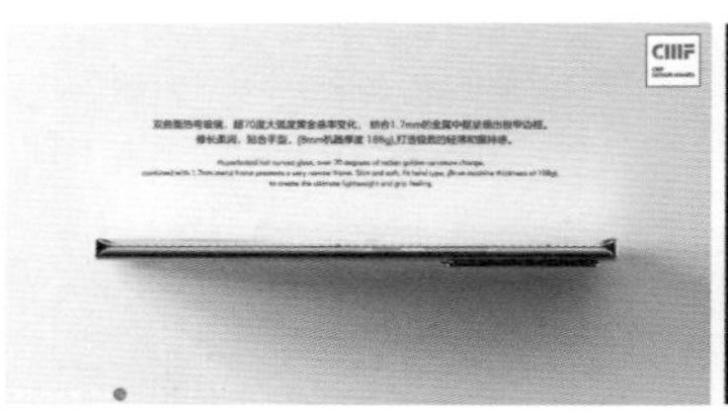

中兴Axon 30 Ultra

使用3D玻璃的华为P50手机

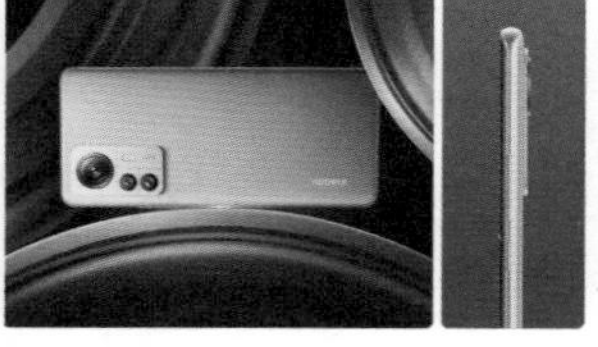

小米12 Pro

3D多曲面玻璃

CMF关键词推荐

创新价值：新材料、新工艺

商业价值：高性能、耐污、防水、高附加值

消费价值：光滑、触控、高亮、透明、无味、科技

社会价值：循环再生、无毒

3.1.4 陶瓷

陶瓷根据应用场景及材料特性，分为生活陶瓷与精细陶瓷（俗称工业陶瓷）。生活陶瓷在生活用品中比较常见，如陶瓷餐具、杯具、花瓶、工艺品，江西景德镇、广东潮州、福建德化、湖南醴陵等地是核心产区。

陶瓷区分	相对密度	材料纯度	外观装饰	特殊功能	成本
生活陶瓷	2.0～3.5	混合多种	多样且上釉	容器和观赏	材料成本低/艺术价值不菲
精细陶瓷	2.5～6.0	单一品种	素材或抛光	光/电/磁/热/生物	材料成本低/加工成本高

3.1.4.1　生活陶瓷

陶瓷（Ceramics），是陶器和瓷器的总称。陶器的发明是原始社会新石器时代的一个重要标志。常见的陶瓷材料有黏土、氧化铝、高岭土等。陶瓷材料一般硬度较高，可塑性较差。生活陶瓷分为日用陶瓷和艺术（工艺）陶瓷，日用陶瓷如餐具、茶具、器皿等，艺术陶瓷如花瓶、雕塑、陈设品等。除了使用于食器、装饰上外，陶瓷在科学、技术的发展中也扮演着重要角色。陶量感厚重；瓷晶莹剔透，色泽如玉。陶瓷密度比较高，坚硬耐磨，瓷质感细腻光滑，在设计中应该充分发挥好陶瓷材料的特性，为避免单调的感觉，可与其他材料结合增加产品的丰富度，也可通过绘制、贴纸、烧花等工艺丰富其表现效果，金色在瓷器上的运用可提升其品质感。

优缺点：坚硬、耐用、耐温、耐腐蚀，陶瓷在常温下无塑性变形，抗压强度大，而抗拉、抗弯、抗冲击强度小，表现为易脆、易断性。

成本参考：设计与制作大大提升了生活陶瓷材料本身的价值，陶瓷茶具在100～500元人民币不等，而具有装饰作用的陶瓷小摆件在10～30元人民币左右或100元人民币以下。名家设计制作的陶瓷产品一物一价。

设计注意事项：注意结构合理性，并且在材料特性的基础上适当进行艺术创作。CMF设计师可利用陶瓷材料高雅、明亮、时髦、整齐、精致、凉爽的属性进行创作。

应用领域：传统陶瓷主要用于餐具、日用容器、工艺品及普通建筑材料。现代陶瓷主要有结构陶瓷、陶瓷基复合材料、功能陶瓷。结构陶瓷主要用于发动机汽缸套、轴瓦、密封圈、陶瓷切削刀具。陶瓷基复合材料主要用于军械和航空航天领域。功能陶瓷被广泛用于电绝缘体，在计算机、精密仪器领域得到广泛应用。

陶瓷制品

CMF关键词推荐

创新价值：新材料

商业价值：高性能、高识别度、低成本、耐污、防水、耐刮、耐磨、易加工、艺术、装饰、传承

消费价值：亲肤、光滑、透明、哑光、透光、无味、家居、经典、舒适、文化

社会价值：生物材料、无毒

3.1.4.2　精细陶瓷

精细陶瓷（Fine Ceramic或称Advance Ceramic），一般用于腕表和部分智能手机面板的制造。精细陶瓷的功能性是CMF设计师选择的首要考虑条件，然后才是外观的颜色和

纹理，精细陶瓷外观变化较少，因颜色的改变直接影响其功能和机械性质，通常的做法是镜面抛光、喷沙雾面与拉丝，许多精细陶瓷是直接使用素材外观。从CMF设计的角度来分类，将精细陶瓷分为四类：氧化系列、氮化系列、碳化系列、其他陶瓷。

CMF关键词推荐

创新价值：新材料、新工艺
商业价值：高性能、高附加值、高识别度、耐污、防水、安全、耐刮、耐磨、耐高温、耐蚀、装饰
消费价值：亲肤、光滑、高亮、无味、精致、真实、自然、家居、科技、舒适
社会价值：绿色环保、无毒

氧化系列	最普通常见的氧化物陶瓷，色彩由其氧化价数决定
氮化系列	大多数氮化物有金黄色的特性
碳化系列	大多数碳化物陶瓷呈现黑色且极为坚硬
其他陶瓷	包含许多特别的种类，但CMF上几乎用不到

（1）精细陶瓷——氧化系列

化学元素周期表中的金属与非金属都非常容易被氧化，金属元素一旦被氧化就会形成氧化物陶瓷（Oxide Ceramics）。氧化是物质与氧反应，物质释放离子化的可见光和热量，反应生成的物质和原本的物质颜色、密度、体积都有显著的改变，收集特性的氧化物形成陶瓷材料，便可以用来制作特定产品。

精细氧化系列陶瓷（排序按照常用顺序）：

精细氧化物陶瓷	化学代号	密度/(g/cm³)	基础颜色	镜面抛光效果	功能	粉末成本/(元/kg)
氧化锆	ZrO_2	5.9 ～ 6.0	白/淡黄	可	手机/高强度电子产品壳体	200 ～ 400
氧化铝	Al_2O_3	3.5 ～ 3.7	白/米黄/粉红	磨料用	绝缘/绝热/承烧板/单晶玻璃	12 ～ 20
氧化硅	SiO_2	2.2	白	磨料用	哑光漆/牙膏添加料/釉料基础	8 ～ 1000
氧化钛	TiO_2	4.26	白	磨料用	白漆/油墨/化妆品/白釉基础	80 ～ 800
氧化锌	ZnO	5.6	白	可	白漆/油墨/化妆品/白釉基础	30 ～ 900
氧化铁	Fe_2O_3	5.24	红色或深红色	磨料用	软磁材料/釉料基础	40 ～ 200
	Fe_3O_4	5.18	黑	磨料用	软磁性材料/釉料基础	40 ～ 200

可用工艺：单晶熔炼、粉末成型后采用钻石工具切削（车/铣/钻/刨/磨/研），真空镀膜。

设计注意事项： 所有精细陶瓷粉末的原料根据颗粒的大小和化学纯度而有不同的价格，后加工价格差异很大，原料成本往往只占很少的部分，陶瓷的易脆性和色差问题经常是CMF设计上的痛点。另外，要得到陶瓷具有镜面的效果之精细陶瓷氧化物，密度必须大于5g/cm^3。

应用领域： 特殊功能除外，首重在结构和支撑，其次才是外观，如手机后盖、手表表框、刀具。外观上最常用的处理就是镜面抛光。

氧化陶瓷可制成壳体或表带

采用氧化锆制成的小米MIX手机

（2）精细陶瓷——氮化系列

氮化物陶瓷（Nitride Ceramics）大多来自人工合成，由于材料特殊性极少被单独使用，装饰上的效果辨识度并不明显。氮化钛的金黄色是唯一特例，对于CMF业界的金属装饰起了很大的作用；氮化镓则是未来的第四代半导体，高速的电子迁移率用于闪充芯片上，使智能手机在充电时间的节省方面厥功至伟。由于氮化系列陶瓷没有太多的外观贡献，简单分类如下所示：

氮化物陶瓷	化学代号	密度/(g/cm^3)	基础颜色	镜面抛光效果	功能	成本参考/(元/kg)
氮化硼	BN	2.29	HBN：白 CBN：铁灰色	不可	HBN：六方氮化硼——白色石墨称号 CBN：立方氮化硼——高硬切削工具	HBN：150～200 CBN：1.5万
氮化铝	AlN	3.26	蓝灰白/半透	不可	绝缘材料中导热/散热最好	1万～2万
氮化硅	Si_3N_4	3.44	白	不可	高耐温，用于涡轮发动机	200～250
氮化钛	TiN	5.43	金黄/黑	可	真空镀用之高硬度薄膜	按面积/件数计
氮化铬	CrN	6.8	仿金黄/青铜	可	真空镀用之高硬度薄膜	按面积/件数计
氮化锆	ZrN	7.09	仿金黄/青铜	可	真空镀用之高硬度薄膜	按面积/件数计
氧化镓	GaN	6.1	灰白/半透	可	闪充芯片、第四代半导体晶圆	5000

可用工艺： 单晶熔炼、粉末成型后采用钻石工具切削（车/铣/钻/刨/磨/研），真空镀膜。

设计注意事项： 所有精细陶瓷粉末的原料根据颗粒的大小和化学纯度而有不同的价格，后加工价格差异很大，原料成本往往只占很少的部分，陶瓷的易脆性和色差问题经常是CMF设计上的痛点。另外，要得到陶瓷具有镜面的效果之精细陶瓷氧化物，密度必须大于5g/cm³。

应用领域：特殊功能除外，首重在结构和支撑，其次才是外观。外观上最常用的处理就是镜面抛光。

玫瑰金色的镀膜用氮化钛来提升表面硬度

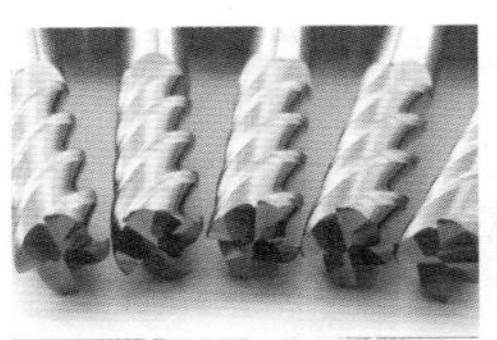

氮化钛镀膜用在工具上增加硬度并降低磨耗损失

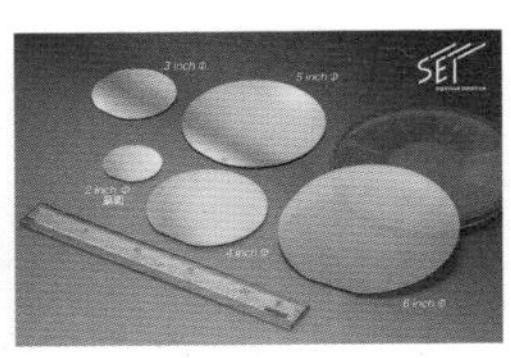

氮化镓晶圆提供未来更高速的电子产品应用

氮化涂层TiN

（3）精细陶瓷——碳化系列

碳化物陶瓷（Cabride Ceramics）大多来自人工合成，少部分来自天然产物，由于材料因为碳化呈现黑色居多，装饰上的效果辨识度则变成用来作为暗黑金（碳化钛）；碳化物陶瓷大部分都非常硬，因此用来制作磨料、刀具，碳化钨刀具是典型的代表，它们协助CMF设计师切割坚硬的金属，并把表面抛得晶亮。广义来说，碳化物陶瓷中应该也包含人造金刚石和人工钻石，这些坚硬的磨料是CMF界的最佳帮手，协助我们把模具或制品的表面磨得晶亮如镜。

碳化物陶瓷	化学代号	密度/(g/cm³)	基础颜色	镜面抛光效果	功能	成本参考/(元/kg)
碳化硼	B_4C	2.52	黑	不可	磨料/压制核裂变材料	300
碳化硅	SiC	3.2	黑/绿	不可	磨料、高级耐火材料	20～100
碳化铬	Cr_3C_2	6.68	黑	可	耐磨、耐腐蚀材料	200～250
碳化钛	TiC	1.5	黑	不可	真空镀用之高硬度薄膜	按面积/件数
碳化钨	WC	5.43	黑	不可	切削工具	600-800

可用工艺：单晶熔炼、粉末成型后采用钻石工具切削（车/铣/钻/刨/磨/研）、真空镀膜。

设计注意事项：所有精细陶瓷粉末的原料根据颗粒的大小和化学纯度而有不同的价格，后加工价格差异很大，原料成本往往只占很少的部分，陶瓷的易脆性和色差问题经常是CMF设计上的痛点。另外，要得到陶瓷具有镜面的效果之精细陶瓷氧化物，密度必须大于5g/cm³。

应用领域：特殊功能除外，首重在结构和支撑，其次才是外观。外观上最常用的处理就是镜面抛光。

HTC手机背盖采用不锈钢表面镀碳化钛，类似镨色质感

机械加工的碳化钨刀具（金黄色是表面镀上氮化钛提高润滑耐磨性）

盾构机，采用碳化钨耐磨材料

Porsche-Design911 Dakar Rally（拉力）设计特别版碳化钛计时码表

（4）精细陶瓷——其他陶瓷

除了上述三大系列的陶瓷之外，精细陶瓷还包括较为陌生的硼化物（Boride）、硫化物（Sulfide）、氯化物（Chloride）、氟化物（Fluoride）以及氢化物（Hydride）等，以及更稀有的硒化物（Selenides）、碲化物（Tellurides）、砷化物（Arsenides），及个别锑化物（Antimonides）和铋化物（Bismuthides），但凡以离子键（Ionic Bond）或共价键（Covalent Bond）结合或两者并现的材料都属于广义的陶瓷材料。

其他陶瓷（广义陶瓷）	化学代号	应用/功能
氯化钠	$NaCl$	食盐
氯化铁	$FeCl_3$	铁基金属的蚀刻剂
氯化铬	$CrCl_3$	不锈钢的蚀刻剂
氢化钛	TiH_4	切削工具

3.1.5 天然材料

天然材料（Natural Materials），是产自天然，未经人手深度加工的材料，是相对于人工合成材料而言的，指自然界原来就有未经加工或基本不加工就可直接使用的材料，如砂、石、木材、竹材等。

天然材料的应用非常广泛，从性质上分为两类：物理应用、化学应用。天然材料的物理应用是指材料的性质不发生改变，只是将材料进行外表的精细加工、打磨或者改变其形状，达到人们所需要的效果，常见于家居、装饰、园艺等行业。天然材料的化学应用是指通过提取加工等手段，从天然材料中提取所需要的成分或物质，为人利用，常见于化工、冶炼等行业。

天然材料可分为三大类：天然的金属材料，几乎只有自然金；天然的有机材料，有来自植物界的木材、竹材、草等与来自动物界的皮革、毛皮、兽角、兽骨等材料，这些都是人类乐于使用并有很高使用价值的一类材料；天然的无机材料，有大理石、花岗岩、黏土等。一般天然材料具有强烈的个性；材料的性能、纯度的偏差大；地域性强，表现在不同地区的出产偏差值大，或者产地仅仅局限在少数地区；材料的形状、性能不一，有形状与数量的限制；一般不适宜作为单一品种大批量产品的材料使用，而多用于手工工艺产品。但是天然材料是与人及自然最为协调的材料，用它们制作的产品具有高雅质朴的品格，与人之间最具亲和感，是人们最乐用的材料之一，尤其是天然的有机材料。常将它们加工成加工材料，以改善性能、纯度，减小地域性偏差以及形状与数量限制。在充分保持天然材料个性与品格的基础上使之亦适用于单一品种大批量的产品，能更好地为工业设计师所利用。

3.1.5.1 木头

木头（Wood）作为一种天然材料，在自然界中蓄积量大、分布广、取材方便，具有优良的特性。随着自然资源和人类需求发生变化和科学技术的进步，木材利用方式从原始的原木逐渐发展到锯材、单板等，对其纤维和化学成分的利用，形成了一个庞大的新型木质材料家族，如胶合板、刨花板、纤维板、单板层积材等木质重组材料，以及石膏刨花板、水泥刨花板、木/塑复合材料等木基复合材料。近年来，国内外研制出许多新颖奇特的木材，如加拿大特硬木材、日本有色木材、日本陶瓷木材、美国染色木材、保加利亚防火木材、苏联铁化木材、我国的模压木材、日本浇铸木材、脱色木材、工艺品用人造木材等。

优缺点：密度小、质轻；具有天然的色泽和美丽的花纹；易加工和连接；导电、导热性差，有吸音性；具有调湿性；具有一定的可塑性；具有良好的装饰性；易燃、易变形；各向异性；易被腐蚀和虫蛀，且存在天然缺陷。

成本参考：木材种类较多，不同种类之间的价格迥异，制成品也因其原材料和外观工艺等因素导致价格多种多样。针叶材如辐射松、湿地松、火炬松、樟子松等成本价在950～1000元/米^3。作为家具最受欢迎的红木成本在6200～6500元/吨。此外，常用木材如橡胶木，规格料、AB级，成本价在3850～4300元/米^3。花梨木长2～4m、厚5cm、A级，成本价在5800～6500元/米^3。

设计注意事项：可从木材的感觉特性上考虑，如视感上，木纹甚至疖子、树榴等不规则缺陷的运用，色彩的运用。色彩是决定木材印象最重要的因素，也是设计中最生动、最活跃的因素。木材色相广泛，有洁白如霜的云杉，漆黑如墨的乌木等，但大多数木材的色相均聚集在以橙色为中心的红色至黄色的某一范围内，以暖色为基调，给人温暖感；触感上，也是温暖感较强的材料。

应用领域：木材是传统的建筑材料，在古建筑和现代建筑中都得到了广泛应用。在结构上，木材主要用于构架和屋顶，如梁、柱、椽、望板、斗拱等。在国内外，木材历来被广泛用于建筑室内装修与装饰，它给人以自然美的享受，还能使室内空间产生温暖与亲切感。在家具产品中应用广泛，也可用于制作各种工艺品。

实木在家具中的应用

CMF关键词推荐

创新价值：新图纹

商业价值：高效率、高附加值、高识别度、低成本、轻量化、安全、易加工、装饰、传承

消费价值：亲肤、低气味、奢华、真实、自然、家居、温馨、经典、文化

社会价值：绿色环保、生物材料、有机

3.1.5.2 竹子

竹子（Bamboo），为高大、生长迅速的禾草类植物，茎为木质。竹子是森林资源之一。竹原产中国，类型众多，适应性强，分布极广。在中国主要分布在南方，如四川、湖南等，中国是世界上产竹最多的国家之一，分布于全国各地，以珠江流域和长江流域最多。竹子自古以来颇受文人墨客所赞颂，竹子生而有节、竹节毕露是高风亮节的象征。观赏性很高，可用于园林观赏或制成工艺品观赏，但更多是用在家居和建筑方面。竹子集生态、经济和社会效益于一体。

优缺点：收缩率小，弹性和韧性好，耐磨，而且色泽高雅，光滑坚硬，纹理通直，顺纹抗拉强度约为杉木的2.5倍，顺纹抗压强度相当于杉木的1.5倍，作为结构材料和装饰材料都具有良好的应用前景，在某些场合，甚至可以作为木材的替代材料。竹子是纯天然材料，减少了甲醛等有害物质的侵袭，对于老人和孩子的健康安全更有保障，良好的安全性是竹家具最大的优势。竹材不及钢材、木材结构致密，比较容易生虫、发霉，还会受环境影响而变形开裂。

成本参考：竹子的价格受品种的影响，相差较大且不同品种间销售单位也不同，市场上最常见的毛竹成本价每百斤在40～45元左右。

设计注意事项：因其易发霉受潮而开裂，所以加工过程中需要控制好竹材料的含水率，竹子纤维多，起毛扎手。设计中可结合竹材的加工制作工艺进行创意设计，如各种图案、纹理的编制技艺会赋予产品特有的外观效果。

应用领域：作为传统材料制作家居用品，如竹扫帚、竹篱笆、竹席、竹扇、牙签等，作为工业材料广泛应用于包装箱、车船用板、集装箱用板、建筑模板等领域。此外，竹子特有的环保特性可制作竹炭，竹浆造纸等。近年来，一些竹制品设计大赛促进了竹材在更多领域的应用。

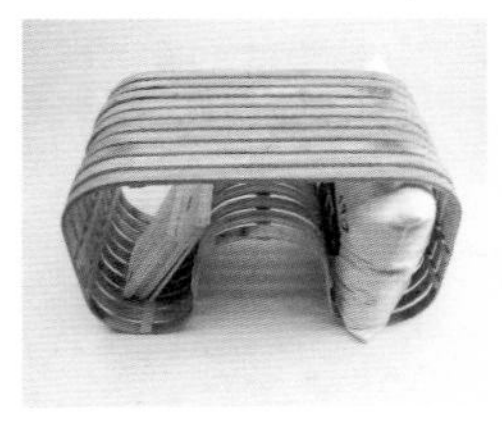
竹椅

橱柜

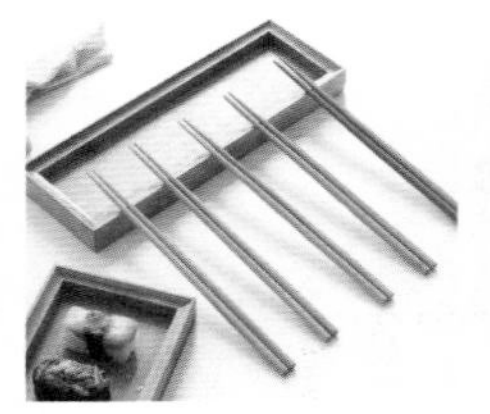
竹筷子

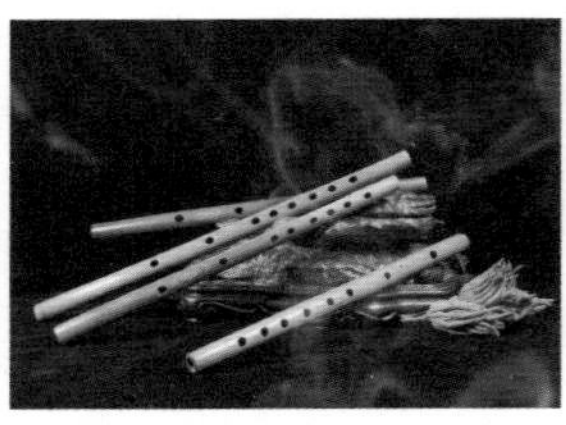
竹笛

CMF关键词推荐

创新价值：新材料、新工艺、新图纹

商业价值：高效率、高识别度、低成本、轻量化、易加工、艺术、装饰、传承

消费价值：亲肤、低气味、真实、自然、家居、温馨、经典、舒适、文化

社会价值：绿色环保、生物材料、有机

3.2 装饰材料

装饰材料主要依附于成型材料的表面，是CMF设计师发挥空间最多的材料维度，主要有纸张类、皮革类、纺织类、化工类、木竹类、膜材类、板材类、耗材类、复合材料类、石材类。

3.2.1 纸张类

纸张类，在CMF领域应用相较于其他装饰材料较为集中。定制家具领域大量应用装饰纸材料，家居领域的防火板材料，大量应用牛皮纸材料；包装行业纸质材料应用广泛；杜邦公司的杜邦纸（特卫强），在箱包、鞋服、手提袋等领域应用，在水贴工艺、热升华工艺中，也用纸作为图案的转印基材。一些特种纸张也用于OMD工艺中。

3.2.1.1 三聚氰胺装饰纸

印刷装饰纸是由装饰原纸经过印刷花纹后制成。印刷装饰纸是浸渍胶膜纸生产过程中的半成品，经后续浸渍、干燥、冷却等工序即可生产出浸渍胶膜纸。采用浸渍胶膜纸进行人造板贴面，可提高木材利用率，能弥补木材的天然缺陷，提高人造板表面质量，替代优质板材使用。

优缺点：优点为效果表现质价比较高；可以混入金属粉等于油墨中创造不同效果；可搭配同步压贴钢板以增强效果。缺点：版辊印刷效果有限，压贴于三聚氰胺板后质感体现有限。

成本参考：2万～5万元/吨。

设计注意事项：印刷装饰纸的核心是表面设计，所以未来的发展仍然是以设计驱动整个印刷装饰纸行业的发展。越来越多的家居企业开始介入设计源头，通过设计创新，充分考虑终端应用往上游设计反推并通过专业的印刷企业来实现最终产品落地。

应用领域：商用空间、家居空间、家具、橱柜、卫浴柜等的低压贴面板、高压贴面板、强化木地板等。

三聚氰胺装饰纸及制成的装饰板在家具、墙板中的应用

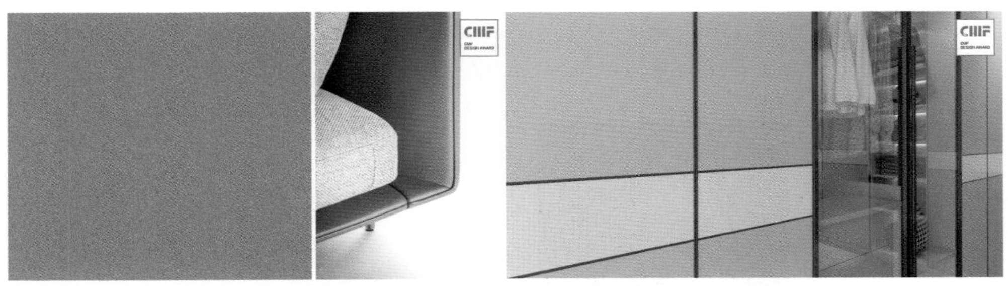

天元汇邦-蒙特小牛皮装饰纸及家居应用

CMF关键词推荐

创新价值：新材料、新图纹
商业价值：高效率、低成本、耐污、抗菌、防水、轻量化、易加工、装饰
消费价值：亲肤、哑光、低气味、自然、家居、温馨、舒适
社会价值：绿色环保

3.2.1.2 杜邦纸（特卫强）

现在市场上的“杜邦纸”，实为杜邦公司生产的两种材料：一种是高密度聚乙烯材料，名为Tyvek；另一种是间位芳纶纤维材料，名为Nomex。Tyvek发明于20世纪50年代，60年代开始商业化生产。Tyvek是一种采用闪蒸法技术制成的无纺布科技材料，自然色泽为白色，以两种不同结构形式呈现：像纸一样的硬结构材料，以及像布一样的软结构材料。Nomex是一种耐热和阻燃纤维，不会熔化、滴落或支持燃烧，具有良好的防护功能。Nomex作为绝缘材料被广泛应用于各种符合UL、IEC以及各种国家和地区标准的电气设备和电子领域。

优缺点：“硬”结构的Tyvek，质轻，其每平方米的重量，只相当于同厚度纸张的一半；防水透气；强韧耐扯；出色的可印刷性；高强度及优良的尺寸稳定性，易于加工，尺寸基本不随干湿度变化；耐穿刺；阻菌防螨防尘，极好的阻挡细菌的功效使其可应用于无菌医疗产品的包装。低起毛性，经久耐用不起毛；高反射率，抗紫外线；环保材料，完全燃烧后仅产生二氧化碳及水蒸气，可回收再利用。“软”结构的Nomex：高耐热性，防止热量通过，也可防止在暴露于电弧时电流流过它；耐化学性，对大多数常见的酸和碱、氟碳制冷剂、变压器油和硅具有很强的耐受性；阻燃性，不会熔化、滴落或助燃。

成本参考：1070D、1056D、1025D价格约为10～50元每平方米不等；Nomex价格较高，常见型号如T410、T416等，价格均在150～500元每千克不等。

设计注意事项：Tyvek价格实惠，且型号质地多种多样能满足正常需求，但Nomex价格较高，适合对性能要求高的产品场景。

应用领域：Tyvek用途广泛，常用于外墙、屋顶的防水透气材料，医疗器材的灭菌包装材料，以及工业个人防护领域的化学防护服。民用设计与创意产品：如时尚家居用品、时装、艺术与文创产品、环保与创意包装等等。Nomex以保护急救人员、公用事业和电气工人而闻名。由其制成的PPE服装可提供卓越的耐热、火焰和弧闪保护，其制成的赛车服为赛车专业人士提供在逃离赛道碰撞和维修站事故引起的火灾前的保护。

衣服

Tyvek制成的防护服

Tyvek制成的折纸灯、纸袋

CMF关键词推荐

创新价值：新材料

商业价值：高性能、高附加值、高识别度、防水、透气、轻量化、耐高温、易加工、阻燃

消费价值：柔软、哑光、低气味、科技、舒适

社会价值：绿色环保、可回收、无毒

3.2.1.3 水贴纸

水贴纸是一种转印的材料，经过水浸泡处理后才能使用的贴纸。以水浸泡软化的方式，将事先打印在纸上的图案与底纸分离，再转印到承印物上，实现间接印刷，为转印技术之一，同时也是水转印技术的一种。

优缺点：水贴纸转印操作简单，难度低，容易施工上手，同时定位比水转印膜要更精确。但转印的效果相对比较粗糙，并且附着力也相对较差，需要在表面喷上一层光油进行保护。

成本参考：单张贴纸成本A4约8元。

设计注意事项：水贴纸精致度较低，但是操作简单自由，适合一些文创产品和模型的应用，复杂曲面转印需要用到软化液，进行各个面的包覆。

应用领域：文创产品、眼镜、眼镜盒、球拍、化妆盒、模型产品、家电面板、电子产品装饰件、家居用品、餐具、汽车配件等。

使用水转印工艺的CD机

水贴纸制品

不锈钢保温杯瓶水贴纸、玻璃水贴纸

CMF关键词推荐

创新价值：新材料、新技术
商业价值：高效率、低成本
消费价值：低气味、家居、温馨
社会价值：低能耗

3.2.2 皮革类

“皮”是指取自动物身上，未经鞣制的皮，也称生皮；而“革”是指生皮经过鞣制、防腐等加工处理而成的材料。皮是制革的原料，革是由皮制成的。皮革是人们对革的一种传统的称呼。皮革、人造革和合成革尽管都是革，但其在组成、结构、制造加工和使用性能等方面有着本质的差异。简单来说，皮革是天然动物皮（原料皮）的加工产物，而人造革、合成革等产品则是采用化工原料人工合成的产物。“真皮”是人们为区别合成革而对天然皮革的一种习惯性叫法。我们讲到牛皮革、羊皮革等天然皮革时，一般省略“革”，直接简称为“牛皮”或者“羊皮”。

天然皮革按照原料皮种类的不同，可以分为牛皮革、羊皮革、猪皮革。牛皮革又可以分为黄牛革、水牛革和牦牛革。羊皮革又可以分为山羊革、绵羊革等。根据选材部位和工艺的不同，又可以分为光面革和起毛革，如Napa皮、麂皮和翻毛皮等。人造革、合成革统称为素皮，主要包括PVC革、PU革、PU超纤革以及植物基合成革等，超纤仿麂皮也是一种特殊的人造皮革。除此之外，还有一些功能性的人造革、合成革，如发光皮革、抗菌皮革等。

分类	定义	主要产品	产品特点
天然皮革	以天然动物皮（原料皮）为原料，通过加工、鞣制变性等处理获得的一种性能优良的天然高分子生物材料	牛皮	皮面光亮平滑，质地丰满细腻有弹性。机械强度高，耐穿耐用；透气透湿优良
		羊皮	皮质细腻，表面光泽柔和自然，手感轻薄柔软且富有弹性，具有较好的耐磨性，具有一定保暖性。羊皮本身较薄，机械强度不如牛皮
		麂皮	表面具有纤细密实短绒毛，哑光质感，质地柔软厚实，触感亲肤细腻，不易起毛起球，书写性好，抗皱、保暖、耐磨，热湿舒适性好
		翻毛皮	表面呈现细致长绒毛，触感平滑舒适，外观典雅大方，透气性好，手感柔软，穿着舒适，耐磨损。易附着污垢，遇水后绒毛易倒伏
		纳帕皮	无多余涂饰，毛孔纹理清晰自然，质地超柔丝滑，触感细腻温润，透气透湿性好，耐光、耐磨、强度和弹性高，是顶级的天然皮革
人造皮革	采用化工原料进行人工合成制得的具有天然皮革的风格、纹理以及手感、性能等特点的合成高分子材料	素皮	除具有天然皮革质感和外观外，亲肤柔软，防尘防水、耐老化、耐磨等是其显著特点。素皮相比真皮更耐用，成本低，易于保养
		PVC革	成本低廉、加工方便、适用性强。质地轻和强度高、耐磨、耐折、耐酸碱，手感偏硬，耐寒性差，气味性、透气性、吸湿性差
		PU革	触感接近真皮，手感柔软舒适、光泽自然、颜色柔和、耐磨损、耐候性好、屈挠性能好、透气透湿性能优异、防水防油、防指纹
		PU超纤革	柔顺性和亲肤触感优异，光泽细腻柔和，透气吸湿性好，耐磨耐老化，柔韧性强、环保低气味。耐化学品性、防水防霉性等超过天然皮革
		发光皮革	除了具有常规皮革的性能特点外，具有良好的发光、透光功能，有利于营造个性化、时尚化和多样化的光学环境氛围
		仿麂皮	绒感柔软细腻亲肤，有良好书写性，手感滑糯密实有弹性，质地轻薄，透气透湿性能极佳，柔韧性好和环保低散发，摩擦系数高

3.2.2.1 牛皮

牛皮（Cowhide/Cow Leather）又称为牛皮革，是一种天然皮革。它是以生牛皮为原料，经过脱毛和鞣制等一系列物理机械和化学加工整理后制得的一种耐化学作用、耐细菌作用、具有一定机械强度、柔韧性和透气性等性能的产品。按皮层不同可分为头层皮和二层皮；按照表面处理的程度又可以分为粒面皮、半粒面皮和修面皮；按鞣制方法又可分为铬鞣革、植鞣革、油鞣革、醛鞣革和结合鞣革等。

优缺点：牛皮革的革面毛孔细小，呈圆形，分布均匀而紧密，皮面光亮平滑，质地丰满、细腻，外观平坦柔润，用手触摸质地坚实而富有弹性。具有较高的机械强度，如抗张强度、耐撕裂强度、耐曲折等，耐穿耐用，不易变形；弹性和可塑性好，易于加工成型；耐湿热稳定性好，耐腐蚀、耐化学品性能以及耐老化性能好；透气透湿性能优良，表面处理工艺的适用性强。

成本参考：根据牛皮革品质的不同，牛皮革的价格范围约为250 ～ 500元/m²。

设计注意事项：牛皮革的成本相对较高，适合在中高端汽车座椅或沙发等产品中应用。同时，根据设计的需要，可以对牛皮革进行表面加工处理，如打孔、绗缝、镭雕、印花等。

应用领域：牛皮革常被用于服装、工艺制品、鞋子、箱包、沙发、表带、交通工具内饰、家具等产品领域。除此之外，还可以在消费电子类产品领域应用，如高级音响、笔记本电脑以及奢侈品手机的外壳等。

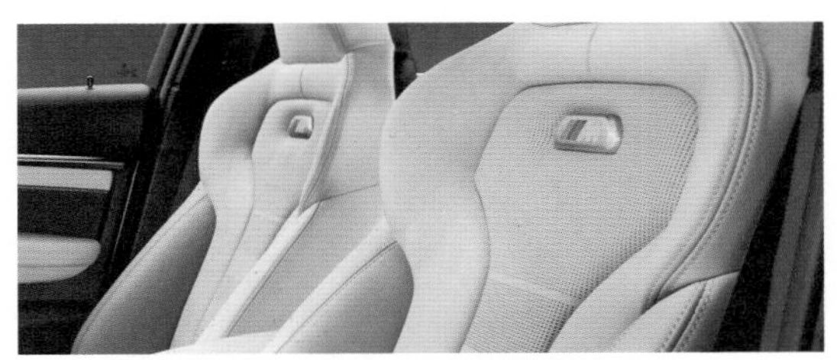

牛皮汽车座椅

牛皮手机壳

Nendo设计的Surface牛皮灯

牛皮沙发座椅

CMF关键词推荐

创新价值：新材料、新颜色、新工艺

商业价值：高性能、高附加值、高识别度、防水、透气、耐老化

消费价值：亲肤、柔软、光滑、低气味、奢华、精致、真实、自然、家居、温馨、舒适

社会价值：生物材料、可降解

3.2.2.2 羊皮

羊皮（Sheepskin Leather）又称为羊皮革，也是一种天然皮革。它是以生山羊皮或者绵羊皮为原料，经过脱毛和鞣制等一系列物理机械和化学加工整理后制得的一种皮革产品。羊皮革按皮层不同可分为头层羊皮和二层羊皮；按生皮原料的不同可分为山羊皮和绵羊皮。绵羊皮的皮板比较轻薄，山羊皮较厚，山羊皮拉力强度好且更耐磨，绵羊皮手感柔软光滑而细腻，山羊皮粒面层较为粗糙，滑润度也不如绵羊皮，手感比绵羊皮也稍差。羊

皮主要用于服装、制鞋和箱包等产品领域。

优缺点：羊皮的特征是粒面毛孔扁圆，花纹如“水波纹”状，皮质细腻，表面光泽柔和自然，手感轻薄柔软且富有弹性，具有较好的耐磨性，具有一定的保暖性。羊皮本身较薄，拉伸强度不如牛皮，同时易打理。

成本参考：羊皮的价格范围约为100～300元/m²。

设计注意事项：羊皮的成本也相对较高，适合在中高端服装、箱包、鞋靴等产品中应用。羊皮革产品偏薄且抗张强度偏低，设计产品时需考虑皮革的冷热收缩变形问题。根据需要可对羊皮革进行绗缝、绣花等后道加工处理。

应用领域：羊皮革常被用于服装、工艺制品、鞋靴、箱包、手套、家具以及消费电子等产品领域。如B&O的BeoPlay H9头戴式蓝牙耳机的耳罩区域使用了羊皮材质。

BeoPlay H9羊皮耳机

羊皮女包

羊皮男鞋

羊皮夹克

CMF关键词推荐

创新价值：新材料
商业价值：高附加值、防水、透气、装饰、轻量化、耐磨
消费价值：亲肤、柔软、低气味、奢华、真实、自然、温馨
社会价值：生物材料、可降解

3.2.2.3 麂皮

麂皮（Suede）原指以动物麂的皮为原料制成的一种手感厚实、纤维组织细腻紧密的绒面皮革，是一种高级的天然皮革。由于动物麂的稀缺性，现在通常所说的麂皮，多是指以鹿皮、山羊皮、绵羊皮、猪皮等柔软的动物皮为原料，经过熟化、分割、去脂、打磨等一系列加工工艺制得的天然绒面皮革。麂皮已经成为“高级感”的代名词，在时装、家居、箱包等产品领域广泛应用。

优缺点：麂皮表面具有纤细密实的短绒毛，呈现哑光的质感，质地柔软厚实，触感亲肤细腻，不易起毛起球，抗皱性好，悬垂且挺括，保暖性和耐磨性好，热湿舒适性也比较好，能够满足用户对于产品轻奢高级感的消费需求。

成本参考：麂皮的价格范围约为200～400元/m^2。

设计注意事项：麂皮的成本比较高，适合在高端的服装、皮具、箱包及鞋靴等产品中应用。

应用领域：麂皮主要被用于高档的箱包、服装、鞋靴、帽子和皮具、汽车等领域，在高端精密仪器设备的清洁与擦拭以及个人、宠物清洁等方面，麂皮的应用也比较广泛，在高级家具以及消费电子等产品中也有少量使用。

麂皮

麂皮男鞋

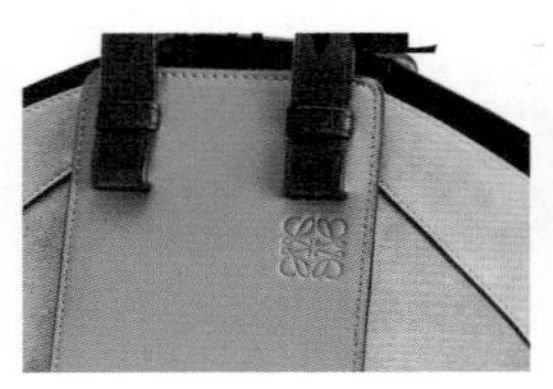

LOEWE 麂皮女包

麂皮大衣

CMF关键词推荐

创新价值：新材料

商业价值：高附加值、高识别度、耐磨、装饰、透气

消费价值：亲肤、柔软、哑光、低气味、奢华、舒适、细腻、高级

社会价值：生物材料、可降解

3.2.2.4　仿麂皮

仿麂皮（Synthetic Suede），顾名思义就是仿制麂皮风格的材料，又叫仿麂皮绒或麂皮绒。仿麂皮有两种制造工艺，一种是采用无纺型的，一种是织造型的。仿麂皮采用的纤维原料主要是海岛型超细纤维和聚氨酯树脂。利用复合纺丝的方法纺制海岛复合纤维长丝或短纤，通过针刺、水刺或者织造的方式获得海岛纤维的织物基材，再对其进行前处理及聚氨酯含浸、碱减量开纤、磨毛、染整等加工，即可制得具有天然麂皮般外观风格和内在品质的仿麂皮。织造型的仿麂皮又有针织和机织之分，针织仿麂皮又分经编仿麂皮和纬编仿麂皮。无纺型仿麂皮以意大利品牌Alcantara（欧缔兰）和日本东丽Ultrasuede（奥司维）为代表，在高端服装、家居、汽车内饰等行业应用较多。

优缺点：仿麂皮绒感柔软、细腻、亲肤，表面绒毛有一定的书写性，手感滑糯、密实且有弹性，悬垂性好，质地轻薄，具有优异的透气透湿性能，热舒适性能优异，有很强的柔韧性和环保低散发性能。其摩擦系数比天然皮革要高，能够提供良好的防滑能力，带来更出色的乘坐体验，在高级汽车的座椅中应用较多。

成本参考：织造型的仿麂皮价格约为60～120元/m^2，无纺型仿麂皮的价格较高，价格约为150～300元/m^2。

设计注意事项：仿麂皮价格高，一般多用于中高端产品的应用场景或者对产品性能要求高的场景。

应用领域：仿麂皮产品作为高端材料，被广泛应用于消费电子产品、家具、汽车、航空、游艇和服装、包袋、时尚等产品领域。

领克03+超纤仿麂皮座椅

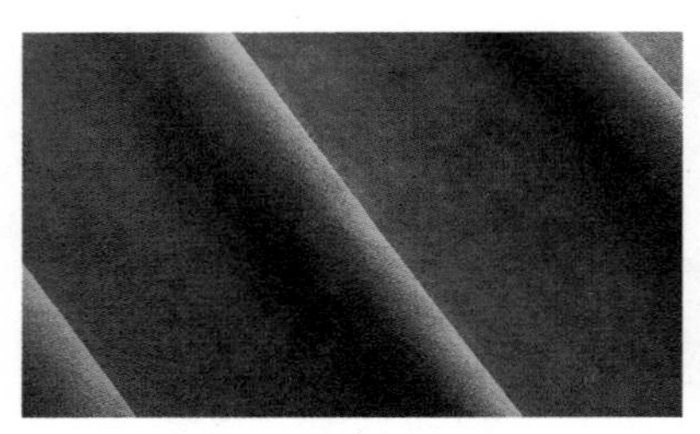

超纤仿麂皮

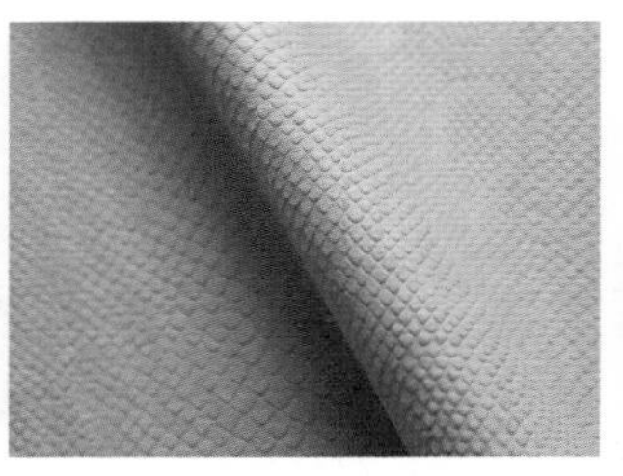

压花超纤仿麂皮

超纤仿麂皮键盘

CMF关键词推荐

创新价值：新材料
商业价值：高性能、高附加值、高识别度、透气、装饰、防滑
消费价值：亲肤、柔软、哑光、奢华、温馨、科技、舒适、有弹性
社会价值：绿色环保、循环再生

3.2.2.5 翻毛皮

翻毛皮（Roughout Leather）又叫反毛皮，是一种天然动物皮革，它属于起毛类皮革，其主要原材料是牛皮。它是通过对去除皮面层后的牛皮正反肉面层分别进行两面起毛加工，将皮革中的组织纤维做出起毛效果，然后再对起毛皮表面进行修整，即可制得绒毛较长、美观、大气、触感舒适良好、看起来更有质感的翻毛皮产品。翻毛皮和麂皮外观上非常相似，易混淆，其实两者最大的区别在于是单面起毛还是两面起毛。

优缺点：翻毛皮皮面层的特征是拥有平滑舒适的触感以及独特的细致绒毛，质感较好，外观典雅大方，透气性好，手感柔软，穿着舒适，耐磨损。翻毛皮易附着污垢，遇水后绒毛易出现倒伏，舒适感会下降，可以通过多次梳理将表面绒毛恢复柔顺光滑。

成本参考：翻毛皮的价格约为80～180元/m^2。

设计注意事项：翻毛皮的绒毛偏长，容易发生倒伏，产品设计时需要考虑其表面绒毛的各向异性可能会引起的外观视觉效果和光泽的变化。

应用领域：翻毛皮在高级服饰、鞋靴、包袋、皮具等领域使用较为广泛。

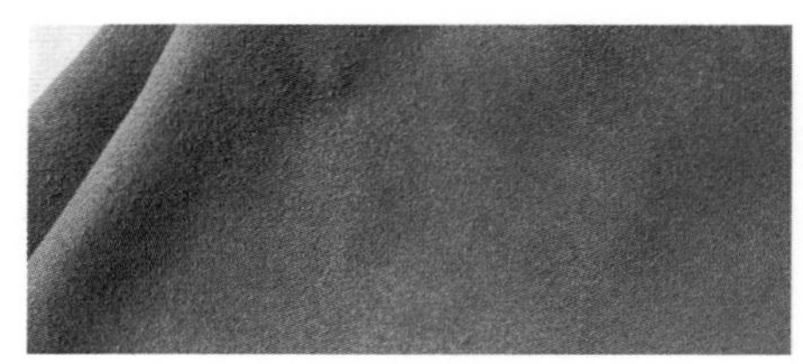

翻毛皮

LECEN翻毛皮男鞋

翻毛皮女包

CELINE翻毛皮女包

CMF关键词推荐

创新价值：新材料

消费价值：亲肤、柔软、哑光、自然、舒适

商业价值：高性能、透气、耐磨、装饰、耐用

社会价值：生物材料、可降解

3.2.2.6 纳帕皮

纳帕（Nappa）实际上是一种皮革加工工艺，最先是由美国加州的Napa县的索耶制革公司（NAPA LEATHERS 1869 SAWYER TANNING CO.）在1875年研发首创的，制成的皮革称为纳帕皮。纳帕皮一般选择头层牛皮或者小公牛粒面皮为原料，由植物鞣剂和明矾盐鞣制的，不压花，无修饰或轻微修饰，以保持自然纹理，表面涂层非常薄，最大限度地保持原皮肉感。100多年时光过去，索耶公司所发明的皮革工艺流传下来，名称也从Napa变化成了Nappa。现在的Nappa皮，指一类轻涂饰、不压花、保留皮革自然纹理、手感细腻柔软的高级皮革。Nappa皮追求的是处理工艺简单、环保，因此对于原始皮材料品质要求很高，不能有明显瑕疵。

优缺点： 纳帕皮表层不做多余的涂饰和修饰，保持着清晰自然的毛孔和纹理，质地非常柔软，表面丝滑，如新生婴儿肌肤般，触感细腻温润，透气性好。纳帕皮具有耐光、耐汗、耐磨、强度高、弹性高、吸水性能出众的特点。用纳帕皮做成的沙发，坐上去有很强的包裹感，非常舒适。

成本参考： 普通纳帕皮价格约为220～400元/m^2，半苯胺纳帕皮价格约为400～450元/m^2，全苯胺纳帕皮价格在500元/m^{2}以上。

设计注意事项： 纳帕皮的成本非常高，适合比较高端产品的应用场景。

应用领域： 产品如高级豪华的沙发、奢侈品皮包、皮具以及定制化手机保护套等；豪华汽车内饰中常采用纳帕皮，半苯胺纳帕皮一般用于路虎揽胜、雷克萨斯LS等百万级豪

奔驰迈巴赫纳帕皮内饰

纳帕皮手机壳

纳帕皮手表带

车，而更高档的全苯胺纳帕皮更是被劳斯莱斯幻影/古斯特、宾利慕尚等价值数百万的超豪华品牌所选用。vivo品牌发布的最新vivo WATCH 2的表带就采用了高端的纳帕真皮材料。

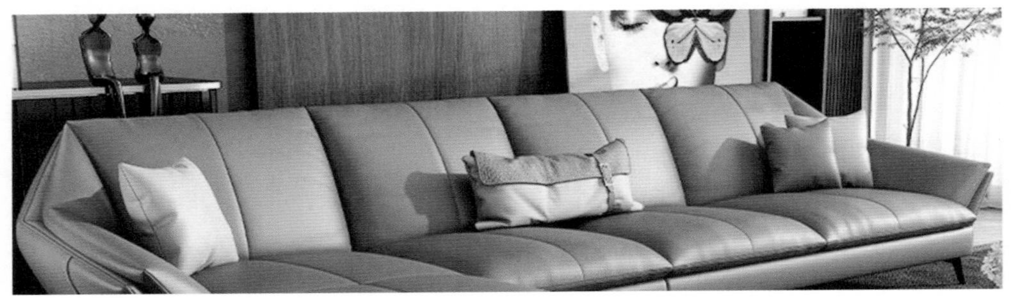

纳帕皮沙发

CMF关键词推荐

创新价值：新材料

商业价值：高性能、高附加值、透气、耐光、耐汗、耐磨

消费价值：亲肤、柔软、奢华、自然、家居、温馨、舒适、丝滑、细腻、温润

社会价值：生物材料、可降解

3.2.2.7 素皮

素皮（Vegan Leather），是与动物皮革相对而言的，广义上来说，素皮即是指没有任何动物足迹的皮革。素皮是人造革材料，是外观、手感似动物皮革并可代替其使用的塑料制品。通常以纺织材料为底基，涂覆合成树脂及各种塑料制成。第一代素皮有聚氯乙烯（PVC）、聚氨酯（PU）及聚酯纤维基（Polyester Base）人造皮革；第二代素皮有超纤PU革和植物基（Plant-Base）人造皮革。近两年，素皮概念在手机、家具、汽车以及时尚行业中传播较快。华为、小米、荣耀、OPPO以及vivo，都选择使用素皮材质作为手机重要的外观元素。在时尚行业一种全新的植物素皮正在成为装饰、家具、包袋等产品设计师的新宠儿，这种材质具有皮革的绝大部分特点，并且其主要的制作原料完全来自于各类天然植物，绿色环保。墨西哥的纯素仙人掌皮革Desserto以及Bolt Thread的蘑菇菌丝纯素植物皮革Mylo是植物基素皮的典型代表。

优缺点：素皮除了具有动物皮革的内在质感和外观纹理外，温暖、亲肤、柔软，防尘防水，抗指纹等也是其显著的特点。素皮相比真皮更加耐磨耐用，生产成本低，也更易于保养维护。

成本参考：素皮根据其加工工艺、配方及材质的不同，成本也有较大差异。素皮产品的技术要求也是影响其成本的重要因素。几种材料的成本排序大致为：超纤PU革＞PU革＞PVC革。

设计注意事项：素皮适合低、中、高不同定位的产品，应用场景非常广泛，可以根据实际需要选择其中的一种或者多种材料进行搭配使用。素皮的表面处理工艺适用性比较强，如打孔、绣花、绗缝、镭雕、印花、压花等。

应用领域：素皮主要应用于手机、手表、家具、鞋靴、箱包以及汽车内饰等领域。

墨西哥的纯素仙人掌皮革Desserto及在沙发中的应用

Bolt Thread的蘑菇菌丝纯素植物皮革Mylo

CMF关键词推荐

创新价值：新材料

商业价值：高性能、高附加值、耐磨、耐污、防水、防尘、易加工、装饰、耐老化

消费价值：亲肤、柔软、哑光、自然、舒适

社会价值：绿色环保、生物材料、低能耗

3.2.2.8 PVC革

PVC革（Polyvinyl Chloride Leather），又称为PVC人造革，它通常是以织物为底基，将聚氯乙烯树脂（PVC）、增塑剂、稳定剂、阻燃剂、发泡剂等多种材料组成的混合物，通过涂覆或者贴合在基材上而得到的一种仿皮革塑料制品，史称第一代人工革。PVC人造革按是否发泡可分为PVC普通人造革（不发泡）和PVC泡沫人造革。1921年人们生产出了最早的聚氯乙烯普通人造革，1954年开始生产聚氯乙烯泡沫人造革。PVC革的制造方法主要有离型纸法（转移涂层法）和压延法。PVC革是我国产量最大的人造革产品。

优缺点：PVC人造革的外观近似天然皮革，具有色泽鲜艳、质地较轻和强度高、耐磨、耐折、耐酸碱等优良特性，并且成本低廉、加工方便。它的缺点是手感偏硬，柔软性差，耐寒性差，添加的增塑剂会散发出令人不悦的气味以及透气性、吸湿性差等。

成本参考：PVC人造革的成本相对较低，根据具体应用场景和技术要求，其成本也存在较大差异，通常PVC革的成本约为20～40元/m^2。

设计注意事项：PVC人造革的性价比高，适用的领域非常广泛。可以通过丰富多样的表面处理工艺，如打孔、绣花、绗缝、镭雕、印花、压花等，赋予PVC革时尚多变的外观纹理，改善其手感以及透气、透湿等舒适性能。

应用领域：PVC人造革可用于箱包、家具、手套、汽车/游艇/房车内饰、地板、壁纸、篷布、手机、电脑等产品领域，广泛应用于工业、农业、交通运输业、国防工业及日常生活等方面。

PVC革产品

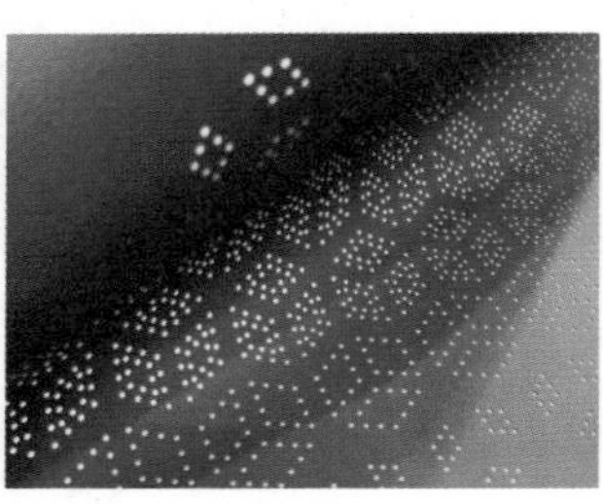
打孔PVC革

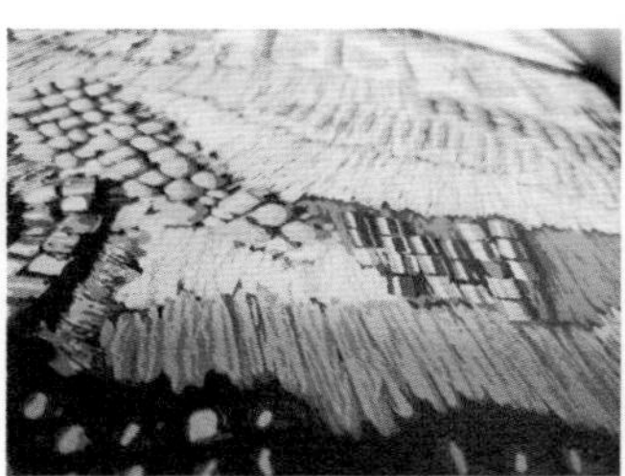
数码印花PVC革

压花PVC革

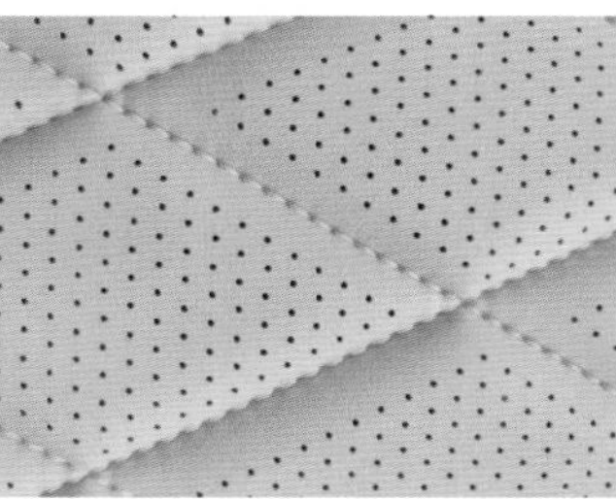
仿绗缝压花+打孔PVC革

红旗HS5内饰用PVC革

CMF关键词推荐

商业价值：高效率、低成本、高性能、耐磨、耐用、轻量化、装饰、阻燃
消费价值：光滑、哑光、镜面、家居、自然、装饰
社会价值：可回收

3.2.2.9 PU合成革

PU合成革（Polyurethane Synthetic Leather），又可简称为PU革，它是将聚氨酯树脂（PU）形成的涂层与基布结合获得的一种外观、性能与天然皮革更为接近的塑料制品，史称第二代人工革。PU涂于织物表面最早出现于20世纪50年代；1964年，美国杜邦公司开发出一种用作鞋帮的PU合成革。PU合成革的制造方法主要有干法和湿法两种。目前PU合成革无论在产品质量、品种，还是产量上都得到了快速增长，其性能越来越接近天然皮革，某些性能甚至超过天然皮革，达到了与天然皮革真假难分的程度，在人类的日常生活中占据着十分重要的地位。目前诸多手机厂商所使用的素皮材质就是PU合成革材料。

优缺点： PU合成革拥有与真皮非常接近的触感，手感柔软舒适、光泽自然、颜色柔和、耐磨损、耐高温、耐寒、耐老化、屈挠性能好、透气透湿性能优异、剥离强度高，同时还具有良好的防水防油特性，防指纹性能好，真皮感强、可洗涤、加工方便，是天然皮革较为理想的替代品。

成本参考： PU合成革的价格相对较高，某些特殊要求的PU合成革价格要比PVC革高2～3倍。一般情况下，其成本约为40～80元/m²。

设计注意事项： PU合成革的价格偏高，适用于中高端产品的应用场景，表面处理工艺适用性强。

应用领域： PU合成革可用于箱包、家具、手套、服装、手机、家电以及交通工具（汽车、高铁、游艇、房车等）内饰、鞋靴等领域。

PU合成革汽车座椅

oppo手机用PU合成革

PU合成革沙发

PU合成革女包

CMF关键词推荐

创新价值：新材料
商业价值：高性能、耐污、耐老化、透气
消费价值：亲肤、柔软、低气味、奢华
社会价值：绿色环保、循环再生

3.2.2.10 PU超纤革

PU超纤革（Microfiber Polyurethane Leather），即超细纤维合成革，又称为超纤皮，是超细纤维通过梳理、针刺或水刺制成具有三维网络结构的无纺布，再经聚氨酯树脂湿法含浸、减量开纤、磨皮、染整等工艺最终形成的仿皮产品。超细纤维采用与天然皮革中束状胶原纤维结构和性能相似的超纤纤维，以具有开式微孔结构的高性能聚氨酯为填充材料，在结构和外观质感上真正模拟天然皮革的特殊形态。20世纪70年代，日本可乐丽公司、东丽公司先后成功研发出超细纤维合成革。目前超细纤维合成革的主流生产方法是海岛纤维法。海岛纤维的岛组分通常是聚酯PET、聚酰胺（PA6）或者聚丙烯腈（PAN）等，海的组分可以是聚乙烯（PE）、聚丙烯（PP）、聚苯乙烯（PS）或者改性聚酯COPET等。PU超纤革中的超细纤维可以通过定岛法和不定岛法两种工艺制备。

优缺点： 超细纤维的纤度极小，比表面积急剧增大，使得PU超纤革具有非常好的柔顺性和亲肤触感，表面光泽细腻柔和，吸湿性好，具有优异的耐磨、透气、耐老化性能，柔软舒适，有很强的柔韧性和环保低散发性能。在耐化学性能、防水防霉等性能上已经超过天然皮革。

成本参考： PU超纤革的价格较高，成本在80 ～ 150元/m²左右。

设计注意事项： PU超纤革的资源获取途径、性能、经济成本以及利用率方面有着非常大的优势，可以作为高档天然皮革的替代品进行设计开发并推广应用。

应用领域： 目前PU超纤革已广泛应用在高档鞋、服装、家具、球类和汽车内饰等领域中，高档汽车座椅中已大量采用超细纤维合成革代替天然皮革。

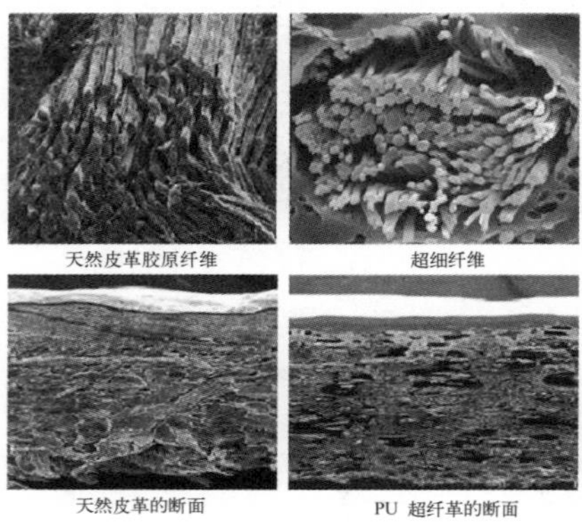

真皮与PU超纤革的对比

PU超纤革沙发

PU超纤革

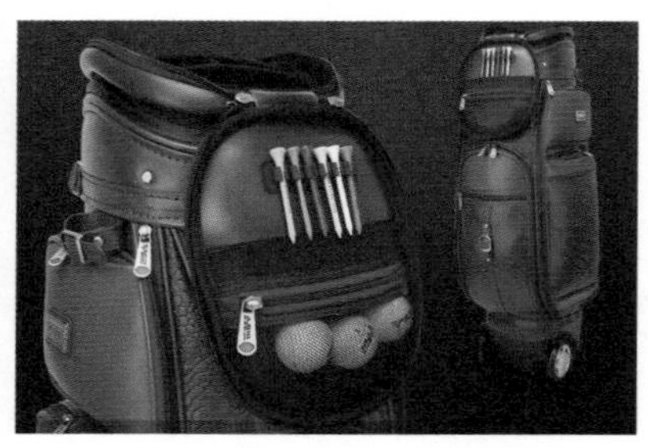

PU超纤革高尔夫球包

CMF关键词推荐

创新价值：新工艺、新材料

商业价值：高性能、耐污、耐老化、透气、透湿、高性能

消费价值：亲肤、柔软、低气味、低VOC

社会价值：绿色环保

3.2.2.11 发光皮革

发光皮革狭义上指的是能够在特定的条件或环境下发光的人造皮革材料，目前主要是指荧光皮革（俗称夜光皮革），皮革材质以PVC革和PU革居多。它是通过加入一定比例

的蓄光型自发光材料来实现皮革发光效果的。蓄光型自发光材料又称为光致光超长余辉蓄光材料。该材料可以主动吸收和储蓄太阳光、灯光、紫外光等可见光，照射5～30分钟后，就可在黑暗中持续发光8～12小时，可以根据实际需要，使其发出红、黄、蓝、绿、紫等多种彩色光。吸光和发光的过程可以无数次重复，发光寿命达20年以上。发光皮革是近几年才发展和应用起来的一种新型功能材料。除了荧光皮革外，目前行业内也将具有透光功能的皮革称为发光皮革，它需要借助外部的光源条件，来实现发光的效果。透光皮革是以高通透性的高分子材料为主要原料，通过特殊的工艺加工，制备出的具有全透光或者透出一定图案纹理的革类材料。这种透光皮革可以实现有光和无光两种状态下的不同视觉效果，用途广泛，可用于家具或者汽车内饰中，营造个性化多样化的灯光环境氛围。

优缺点：荧光皮革具有高亮度、快吸光、长蓄光、化学稳定性好和耐候性好等特点，但在皮革颜色开发自由度上存在一定的局限性。透光皮革的性能与常规的PVC革和PU革差异不大。

成本参考：发光皮革的价格与其材料成分、应用场景、技术条件等直接相关，相对比较高，成本约在常规皮革的基础上上浮50%，甚至更高。

设计注意事项：荧光皮革和透光皮革的价格都偏高，适用于中高端产品的应用场景。荧光皮革的颜色设计有较大局限性，透光皮革所透出的花形纹理在设计上有一定限制。

应用领域：发光皮革主要用于手袋、鞋类、箱包、饰品、家具、电子产品以及汽车内饰等诸多领域。长城汽车哈弗H6内饰仪表板上就采用了透光PVC革进行包覆。

哈弗H6仪表板用透光PVC革

透光PU革

夜光革

CMF关键词推荐

创新价值：新材料、新技术

商业价值：高附加值、高识别度、装饰、流行、个性化、时尚化、智能化的灯光氛围

消费价值：透光、发光、智能、科技

3.2.3 纺织类

纺织类产品主要指纺织面料产品。在CMF设计领域，纺织面料重点应用于汽车、消费电子、生活用品、家居用品等领域。纺织面料用的原料为纤维材料。

纤维可分为天然纤维和化学纤维。天然纤维根据其来源又可以分为植物纤维、动物纤维和矿物纤维三类。化学纤维可分为人造纤维（再生纤维）、合成纤维和无机纤维。人造纤维，主要有黏胶纤维、醋酸纤维、铜氨纤维、天丝、莫代尔等。合成纤维主要有涤纶、锦纶、腈纶、氨纶等。无机纤维主要有玻璃纤维、金属纤维和碳纤维等。

	定义	主要产品		产品特点
天然纤维	天然纤维是自然界原有的或从人工培植的植物上、人工饲养的动物上直接取得的纺织纤维，是纺织工业的重要材料来源。天然纤维分为植物纤维（主要由纤维素组成）和动物原料纤维（主要由蛋白质组成）	植物纤维	棉纤维	光泽柔和、手感柔软、强度高、吸湿、保暖、透气性好、亲肤性好，在常温下耐稀碱；易染色、耐酸性差、弹性差、抗皱性差、易发霉、易滋生细菌
			麻纤维	具有良好的吸湿散湿透气功能，传热导热快、凉爽挺括、抗菌抑菌、出汗不贴身、质地轻、强度大、防虫防霉、静电少，风格粗犷。弹性差，抗皱性及耐磨性差，有刺痒感
		动物纤维	羊毛纤维	坚牢耐用，吸湿性比棉好，染色性能优良；是天然纤维中弹性恢复性最好的纤维；质轻，相对密度在1.28～1.33之间；保温性好。易发生缩绒现象，防虫蛀性差，耐光性差
			蚕丝	保温、吸湿、散湿和透气，丝质光滑，色泽典雅，亲肤柔软，染色性能好，弹性好，是自然界中又轻又柔又细的天然纤维，生物相容性好。耐酸性差，耐光稳定性差
合成纤维	合成纤维是将人工合成的、具有适宜分子量并具有可溶（或可熔）性的线型聚合物，经纺丝成型和后处理而制得的化学纤维	锦纶		质轻且强度高、弹性恢复性好，光滑，耐磨耐疲劳性高于其他所有纤维，染色性能较好，耐低温、吸湿快干，耐碱而不耐酸，耐光性差，长期在日光下强度下降，颜色变黄
		涤纶		强度高，耐磨性优良，耐热耐晒性较好，回弹性和延伸性好，抗皱能力强；化学稳定性较好；高温高压染色，色牢度好，不易褪色；耐光性好；吸湿、透气性差，易起球起毛
		丙纶		化学纤维中最轻的纤维，成本较低，保暖性好，强度较高，耐磨性能好且仅次于锦纶，耐腐蚀性良好，几乎不吸湿，但具有良好的芯吸能力，耐热、耐光、染色性能差
		腈纶		相对密度小、质轻蓬松、手感柔软温暖、热导率低、保暖性和保形性好；热延伸性和热弹性好，抗紫外线能力在常用纺织纤维中居首位，耐光性、耐气候性能优异，易起毛起球；耐碱性较差；染色困难，易产生静电
		氨纶		弹性高于其他纤维，变形能力大，弹性恢复性能好、回弹较快，手感平滑、吸湿性小，强度低于一般纤维，弹性模量较小，质轻而柔软，有较好的耐酸碱性，不耐光、不耐高温，不耐氧化，易黄变和强力降低，强度最差，吸湿差
		维纶		吸湿性最大的合成纤维，强度比锦纶、涤纶差，化学稳定性好，不耐强酸，耐碱。耐日光性与耐气候性也很好，织物易起皱，染色较差，色泽不鲜艳。耐热水性能较差，弹性较差，染色性能也较差，颜色暗淡，易起毛、起球

3.2.3.1 棉纤维

棉纤维（Cotton Fiber）是天然植物纤维，是我国纺织工业的主要原料，其用量占全球纤维总用量的比例约为23%，在纺织纤维中占有重要的地位。棉纤维是由棉花种子上滋生的表皮细胞发育而成的，其主要成分是天然的高分子化合物纤维素。棉纤维为多层状带中空结构，具有天然的转曲。按棉花的品种可以分为细绒棉和长绒棉。细绒棉又称陆地棉，纤维线密度和长度中等，一般长度为25 ～ 35mm，线密度为2.12 ～ 1.56dtex左右，强力在4.5cN左右。长绒棉又称海岛棉，纤维细而长，一般长度在33mm以上，线密度为1.54 ～ 1.18dtex左右，强力在4.5cN以上。细绒棉和长绒棉是最常用的棉纤维。棉纤维通过纯纺纱后可以用于织成全棉织物，也可以与其他纤维混纺来提高面料的舒适性和耐用性。如利用锦纶纤维与棉纤维混纺，可以提高抗冲击性、强度和耐磨性，可应用于军需作战服、摩托车服和运动服等。

优缺点：棉纤维具有光泽柔和、手感柔软、强度高、吸湿、保暖、透气性好、亲肤性好等优点，在常温下耐稀碱；对染料具有良好的亲和力，染色容易，色谱齐全，色泽也比较鲜艳。棉纤维也存在耐酸性差、弹性差、抗皱性差、易发霉、易滋生细菌等缺点。

成本参考：原棉纤维价格大约为25元/kg；棉纱价格随其规格不同而差异较大，常规32支普梳棉纱价格大约为30 ～ 40元/kg。

设计注意事项：棉纤维及其制品适用于对透气性、吸湿性及亲肤性要求比较高的产品应用场景。

应用领域：棉纤维在服装、家纺、包袋、装饰、医疗卫生和彩妆护理等领域有着广泛的应用。

全棉四件套

全棉美妆棉

棉麻混纺面料

CMF关键词推荐

商业价值：低成本、透气

消费价值：亲肤、暖意、柔软、自然、真实、舒适

社会价值：绿色环保、循环再生、生物材料、可降解

3.2.3.2 麻纤维

麻纤维（Fibrilia）是指从各种麻类植物取得的纤维，包括韧皮纤维和叶纤维两类。苎麻、亚麻、黄麻、洋麻、青麻、大麻、茴麻、荨麻、罗布麻和槿麻等属于韧皮纤维（软质纤维），其中苎麻、亚麻、罗布麻等纤维的粗细长短同棉相近，可作纺织原料，也可与棉、毛、丝或化纤混纺；黄麻、槿麻等属于韧皮纤维，纤维较短，只适宜纺制绳索和包装用麻

袋等。在天然植物纤维中，麻类纤维具有较高的力学强度、耐摩擦、耐腐蚀及绿色可再生等优点，已被广泛应用到聚合物增强材料中。采用价廉质轻、比强度和比刚度高、可生物降解的麻纤维增强聚乳酸，制备可完全生物降解的绿色复合材料，变废为宝，还可降低成本，减轻环境污染，在绿色环保领域具有极大发展潜力。

优缺点： 麻纤维具有良好的吸湿散湿与透气的功能，传热导热快、凉爽挺括、抗菌抑菌、出汗不贴身、质地轻、强度大、防虫防霉、静电少、织物不易污染、色调柔和大方、风格粗犷。但由于其弹性差，抗皱性及耐磨性差，有刺痒感等，麻类纤维的品种开发一直受到局限。

成本参考： 20支纯亚麻纱价格约为65元/kg，36支纯亚麻纱线价格约为90元/kg。

设计注意事项： 麻纤维适于对吸湿透气、热传导快、凉爽等性能要求较高的产品应用场景。麻纤维刚性大，有刺痒感等，产品设计时需要尽量避免在亲肤性要求高的场景中使用。

应用领域： 麻纤维在服装、家纺、包袋、装饰、产业用纺织品、汽车零部件等领域有着广泛应用。

麻纤维复合材料汽车门板

亚麻凉席

亚麻茶席

亚麻纤维汽车坐垫

CMF关键词推荐

创新价值：新材料
商业价值：高性能、抗菌、透气、轻量化、装饰、凉感、散湿
消费价值：亲肤、暖意、低气味、自然、家居
社会价值：绿色环保、循环再生、生物材料、可降解

3.2.3.3 羊毛纤维

羊毛纤维（Wool）取自于羊，是天然的蛋白质纤维。羊毛纤维具有天然卷曲，纵截面上有鳞片覆盖。人类利用羊毛可追溯到新石器时代，羊毛纤维由中亚向地中海和世界其他地区传播，逐渐成为了重要的纺织原料。羊毛纤维根据来源的不同，又可分为绵羊毛纤维和山羊毛纤维两类，其中绵羊毛纤维占比最大。世界绵羊毛产量较大的有澳大利亚、苏联、新西兰、阿根廷、中国等。羊毛纤维柔软而富有弹性，可用于制作呢绒、绒线、毛毯、毡呢等纺织品。羊毛纤维可以纯纺，也可与合成纤维进行混纺使用。羊毛纺织品以其华贵高雅、手感丰满、保暖性好、穿着舒适的天然风格而著称。

优缺点：羊毛纤维有较高的断裂伸长率，坚牢耐用，吸湿性较好，公定回潮率15%～17%，极限吸湿率可达40%，吸湿性比棉好，染色性能优良；纤维弹性好，是天然纤维中弹性恢复性最好的纤维；羊毛纤维质轻，相对密度在1.28～1.33之间；保温性好，是热的不良导体。羊毛纤维在湿热条件下，受机械力作用后易发生缩绒现象，防虫蛀性差，耐光性差。

成本参考：羊毛纱线根据其纺纱工艺和规格技术要求的不同，价格约为100～300元/kg。

设计注意事项：羊毛纤维价格比较高，适合对天然舒适性和华贵高级感要求较高的产品应用场景，也可以采用混纺的方式，在降低成本的同时，提升产品的高级感和舒适性。

羊毛西服外套

应用领域：羊毛纤维在服装、家纺、家具、包袋、装饰、产业用纺织品、汽车内饰、消费电子产品等领域有着广泛应用。

羊毛混纺扬声器织物

羊毛地毯织物

羊毛混纺汽车内饰织物

CMF关键词推荐

创新价值：新材料
商业价值：高性能、高附加值、透气、吸湿、保暖
消费价值：亲肤、暖意、柔软、哑光、自然、奢华、温馨、舒适
社会价值：绿色环保、循环再生、生物材料、可降解

3.2.3.4 蚕丝

蚕丝（Silk）是熟蚕结茧时所分泌丝液凝固而成的连续长纤维，也称天然丝、真丝，是一种天然蛋白质纤维。蚕丝中含有97%以上动物蛋白以及人体必需的18种氨基酸，对皮肤有保养滋润作用，且属多孔性物质，透气性好，吸湿性极佳，是纯棉的1.5倍，有着“纤维皇后”的美誉。蚕丝是古代中国文明产物之一，据考古发现，约在4700年前中国已利用蚕丝制作丝线、编织丝带和简单的丝织品。蚕丝可分为桑蚕丝和野蚕丝（含柞蚕丝、木薯蚕丝、蓖麻蚕丝、天蚕丝、樟蚕丝），其中桑蚕丝和柞蚕丝应用较多。蚕丝不仅是丝绸织造最主要的原料，还可以应用在医用纺织品、美妆以及食品等产品领域。我国早在1957年就开始研制桑蚕丝人造血管，并试用于临床。1973年，日本公开发表了蚕丝用于化妆品的新工艺。

优缺点：蚕丝是一种多孔纤维，具有良好的保温、吸湿、散湿和透气的性能，丝质光滑，色泽典雅，手感柔软，染色性能好，弹性好，是自然界中又轻又柔又细的天然纤维，与人体有极好的生物相容性，亲肤性强，可使皮肤保持滋润、光滑。蚕丝耐酸性差，耐光稳定性差，容易产生黄变和脆损，色牢度不高，打理和洗涤相对麻烦。

成本参考： 蚕丝生丝的价格约为400元/kg。

设计注意事项： 蚕丝价格昂贵，主要用于高端奢侈品或特定功能的产品应用场景。

应用领域： 蚕丝主要应用在高级服装产品领域，在医疗纺织品、美容以及美妆等行业中也有应用。从昂贵的蚕丝到蚕丝枕、蚕丝内衣再到蚕丝医用缝合线、丝素蛋白人工皮肤以及丝素化妆品等，蚕丝的应用场景不断拓展。

蚕丝

劳斯莱斯蚕丝刺绣顶棚

蚕丝面料

CMF关键词推荐

创新价值：新材料
商业价值：高性能、透气、吸湿、艺术、传承
消费价值：亲肤、柔软、光滑、高亮、哑光、奢华、自然
社会价值：绿色环保、循环再生、生物材料、可降解

3.2.3.5 锦纶纤维

锦纶纤维（Polyamide Fiber），学名为聚酰胺纤维，又称作耐纶、尼龙（Nylon），它是大分子链上具有CO—NH基的一类纤维的总称，简称PA。作为世界上第一种合成纤维，聚酰胺纤维于1938年10月27日诞生，并将聚酰胺66这种合成纤维命名为尼龙（Nylon）。常用的为脂肪族聚酰胺，主要品种有聚酰胺6（PA6）和聚酰胺66（PA66）作为合成纤维的第二大品种，其在合成化学纤维中的占比约为6%。

优缺点： 锦纶纤维重量轻、强度高、弹性恢复能力好，手感较光滑，表面光泽度较高，耐磨性高于其他所有纤维，比羊毛高20倍，混纺织物中加入锦纶纤维，可提高其耐磨性；耐疲劳性能居各种纤维之首，能经受上万次折挠而不断裂。锦纶纤维的吸湿性能比涤纶高，标准条件下回潮率4.5%，在合成纤维中仅次于维纶，染色性能较好。锦纶耐低温并具有良好的吸湿快干性，耐碱而不耐酸，耐光性不好，长期暴露在日光下纤维强度会下降，颜色变黄。

成本参考： 锦纶性能更优，但价格也高很多，是涤纶的两倍。普通锦纶DTY白丝（70D/24F）价格大约为20～25元/kg，功能性或者特殊规格产品成本更高一些。

设计注意事项： 锦纶纤维成本相对较高，设计适用性强，多用于高品质、高性能的产品应用场景。

应用领域：锦纶纤维在服装、家纺、箱包、户外用品、军用、消费电子产品以及交通工具内饰等领域应用较多。在汽车内饰中，锦纶纤维主要应用于座椅、门板、安全气囊、轮胎帘子线以及汽车地毯等产品领域。2021年，吉利汽车极氪001中，座椅面料采用了意大利Aquafil集团的ECONYL®再生锦纶纤维。

尼龙户外帐篷

尼龙纤维表带

再生尼龙座椅面料

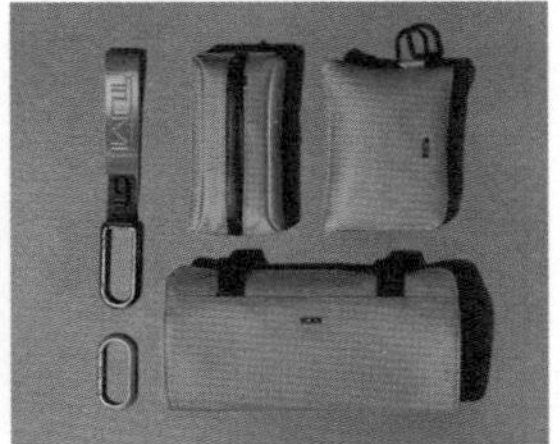
尼龙纤维钱包配件

CMF关键词推荐

创新价值：新材料

商业价值：高性能、耐磨、吸湿、透气

消费价值：亲肤、光滑、柔软、奢华、科技

社会价值：绿色环保、循环再生

3.2.3.6　涤纶纤维

涤纶（Polyester Fiber），学名聚对苯二甲酸乙二酯（PET），简称聚酯纤维，“涤纶”是中国给聚酯纤维所起的商品名。1941年，聚酯纤维在英国研制成功，命名为特丽纶（Terylene），1953年在美国率先实现商品名为达可纶（Dacron）的聚酯纤维工业化生产。聚酯纤维是由有机二元酸和二元醇缩聚而成的聚酯经纺丝所得的合成纤维。涤纶纤维原料易得、性能优异、用途广泛，产量居化学纤维首位，大约占全球合成纤维总量的80%。利用废旧涤纶面料或聚酯瓶片制得的再生涤纶（Recycle PET）因其环保可再生利用，在服装、家居、家纺、汽车内饰等领域的应用不断扩大。

优缺点：涤纶纤维强度高，耐磨性优良，耐热性和耐晒性较好，遇火星会熔融，回弹性和延伸性好，抗皱能力强；化学稳定性较好，常温下一般不与酸碱发生作用，但不耐浓碱和长时间高温作用；需要高温高压染色，色牢度好，不易褪色；耐光性好，仅次于腈纶；涤纶和天然纤维相比存在含水率低、吸湿性差，公定回潮率只有0.4%，透气性差、染色条件高、容易起球起毛、易沾污等缺点。

成本参考：普通涤纶DTY白丝（150D/48F）价格大约为10～12元/kg，功能性或者特殊规格产品成本更高一些。

设计注意事项：涤纶纤维的性价比非常高，普适性强，适用于绝大多数产品应用场景。涤纶纤维通过改性可以实现仿真丝、仿毛、仿麻、超仿棉以及仿鹿皮等触感和视觉效果。

应用领域：涤纶纤维在服装、家纺、鞋靴、箱包、户外用品、军用、家具、消费电子产品以及交通工具内饰等领域应用较多。在汽车内饰纺织材料中，95%以上的内饰织物的材质为涤纶纤维，产品涉及座椅、顶棚、门板、扶手等诸多区域，以及部分安全带和安全气囊。

汽车仪表板用涤纶织物

涤纶面料双肩包

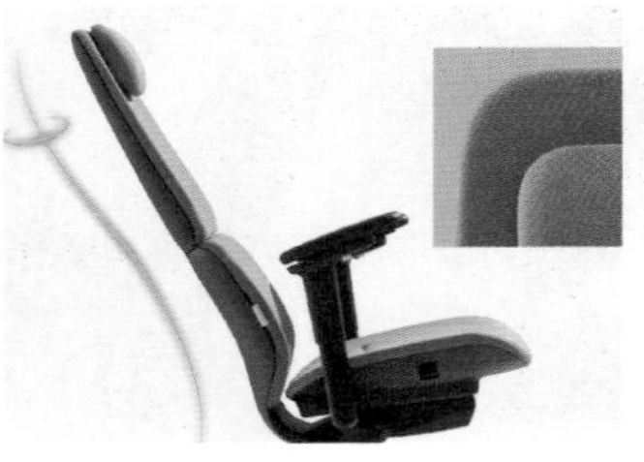

涤纶面料办公座椅

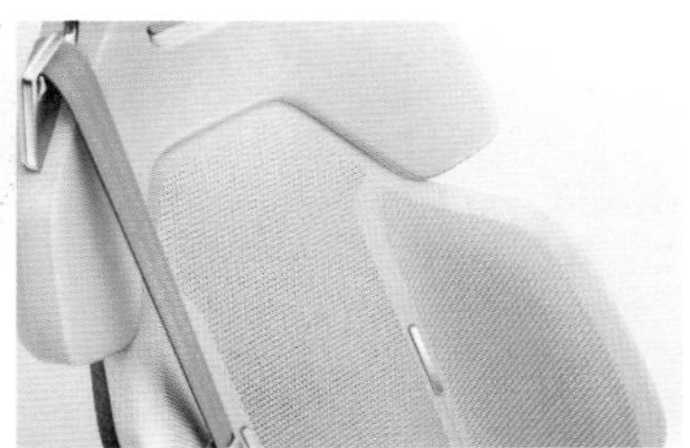

极星汽车Recycle PET织物座椅

CMF关键词推荐

商业价值：低成本、耐磨、透气

消费价值：柔软、光滑、温馨、家居、自然

社会价值：绿色环保、循环再生

3.2.3.7 腈纶纤维

腈纶（Acrylic Fiber），学名聚丙烯腈纤维，腈纶是聚丙烯腈纤维在我国的商品名。国外称之为“奥纶”“开司米纶”，美国杜邦公司称之为Orlon。它是合成纤维三大品种之一，产量仅次于涤纶和锦纶而居第三位。腈纶纤维是由85%以上的丙烯腈和其它第二、第三单体聚合而成的高分子聚合物纺制的合成纤维。1942年，聚丙烯腈纤维研制成功，1950年，美国杜邦公司率先实现工业化生产。聚丙烯腈纤维的性能极似羊毛，弹性较好，回弹率好，蓬松卷曲而柔软，保暖性比羊毛高15%，有“合成羊毛”之称。根据不同用途的要求，可进行纯纺或与天然纤维混纺，其纺织品被广泛地用于服装、装饰纺织品、产业用纺织品等领域。

优缺点：相对密度小、质轻、蓬松、手感柔软温暖、热导率低、保暖性和保形性好；具有特有的热延伸性和热弹性，抗紫外线能力在常用纺织纤维中居首位，耐光性、耐气候性能优异，露天暴晒一年，强度仅下降20%；强度、回弹性不如涤纶，耐磨性和耐疲劳性不是特别好，易起毛起球；能耐酸、耐氧化剂和一般有机溶剂，但耐碱性较差；吸湿性比涤纶好，公定回潮率为2%；染色困难，但着色后色泽鲜艳，吸湿性低于锦纶，易产生静电。

成本参考：腈纶纤维价格大约为30元/kg，功能性或者特殊规格产品成本更高一些。

设计注意事项：比较适合于对蓬松、保暖、耐日晒等性能要求较高的产品应用场景。

应用领域：腈纶纤维可以通过纯纺或与其他纤维混纺制成纱线，用于地毯、毛毯、窗帘、运动服、登山服、冬季保暖服装、人造毛皮、长毛绒织物、水龙带、雨伞布、幕布、篷布、炮衣、户外纺织品等产品领域。此外，腈纶纤维在敞篷汽车的软顶复合织物中应用也较多。

腈纶毛衣

腈纶地毯

敞篷车软顶面料

CMF关键词推荐

商业价值：高性能、抗紫外线、保暖、蓬松

消费价值：柔软、温暖、家居、舒适

社会价值：绿色环保、循环再生

3.2.3.8 氨纶纤维

氨纶（Polyurethane Fiber）是聚氨基甲酸酯纤维的简称，是一种高弹性纤维，国际商品名为Spandex。1937年德国拜耳公司首次开发出氨纶并申请了专利，美国杜邦公司1959年研制出自己的技术且开始工业化生产，并命名为Lycra（莱卡）。氨纶比原状可伸长5～7倍，穿着舒适、手感柔软且不易起皱。实际应用中一般很少直接使用裸丝，常以氨纶为芯，而与棉、毛、丝、涤纶、尼龙等纺成包芯纱、包缠纱，织成弹性面料，使织物柔软舒适又合身贴体，而且伸展自如，应用极为广泛；织物中只要含少量氨纶（3%～5%），就能很明显改善织物的弹性恢复能力。

优缺点：氨纶的弹性高于其他纤维，变形能力大，弹性恢复性能好、回弹较快，伸长500%时恢复率达90%，可染成各种色彩，手感平滑、吸湿性小，强度低于一般纤维，氨纶的弹性模量较小，丝质轻而柔软，有较好的耐酸碱性，不耐光，不耐高温，不耐氧化，容易变黄和强力降低，强度最差，吸湿差。

成本参考：氨纶纤维价格比较高，20D氨纶丝价格约为60元/kg；30D氨纶丝价格约为50～55元/kg；40D氨纶丝价格约为40～50元/kg。

设计注意事项：适用于对弹性变形以及弹性恢复能力要求较高的产品应用场景。

应用领域：氨纶因它的高弹特性被广泛地使用于以内衣、休闲服、专业运动服、短袜、连裤袜、绷带、外科手术用防护衣、后勤部队用防护衣等为主的纺织领域、医疗领域等。氨纶是追求动感及便利的高性能衣料所必需的高弹性纤维。氨纶在汽车内饰中的应用很少，近两年才开始使用，用于汽车内饰件中对拉伸弹性、弹性恢复性要求比较高或者造型曲度大、外观成型要求高的区域，避免产品褶皱等外观不良问题，如采用含有氨纶的四面弹织物作为汽车座椅面套中的降噪布。

氨纶瑜伽服

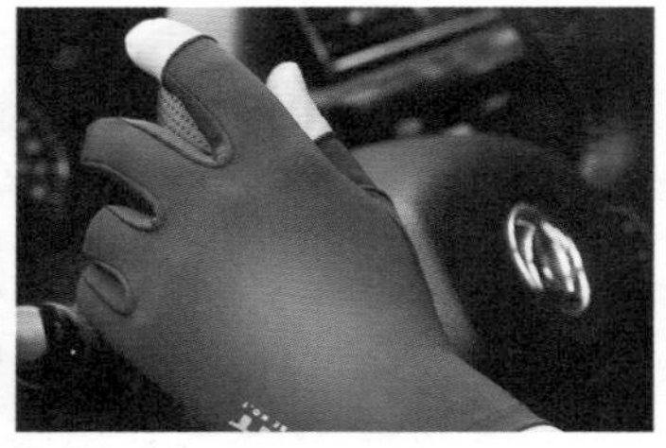

氨纶手套

氨纶弹性绷带

CMF关键词推荐
商业价值：高性能、透气、轻量化
消费价值：柔软、光滑、哑光、舒适
社会价值：绿色环保、循环再生

3.2.3.9 丙纶纤维

丙纶，是聚丙烯纤维（Polypropylene Fiber）的商品名，亦称为PP。丙纶纤维是以丙烯聚合得到的等规聚丙烯为原料纺制而成的合成纤维，由意大利蒙特卡蒂尼公司于1960年率先实现工业化生产。丙纶纤维的品种较多，有长丝、短纤维、膜裂纤维、鬃丝和扁丝等。丙纶纤维其原料来源丰富、生产工艺简单，产品价格相对其他合成纤维低廉，应用较为广泛。丙纶纤维染色困难，目前多采用染料或者颜料熔体着色、色母粒或注射染色等纺成有色丝。

优缺点： 丙纶纤维密度仅为0.91g/cm^3，是常见化学纤维中最轻的纤维，成本较低，保暖性好，强度较高，与涤纶和锦纶相近，但在湿态时强度不变化，耐磨性能好且仅次于锦纶，耐腐蚀性良好，对无机酸、碱有显著的稳定性，几乎不吸湿，但具有良好的芯吸能力，耐热性、耐光性、染色性能较差，丙纶一般与多种纤维混纺制成不同类型的混纺织物。

丙纶保暖衣

成本参考： 丙纶纤维价格约为10 ～ 12元/kg，功能性或者特殊规格产品成本更高一些。

设计注意事项： 适合对弹性变形以及弹性恢复能力要求较高的产品应用场景。

应用领域： 主要用于制作地毯（包括地毯底布和绒面）、装饰织

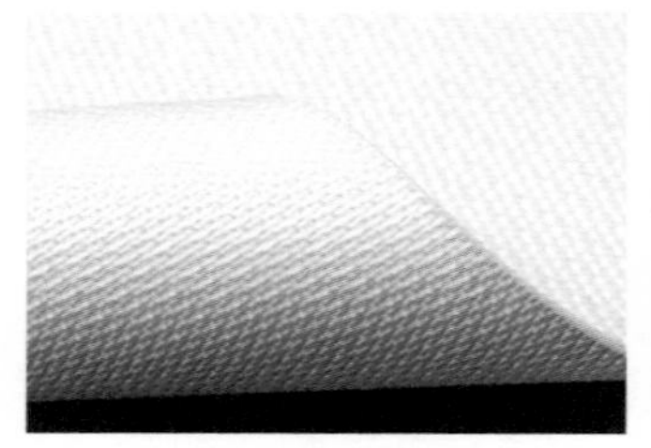

丙纶过滤织物

丙纶绳

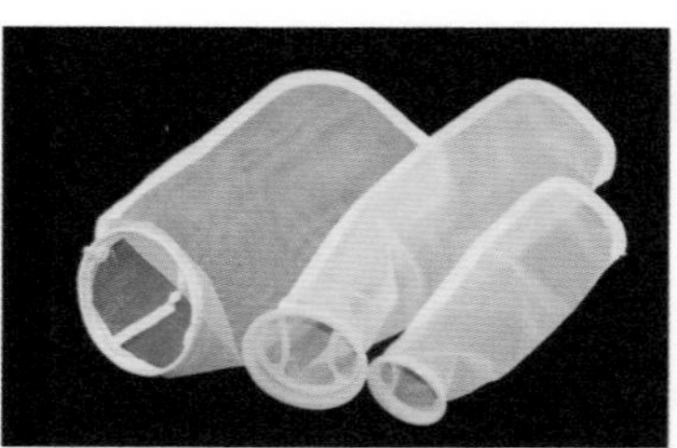

丙纶滤网袋

物、家具织物、各种绳索、条带、渔网、吸油毡、建筑增强材料、包装材料和工业用织物，如滤布、袋布等。此外，在衣着方面的应用也日趋广泛，可与多种纤维混纺，制成衬衣、运动衣、袜子等。由丙纶中空纤维制成的絮被、保暖填料等，具有质轻、保暖、弹性良好等特点。

CMF关键词推荐
商业价值：高性能、低成本、轻量化、耐腐蚀、保暖性好
消费价值：柔软、温馨、舒适、家居
社会价值：绿色环保、循环再生

3.2.3.10 维纶纤维

维纶又称维尼纶，是聚乙烯醇纤维（Polyvinyl Alcohol Fiber）的中国商品名，亦称PVA纤维，主要成分是聚乙烯醇，其性能接近棉花，有“合成棉花”之称。维纶在20世纪30年代由德国制成，但不耐热水，主要用于外科手术缝线。1939年研究成功热处理和缩醛化方法，才使其成为耐热水性良好的纤维。生产维纶的原料易得，维纶纤维制造成本低廉，纤维强度良好，除用于衣料外，还有多种工业用途。但因其生产工业流程较长，纤维综合性能不如涤纶、锦纶和腈纶，年产量较小，居合成纤维品种的第5位。

优缺点：维纶是合成纤维中吸湿性最大的品种，吸湿率为4.5%～5%，接近于棉花（8%）。强度比锦纶、涤纶差，化学稳定性好，不耐强酸，耐碱。耐日光性与耐气候性也很好，织物易起皱。维纶长期放在海水或土壤中均难以降解，但维纶的耐热水性能较差，弹性较差，染色性能也较差，颜色暗淡，易起毛、起球。

设计注意事项：维纶纤维多与棉纤维混纺使用。

应用领域：维纶主要用于制作内衣、外衣、棉毛衫裤、运动衫、劳动服等针织物，还可用于帆布、渔网、外科手术缝线、自行车轮胎帘子线、过滤材料、防水布、包装材料等。高强高模PVA纤维具有很高的抗张强度和模量，由于其耐酸碱、抗老化、耐腐蚀、耐紫外线等性能优越，对人体和环境无污染无害，是替代工业石棉理想的材料，被广泛用于高性能混凝土工程领域和造币、军事等特殊领域。

维纶服装

高强高模维纶长丝

混凝土或沥青用维纶短纤

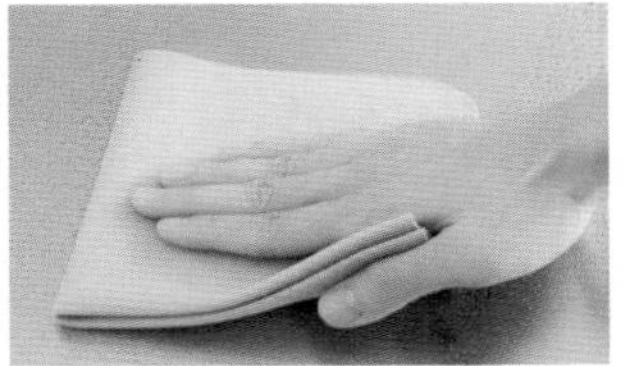

维纶擦拭布

CMF关键词推荐
商业价值：低成本、吸湿性好
消费价值：亲肤、舒适、家居
社会价值：绿色环保

3.2.3.11 超细纤维

超细纤维（Microfiber）是指单丝细度小于某一特定范围的纤维。日本将单丝细度在0.55dtex以下的纤维定义为超细纤维。我国纺织行业将单丝细度小于0.44dtex的纤维定义为超细纤维。超细纤维主要分为超细天然纤维和超细合成纤维。目前行业中应用较多的为超细合成纤维，主要有聚酯、聚酰胺、聚丙烯腈、聚丙烯、聚四氟乙烯以及玻璃纤维等纤维品种，其中产量较大的是聚酯和聚酰胺两种超细纤维。超细纤维可以分为长丝和短纤维型两类，长丝型超细纤维多用于织造类的产品，短纤维型超细纤维多用于非织造类产品。常规超细纤维长丝的纺丝形式主要有直接纺丝法与复合纺丝法，常规超细纤维短丝的纺丝形式主要有碱减量法、喷射纺丝法、共混纺丝法等。

优缺点： 超细纤维具有丝般柔软、滑爽、光泽柔和、抗弯刚度小、易于弯曲等特点；制成的织物表面细柔亲肤，悬垂性好，手感细腻且韧性好，抗皱性与耐磨性较好，蓬松性好、保暖性好；由于纤维间空隙多而密，可利用其毛细管作用，使织物获得极好的吸水、吸油性能，织物具有很强的清洁能力和去污能力，透湿透气性好。

设计注意事项： 成本比较高，适用于中高端或对高级感、舒适性要求比较高的产品应用场景。

应用领域： 超细纤维用途很广，在人造麂皮、仿真丝绸、超高密织物、高效清洁面料、过滤、保温、生物工程材料、海洋用织物等领域应用较多。超细纤维制造的高档时装、夹克、T恤衫、内衣、裙裤等凉爽舒适，吸汗不贴身，富有青春美；制成的擦拭布除污效果极好，可擦拭各种眼镜、影视器材、精密仪器，对镜面毫无损伤；超细纤维还可制成表面极为光滑的超高密织物，用来制作滑雪、滑冰、游泳等运动服可减小阻力，有利于运动员创造良好成绩。此外，超细纤维还可用于医疗卫生、劳动保护等多个领域。

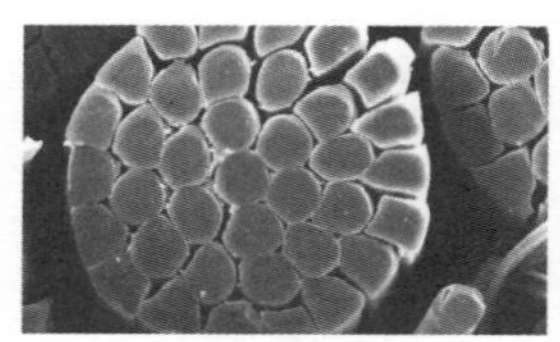
定岛型超细纤维

超细纤维擦拭布

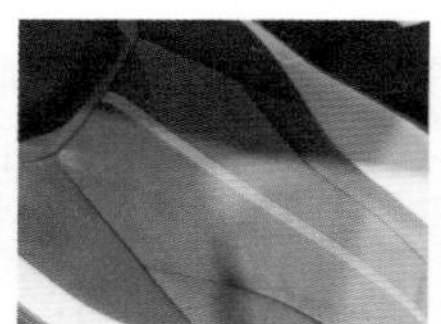
超细纤维仿麂皮汽车座椅

超细纤维仿麂皮面料

CMF关键词推荐

创新价值：新材料
商业价值：高性能、透气、耐磨、抗皱、透湿
消费价值：亲肤、暖意、柔软、光滑、哑光、奢华、家居
社会价值：绿色环保、循环再生

3.2.3.12 欧缔兰

欧缔兰（Alcantara）是一种聚合物复合材料，1970年由东丽株式会社（Toray Industries,

Inc.）的冈本三宣博士（Dr. Miyoshi Okamoto）发明，并为这款新开发的创新材料申请了专利。之后与意大利ENI集团合作进行推广。在进入中国后，它有了自己的中文名，欧缔兰。Alcantara的成分是68%的涤纶和32%的聚氨基甲酸乙酯，实际手感类似于翻毛皮。Alcantara已经成为奢华、高级感的代名词，在高级服装、包袋、家居、家具、交通工具内饰等领域有着广泛的应用。

优缺点： Alcantara面料表面触感细腻、柔软舒适、亲肤自然，风格典雅、色泽饱满、耐用/耐磨性强、极易保养，高透气性、冬暖夏凉，有良好的阻燃性，质量较轻，表面细密的短绒使得面料具有非常明显的书写性。

成本参考： 目前Alcantara的成本非常高，根据厚度及技术要求不同，约为200～300元/m²。

设计注意事项： 适用于中高端或对奢华感、高级感、舒适性要求较高的产品应用场景。Alcantara材料对表面处理工艺的适用性非常强，可以对其进行如打孔、绗缝、镭雕、印花等表面处理。

应用领域： 主要应用于高级奢侈品服装、包袋、家具、家居、交通工具内饰、清洁产品等产品领域。Alcantara最早是在豪华跑车或赛车内饰中应用，这种材料不仅质感高级，而且功能性也要优于传统的真皮材料，特别是在跑车上，与驾驶员直接接触的部位用欧缔兰材料进行包裹，例如座椅、方向盘，通过材料本身的摩擦力为驾驶员提供更好的驾控感受。目前Alcantara已经在奢侈品服装、包袋、3C产品等领域不断拓展应用。

Alcantara及其产品应用

CMF关键词推荐

创新价值：新材料

商业价值：高性能、耐污、透湿、透气、耐磨、装饰、流行、抗皱、阻燃

消费价值：亲肤、暖意、柔软、哑光、奢华、自然、科技

社会价值：绿色环保、循环再生

3.2.3.13 发光面料

发光面料（Luminous Fabric）就是会发光的面料。目前，常见的发光面料主要包括光

纤织物、夜光织物和电致发光织物等三种类型。光纤织物是一种新型LED光纤发光面料，它采用高通透性的光导纤维与天然纤维或化学纤维通过织造的方式编织而成，其主要是由发光光纤、面料本体以及电源三部分组成。夜光织物是指采用蓄光型自发光纤维（俗称夜光纤维）为原料进行织造制得的具有自发光功能的面料。电致发光织物则主要是采用具有电致发光功能的纱线以及具有导电功能的纱线等为原料进行织造制得的一种发光织物。发光面料在家用纺织品、服装、婚纱、装饰等产品领域有着广泛应用。

优缺点：光纤织物的光传导效果最好，织物轻薄，质地柔软、舒适，色彩也可以是多种多样的，但不耐高温、脆性大、不耐弯折。夜光织物具有高亮度、快吸光、长蓄光、化学稳定性好和耐候性好等特点，但在黑暗条件下夜光的颜色开发自由度存在一定的局限性。电致发光织物具有非常好的柔性发光稳定性，颜色适用性强，耐水洗、耐高温、耐弯折。

成本参考：发光面料的成本非常高，成本排序为：电致发光织物＞光纤织物＞夜光织物。

设计注意事项：适用于高端、个性化、时尚化和智能化的产品应用场景。

应用领域：发光面料主要应用于各式各类的服装中，如婚纱礼服、T恤、外套等；也可以用于儿童玩具、家居装饰以及交通工具内饰等产品领域。

发光服装

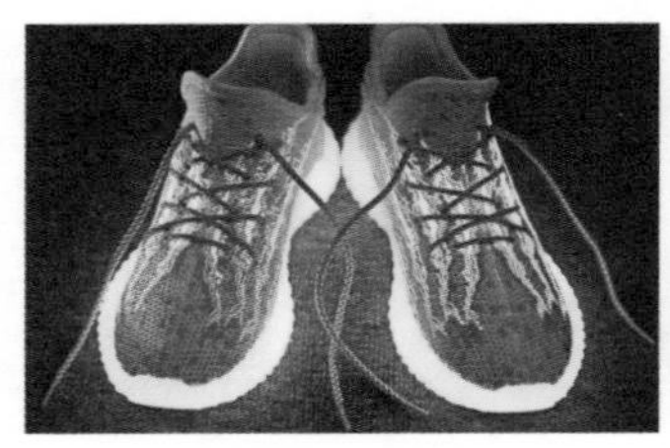

夜光纤维织物

电致发光纱线

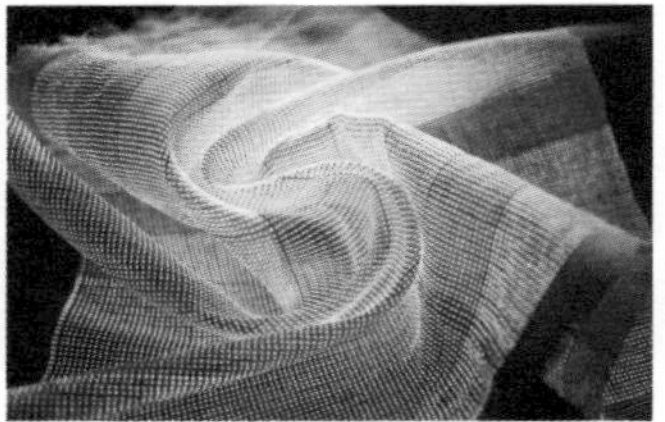

电致发光织物

CMF关键词推荐

创新价值：新材料

商业价值：高性能、高附加值、高识别度、发光、荧光、夜光、艺术、装饰

消费价值：家居、智能、科技

3.2.3.14　混纺面料

混纺面料（Melange Fabric）是指由两种或两种以上颜色或材质的纤维混合加工制成

的面料。混纺面料的类型主要有两种：一种是通过不同材质的纤维按照一定比例混合制得混纺纱线后织造形成的面料；另一种则是采用不同颜色的同材质纤维混合制得混纺纱线后织造形成的面料。它们共同的特点是，织物表面具有两种或两种以上混合色的视觉效果，如麻灰色、彩色麻灰等。其中，采用同材质不同颜色的纤维进行纺纱或者长丝进行并捻，获得具有混色效果的混纺纱线，再用其进行织造制得混纺面料，是目前比较流行的工艺方法。

优缺点：混纺面料的性能与所使用的材质、颜色直接相关。不同材质形成的混纺面料可以集成不同材质各自具有的优点，达到一些功能性或舒适性或经济性的要求。不同颜色形成的混纺面料则通过纱线颜色的混合实现了自然、舒适、雅致的特殊外观风格、手感及触感等。

成本参考：混纺面料成本与材质、工艺等相关。涤纶材质混纺面料成本要比纯纺面料高约10% ～ 20%。

设计注意事项：混纺面料中不同材质比例的设计与产品性能、外观风格直接相关；混纺面料的调色、层次变化以及对比度等是设计关注的重点。适用于高端、自然、雅致、舒适的产品应用场景。

应用领域：混纺面料主要应用于服装、家纺、箱包、鞋靴、家具以及家电、3C产品等，也可以用于儿童玩具、交通工具内饰等产品领域。

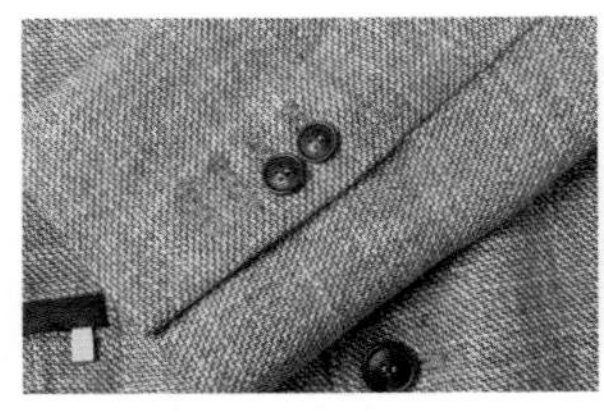

混纺面料西服

混纺面料蓝牙音响

路虎揽胜星脉混纺面料中央扶手

CMF关键词推荐

创新价值：新材料、新图纹

商业价值：透气、耐污

消费价值：亲肤、自然、温馨、家居、舒适

3.2.4 化工类

化工类指通过化学方式，生产制造的相关材料。化工是一个大概念，化工厂生产化工产品，包括炼油、塑料、涂料、造纸、电子、墨水、冶金、医药、农药、化肥、水泥、污水处理等。由于化学工业门类繁多、工艺复杂、产品多样，生产中排放的污染物种类多、数量大、毒性高，因此，化学工业是污染大户。化工厂主要生产化工系列产品：化学试剂及其他一些精细化工产品。主要有无机试剂、有机试剂、生化试剂和临床化学试剂、环境科学用试剂、光学和电子工业用试剂、军用和民用发光材料、电影和照相用感光材料、印刷用化学品、胶黏剂、塑料助剂、表面活性剂、匀染剂、添加剂、变性剂、乳化剂、阻燃剂、抗静电剂等。

本次主要介绍化工类中的涂料，涂料包含常说的油漆、油墨，以及涂料中的粉体、染料、色浆、助剂等。包含常规涂料、效果涂料、特种涂料、涂料粉体、涂料配方。

3.2.4.1 常规涂料

涂料中的常规涂料，常用的有金属漆、哑光漆、素色漆、绒毛漆、手感漆等，可以实现触感及色彩的双重质感。一般来说，常规涂料在性能等方面没有过多的亮点，成本相比于特种涂料及特殊效果涂料要低。

优缺点：常规涂料成本相对较低，如哑光漆、手感漆等，拥有细腻触感，耐磨耐候性好等；缺点在于无法实现更多更精美、特殊的表面效果。

成本参考：相比于其他效果涂料、特种涂料等，常规涂料价格更低。水性漆成本高于油性漆。以素色漆为例，喷一个保险杠大概要三百元，喷一个手机大概在几块到几十块不等。

设计注意事项：使用常规涂料时，要注意喷涂的厚度，以哑光漆为例，一般控制在15 ～ 25μm。

应用领域：常规涂料应用范围极为广泛，包括建筑、家居家电、运动器材、消费电子、汽车等交通工具、生活用品等。

（哑光漆）东风汽车-东风风神奕炫MAX

（哑光漆）长安汽车-UNI-V

（手感漆）美的清洁电器-M6扫拖一体机器人

（手感漆）万魔声学-Xiaomi真无线降噪耳机3

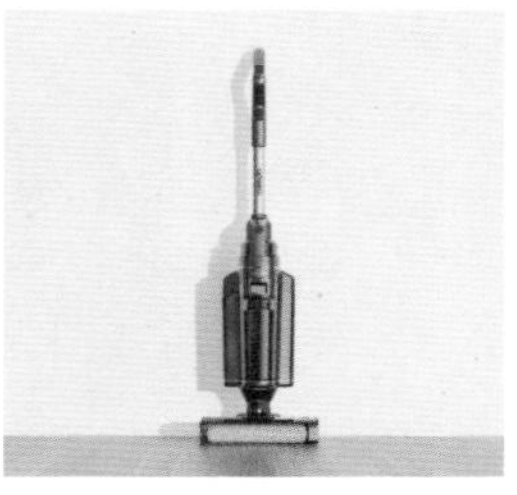

（哑光漆）苏州瑞久智能科技-全能水洗机A8

（素色漆）长城汽车-芭蕾猫

CMF关键词推荐

创新价值：新颜色

商业价值：高效率、低成本、易加工、艺术、装饰

消费价值：亲肤、光滑、砂感、金属感、精细感、镜面、高亮、哑光、透光、多色、舒适

社会价值：水性

3.2.4.2 效果涂料

效果涂料指实现区别常规涂料以外效果的涂料，如裂纹漆、水滴漆、变色龙等。效果涂料是表面装饰行业不断兴起的涂料细分，不仅可以对产品表面起到装饰和保护作用，同时由于其特殊的表面纹理等效果，提升了产品的附加价值，吸引消费者的青睐，属于高档的装饰涂料。

优缺点：优势在于其特殊的定制化表面装饰效果，视觉效果美观，纹理丰富，独具艺术美感；劣势也很明显，以裂纹漆为例，粉性大、收缩性大、柔韧性小、附着力差，裂纹开裂后容易引起漆面脱落。

成本参考：效果涂料成本高于常规涂料，应用量小。裂纹漆是一种快干型硝基漆，市场价在25～35元/kg，装饰工程价在100～150元/m²之间。

设计注意事项：在采用裂纹漆做设计时，一般要采用喷涂的方式，可以让纹理更自然均匀，同时更为立体。在漆层叠加时要注意，让底漆面漆的反差加大，这样打造出的效果更优，极大增加立体感，因此底漆涂刷这一步至关重要。还有就是注意控制裂纹的大小及细节处理，通过喷枪、气压、膜层厚度、走枪速度等来决定，这些直接影响裂纹漆产品表面的精美度与细腻感。

应用领域：建筑、消费电子、电子烟、家电、家居等。

小天鹅COLMO洗护空间站采用变色龙涂料

吉利汽车缤越COOL采用变色龙涂料

昔马剃须刀采用变色龙涂料

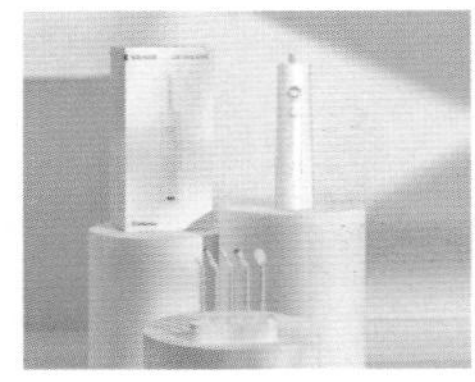

力博得电子-智选冲牙器，采用冰花漆

麦克韦尔-XROS 2，采用冰晶漆

水滴漆

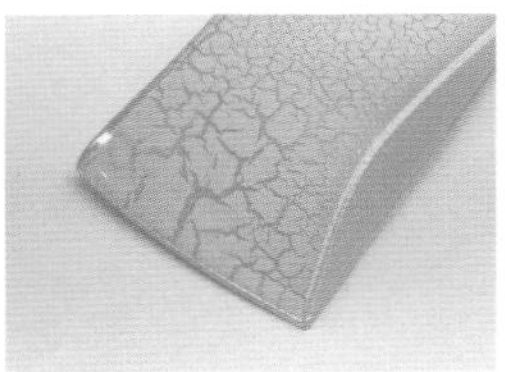

裂纹漆

CMF关键词推荐

创新价值：新颜色、新工艺、新技术

商业价值：高效率、高附加值、高识别度、艺术、装饰

消费价值：砂感、金属感、精细感、镜面、高亮、哑光、透光、多色、奢华、精致、舒适、自然、家居、科技

社会价值：水性

3.2.4.3 特种涂料

特种涂料不仅具有保护与装饰作用，还拥有一定的功能性，如：温变涂料、感光涂料、荧光涂料、电致发光涂料等。将温度、光学、电子等元素与涂料本身做结合，突破了传统涂料的认知，实现更为新颖、具有高技术、科技感的设计。

优缺点：特种涂料拥有更多维度的功能，极大提升了产品设计性，增加了更多的功能，提升了附加价值。缺点在于目前技术还并未非常成熟，成本较高，随着时间推移效果衰退。

成本参考：以防火特种涂料为例，市场价格一般在50～250元/kg之间；防水特种涂料市场价格一般在150～200元/kg之间；防静电特种涂料市场价格一般在50～100元/kg之间；感光涂料价格大概在100元/kg。

设计注意事项：合理利用温变、光变、电致变色原理，可以在特殊场景实现功能性、提示性、装饰性价值。还可以进行相应的图纹设计，实现产品颜色、纹理的变化。

应用领域：如隔音涂料、防冰雪涂料、防潮、电致变色、防雷达、夜光、防静电、防火防水等领域，可覆盖汽车、家电、消费电子、家居、高速提示牌、建筑、航空、军事、船舶、医疗、冶金等。

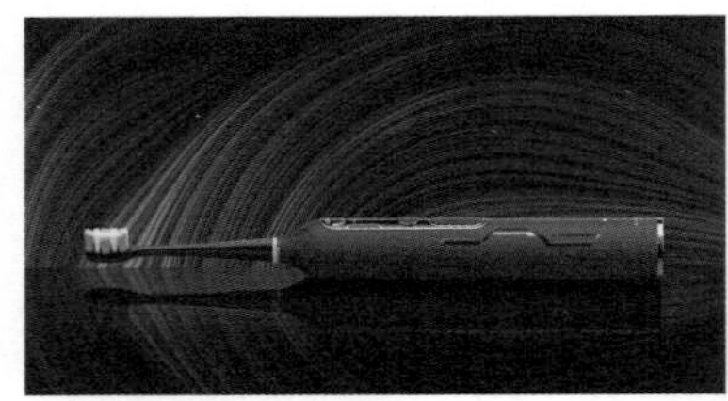

广州星际悦动U3S电竞款电动牙刷采用夜光油墨

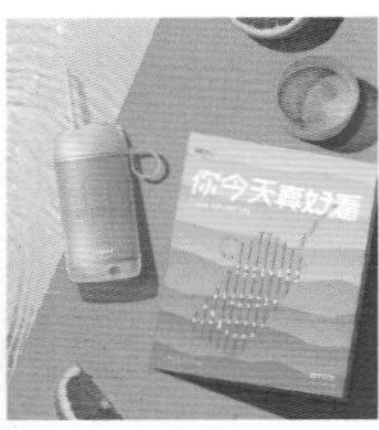

广州星际悦动C1U便携式冲牙器，采用温变涂料

深圳麦克韦尔ZERO S，采用光致变色涂料

广州信联智通实业感温防烫婴儿澡盆，采用温变涂料

深圳传音控股CAMON 19 Pro蒙德里安版手机，采用感光涂料

深圳传音控股INFINIX品牌手机ZERO 20，采用感光涂料

CMF关键词推荐

创新价值：新颜色、新材料、新工艺、新图纹、新技术

商业价值：高性能、高附加值、高识别度、艺术、装饰、流行

消费价值：光滑、砂感、金属感、高亮、哑光、透光、发光、吸光、荧光、变色、多色、奢华、智能、科技

3.2.4.4 涂料粉体

涂料中使用的粉体有金属粉、珠光粉、镜面银、镭射粉等，也称为颜料，属于原料。因为添加了这些原料，才让涂料可以实现各种效果，比如金属质感、珠光效果、镜面效果、哑光效果、镭射效果、变色龙效果等。

优缺点：一般涂料粉体都具备耐温、耐候、稳定等特点，且可以实现非常多样化漂亮美观的色彩，有的还可实现一些精美纹理效果，比如珠光、磨砂、幻彩等。

成本参考：原料成本随着效果、功能变化而变化，以镜面银、镭射粉为例，过去可达数万元/千克，普通效果从几百元/千克到数千元/千克。

设计注意事项：在使用这类颜料时，要注意控制颗粒大小，以实现想要的产品外观效果。以珠光粉为例，颗粒大闪烁效果强，颗粒小，光泽就比较柔和；在选用不同涂料粉体时，要注意配套对应的最优工艺。

应用领域：汽车内外饰、手机、家电壳体、家居、鞋服、美妆、玩具、装饰及工艺品等。

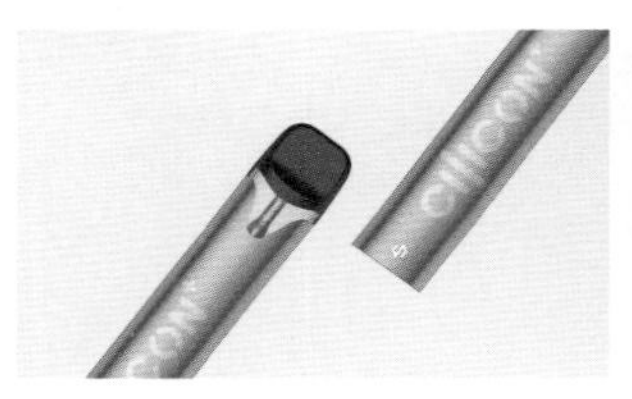

贝母粉

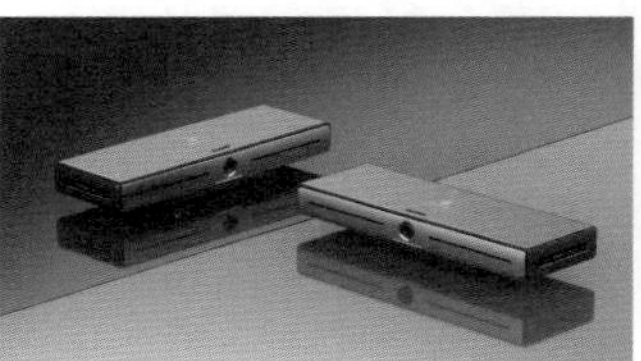

金属粉

镜面银

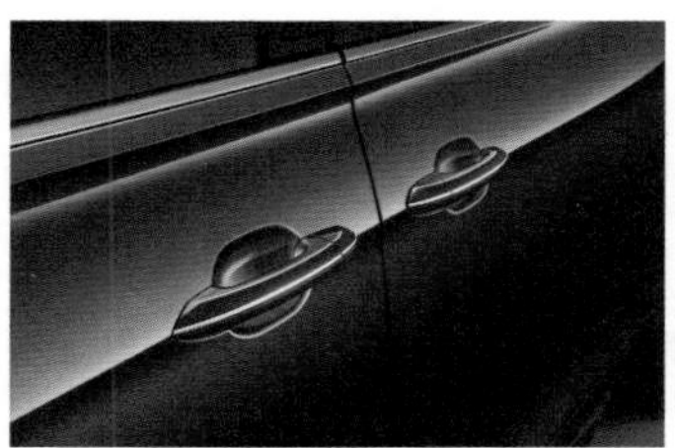

珠光粉

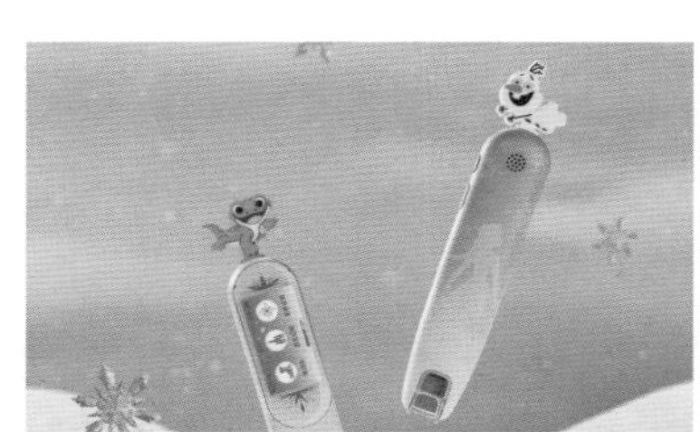

珠光粉

珠光粉

CMF关键词推荐

创新价值：新颜色、新材料

商业价值：高附加值、高识别度、艺术、装饰

消费价值：金属感、精细感、镜面、高亮、哑光、变色、多色、奢华、精致、智能、科技、舒适

3.2.4.5 涂料配方

涂料配方为涂料的添加剂，是组成涂料的成分，主要有染料、色浆、助剂等，也称为涂料辅料，用于实现各种效果，比如助剂能改善涂料性能及促进涂膜形成，色浆作为一种糊状着色剂能更好地使涂料着色等。

优缺点：这类材料使用起来非常方便，可以直接添加用于产品着色；缺点在于进入高端行列的门槛较高，以色浆为例，目前工艺的制约是限制的一个重要因素，高品质的色浆对工艺与原料的要求很高，成本大，并且储存不方便，时间长会发生沉淀等。

成本参考：以色浆为例，十几块到几十块一斤价格不等，昂贵的则超过100元一斤。

设计注意事项：在设计调色配方及选用材料时，要注意优选耐候耐光性好的材料，同时考量性价比。以色浆为例，调制配方时，无机类色浆色彩的饱和度要低；需要注意不同添加剂的最高添加量，针对不同产品领域应用，每种添加剂配方都要严格把控。

应用领域：主要用于不同种类的涂料生产中，也可用于汽车内外饰、手机、家电壳体、家居、鞋服、美妆、玩具、装饰及工艺品等。

TCL空调器－幻影Light，出风口抗病毒涂层

惠而浦－挚享嵌入式冰箱，采用银离子抗菌助剂

纳米结构色颜料

CMF关键词推荐

创新价值：新颜色

商业价值：耐老化、抗菌、抗病毒

消费价值：多色

3.2.5 木竹类

木竹类作为天然材料，主要用于汽车行业、家居行业、家具行业。作为装饰材料，木竹类指木皮薄片、竹薄片，与成型材料的木竹有一定区别。木皮材料在家具行业大量应用于装饰板，分为原始木皮与科技木皮。科技木皮采用拼接、染色、与其他材料相结合等形式应用。汽车行业木皮常见于高端汽车内饰装饰件。竹皮材料在家电行业中有过尝试应用，主要在文创等行业应用。

3.2.5.1 原始木皮

原始木皮，又称薄木、单板，它应用于家具类等产品的贴面装饰，是把原木切割成0.1 ～ 1.0mm厚的木皮，是一种具有珍贵树种特色的木质片状薄型饰面或贴面材料。木皮可分为刨切木皮、旋切木皮、锯切木皮、半圆旋切木皮。通常情况下用刨切方法制作较多。每种刨切方式，得到的纹理都有所不同。

优缺点：优点为木皮作为最具装饰性的一种木制品，已经被应用在很多产品中，产品不仅具备美观的外表而且合理利用了材料。木皮的应用大大解放了木材的材料限制，在有效保护资源的前提下，制造高品质的木质贴面材料。缺点：天然木皮具有不稳定性，实木皮对于批量要求具有挑战性。

成本参考：由于木皮的种类、规格、木材稀缺度、工艺等不同，木皮价格差异较大，一般来说，价格在10～100元/m^2。

设计注意事项：木皮作为一种天然的材料，需要附着在别的材料上才能发挥其装饰的作用。木皮种类不一样，做出来的产品风格也就不一样。其特殊而无规律的天然纹理有着出神入化而巧夺天工的艺术魅力，给人回归自然的原始心动和美的艺术享受。

应用领域：天然木皮应用广泛：薄皮用于贴面板、纸皮和无纺布皮的生产；厚皮用于家具制作、木皮拼花、复合地板等。木皮也可用于商用空间、家居空间等。

木皮在空间中的应用

染色木皮制作的手包

木皮薄片

CMF关键词推荐

创新价值：新材料、新工艺、新图纹

商业价值：高附加值、高识别度、透气、艺术、装饰、流行

消费价值：亲肤、低气味、奢华、精致、真实、自然、家居、温馨、经典、舒适

社会价值：绿色环保、循环再生、生物材料、低能耗、无毒、可降解

3.2.5.2 科技木皮

以普通木材为原料，利用仿生学原理，通过对普通木材、速生材进行各种改性物化处理生产的一种性能更加优越的全木质的新型装饰材料，稳定性强，批量生产高，不弯曲、不开裂，色差小。科技木皮不是实木，而是人工合成的复合类产品。

优缺点：优点为色彩丰富，纹理多样，立体感强，通过设计可产生天然木材不具备的颜色及纹理，同时保留了实木的真实感，图案更具动感及活力，充分满足人们需求多样化的选择和个性化消费心理的实现。且花纹批次稳定，克服了天然木不稳定的局限性；成品利用率高，更节省。缺点：科技木是人造木皮，会使用到胶，如果质量不合格，甲醛含量过多，会对人体造成伤害。

成本参考：价格通常高于真木皮。

设计注意事项：可塑性强，需要配合油漆在处理表面效果；国产科技木与进口科技木价格相差很大。

应用领域：用于衣柜、橱柜等家具，装饰，地板，工艺品等领域。

科技木皮及空间应用

CMF关键词推荐

创新价值：新材料、新工艺
商业价值：高附加值、高识别度、艺术、装饰、具有天然木材不具备的颜色与纹理
消费价值：低气味、奢华、精致、真实、自然、家居、时尚、科技
社会价值：绿色环保、循环再生

3.2.6 膜材类

膜材主要指薄膜类材料。薄膜材料在产品中应用广泛，薄膜原材料常见的有PET、PVC、PP等，薄膜有片材膜与卷材膜。片材膜通常比卷材膜更厚。片材膜如手机行业中的装饰膜、家电行业中的IMD、OMD。卷材膜如家居行业中的装饰膜、家电行业中的彩膜，水转印、热转印等工艺中的薄膜。

本节主要介绍家居行业的PET、PVC、PP膜，家电行业的彩膜，以及卷对卷加工膜。

3.2.6.1 PET膜

PET平贴膜（家居行业）是由聚酯材料制成的一种平贴膜。在使用过程中不挥发有毒有害气体，是一种安全环保的装饰材料。PET平贴膜色泽鲜艳，色差小，质感细腻，且能够根据需求调色、印刷图案、制作压纹、调整光泽。因其结构特点，在加工过程中不易开裂，性能稳定，不易划伤。使用中易去污，耐刮擦，耐磨损，擦拭过程中表面不易产生静电和灰尘。根据成品视觉效果形态，可分为纯色、图案印刷、深压纹、金属色。

优缺点：优点为食品级材料，耐高温，抗老化，表面平整度好，镜面或哑光效果相对更好，纹理表现力逼真，耐划伤，耐污，耐紫外线。缺点：材质物理性较硬，生产成本较高。

成本参考：PVC膜最实惠，其次是PP膜，PET膜最贵。

设计注意事项：PET膜适用于平贴，无法于板材铣出造型并膜压，作为板材表面覆膜使用时需要为板材封边，选材时需注意封边与膜皮表面效果的质感、色彩一致性。

应用领域：橱柜门板、衣柜门板、墙板、室内门、卫浴家具、食品、药品、饮料瓶、广告牌等。

墙板

厨柜门板

衣柜门板

室内门

卫浴家具

CMF关键词推荐

创新价值：新材料、新图纹

商业价值：高效率、低成本、耐高温、抗老化、耐污、耐紫外线、装饰

消费价值：家居、温馨、低气味、易打理、真实感强

社会价值：绿色环保、无毒

3.2.6.2 PVC膜

国外对于PVC（家居行业）装饰膜在装修中的使用要早于中国，主要用于家具、音响等家居办公用品的外表装饰或修边。其它的用途还包括：室内墙面、免漆板材、装修收尾等替代传统的油漆功效。其花纹是模仿树纹印刷出来的，厚度一般在0.3～0.43mm，表

面光滑有光泽。

优缺点：优点为热塑性强，木纹布纹印刷仿真度高，可进行吸塑、包覆等造型加工，成本合理。缺点：工程塑料，热稳定性差，高温环境容易变形，塑料感比较强，易黄变，不同批次色差较大。

成本参考：PVC膜最实惠，其次是PP膜，PET膜最贵。

设计注意事项：PP膜性能最佳，其次是PET膜，最后是PVC膜。

应用领域：橱柜、衣柜、护墙板、板材、管材、鞋底、玩具、门窗等。

PVC膜在空间中的应用

CMF关键词推荐

创新价值：新材料、新图纹、3D造型

商业价值：高效率、低成本、易加工、装饰

消费价值：家居、温馨

3.2.6.3 PP膜

PP膜（家居行业）是以聚丙烯为原料制成的一种免漆家具表面应用装饰膜，其视觉效果细腻真实，非常适合用于平贴、包覆。环保PP膜最大的优势是绿色环保健康，回收时可降解，燃烧时只释放水及二氧化碳，不产生任何有毒气体，给保护环境带来福音，在家居行业备受欢迎。

优缺点：优点为环保，耐热，耐化学药品性好，电绝缘，安全性高，不黄变，仿真度高。缺点：不耐划，不可吸塑，延展性差。

成本参考：PVC膜最实惠，其次是PP膜，PET膜最贵。

设计注意事项： PP膜在家居中一般包覆使用最多，通过包覆把PP膜形成有差异的造型，也可以使用平贴工艺平贴在密度板上，可以通过封边加工板式家具。随着消费者对环保健康的要求，PP膜在国内外被广泛使用。

应用领域： 家具膜、书写膜、地板膜、自粘膜、板式家具、橱柜、衣柜、卫浴柜、门墙板等。

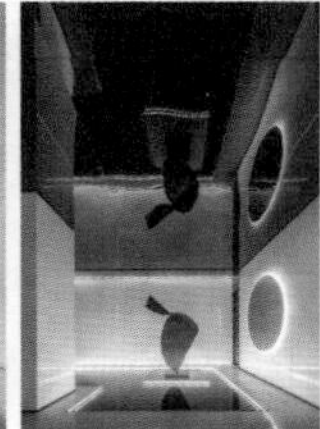

PP膜在空间中的应用

CMF关键词推荐

创新价值：新材料、新图纹、质感细腻、仿真度高　　消费价值：家居、温馨

商业价值：高效率、高性能、装饰、耐热、耐老化　　社会价值：绿色环保、可回收、可降解

3.2.6.4 彩膜

彩膜，主要指彩板表面应用的膜片，基材主要有PET膜、PVC膜，采用卷对卷的形式加工，通过刻钢辊后进行颜色/图案印刷。制作好的彩膜一般覆着/压贴至金属板（铝板、镀锌板）上，成为彩板。在家电行业中，彩膜包含PCM膜、VCM膜、PEM膜、PPM膜、ACM膜、UCM膜、DVM膜。

优缺点： 优点为彩膜效率高，金属感较强，可以模拟不锈钢、铝合金等金属效果，也可以呈现木纹效果、石纹效果、花卉效果、科技纹理效果等。但由于膜片较薄，缺乏立体感，高档感不足。

成本参考： 每平方从几元到几十元。

设计注意事项： 彩膜加工周期比较长，需要刻辊、打样，可制作连续图案。彩膜一般背后有一层镀锌钢板，彩膜+钢板，形成彩钢板，采用折弯、冲压等工艺进行后加工。

应用领域： 常用于家电、空间、游艇类产品中，如冰箱、洗衣机、电饭煲、天花板、幕墙等。

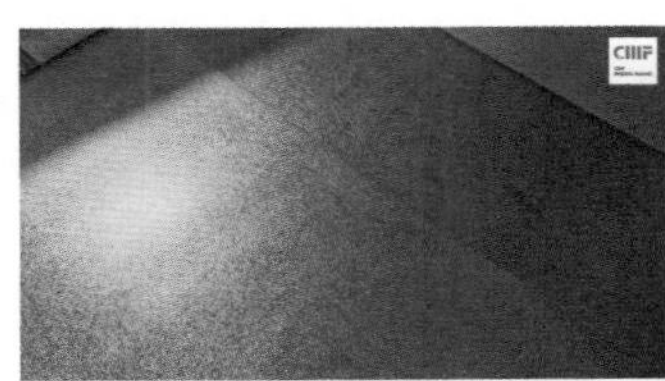

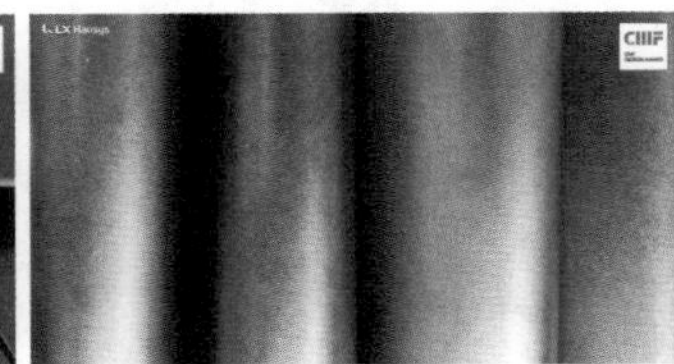

LX Hausys-XCLA 岩石系列高光膜

   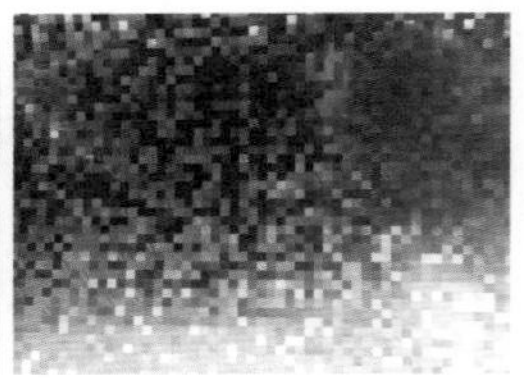

彩膜样品实拍

CMF关键词推荐

创新价值：新材料、新工艺

商业价值：高效率、低成本、耐污、防水、易加工、艺术、装饰

消费价值：金属感、真实、科技、仿金属拉丝效果、仿石纹岩板效果

3.2.6.5 卷对卷膜

卷对卷膜主要应用在印刷和注塑的IMD等行业，依赖机器设备半自动化或全自动化作业，对于减少人工投入，减小不良率等方面帮助非常大，成本优势突出，是未来制造业将广泛使用的方式之一。

优缺点：相对片料的生产制造而言，卷料产能高，良率高，单价低，竞争优势突出；缺点是一旦设计或加工出错，造成的损失比较大，机动灵活性没有片料有优势。

成本参考：膜材长度一般在200米左右，一平方米从几块到一两百块人民币不等，按照产品尺寸计费。

设计注意事项：卷对卷需要订单量大，对于小批量订单不适用，容易造成呆料。

应用领域：手机玻璃防爆膜、彩膜、功能膜、光学纹理膜、包材膜等。

PET卷膜

复合卷膜

PE卷膜

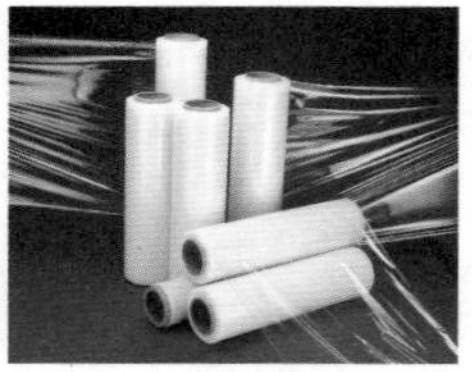

PVC收缩膜卷膜

卷对卷加工

CMF关键词推荐

创新价值：新工艺

商业价值：高效率、低成本

消费价值：精致、智能、科技

社会价值：低能耗

3.2.7 板材类

板材类主要指采用板材形式的装饰材料，可直接用于产品，或者进行二次加工、成型。板材因其已经是半成品，表面已经做好了效果，可提升产品生产、加工效率，降低成本。常见板材有家居行业的装饰板材、岩板、地板、金属板、石板；也有家电行业的彩板、亚克力板、铝板；消费电子行业的复合板、PC板、玻璃纤维板等。

3.2.7.1 彩板

彩板，也叫彩色薄膜层压钢板、覆膜金属板。彩板基材通常为铝板、镀锌板、冷轧板、不锈钢板等。彩板是通过对钢板表面进行着色、印刷、压印、复合等表面处理，形成各种精美图案，由基板（冷轧钢板、热镀锌钢板、电镀锌钢板、不锈钢等）、复合彩膜层（PET、PVC及其复合处理的彩膜层）、背面保护涂层、保护膜层组成，中国彩板生产厂家主要有河北钢铁（原名海尔特钢）。

优缺点： 彩板既有金属材料的加工性能，同时也具备彩膜的装饰性能、耐腐蚀性能、耐候性能、易于清洁等特性。

成本参考： 20 ～ 200元/m² 不等。

设计注意事项： 彩膜加工需要刻辊、打样，研发新品成本与周期较长。

应用领域： 家电领域，如冰箱外壳、洗衣机外壳、热水器外壳、电饭煲外壳；装饰行业，如幕墙、电梯等。

海尔卡萨帝系列

小天鹅洗衣机，机身采用VCM彩板

预涂钢板素色与铝粉

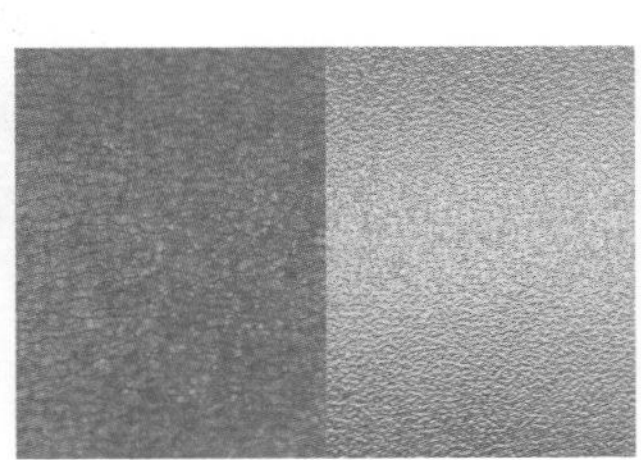

预涂钢板冰裂纹与橘纹

聚氯乙烯复合钢板印刷及磨砂

环保覆膜钢板

印刷钢板拉丝、木纹、岩板效果

压花板

CMF关键词推荐

创新价值：新材料、新工艺

商业价值：高效率、低成本、耐污、防水、装饰

消费价值：金属感、真实、科技、仿金属拉丝效果、仿石纹岩板效果

3.2.7.2 三聚氰胺板

三聚氰胺板简称三氰板，是将带有不同花色或纹理的纸放入三聚氰胺树脂胶黏剂中浸泡（又称浸胶），然后干燥到一定固化程度，将其铺装在刨花板、防潮板、中密度纤维板、胶合板、细木工板、多层板或其他硬质纤维板表面，经热压而成的装饰板。在生产过程中，一般是由70～100g/m^{2}厚度纸压贴而成。

优缺点：优点为可以仿制各种图案，色泽鲜明，用作各种人造板和木材的贴面，硬度大，耐磨，耐热性好；表面平滑光洁，易维护清理；价格经济。缺点：耐化学药品性能一般，不能锣花只能直封边，表层装饰纸相较而言比较脆弱。

成本参考：厚度越厚，价格越高，大致参考区间：51～172元/张。5mm 51～59元/张；9mm 72～92元/张；12mm 91～134元/张；15mm 114～149元/张；17mm 124～135元/张；18mm 134～171元/张。

设计注意事项：三聚氰胺板和三聚氰胺纸相关联，用纸的花色来呈现板材，主要用于板式家具中，有不同的厚度区分。

应用领域：橱柜、衣柜、护墙板，以及商用空间、家居空间等。

三聚氰胺板及在家具中的应用

CMF关键词推荐

创新价值：新图纹

商业价值：高效率、低成本、易加工、装饰、材料稳定

消费价值：家居、温馨、舒适

3.2.7.3 多层板

多层板由三层或多层的单板或薄板胶贴热压制而成，一般分为3厘板、5厘板、9厘板、12厘板、15厘板和18厘板六种规格（1厘即1mm），环保等级达到E1；是目前手工制作家具最为常用的材料之一。生产过程：切削加工—干燥—施胶—成型加压—最终加工（国内不具备大线生产条件，主为手工线生产）。

优缺点： 优点为结构稳定，质地坚韧；比实木板性能强很多，多层板拥有比较轻的容重，比较高的强度，抗压性好，板材寿命长；内部是薄木片，膨胀的空间较小，多层板遇水膨胀比较细微，具有很好的防水性。缺点：生产过程中需要加入大量的胶水，甲醛含量的控制难度非常大。一般情况下天然的木材可能会有一些小的缺点，如会出现疖子、幅面比较小、容易变形、纵横力学差异性大、表面不平整，国内没有连续平压线，只能手工小线生产，产品批次不稳定。

成本参考： 多层板价格较高，密度板较为实惠。多层板大约150元一张。

设计注意事项： 为了尽量改善天然木材各向异性的特性，使胶合板特性均匀、形状稳定，生产多层板时，必须遵循对称原则。对称原则就是要求胶合板对称中心平面两侧的单板，无论木材性质、单板厚度、层数、纤维方向、含水率等，都应该互相对称。多层板一直备受市场欢迎，主要原因是材料可见实木基材，使用范围广泛。种类和品质要求参差不齐，多层板相对其它板材再加工生产不稳定，主要表现在变形、厚度不均匀、生产效率低等方面，对于板式家具不具备工业化生产加工条件。对生产精度要求不高场景，设计可选择使用。

应用领域： 木作结构、细木工、床和沙发内部结构、柜体板材、底板、装饰板基材等（家具使用居多）。

多层板及其结构

多层板家具应用

CMF关键词推荐

商业价值：高性能、安全、易加工、容重轻、强度大、实木基材、性能强

消费价值：真实、自然

社会价值：绿色环保、生物材料、可降解

3.2.7.4 密度板

密度板又称为密度纤维板，是以木质纤维或其他植物纤维为原料，经纤维制备，施加

合成树脂，在加热加压的条件下，压制成的板材。分为高、中、低密度板，家居常用密度板的密度在650～800kg/m³之间。生产过程：削片—热磨—化学纤维干燥—铺设—热压合—废水处理。

优缺点：优点为①表面光滑平整，材质细密，性能稳定，很容易进行涂饰加工。各种涂料、油漆均可均匀地涂在密度板上，是作油漆效果的首选基材。物理性能极好，材质均匀，抗弯曲强度和冲击强度方面均优于刨花板。②密度板又是一种美观的装饰板材，可以3D加工造型，可塑性在板材中是最好的。③各种木皮、印刷纸、PVC膜、胶纸薄膜、三聚氰胺浸渍纸和轻金属薄板等材料均可在密度板表面上进行饰面。④硬质密度板经冲制，钻孔，还可制成吸声板，应用于建筑的装饰工程中。其最大缺点是不防潮，见水就发胀，遇水膨胀率大；另外握钉力较差，不可反复拆卸组装。

成本参考：多层板价格较高，密度板较为实惠，高、中、低密度板价格有明显差异，12mm厚的密度板一般在70元/张。

设计注意事项：在雕刻造型与变形强度方面，价格越高，板材的造型与变形性能越好；价格越低，造型与变形性能越差。密度板在家装中主要用于油漆工艺、吸塑模压工艺，造型有很强可塑性；作UV膜、PP/PVC膜和PET膜的平贴基材使用；一般做家具用的都是中密度板，因为高密度板密度太高，很容易开裂，没有办法做家具。

应用领域：在家具、装修、乐器和包装等方面应用比较广泛。

密度板在橱柜与家具中的应用

CMF关键词推荐

商业价值：高效率、低成本、易加工、表面光滑平整、材质细密、性能稳定

社会价值：绿色环保、生物材料

3.2.7.5 岩板

岩板是中国产业间的叫法，对应英文名称Sintered Stone，译为烧结密质石材，其主要

特质是烧结密质及源于石材，生产原料主要为石英、长石，以及提供色彩的氧化物表面的釉面等，经过高吨位压力及1200℃以上高温烧制而成，形成密度高、重量重等产品特质，在耐磨度、抗折度等物理性能方面均优于瓷砖。从生产设备、工艺及产品外观来看，岩板与瓷砖有着相同之处，但内在的物理性能却有着较大差别。岩板的主要特性为大、轻、薄，相比瓷砖更加耐火、耐高温、耐污、耐腐蚀，以及零渗透和“精雕手镯”的精加工处理。岩板经高温生成，莫氏硬度达到6级，耐刮耐磨性能极其优越。生产过程：配料—过筛—喷雾干燥制粉—3万吨辊压成型—喷数码底釉—干燥窑干燥—数码喷墨打印—喷数码面釉—辊道窑烧成型。

优缺点： 优点为表面细节好，板材表面光滑度高，无缝隙，零渗透，易清洁打理，抗菌性能高。耐高温、耐腐蚀、防火防水性能好，耐磨损，使用寿命长，材质环保无污染。印刷釉面，图案丰富。缺点再加工切割、精细切割难度大，材质硬度大，对施工技术有一定的要求。安装成本高，因材质特殊，工艺要求高，岩板价格偏高。岩板属于新型材料，目前市场无国标，所以在市场上，它的评价褒贬不一。

成本参考： 常规500～1000元/m^2；进口2000～4000元/m^2。

设计注意事项： ①岩板硬度大，同样硬的东西接触比较难受；因为价格及感受属于高端感材料。②岩板用于室内墙面可延展空间、开阔视野、提升空间档次，厚度应选择3～9mm；3mm厚岩板须在墙面打木工底，而6～9mm厚岩板可打木工底亦可不打，但贴墙面需找平。③岩板的易切割性可满足家具面板的灵活多变，目前常用于橱柜面板、衣柜面板、入户门面板、冰箱面板、电视柜面板等，厚度可选择3～6mm。

应用领域： 地面、墙面、厨柜台面、餐桌面、家具门板。

岩板在家居中的应用

CMF关键词推荐

创新价值：新材料、新工艺、新图纹

商业价值：高性能、高附加值、高识别度、耐刮、耐磨、防水、装饰、易清洁

消费价值：奢华、家居、高档、精细

3.2.7.6　复合板

复合板是一种两种或两种以上材料复合而成的片材，目的是综合两种材料特长得到更好性能。用在手机后壳的是一种PC和PMMA的复合板材，PMMA在上层，负责表面硬度、

耐磨度，PC在下部，负责韧性。效果工艺在PC层上实现，可以进行纹理转印、电镀、印刷、打印等工艺。复合板可以通过CNC加工为2.5D造型，也可以通过高压方式加工为3D造型。复合板在手机后盖的应用随着玻璃材质的大规模应用而兴起，2014年联想等公司开始提出概念进行研发，2018年随着OPPO、VIVO手机的大规模使用而爆发。

优缺点：复合板材的效果类似玻璃，成本和加工难度都低于玻璃，是在中低端产品上代替玻璃最好的选择。

成本参考：以手机后盖为例，3D造型进行UV转印、电镀、印刷等全工艺，10元左右。

设计注意事项：复合板的效果类似于玻璃，在进行效果设计时要注意发挥它的透明特性，比如手机后壳光影的应用，也可以利用它的透明特性，在两面都进行效果设计来实现如纹理叠加产生的深邃效果。

应用领域：手机后盖、摄像头装饰件、屏幕替代、电子烟壳体、TWS等。

使用3D复合板的OPPO手机

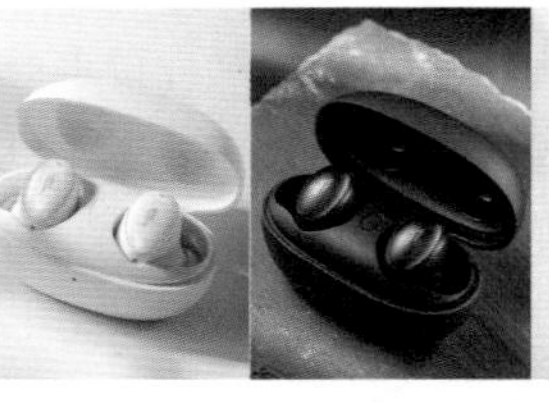

1MORE ColorBuds 2

CMF关键词推荐

创新价值：新图纹、新材料、新工艺

商业价值：高效率、低成本、轻量化、易加工、装饰

消费价值：亲肤、光滑、镜面、高亮、哑光、智能、科技、精致

社会价值：循环再生

3.2.7.7 玻璃纤维板

玻璃纤维板是指一种长纤玻璃纤维和树脂的复合材料，常简称为玻纤板。常用方式为玻璃纤维编织成布，通过预浸的方式将玻璃纤维和树脂做成半固化的材料，再放入模具中固化成型。还有一种方式是将玻璃纤维板通过热压的方式加工成型。玻璃纤维板按树脂类型分为热固型和热塑型，热固型成型后一般比较难进行二次成型加工，热塑型可进行二次成型加工。

优缺点：玻璃纤维板有优良的强度，可以做到更薄、更轻。玻璃纤维板的介电常数可以调，更适合有射频要求的产品。玻璃纤维板的设计更灵活，可以进行局部掏空处理，避空结构或埋入其他器件。缺点是成型相对较难，后工艺处理复杂，但缺点只是目前状态。

成本参考：以手机后盖为例，3D造型进行UV转印、电镀、印刷等全工艺，30元左右。

设计注意事项：玻璃纤维板的设计应用，要发挥它的轻薄特性。表面效果可以叠加喷涂、NCVM、镭雕、丝印、电镀、UV转印等工艺。

应用领域：手机、笔记本后盖及键盘、支架，外设设备支架外壳、手持产品保护壳、行李箱、汽车行业等。

联想手机的玻纤板效果　　Ipad 支架内构件为玻纤板　　华为 mate Xs 2 背面使用玻纤板

玻纤板实拍

CMF 关键词推荐

创新价值：新图纹、新材料、新工艺

商业价值：高效率、高性能、防水、轻量化、装饰

消费价值：精致、镜面、高亮、哑光、智能、科技

社会价值：无毒

3.2.7.8 PC 板

PC 板是用挤压技术做成的，以聚碳酸酯为主要材料。PC 板在建筑上应用比较广泛，在产品中主要用于屏幕保护和装饰。通过印刷、烫印、电镀、UV 转印等工艺实现效果表达，通过热弯工艺实现造型设计。因为材料本身不耐磨的问题，在手持智能产品领域基本被复合板替代。

优缺点：优点是 PC 板的韧性好，不会碎裂，透光性好。缺点是不耐磨。可以替代玻璃，在大面积产品使用时，更轻、透过性好，不会碎裂，表面平整度好，制造工艺成熟，成本更低。

成本参考：以手机后盖为例，3D 造型进行 UV 转印、电镀、印刷等全工艺，10 元左右。

设计注意事项：使用 PC 板主要因为它的透明效果，挤压制成的板平整度好，在需要大面积透明效果，或需要减轻重量且对耐磨性要求不高的场景中 PC 板是很好的选择，在需要提升耐磨性的产品使用时，PC 板需要增加一层 UV 膜。在大家电产品中，PC 板材成本低于 PMMA。

应用领域：阳光房、家电领域面板、遥控器面板等。

PC板在户外、阳光房中的应用

PC镜片摩托车头盔

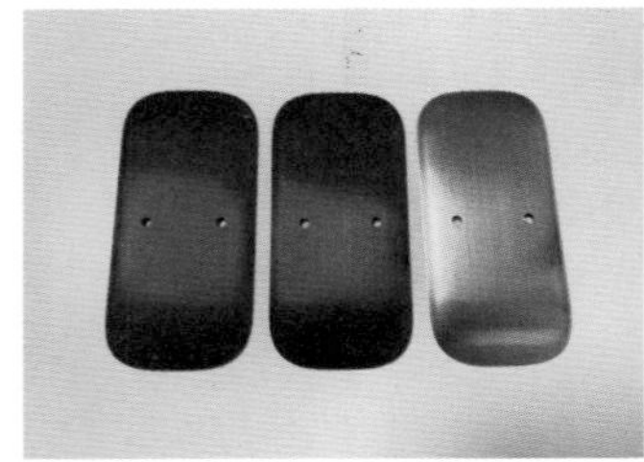

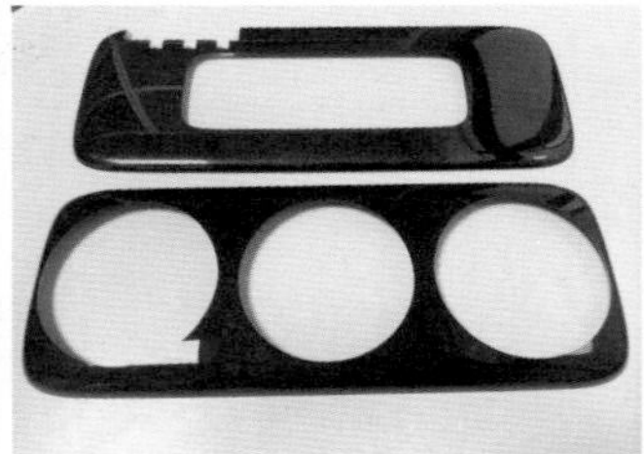

PC板材制品样件

CMF关键词推荐
创新价值：新工艺
商业价值：高效率、高性能、低成本、装饰
消费价值：精致、镜面、高亮、智能、科技
社会价值：循环再生

3.2.8 耗材类

产品进行表面处理时，通过耗材对产品进行加工、装饰、整形、硬化等。常见耗材加工方式有喷砂、喷丸、抛光、拉丝等。本节主要介绍喷砂采用的砂及抛光与拉丝用的磨轮。

3.2.8.1 砂

砂主要是指在喷砂效果加工时使用的材料，用在表面处理的砂主要有锆砂、铁砂、陶瓷砂、玻璃砂等。主要应用于金属材料的砂感效果加工，不同型号代表不同粗细的砂，砂通过高压强气流喷出，在金属材质表面实现砂面效果。在一些产品部件上，利用喷砂的切削功能，去除部件杂质，修整部件表面，以达到一定的清洁度和粗糙度等。

优缺点：锆砂表面硬度好，不会磨损只会碎裂，被喷砂部件表面洁净度好，砂感更细腻。铁砂会产生磨损残留，部件表面易产生发黑现象。玻璃砂成本低，容易碎裂磨损产生粉尘，部件表面砂感不易均匀一致。

成本参考：铝合金陶瓷砂约25kg为1700元。

设计注意事项：喷砂效果的粗细跟砂本身的粗细有关，也跟喷砂气压的强弱有关，气压越小砂感越细。铝材的喷砂与化学抛光结合，砂感的粗细等和化学抛光时间长短也有关系。

应用领域：金属材质砂感效果加工、金属材质表面杂质去除和预处理，模具表面去除毛刺烧焦等。

钢砂

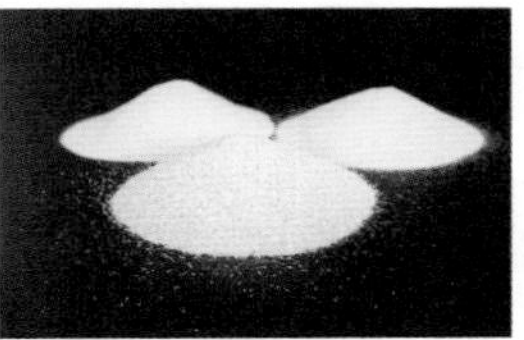

陶瓷砂

Macbook铝合金喷砂效果

小米移动电源铝合金喷砂效果

金刚砂

CMF关键词推荐
创新价值：新工艺、新材料
商业价值：高效率、高性能
消费价值：精致、奢华、金属感、哑光、智能、科技
社会价值：循环使用

3.2.8.2　轮

轮主要是用在抛光和拉丝工艺时的耗材。轮按材质可分为麻布轮、棉布轮、无纺布轮、绒布轮、牛仔布轮、杂布轮、尼龙轮、砂轮等。抛光时会结合抛光蜡、抛光液等介质，针对抛光镜面质量高低，结合几种材质多工序来达到要求。比如苹果的高亮不锈钢LOGO，用了粗抛、中抛、精抛多道抛光工序。砂轮等可以实现拉丝效果。

优缺点：轮的使用，主要是抛光达到高亮甚至镜面效果。高亮有更好的光影效果，提升产品的品质感。同时高亮效果有不容易掩盖瑕疵的缺点，易被划伤。

成本参考：抛光工艺因不同的被抛光材质而成本有差距，也会跟需要达到的高亮效果而产生成本差距。

设计注意事项：硬的被抛光材质一般选择软的抛光耗材，软的被抛光材质一般选用硬

100mm斜齿石材磨轮

100mm铝基体石材磨轮

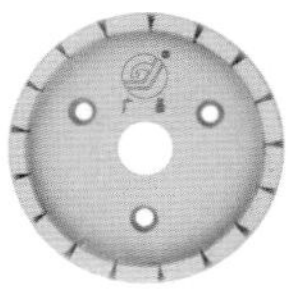

150mm陶瓷磨轮

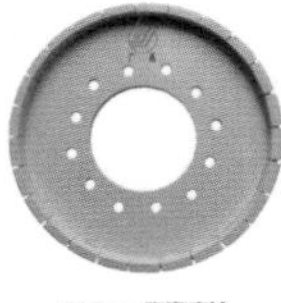

200mm陶瓷磨轮

200mm树脂结合剂陶瓷修边轮

250mm陶瓷磨轮

用于石材加工的磨轮、陶瓷磨轮

一点的抛光耗材。为达到更好的高亮效果，需要选择不同耗材和抛光介质，也跟带动轮转动的马达的转速有关。

应用领域：金属、塑料、玻璃、陶瓷等材料的抛光加工。

磨轮

CMF关键词推荐

创新价值：新工艺

商业价值：高效率、低成本

消费价值：精致、镜面、高亮、智能、科技

社会价值：循环再生

3.2.9 复合材料类

复合材料指两种及两种以上材料复合而成的材料，通过结合两种（及以上）材料的特性、效果，形成新的材料应用、功能、装饰效果等。常见复合材料如纤维类（碳纤维、玻璃纤维、玄武岩纤维、芳纶纤维结合树脂材料、竹木纤维、棉麻纱纤维）、复合板（PC+PMMA）等。本节主要介绍纤维材料，其中玻璃纤维在3.2.7.7中有介绍。

纤维材料是指玻璃纤维、碳纤维、芳纶纤维、玄武岩纤维、陶瓷纤维等。有短纤和长纤之分。短纤主要用于添加，如PC材料加玻璃纤维的注塑，可增强材料强度和注塑稳定性。长纤主要用于编织或缠绕等，再结合树脂等可做成超韧和高强度的材料。长纤如果使用柔性树脂复合，可以得到柔性纤维材料。摩托罗拉公司2011年发布的RAZRXT910使用了凯芙拉纤维材料，也就是芳纶纤维，成为当年的话题产品。2020年苹果公司公布了他在手机手表等产品上使用陶瓷纤维材料的专利。长纤纤维材料是未来具有巨大潜力的应用材料。碳纤维在汽车行业是热门材质。

优缺点：纤维材料强度好，同样的性能要求下可以做到更薄更轻。通过编织工艺可以织成不同的纹理，有其独特的效果感受表达。但是这些纤维材料编织的花纹相对较粗糙，用在手机等小的产品中会显得不够精致，其造型加工也更复杂。添加短纤的材料注塑成型后容易产生浮纤现象，不适合作素材直接表达高亮效果的产品。

成本参考：厚度不同、工艺不同、要求不同价格有极大差异。

设计注意事项：目前的纤维材料，如果直接表达材质本身效果质感，不适合较小的产品，我们所看到的小产品碳纤维效果，多为通过转印实现，是经过设计的仿纤维编织纹理。纤维材料主要用于加强强度的构件，外观效果通过喷涂、丝印、电镀等效果来实现。

应用领域：手机后盖和结构件、手机周边产品、穿戴电子产品、汽车外观和内构件、航空业等。

宝马汽车碳纤维顶棚

迈凯伦汽车的锻造碳部件

纤维材料的穿戴设备部件

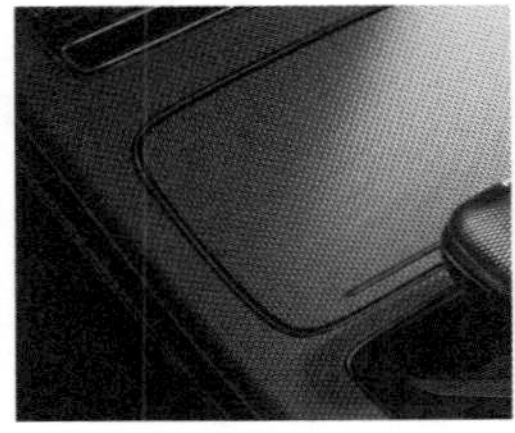
比亚迪汉千山翠版本彩色碳纤维内饰

RS e-tron GT 内饰

名爵6 XPOWER尾翼

CMF关键词推荐

创新价值：新材料、新工艺、新图纹

商业价值：高性能、透气

消费价值：精致、奢华、真实、智能、科技

3.2.10 石材类

石材类分为三个方向，第一个是天然石材、真实石材类，如在建筑装饰的建材领域，天然石材应用广泛，如大理石、真石薄片；在首饰珠宝领域的水晶、宝石、玉石、钻石等。第二个是人造石材，如科技玉、人造水晶、人造钻石、蓝宝石玻璃。第三个是通过模拟石材类的触感、纹理、颜色，制成的岩板、具有岩板效果的彩板、具有岩板效果的三聚氰胺板、具有岩板效果的水转印膜、具有岩板效果的膜外装饰等。

3.2.10.1 仿岩板

这里仿岩板（Imitation Slab）简指在玻璃表面通过印刷、打印等方式呈现各种石纹以模拟达到岩板的外观效果的材料。

优缺点： 玻璃仿岩板厚度可以为3.2 ～ 8mm，且可以制作岩板所不能制作的曲面岩板，但玻璃仿岩板对于侧边的抗冲击性不如岩板。

成本参考： 150 ～ 300元/m^2不等。

设计注意事项： 仿岩板外观可以自主设计，在曲面及显示方面比岩板有很大优势。

应用领域： 目前玻璃仿岩板主要运用于家电面板、家具玻璃方面。

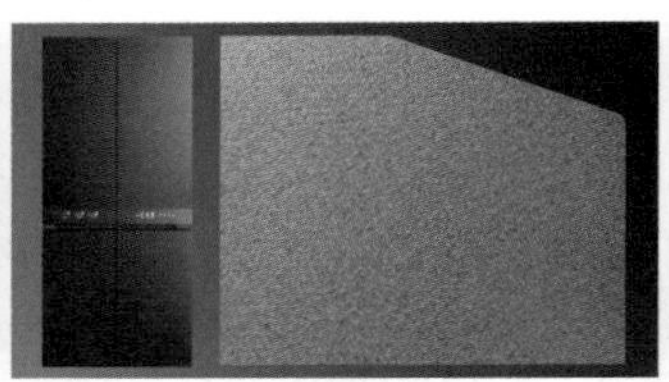

冰箱采用仿岩板效果

CMF关键词推荐

创新价值：新材料、新工艺、新图纹
商业价值：高性能、高附加值、防水、装饰
消费价值：哑光、精致、奢华、真实、智能、科技、自然
社会价值：可回收

3.2.10.2 蓝宝石

应用在产品设计上的蓝宝石一般指蓝宝石玻璃，是一种根据蓝宝石的自然成分人工合成的材料。蓝宝石玻璃具有非常好的表面硬度和光学透过效果，其表面硬度仅次于钻石。蓝宝石玻璃之前主要应用在军工透镜和高端手表屏幕上，2013年，苹果公司和一家蓝宝石厂家签订合约，蓝宝石玻璃成为智能手机行业炙手可热的材料，但是其应用一直不瘟不火。

卡地亚腕表的蓝宝石镜片

优缺点：蓝宝石玻璃是仅次于钻石硬度的材质，不易被磨花，光学性能好，大面积使用时跌落碎裂的风险比较大。蓝宝石玻璃的加工非常消耗能源，并且因为硬度高加工起来困难，这也是它在智能手机领域一直不瘟不火的原因。

成本参考：一个类似手表屏幕大小的蓝宝石玻璃，成品在70元左右。

设计注意事项：蓝宝石加工3D造型非常困难，尽量使用平面造型。小面积使用可以减小跌落碎裂的风险。在设计应用上尽量发挥它耐磨的特点。苹果手机的摄像头玻璃就是应用的很好的案例。

应用领域：手机摄像头镜片、手表屏幕、小面积使用的恶劣环境中的透镜等。

苹果的摄像头镜片使用蓝宝石

CMF关键词推荐

创新价值：新材料、新工艺
商业价值：高性能、高附加值、耐污、安全、耐刮、耐磨
消费价值：光滑、镜面、高亮、透明、透光、精致、奢华、真实、智能、科技
社会价值：无毒

4 CMF 工艺篇

CMF设计中，Finishing工艺，是产品制造的基础，是消费者价值感知的重要元素。工艺包含两大部分：成型工艺与装饰工艺。成型工艺指将产品、物体进行塑形的工艺，偏向于基础结构、基础造型，在产品初期，成型工艺也是装饰工艺，即产品成型后不做任何表面处理。装饰工艺为产品表面处理的工艺，偏向于表面后处理，在成型工艺的基础上进行再加工，是CMF设计时应用的主要设计手法。

4.1 成型工艺

本章成型工艺分为塑胶成型工艺、金属成型工艺、玻璃成型工艺、陶瓷成型工艺、复合材料成型工艺、增材制造成型工艺，一共六大类型。

4.1.1 塑胶成型工艺

塑胶成型分为模具成型及无模具成型两大类，具体如下所示。

模具成型	无模具成型
1 热塑	1 浸塑
2 吹塑	2 熔喷
3 吸塑	3 流延
4 滚塑	
5 搪塑	
6 滴塑	
7 挤塑	
8 压塑	
9 注塑	
10 双色注塑	
11 嵌件注塑	
12 二次及多次注塑	
13 发泡注塑	
14 免喷涂注塑	
15 低压注塑	
16 硅胶注塑	
17 微孔发泡	

4.1.1.1 热塑

热塑成型，又称热成型，是将热塑性塑料片材加热至软化，在压力环境下，采用适当的模具或夹具进行加工，而使其成为制品的一种成型方法。由于热塑性树脂和增强材料种类不同，其生产工艺和制成的复合材料性能差别很大。 热塑性塑料的加工工艺有：模压、注塑、挤出、挤吹、注吹、滚塑等。

常用热塑成型方法对比

项目	基本原理	主要过程	优缺点	应用领域
注射成型	利用螺杆（或柱塞）的推力将已塑化的熔融料注入闭合模内，经冷却定型得到制件	原料干燥，闭模注射，加料，冷却成型	生产效率高，易于实现自动化生产，易成型形状复杂、尺寸精确的制件	广泛地应用于成型各种形状的制件
挤出成型	利用螺杆的推力连续不断地将熔融料从模口挤出等断面的管、棒、型材等	原料干燥，加料，牵引，冷却，卷绕，锯切	生产效率高，更换口模可得到不同断面的制件，设备简单	广泛地应用于电线电缆的包层、管、棒、型材、线；回收料，着色料的造粒
压延成型	塑料通过加热辐筒的间隙，产生挤压、延展而成型薄型制件	配料、捏和、密炼、塑化、压延、牵引、卷绕、切割	生产效率高，制件表面光洁，但设备造价高，不宜生产高温塑料	薄膜、片、板材
中空成型（挤出成型）	经挤出的熔融管料夹持在吹塑模内，在管料内充气，使其横向胀大，冷却成型	挤出、充气、冷却、成型	生产效率高、设备简单、易成型中空制件	管状薄膜、瓶、桶
热熔冷压成型	将熔融料在模内加压并冷却定型	料加热呈现熔融状态，加压，在压力下冷却	制件平整、光洁、尺寸易控制，但生产效率低	硬板，制件
热成型	片（板）料加热呈现热弹态，置于模内靠充气、吸气或机械力的作用，贴于模壁并冷却成型	备料，加热，在模内加压冷却，修整	设备、模具简单，成本低，宜成型壁薄、表面积大、深度有限的敞开式制件，生产效率低	罩、壳、杯等
浇注成型	在常压或低压下将液态树脂混合物浇注入模内或外壳内，聚合或冷却成型	配料、模具准备、浇注、变硬、起模	设备和模具简单，宜制成大型制件毛坯，生产量小，尺寸精度差	中、大型毛坯，灌状物
塑料涂覆	将粉状塑料涂覆在金属表面上的一种方法，涂覆形式有火焰喷涂、热熔覆、静电喷涂、浸涂和膜辐压等	制件加热、粉料熔化喷射、冷却	使金属制件表面具有耐腐蚀性、耐磨性和绝缘性	大、中型金属制件表面涂覆和修补
冷压烧结成型	粉料压成冷坯、烧结、冷却，它类似于粉末冶金的冷压烧结成型。用于成型聚四氟乙烯、超高分子量聚乙烯或熔融黏度很高的塑料	压成冷胚、烧结、冷却	这是一种特殊的加工方法，用于注射、挤出等通用成型方法很难成型的材料。成型的制件尺寸精度低，常需机械加工	聚四氟乙烯、聚酰亚胺、超高分子量聚乙烯等制件的成型
泡沫塑料成型	配制成泡沫塑料组分，形成一定黏度的液体或糊状物，借助发泡剂或机械搅拌，经加热而制成多孔性的泡沫塑料	配制、加热、发泡、起模	泡沫塑料的成型方法多样，有物理法、化学法、机械法，也可将树脂合成与制造泡沫塑料一次完成	各类泡沫制件

续表

项目	基本原理	主要过程	优缺点	应用领域
粘接	将两种以上塑料或塑料与其他材料用热熔法、溶剂法或胶黏剂粘接	制件表面清理，热熔，用溶剂或胶黏剂粘接压合、固化	可使简单零件变成复杂的部件，修补残缺，满足特殊要求	塑料本身或塑料与其他材料的粘接
旋转成型	定量的粉状、糊状塑料装入空心模内，料在加热熔化、缓慢旋转时，均匀分布于模内，然后冷却定型	装料，加热旋转，分布于模具内壁、冷却、起模	制作大型中空容器或制件，设备、模具简单，价格低，但生产周期长、品种较少	聚乙烯、聚苯乙烯、聚氯乙烯等中空制件或搪塑制件

成本参考：较实惠。

叉车控制外壳部件

一次性餐盒、包装外壳，采用热塑加工

医疗器械外壳

CMF关键词推荐

创新价值：新工艺

商业价值：高效率、低成本、易加工　　社会价值：可回收

4.1.1.2 吹塑

吹塑成型（Blow Molding）通常用于大规模生产塑料中空包装容器，是一种迅速、批量生产薄壁零件的方法。吹塑成型技术分为三种不同方法——挤出吹塑（EBM）、注射吹塑（IBM）和注射拉伸吹塑（ISBM），每个流程都有其特定的工艺，适用于不同的行业。吹塑成型技术类型及特征如下所示。

工艺名称	挤出吹塑（Extrusion Blow Molding，EBM）	注射吹塑（Injection Blow Molding，IBM）	注射拉伸吹塑（Injection Stretch Blow Molding，ISBM）
工艺流程	将塑料聚合物加热后挤压到容器→半成品被模具的底部边缘修剪密封，吹针将气体吹入设备→冷却，取出制品	预成型加工模块将加热后的聚合物原料注入芯棒→空气吹到预成型加工模块中→冷却，剥离芯棒，完成注塑	预成型模块插入吹制模，夹紧并关闭→向模具中吹入空气→冷却后模具打开得到制品

续表

工艺名称	挤出吹塑 （Extrusion Blow Molding，EBM）	注射吹塑 （Injection Blow Molding，IBM）	注射拉伸吹塑 （Injection Stretch Blow Molding，ISBM）
优缺点	在选材上可以有更多选择，可以进行复杂的造型生产；缺点：由于挤出管坯速度较慢，所以此法适用于小型容器的生产	自动化程度高，产品外观美观，不需人工二次加工；不适于多品种、小批量产品使用	可生产有更多细节的容器，在拉伸吹塑期间，可以调整产品的机械强度
成本参考	较实惠	IBM的工具通常比EBM贵两倍	较昂贵
设计注意事项	可以创建很大的容器空间，可以介于3毫升和220升之间（0.005～387品脱）	通常生产的容器空间为3毫升到1升（0.005～1.760品脱）	可以生产50毫升到5升（0.088～8.799品脱）的容器
应用领域	主要用于医疗、化工、消费品行业容器，如药片瓶和药水瓶，快消品包装	主要用于精确度更高的快消品包装和医疗包装	个人护理产品包装，农用化学品包装，一般化学品包装，食品和饮料及医药行业生产的瓶子，产品油容器，农用化学品容器，健康卫生产品、化妆品产品和其他一些食品容器

吹塑成型水瓶与模具

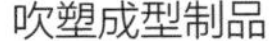

吹塑成型制品

挤出吹塑　　注塑吹塑　　注射拉伸吹塑制品

CMF关键词推荐

商业价值：高效率、低成本、轻量化、防水、安全、易加工

社会价值：可回收

4.1.1.3　吸塑

真空成型（Vacuum Plastic Molding），又称真空抽吸成型，简称吸塑，是将加热的热塑性塑料薄片或薄板置于带有小孔的模具上，四周固定密封后抽取真空，片材被吸附在模具的

模壁上而成型，脱模后即得制品。真空成型方法主要分为凹模真空成型和凸模真空成型。

优缺点： 真空吸塑包装的主要优点是，节省原辅材料、重量轻、运输方便、密封性能好，符合环保绿色包装的要求；能包装任何异形产品，装箱无须另加缓冲材料；被包装产品透明可见，外形美观，便于销售，并适合机械化、自动化包装，便于现代化管理，节省人力，提高效率。

工艺名称	工艺流程	设计注意事项
凹模真空成型	凹模真空成型是最常用的真空成型方法，把板（片）材四周固定并密封在模腔的上方，加热器将板（片）材加热至软化，然后将型腔内的空气抽出形成真空，使板（片）材在大气压力下贴紧模具型腔而成型，当塑件冷却定型后，再由下方抽气孔通入压缩空气将成型后的制品吹出	凹模真空成型适用于深度不大的制品，若制品深度过大，塑料板（片）材伸长过大将造成底部太薄，凹模真空成型制品的外观尺寸精度高
凸模真空成型	塑料板（片）材被夹紧框夹紧在凸模上方，加热至软化。接着夹紧框下移，软化的塑料板（片）材像帐篷一样覆盖在凸模上，即被冷却而失去减薄能力。然后将塑料板（片）材与凸模之间的空气抽出形成真空，塑料板（片）材边缘及四周紧贴在凸模上减薄而成型。凸模真空成型法成型的制品，内形尺寸精度高，底部较厚不减薄	凸模真空成型多用于有凸起形状的薄壁塑件，成型塑件的内表面尺寸精度较高

成本参考： 较实惠。

应用领域： 多用来生产电器外壳、装饰材料、艺术品和日用品等。

吸塑工艺在旅行箱中应用

真空成型工艺制品

CMF关键词推荐

商业价值：高效率、低成本、易加工

社会价值：可回收

4.1.1.4 滚塑

滚塑（Rotational Moulding），又称旋塑、旋转成型、旋转模塑、旋转铸塑、回转成型等。滚塑成型工艺是先将塑料原料加入模具中，然后模具沿两垂直轴不断旋转并使之加热，使模内的塑料原料在重力和热能的作用下，逐渐均匀地涂布、熔融黏附于模腔的整个表面上，成型为所需要形状，再经冷却定型、脱模，最后获得制品。

优缺点： 优点有滚塑模具成本低，滚塑产品边缘强度好，滚塑可以安置各种镶嵌件，滚塑产品的形状可以非常复杂，且厚度可超过5毫米，滚塑可以生产全封闭产品，滚塑产品可以填充发泡材料，实现保温，无须调整模具，滚塑产品的壁厚可以自由调整（2mm以上）。缺点有因材料须经过研磨粉碎，成本提高，加工周期较长，因而不适于大批量生产，可用的塑料品种较少，开合模具属于较繁重的体力劳动。

成本参考： 较实惠，适合个性化、定制化、量小的产品。

设计注意事项： 滚塑可用于生产大型塑胶制品，突破常规注塑机尺寸限制。

应用领域： 滚塑制品包括容器类滚塑制件、交通工具用滚塑制件、体育器材、玩具、工艺品类滚塑制件和各类大型或非标类滚塑制件，可应用于交通工具、交通安全设施、娱乐业、江河航道疏浚、建筑业、水处理、医药食品、电子、化工、水产养殖、纺织印染等行业，如保温冰桶、水箱、塑料家具、油箱、水马、灯罩、汽车座椅、汽车改装塑料件、机器外壳、休闲船、皮划艇、户外桌等。

滚塑成型制品

CMF关键词推荐

商业价值：高效率、低成本、易加工、安全、保护

社会价值：可回收

4.1.1.5 搪塑

搪塑（Slush Molding）也叫搪胶，又称为涂凝成型，搪塑/搪胶通常指一种制作空心软质品（如玩具）的工艺方法，注料后通过模具旋转使材料均匀地“搪”在模具内壁，故“搪胶”也称“滚塑”，是旋转成型工艺的一种。成型后的材料软滑富有弹性，手感非常舒适。搪塑过程就是对模具加热，将用于制造表皮的搪塑用粉末与受热的模具（镍质电铸模具）型腔面接触塑化、烧结等，最终得到与模具型腔形状及纹理一致的表皮成型过程。目前常用的搪塑工艺按加热方式的不同分为热沙加热搪塑、油加热搪塑、燃气炉加热搪塑等。

优缺点： 设备费用低，生产速度高，工艺简单。一体成型，成品无分模线，外观质量好；重量轻、手感弹，便于把玩、携带，能提供更多的陪伴与社交功能。成型过程和后续上色过程手工环节多，效率低，废品率相对较高。制品的厚度、质（重）量等的准确性较差。

成本参考： 人工操作环节多，成本较高，常用的搪塑材料为聚氯乙烯（PVC）。

设计注意事项： 搪胶对设计有限制，造型特点是简单、圆润，没有尖锐的凸起和凹入。如果搪胶件出现生胶，应该提高搪胶炉温、延长搪胶时间。

应用领域：主要用于生产各种造型的搪胶玩具，如：搪胶的芭比娃娃、搪胶的海底世界玩具、小黄鸭等等。交通领域如汽车仪表盘。

搪胶玩具

搪塑成型的汽车内饰制品

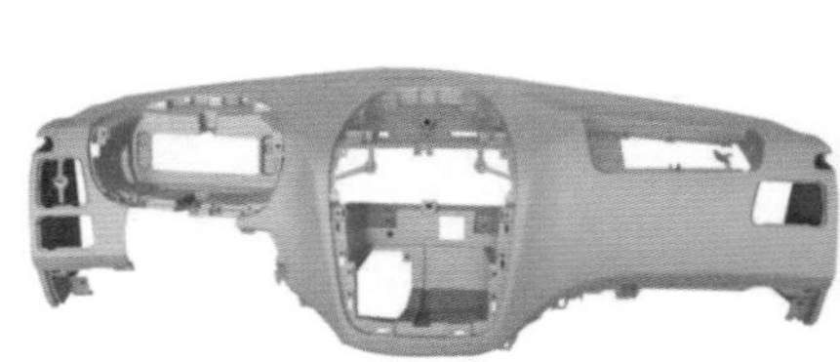

上汽大众汽车有限公司－途观L内饰面板

CMF关键词推荐

商业价值：高效率、低成本、耐污、防水、轻量化、安全

消费价值：亲肤、柔软、光滑、哑光、低气味、温馨、舒适

社会价值：无毒、绿色环保、循环再生

4.1.1.6 滴塑

滴塑（Drop Moulding），滴塑技术是利用热塑性高分子材料具有状态可变的特性，即在一定条件下具有黏流性，而常温下又可恢复固态的特性，并使用适当的方法和专门的工具喷墨，在其黏流状态下按要求塑造成设计的形态，然后在常温下固化成型。工艺流程：加热滴注是把热塑性共聚液态材料在滴注前加热，并保持在60～70℃，使塑性材料有较低的黏度和较好的流动性、流平性，然后利用流体的热能和动能，将其滴注在印品表面。

优缺点：优点有具有黏流性、立体装饰性、表面多样性、光泽高亮性和防潮、防霉等特性；缺点有滴塑物料因其黏度、流速的根本制约，在同等压力下也会发生滴流不均，某些会有表面不圆滑、体内有气泡等问题。

成本参考：较实惠。

设计注意事项：滴塑不适合精度要求过高的产品。

应用领域：滴塑工艺已广泛应用于各种商标铭牌、卡片、日用五金产品、旅游纪念证章、精美工艺品及高级本册封面等的装饰上。矽利康商标、矽利康滴塑标、滴塑无纺布、滴塑TC布等属于滴塑，PVC滴塑还可以制成滴塑鞋、鞋垫、拖鞋底、沙发靠背、扶手、餐桌台布、麻将桌布、汽车内装饰等系列产品。

透明水晶滴胶贴纸

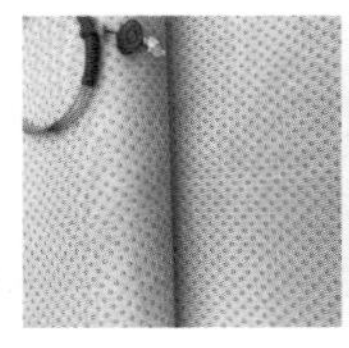

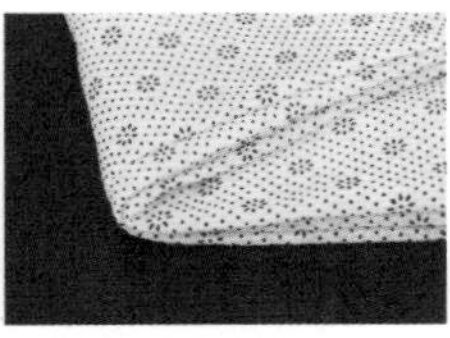

滴塑无纺布

滴塑鞋品

滴塑成型细节

CMF关键词推荐

商业价值：高效率、低成本、易加工、装饰

消费价值：柔软、光滑、舒适、立体感

社会价值：可回收

4.1.1.7 挤塑

挤塑（Extrusion Molding），又称挤塑成型，主要适合热塑性塑料的成型，也适合部分流动性较好的热固性和增强塑料的成型。工艺流程：利用转动的螺杆，将被加热熔融的热塑性原料，从具有所需截面形状的机头挤出，然后由定型器定型，再通过冷却器使其冷硬固化，成为所需截面的产品。一台挤出机只需更换螺杆和机头，就能加工不同品种塑料和制造多种规格的产品。

优缺点：优点有生产连续化，生产效率高，应用范围广，设备简单，投资少；缺点有只能生产线型产品，制品往往需要二次加工。

成本参考：较实惠。

设计注意事项：挤塑成型可以根据需要生产任意长度的管材、板材、棒材、异形材、薄膜、电缆及单丝等，工艺应用较广，在橡胶、塑料、纤维的加工中都广为采用，尤其是塑料制品，绝大多数热塑性塑料和一些热固性塑料都可以用此法加工。

应用领域：在产品设计领域，挤塑成型具有较强的适用性。挤塑成型的制品种类有管材、薄膜、棒材、扁带、网、中空容器、窗户与门的框架、板材、电缆包层、单丝以及其它异形材等。

各类挤出管材、型材

挤出件

PVC挤出管

CMF关键词推荐

商业价值：高效率、低成本、易加工

社会价值：可回收

4.1.1.8 压塑

压塑（Compress Molding），主要用于热固性塑料的成型，根据成型物料的性状和加工设备及工艺的特点，压塑成型可分为模压成型和层压成型两种。

优缺点： 优点有制品尺寸范围宽，可压制较大的制品；设备简单，工艺条件容易控制；制件无浇口痕迹，容易修整，表面平整、光洁；制品收缩率小，变形小，各项性能较均匀。缺点有不能成型结构和外形过于复杂、加强筋密集、金属板件多、壁厚相差较大的塑料制件；对模具材料要求高；成型周期长，生产效率低，较难实现自动化生产。

成本参考： 较实惠。

设计注意事项： 压塑工艺对应的产品结构不宜复杂。

工艺名称	模压成型	层压成型
工艺流程	模压成型又称压缩模塑，是热固性塑料和增强塑料成型的主要方法。其工艺过程是将原料在已加热到指定温度的模具中加压，使原料熔融流动并均匀地充满模腔，在加热和加压的条件下经过一定的时间，使原料形成制品	是以片状或纤维状材料作为填料，在加热、加压条件下把相同或不同的材料的两层或多层结合成为一个整体的方法
优点	模压成型制品质地致密、尺寸精确、外观平整光洁、无浇口痕迹、稳定性较好	质地密实、表面平整光洁
应用领域	电气设备（插头和插座）、锅柄、餐具的把手、瓶盖、坐便器、不碎餐盘（美耐皿）、雕花塑料门等	层压成型工艺由浸渍、压制和后加工处理三个阶段组成，多用于生产增强塑料板材、管材、棒材及模型制品等。消费电子行业玻璃纤维板底板使用的就是层压成型

摩托车头盔

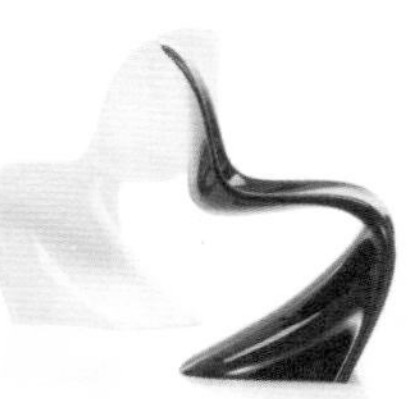

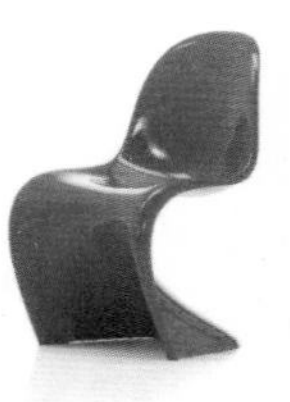

潘顿椅

采用模压成型的坐便器

CMF关键词推荐

商业价值：高效率、低成本、易加工

社会价值：可回收

4.1.1.9 注塑

注塑（Injection Molding），又称注射成型，是热塑性塑料的主要成型方法之一。其原理是利用注射机中螺杆或柱塞的运动，将料筒内已加热塑化的黏流态塑料用较高的压力和速度注入预先合模的模腔内，冷却硬化后成为所需的制品。在现代塑料的成型技术中，用注射成型法生产的制品约占热塑性塑料制品的20%～30%。工艺流程：这种成型方法是间歇操作过程，整个成型过程是一个循环的过程，每一成型周期包括定量加料→熔融塑化→施压注射→充模冷却→开模取件等步骤。

优缺点：优点有能一次成型外形复杂、尺寸精确、带有金属或非金属嵌件的制品；成型周期短，一般制件只需30～60秒即可成型；适应性强，生产性能好，可实现企业自动化控制或半自动化作业。缺点为模具价格相对较高，针对小批量生产时经济性较差。

成本参考：较实惠，适合批量生产。

设计注意事项：注塑成型是对产品设计影响最大的加工成型工艺，注塑技术的发展给设计师提供了几乎完全自由的设计空间。注塑成型使用量最多的是聚乙烯（PE）、聚丙烯（PP）、聚氯乙烯（PVC）、聚苯乙烯（PS）及ABS树脂等热塑性塑料。

应用领域：注塑产品覆盖了多种产品的设计领域，消费产品、商务产品、通信产品、医用产品、体育设备等各领域都有塑料注塑产品。

奥克斯沐新风Pro空调

东风汽车-东风风神奕炫MAX

美的清洁电器FC 9

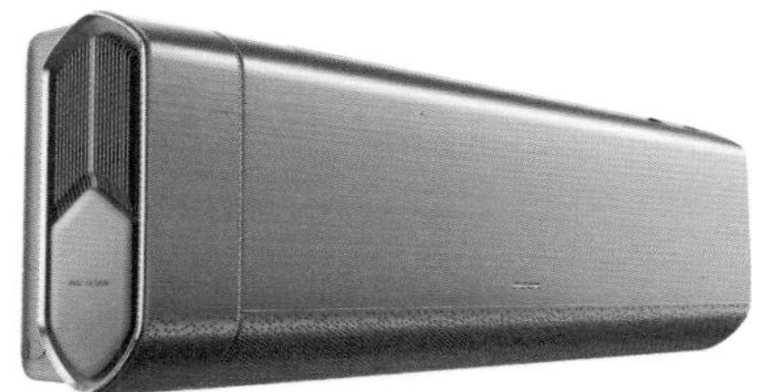
奥克斯-沐新风Pro分体空调

苏泊尔-GT80小黄人手持挂烫机

JMGO M7便携投影仪，PC+ABS注塑浅泥灰

CMF关键词推荐

商业价值：高效率、低成本、耐刮、耐磨、易加工、艺术、装饰、阻燃
消费价值：亲肤、光滑、金属感、高亮、哑光、精致、自然、家居、温馨、智能、科技、舒适
社会价值：可回收

4.1.1.10 双色注塑

双色注塑（Double Color Injection Molding），是指将两种不同色泽的塑料注入同一模具的成型方法。它能使塑件出现两种不同的颜色，并能使塑件呈现有规则的图案或无规则的云纹状花色，以提高塑件的实用性和美观性。双色注塑与双料注塑在工艺流程上相同。

工艺流程：双色注塑制品成型时需要一个公模和两个母模，第一次注塑在公模和第一个母模里，成型后打开模具，不经过脱模，直接换到第二个母模，进行第二次注塑，脱模后即可得到双色注塑成品。

优缺点： 优点有双色注塑可以把多种功能集成在一个塑料件上，例如柔感表面、人体工学设计、双色外观、品牌标识、特性改进、减噪、减震、防水和防撞等，可以节省设计空间和减少零部件数量等；一次注塑成型过程可以完成多功能的塑胶件，减少二次加工；不同塑料通过化学连接集成于一体，质量更高，强度更好。缺点为选择的两种塑料之收缩率差异要小，成品形状不宜太复杂。

成本参考： 较贵，双色注塑成本通常为普通注塑的2倍。

设计注意事项： 双色注塑适合外观效果要求较高的产品，可保持一体化，不用拆件。

应用领域： 双色注塑成型工艺现在已经广泛应用到了汽车、电子产品、电动工具、医疗产品、家电、玩具等等几乎所有的塑胶领域，如电视机底座、家电装饰件、汽车装饰件、消费电子产品壳体等。

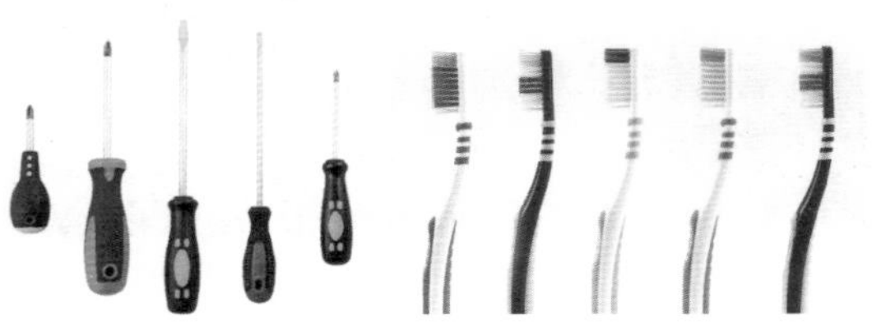

双色注塑产品

深圳意云科技-ET680
双模对讲机

CMF关键词推荐

创新价值：新工艺
商业价值：高附加值、高识别度、艺术、装饰
消费价值：亲肤、柔软、光滑、哑光、精致、温馨、科技、舒适
社会价值：可回收

4.1.1.11 嵌件注塑

嵌件注塑（Insert Molding），是将热塑性材料模制在预成型组件（嵌件）周围，以创建包含多种材料的零件。塑料内部镶嵌的金属、玻璃、木材、纤维、纸张、橡胶或已成型的塑胶件等称为嵌件，最常见的嵌件为金属。金属嵌件用于增强塑料零件的机械性能。将插入物放入塑胶模具中，然后将热塑性塑料注入模具中以形成零件。与在后成型过程中将插件安装到塑料零件中相比，使用模制嵌入插件消除了对插件进行二次安装的需要，从而降低了成本。工艺流程：模具内装入预先准备的异材质嵌件→注入树脂→熔融的材料与嵌件接合固化→冷却，取出制品。

优缺点： 优点有树脂的易成型性、弯曲性与金属的刚性、强度及耐热性的相互组合补充可制成结实的复杂精巧的金属塑料一体化产品；多个嵌件的事前成型组合，使得产品单元组合的后工程更合理化；嵌件不仅限于金属，也有布、纸、电线、塑料、玻璃、木材、线圈类、电气零件等多种。缺点有嵌件的放置通常会使模具结构复杂化，延长注塑成型周期，增加制造成本，并增加自动化生产难度；嵌件与塑料的热膨胀系数不一致，容易使产品产生内应力，从而造成产品破裂。

成本参考：小批量成本较高；大批量可降低组装成本。

设计注意事项：与任何成型零件一样，典型的可成型性设计准则也适用于嵌件成型零件，例如增加吃水深度以帮助零件从塑胶模具中脱模并保持一致的壁厚。此外，在设计用于嵌件成型的零件时，还需要考虑一些独特的因素。例如，底切特征的设计可以帮助嵌件在模制零件内保持强度。由于必须将嵌件放入塑胶模具中，因此确保嵌件位于塑胶模具的可触及区域也很重要。确保嵌件在零件内不太深，并在模制过程中将其固定在塑胶模具中也有助于确保成功的结果。

应用领域：广泛应用于汽车、医疗、电子和连接器等行业。

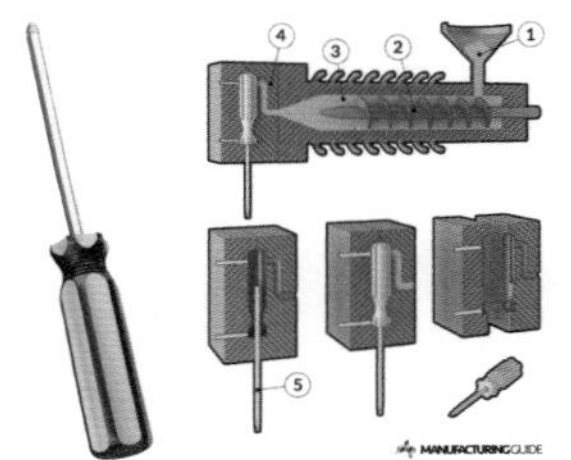

嵌件注塑螺丝刀及嵌件注塑工艺流程分解

日常生活中常见的注塑产品

iPhone采用PEEK嵌入注塑

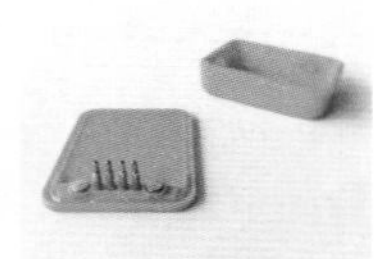
嵌入注塑样品

CMF关键词推荐

创新价值：新工艺

商业价值：高效率

社会价值：可回收

4.1.1.12 二次及多次注塑

二次注塑（Comolding），是一种特殊的塑料成型工艺，也称套啤或者包胶。它与双色成型工艺类似，但又与双色成型工艺有比较大的差异。它是一种将某种塑胶原材料在一次成型的塑胶模具内成型后，将成型后的零件取出，放入二次成型的模具内再次注入同种或者另外一种塑胶材料成型的工艺。更复杂的是多次成型，可使塑胶产品的外形和工艺达到想要的要求，称为多次注塑成型。工艺流程：将某种塑胶原材料在一次成型的塑胶模具内成型→将成型后的零件取出→放入二次成型的模具内再次注入同种或者另外一种塑胶材料成型。

优缺点：优点有可以增加产品的功能，例如减噪、减震、防水、防撞和增加附加值，二次注塑技术可以创造“柔感表面”。缺点有聚合物之间的化学或机械黏合强度不够，单个或多个部件材料填充不完全，单个或多个材料部件出现毛边闪蒸。

成本参考：较高。

设计注意事项：注意拔模角度、不同材料之间的黏合，注塑次数越多，成本越高，技术难度越大，目前应用可达三次注塑。

应用领域：二次注塑技术以创造“柔感表面”而闻名，但它还有许多其他功能，例如：人体工学设计、双色外观、品牌标识以及特性改进。利用这项技术，可以增加产品的功能，例如：减噪、减震、防水、防撞和增加附加值。在手机保护壳/手机保护套中应用比较广泛。

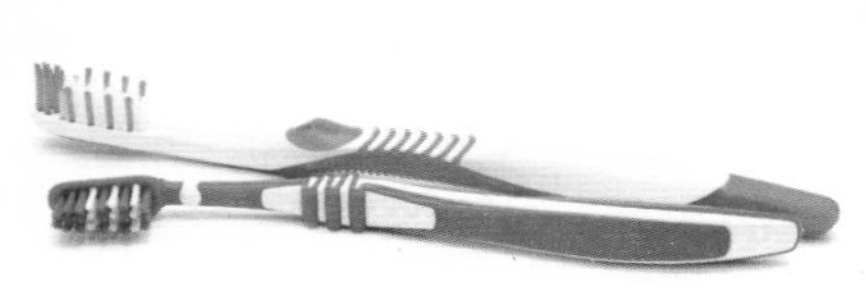

双色注塑的牙刷

电钻壳体

智能手表W10表壳采用塑胶二次注塑，表面采用喷涂

CMF关键词推荐

创新价值：新工艺

商业价值：高效率、高附加值、耐污、耐刮、耐磨、艺术、装饰

消费价值：亲肤、光滑、高亮、哑光、奢华、精致、温馨、科技、舒适

社会价值：可回收

4.1.1.13 发泡注塑

发泡注塑（Microcellular Foaming），是指以热塑性材料为基体，制品中间层密布尺寸从十到几十微米的封闭微孔。发泡注塑按照发泡方式可分为化学发泡注塑、物理发泡注塑和机械发泡注塑。

工艺名称	化学发泡注塑	物理发泡注塑	机械发泡注塑
工艺特点	由特意加入的化学发泡剂受热分解或原料组分间发生化学反应而产生的气体，使塑料熔体充满泡孔。化学发泡剂在加热时释放出的气体有二氧化碳、氮气、氨气等。化学发泡常用于聚氨酯泡沫塑料的生产	物理发泡是在塑料中溶入气体或液体，而后使其膨胀或汽化发泡的方法。物理发泡适用的塑料品种较多	借机械搅拌方法使气体混入液体混合料中，然后经定型过程形成具有泡孔的泡沫塑料。此法常用于脲醛树脂，其它如聚乙烯醇缩甲醛、聚乙酸乙烯、聚氯乙烯溶胶等也适用

优缺点：优点为①发泡注塑循环周期可缩短50%，从而降低了加工成本。同时注塑制品的下脚料比例降低，设备的能耗也更低。②对于相同类型的制品，发泡注塑工艺可以使用更小和更少的机器，模具成本更低，从而降低投资成本。③由于发泡注塑制品的密度降低，可以设计具有更薄壁结构的制品，降低制品的材料成本。④由于减少或消除了常规模塑在合模和保压过程中产生的模内应力，因此发泡注塑可以制备更平、更直和尺寸精度更高的制品，从而为制品的品质和价格提升提供更大空间。缺点为制品表面质量差，不适用

于高要求表面质量制件。

成本参考： 模具成本较低。

设计注意事项： 几乎所有的热固性和热塑性塑料都能产生微孔结构，制成泡沫塑料，常用的树脂有聚苯乙烯、聚氨酯、聚氯乙烯、聚乙烯、脲甲醛、酚醛等。

应用领域： 发泡注塑工艺可应用的领域十分广泛，从食品包装、汽车、运动器材到电线电缆、建材等，如产品包装填充物、鞋底。

阿迪达斯boost鞋底

儿童拼图-EVA泡沫

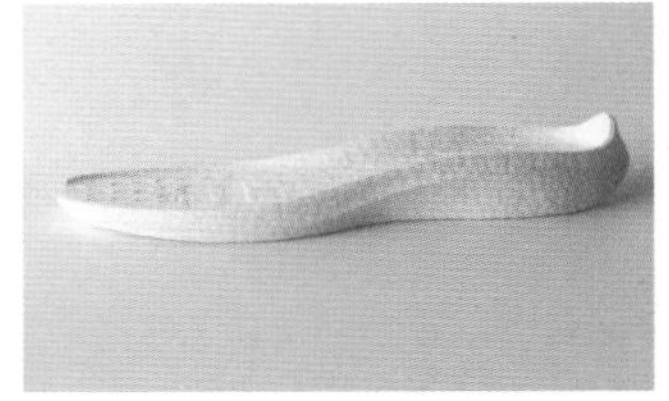

发泡鞋底

CMF关键词推荐

创新价值：新工艺

商业价值：高性能、高识别度、轻量化、透气、安全、易加工

消费价值：亲肤、柔软、舒适

4.1.1.14 免喷涂注塑

免喷涂注塑，是塑胶注塑细分发展的一种注塑工艺，指的是单纯通过注塑工艺，来实现注塑加喷涂后处理的效果。这个工艺的起因是传统注塑工艺生产的注塑件都是素色效果，在质感塑造上缺乏竞争力，看起来价值感较低，为了让产品看起来质感更好、价值感更高，过去的选择往往是在塑胶表面进行喷涂处理，从而实现各种颜色、手感、金属感、光泽感的变化。免喷涂的理念在20世纪90年代已经出现，在产品领域取得更多关注大致是在2016年，往后几年是免喷涂从小众到大众普及的重要时间段。

优缺点： 免喷涂注塑在表面质感方面的优势是省去了喷涂这一道工序，节省了产品生产制作时间，提升了效率。但也存在比较显著的缺点，即容易出现熔接线及流痕，金属质感不够强烈。

成本参考： 免喷涂材料对比普通注塑原材料成本约上升30%～40%。免喷涂材料对标注塑+喷涂，在综合成本上下降30%左右。

设计注意事项： 因容易出现熔接线及流痕，对产品的造型、结构、模具有更高要求。在设计之初建议先与免喷涂注塑的企业联合开发，避免产品设计完成后临时起意应用免喷涂注塑工艺，往往可能行不通。

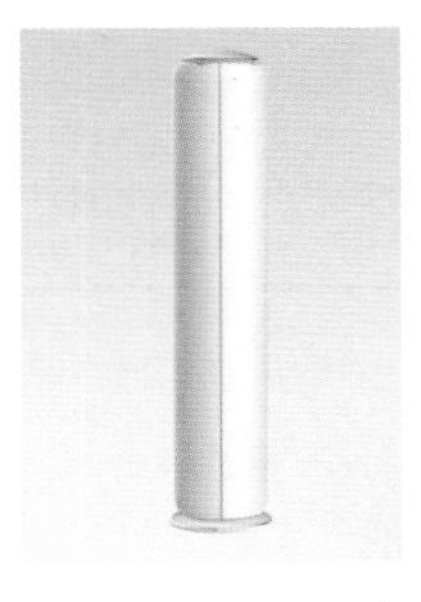

奥克斯云裳空调机身

吸尘器

应用领域： 产品如汽车、大小家电、消费电子类产品，如汽车的进气格栅（前脸）、洗衣机、吸尘器。典型应用企业戴森，在吸尘器、电吹风产品中大量应用免喷涂注塑工艺。

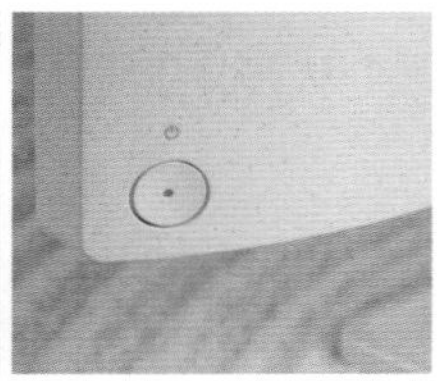

联想一体机

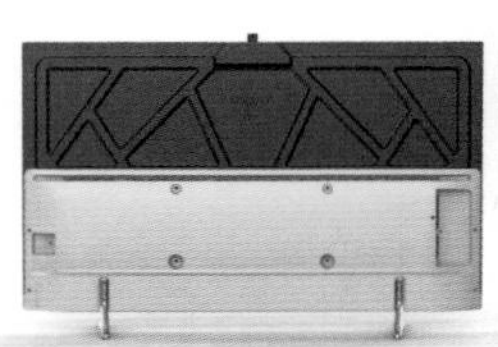

海信Ⅵ DDA电视

CMF关键词推荐

创新价值：新材料、新工艺
商业价值：高效率、高附加值、高识别度、艺术、装饰
消费价值：亲肤、金属感、高亮、哑光、奢华、精致、自然
社会价值：绿色环保、可回收

4.1.1.15 低压注塑

低压注塑（Low Pressure Injection Moulding），是一种以很低的注塑压力（0.15 ～ 4MPa）将注塑材料注入模具并快速固化成型（5 ～ 50秒）的注塑成型方法，注塑温度为190 ～ 230℃。低压注塑一般不单独注塑产品，而是以另外零件作为嵌入件，然后进行注塑，最终嵌入件被塑胶包裹或被结合而形成一体化的组合零件。工艺流程：添加低压注塑材料，并将元器件插入模具→设置热熔胶机并注塑热熔胶至模具→经过1分钟左右便可开模取件。

工艺名称	低压注塑成型工艺	传统工程塑料注塑
材料	低压热熔胶	ABS、PBT、PP等
注塑压力	1.5 ～ 40bar	350 ～ 1300bar
注塑温度	190 ～ 230° C	230 ～ 300° C
合模压力	1吨	超过50吨
模具材质	铝	钢
对模具的损坏性	无磨损	磨损

优缺点： 低压注塑成型工艺的设备成本低，可节约成本，工艺周期可以缩减到几秒至几十秒。对所封装元器件起到密封、防潮、防水、防尘、耐化学腐蚀的作用。

成本参考： 较低。

设计注意事项： 低压注塑成型工艺采用的是特种热熔胶（聚氨酯树脂），这种热熔胶在熔融状态下的黏稠度很低，流动性好，只需要很小的压力即可充填模具型腔。

应用领域：一般低压注塑成型工艺都集中用于PCBA、极细导体焊接、强度偏低的连接器成型等。主要应用于精密、敏感的电子元器件的封装与保护，包括印刷线路板（PCB）、汽车电子产品、手机电池、线束、防水连接器、传感器、微动开关、电感器、天线、环索等等。

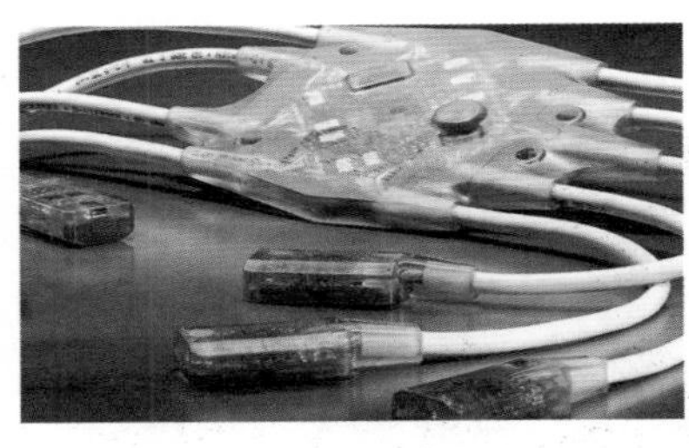

电子元件密封

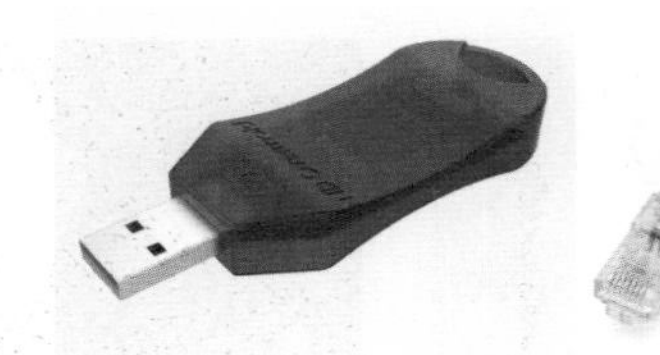

USB接口

CMF关键词推荐

商业价值：高效率、低成本、防水、耐蚀、保护

社会价值：低能耗

4.1.1.16 硅胶注塑

硅胶注塑指硅胶注射成型，注射的材料为液态硅胶，是一种无毒、耐热、高复原性的柔性热固性材料，硅胶注塑成型工艺主要是利用液态硅胶生产制造硅胶制品。液态硅胶注塑成型可以生产结构比较复杂的配件，液态硅胶注塑成型适用于大量生产与形状复杂产品等成型加工领域。液态硅胶注塑成型过程大致可分为6个阶段，即合模、射胶、保压、冷却、开模、制品取出。

优缺点：优点有液态硅胶无味无毒，有生理惰性，更安全环保，可完全达到食品级要求。液态硅胶具有优异的透明度、抗撕裂强度、回弹性、抗黄变性、热稳定性、耐水性、透气性、耐热老化性和耐候性，同时黏度适中、便于操作，制品透明性高。缺点有会出现开胶、溢胶和杂质等问题。

成本参考：较高。

设计注意事项：液态硅胶注塑的制品好坏一般与温度、压力、时间息息相关。其中温度控制的改善可以从料筒温度、喷嘴温度、模具温度三个阶段来进行控制。喷嘴温度通常是略低于料筒最高温度，原理是为了避免液态硅胶在喷嘴中硫化成型堵塞。模具的温度可分为加温、保温、冷却三种情况。模具温度的高低决定了液态硅胶硫化的条件、注塑件的尺寸与结构、性能要求以及其它工艺条件。液态硅胶成本高于固态硅胶。

应用领域：在很多日用家居制品、食品包装容器、婴儿用品以及医疗行业、厨具行业都有着广泛的应用。

U形电动硅胶牙刷头、硅胶奶嘴

蓝牙耳机耳挂

硅胶保护壳

车钥匙保护套

麦克韦尔魔方BOX，4色硅胶注塑

嘉世达机器人

CMF关键词推荐

创新价值：新工艺

消费价值：亲肤、柔软、透明、舒适

商业价值：高附加值、安全、易加工、装饰

社会价值：可回收、无毒

4.1.1.17 浸塑

浸塑工艺是一种塑料涂覆工艺，按浸塑的原料可分为粉末浸塑和液体浸塑两大类。粉末浸塑常用于金属表面的涂覆，如单车篮子、铁路网状围栏，其特点是粉末涂层结合牢固且坚硬。液体浸塑工艺中绝大部分采用热浸塑液，热塑性塑料涂膜具有遇热软化，冷却后又能固化成膜的特性，主要是物理性熔融塑化成型过程，加工和生产比较简单。最常用的是聚氯乙烯（PVC）掺添加剂的合成原料，精制而成。工艺流程：液体浸塑工艺流程主要包括预热、浸塑、塑化、冷却、脱模5道工序，再经过产品后处理（切尾）变成成品。

优缺点：优点有材料来源丰富，价格便宜，无毒；颜色配制范围宽，可以配制各种颜色，还可配制硬光面、软光面、细毛面、粗毛面、亚光、夜光的浸塑液；涂膜的附着性强、耐低温、耐冲击、耐磨、耐湿热、耐盐雾、耐拉、耐酸碱、耐老化、耐高压、耐化学品、耐候性优良，露天使用不会产生裂纹；涂膜的电气绝缘性能优良，即使浸泡在盐水溶液中也能保持其特性；涂膜的柔韧性好，拉伸强度及断裂伸长率优异。缺点有烘烤温度高，有时影响工件的硬度或产生变形；由于变换涂层的颜色须分槽浸塑，故要求经常更换涂层颜色的产品不宜采用液体浸塑加工工艺；在浸塑液中不能下沉的产品，不宜采用浸塑加工工艺。

成本参考：较低。

设计注意事项：不能耐高温（160 ～ 280℃）的工件，不宜采用浸塑加工工艺。

应用领域：五金工具手柄浸塑：各种扳手、管钳、尖嘴钳、斜口钳、钢丝钳、园林工具、各种剪刀等。健身器材：哑铃、单双杠、跑步机配件、各种健身器材的手柄等。机电产品：

电动工具配件、风机配件、汽车内饰饰件、电气绝缘元件等。建筑五金：各种阀门手柄、门锁、拉手、防盗门、防盗窗、楼梯、家具等。日用五金：各种衣架、车筐、锁链、垃圾篓、车用锁具、各种类型链条等。塑料套管：医用高级塑料套管、长条塑料套管、彩色套管等。

浸塑加工手套

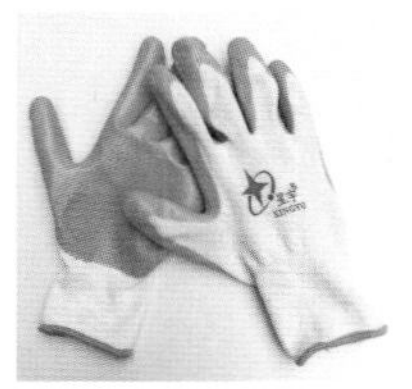

浸塑手套

浸塑哑铃

CMF关键词推荐

商业价值：高效率、低成本、哑光、安全、保护

消费价值：亲肤、柔软、舒适

社会价值：无毒

4.1.1.18 熔喷

熔喷工艺是以高聚物熔体为原料直接制备超细纤维或纤维网产品的一步法技术。我国熔喷法非织造工艺研究始于20世纪70年代中期，80年代中后期，熔喷法非织造布在我国得到推广应用，主要产品有过滤材料、吸油材料、保暖材料、电池隔膜等。自2020年起，由于新冠疫情的影响，熔喷工艺被关注到，广泛应用于生产熔喷布，制作成口罩材料。工艺流程：熔体准备→过滤→计量→熔体从喷丝孔挤出→熔体细流拉伸→冷却→成网。

从理论上讲，凡是热塑性聚合物切片原料均可用于熔喷工艺。聚丙烯是熔喷工艺应用最多的一种切片原料，除此之外，熔喷工艺常用的聚合物切片原料还有聚酯、聚酰胺、聚乙烯、聚四氟乙烯、聚苯乙烯、PBT、EMA、EVA、聚氨基甲酸酯等。

熔喷工艺纤维材料的特点是纤维的平均直径较细，达到微米或亚微米级。这样的纤维材料具有很大的比表面积，因此熔喷纤维网材料具有突出的微粒捕获和微粒阻隔能力，这使得熔喷纤维材料制品的应用领域非常广泛。

优缺点：超细纤维网结构，可过滤、阻菌、吸附；但力学性能差。

成本参考：较低。

设计注意事项：熔喷纤维制品强度低，取向度较差，不宜在力学性能要求高的场景使用。

应用领域：熔喷纤维产品主要应用于过滤材料、医用材料、卫生材料、吸油材料、服装材料、热熔性黏合剂、专门电子材料、混杂应用等领域。

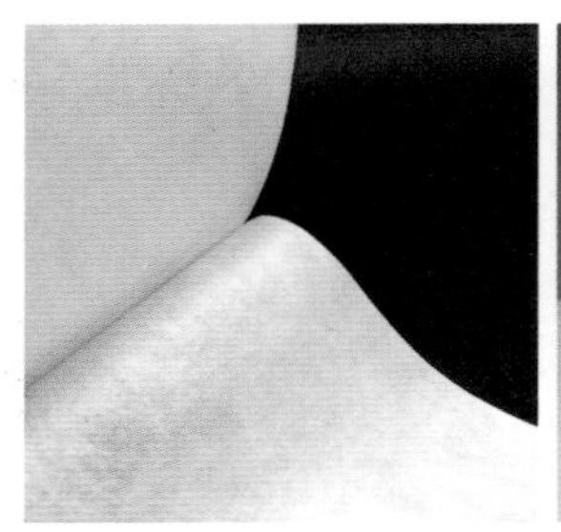

熔喷布及熔喷布制成的口罩

CMF关键词推荐
创新价值：新工艺
商业价值：高效率、高性能、低成本、抗菌、透气、轻量化、安全、易加工
消费价值：亲肤、柔软、温馨
社会价值：可回收

4.1.2 金属成型工艺

金属成型，俗称金属加工，金属成型工艺分为传统金属成型工艺和现代金属成型工艺，本节针对现代金属成型工艺进行介绍，有车削、铣削、刨削、钻削、镗削、拉削、研磨与抛光、拉丝/喷砂、金属冲剪/弯折、金属压印、金属拉伸、金属锻造、金属旋压、金属铸造、焊接成型。

4.1.2.1 车削

车削是指车床加工，是机械加工的一部分。车床加工主要用车刀对旋转的工件进行车削加工。车床主要用于加工轴、盘、套和其他具有回转表面的回转体或非回转体工件，是机械制造和修配工厂中使用最广的一类机床加工。车削加工是在车床上利用工件相对于刀具旋转对工件进行切削加工的方法。车削加工的切削能主要由工件而不是刀具提供。车削是最基本、最常见的切削加工方法，在生产中占有十分重要的地位。在各类金属切削机床中，车床是应用最广泛的一类，约占机床总数的50%。车床既可用车刀对工件进行车削加工，又可用钻头、铰刀、丝锥和滚花刀进行钻孔、铰孔、攻螺纹和滚花等操作。按工艺特点、布局形式和结构特性等的不同，车床可以分为卧式车床、落地车床、立式车床。

优缺点： 优点有车削加工效率高，设备投入成本低，适合小批量柔性生产要求，硬车削可使零件获得良好的整体加工精度；缺点是加工零件种类较为单一。

成本参考： 较实惠。

设计注意事项： 车削适于加工回转表面，大部分具有回转表面的工件都可以用车削方法加工，如内外圆柱面、内外圆锥面、端面、沟槽、螺纹和回转成形面等，所用刀具主要是车刀。

应用领域：回转体类零件、轴类零件或孔的加工，加工表面通常有环形的、等距的纹理；航空航天、汽车医疗、消费电子等机械加工制造业广泛应用。

车削

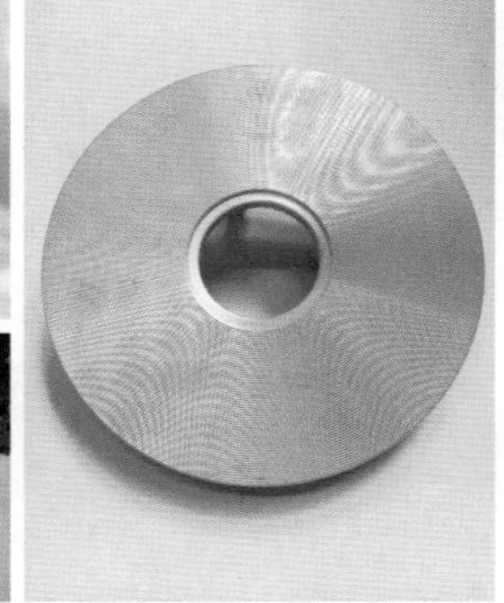

车削零件

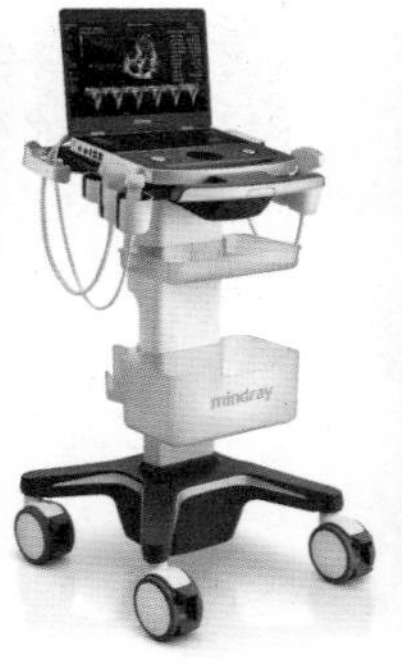

车削在医疗产品的应用

车削在航空航天中的应用

CMF关键词推荐

创新价值：新工艺、新技术

商业价值：高效率、高附加值、低成本、易加工

消费价值：金属感、光滑、镜面、高亮、哑光、奢华、精致、科技

社会价值：循环再生

4.1.2.2 铣削

铣削是以铣刀作为刀具对物体表面进行加工的一种机械加工方法，指使用旋转的多刃刀具切削工件。工作时刀具旋转（作主运动），工件移动（作进给运动），工件也可以固定，但此时旋转的刀具必须移动（同时完成主运动和进给运动）。这些机床可以是普通机床，也可以是数控机床。用旋转的铣刀作为刀具进行切削加工。铣削一般在铣床或镗床上进行，适于加工平面、沟槽、各种成形面（如花键、齿轮和螺纹）和模具的特殊形面等。铣床有卧式铣床、立式铣床、龙门铣床、仿形铣床、万能铣床、杠铣床。零件特点：平面，以及较为复杂的曲面零件。

优缺点：有三轴、四轴铣床，成型速度快，能适应各类形状、材质零件的加工，成本低廉，应用广泛。缺点为摩擦多，刀口易钝，寿命短；易震刀，加工面较粗糙，加工精度较差；设备不适于铣薄工件；消耗能量多。

成本参考：较实惠。

设计注意事项：制品表面多伴随刀路纹理，常作为隐藏于机体内部的结构件使用，如果作为外观件使用一般情况下需要后处理加工去除刀路，比如喷砂、抛光、氧化、电镀等。

应用领域：航空航天、汽车医疗、消费电子等机械加工制造业广泛应用。

iPhone 5s 通过铣削加工出亮边

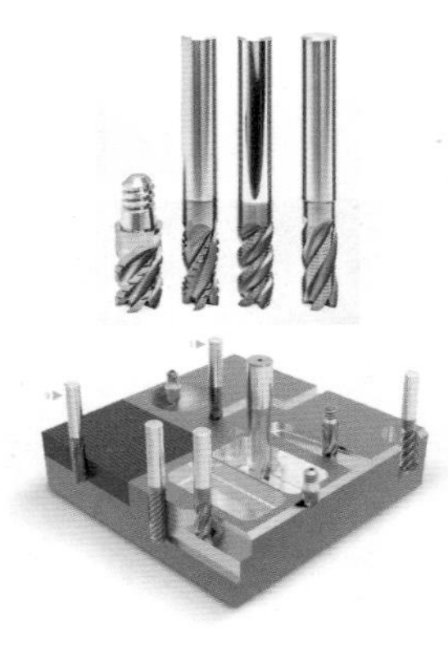

铣削刀具

铣削机床

CMF关键词推荐

创新价值：新工艺

商业价值：高效率、高附加值、低成本、易加工

消费价值：金属感、光滑、哑光、奢华、精致、科技

社会价值：循环再生

4.1.2.3 刨削

刨削加工是用刨刀对工件做水平相对直线往复运动的切削加工方法，主要用于零件的外形加工。刨削加工的精度可以达到IT10 ～ IT8级，表面粗糙度*Ra*为6.3 ～ 1.6μm。刨削是平面加工的主要方法之一。常见的刨床类机床有牛头刨床、龙门刨床和插床等。刨削是单件小批量生产平面加工最常用的加工方法，加工精度一般可达IT9 ～ IT7级，表面粗糙度*Ra*为12.5 ～ 1.6μm。刨削特点：刨削可以在牛头刨床或龙门刨床上进行，刨削的主运动是变速往复直线运动。因为在变速时有惯性，限制了切削速度的提高，并且在回程时不切削，所以刨削加工生产效率低。但刨削所需的机床、刀具结构简单，制造安装方便，调整容易，通用性强，因此在单件、小批生产中特别是加工狭长平面时被广泛应用。

优缺点：通用性好：可加工垂直、水平的平面，还可加工T形槽、V形槽、燕尾槽等。生产效率低：刨削加工的生产效率很低，其主要原因是它的切削是断断续续的，刀具在切割的过程中具有较大的不稳定性，导致加工过程出现振动和冲击，容易导致零件损坏。在大批量生产过程中应用相对比较少。加工精度不高：通常加工精度可达IT8 ～ IT7级，*Ra*为1.6 ～ 6.3μm，但在龙门刨床上用宽刀细刨，*Ra*为0.4 ～ 0.8μm。

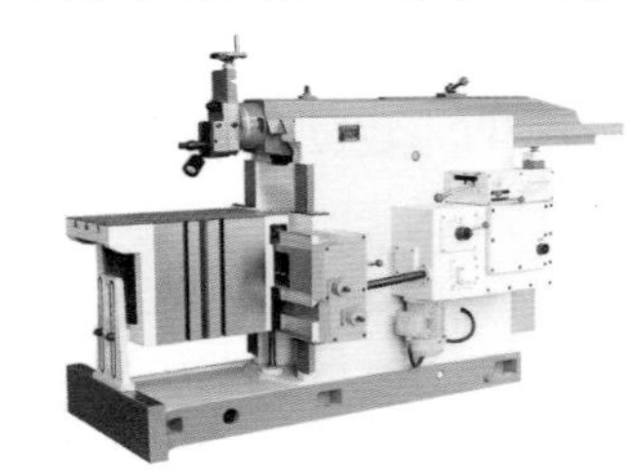

牛头刨床

成本参考：适中。

设计注意事项：刨削产品一般不直接作为外观零件。主要针对平面尺寸较长、直线度要求较高的零件，比如轨道、导轨、横梁、沟槽等结构的承重受力零件，局限于这种直线型加工方式，其应用较为单一。

应用领域：航空航天、汽车医疗、消费电子等机械加工制造业广泛应用。

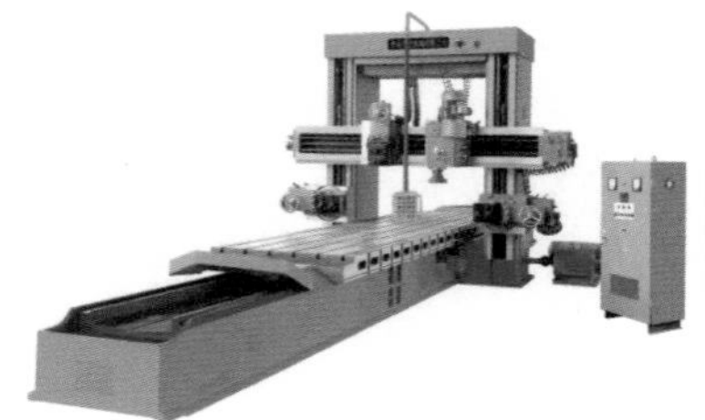

龙门刨床

刨削

中国空间站“天和”号核心舱

CMF关键词推荐

商业价值：低成本、易加工
消费价值：金属感
社会价值：循环再生

4.1.2.4　钻削

钻削加工是指用来加工孔的方法，钻削刀具与工件做相对运动，并做轴向进给运动。钻削加工是用钻头或扩孔钻等在钻床上加工模具零件孔的方法，其操作简便，适应性强，应用很广。钻削加工所用机床多为普通钻床，主要类型有台式钻床、立式钻床及摇臂钻床。台式钻床主要用于加工小型模具零件的孔（孔径为0.1 ～ 13mm），立式钻床主要用于加工中型模具零件的孔，摇臂钻床主要用于加工大、中型模具零件的孔。

优缺点：加工精度较低，加工效率高。

成本参考：较实惠。

设计注意事项：钻削作为最常见的打孔方式，可以加工安装孔、装饰孔。

应用领域：在各类机器零件上经常需要进行钻孔，因此钻削的应用还是很广泛的。航空航天、汽车医疗、消费电子等机械加工制造业广泛应用。

钻削及钻头

手机出音口为钻削加工

CMF关键词推荐

创新价值：新工艺、新技术
商业价值：高效率、高附加值、透气、低成本、易加工
消费价值：金属感、透光、奢华、精致、科技
社会价值：循环再生

4.1.2.5 镗削

镗削是一种用刀具扩大孔或其它圆形轮廓的内径切削工艺，其应用范围一般从半粗加工到精加工，所用刀具通常为单刃镗刀（称为镗杆）。镗削的特点为加工所用的设备主要是镗床，所用的刀具是镗刀。通常镗刀的旋转是主运动，镗刀或工件沿孔轴线的移动是进给运动。

优缺点：镗削比较适合粗加工，例如精度和粗糙度要求不高的螺钉孔、油孔和螺纹底孔类的加工，也可以为高精度的孔作预加工工序。因为镗孔也是镗削工艺的一种，不仅可以对平面、沟槽和螺纹进行加工，也可以对锻出、铸出或者钻出的孔进行进一步扩大或者加工，提高精度，减小表面粗糙度。而且镗削不仅可以加工单孔，还可以加工孔系，应用比较广泛。

成本参考：较实惠。

设计注意事项：镗削加工适合于单件、小批量生产中加工各种大型、复杂工件上的孔系，这些孔除了要有较高的尺寸精度，还要有较高的位置精度，所以生产中常作为大型箱体零件上孔的半精加工和精加工工序。

应用领域：用于加工大型箱体、支架、机座等工件的圆柱孔、螺纹孔、孔内沟槽和端面。

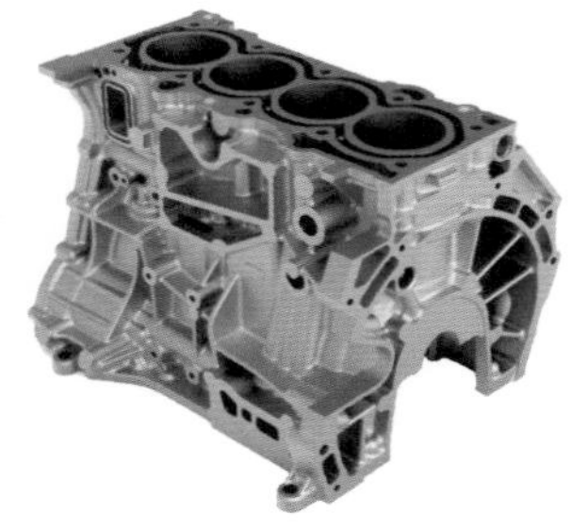

汽车发动机缸体

中空大通孔液压卡盘

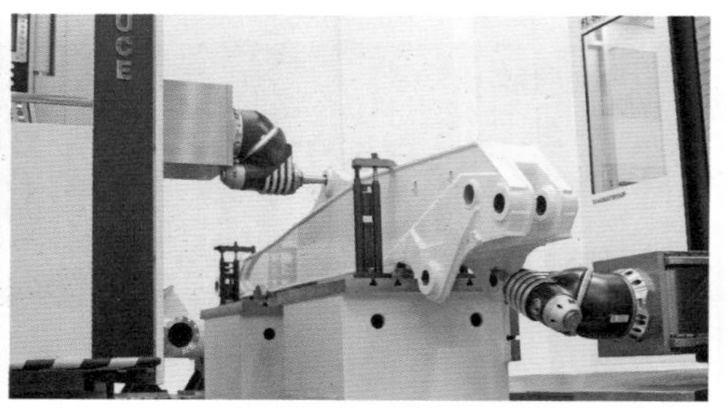

镗削

CMF关键词推荐

创新价值：新技术

商业价值：高效率、高性能、低成本、易加工

消费价值：金属感

社会价值：循环再生

4.1.2.6　拉削

拉削是指利用特制的拉刀逐齿依次从工件上切下很薄的金属层，使表面达到较高的尺寸精度和较低的粗糙度，是一种高效率的加工方法。拉削时，拉刀使被加工表面一次切削成型，所以拉床只有主运动，没有进给运动。拉削加工的切屑薄、切削运动平稳，因而有较高的加工精度和较小的表面结构值。拉削可以加工各种形状的通孔，还可以加工各种平面及成形面等。由于受拉刀制造工艺以及拉床动力的限制，过小或过大的孔均不适宜拉削加工（拉削孔径一般为10 ～ 100mm，孔的深径比一般不超过5），拉削主要应用于成批、大量生产。

优缺点：工艺效率高，拉床结构和操作比较简单，工艺精度高，表面粗糙度较小；拉刀结构和形状复杂。

成本参考：适中。

设计注意事项：盲孔、深孔、台阶孔/阶梯孔、薄壁孔、有障碍的外表面不适宜拉削加工。

应用领域：拉削最适用于较软的材料，例如黄铜、青铜、铜合金、铝、石墨、硬橡胶、木材、复合材料和塑料。

拉削刀具

拉削

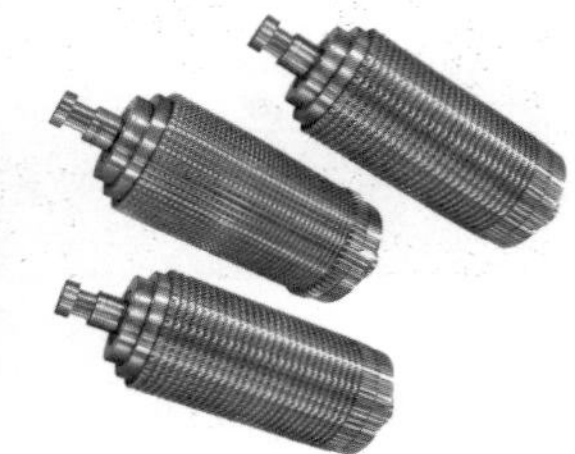

齿轮圈拉刀

CMF关键词推荐

创新价值：新工艺、新技术

消费价值：金属感、高亮、哑光、精致、科技

商业价值：高效率、低成本

社会价值：循环再生

4.1.2.7　弯折

金属弯折，也称金属冲剪、金属冲裁，是用模具从金属板材上切下两维形状的工件的加工工艺。冲裁中使用的模具叫作冲裁模，冲裁常常用来生产冲裁件，冲裁件在随后操作中被另一个模具成型，冲裁可以很高效地生产二维形状的工件，冲裁模通常是成型完整工件系列模具中的第一个。金属弯折工艺是钣金加工工艺的一种，金属板材的弯曲和成型是在弯板机上进行的，将要成型的工件放置在弯板机上，用升降杠杆将制动蹄片提起，工件滑动到适当的位置，然后将制动蹄片降低到要成型的工件上，通过对弯板机上的弯曲杠杆施力而实现金属的弯曲成型。工艺过程：金属材料的冲剪变形过程大致可以分为3个阶

段，即弹性变形阶段、塑性变形阶段和断裂分离阶段。

优缺点： 优点有制造成本低；可以大批量生产；设备操作简单；适应结构简单和复杂的零件；缺点是报废率较高，且不容易定制；当作为外观件时，一般还需要进行后表面处理。

成本参考： 较贵，需开模。

设计注意事项： 冲剪、冲裁应用于二维工件制作，弯折工艺应用于钣金三维加工，造型相对简单，复杂曲面一般结合冲压模具加工。

应用领域： 金属冲剪和弯折工艺广泛应用于汽车、家电、电子、仪器仪表、机械、铁道、通信、化工、轻工、纺织以及航空航天等领域。

金属弯折

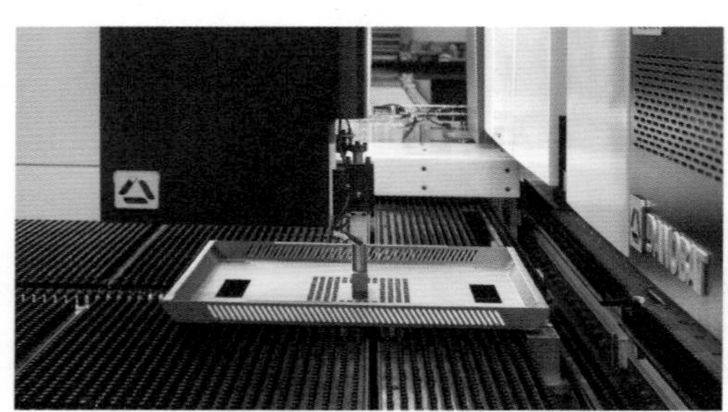

电器外壳

CMF关键词推荐

创新价值：新工艺、新技术

商业价值：高效率、易加工

消费价值：金属感、科技

社会价值：循环再生

4.1.2.8 拉伸

金属拉伸是指利用金属良好的延展性、可塑性进行再加工的工艺，金属拉伸也称为金属引伸工艺。引伸包含引薄成型与拉伸成型。引薄成型是通过挤压模具，利用金属的延展性，将板材由厚挤压变薄拉伸成型的工艺。拉伸成型实际是一个冲压过程，将金属平板制成一个开放中空零件使用的一种加工方法。

优缺点： 拉伸成型快、价格便宜，可以批量加工；但是受制于材料的特性，一般采用不锈钢、铝合金等。拉伸成型模具结构简单，降低制造成本，缩短制造周期，使用、维护方便。

成本参考： 较贵，需开模。

设计注意事项： 拉伸工艺可用于制造圆柱形、长方形、梯形、球形、圆锥形、抛线形等不规则形状的薄壁冲压件。

应用领域：生活用品、电气设备、汽车零部件、医疗器械，如不锈钢盆、不锈钢水槽、不锈钢壶身、金属餐盒等。

拉伸工艺制品

CMF关键词推荐

创新价值：新工艺、新技术
商业价值：高效率、低成本、轻量化、易加工
消费价值：金属感、光滑、镜面、高亮、奢华、精致、科技
社会价值：循环再生

4.1.2.9 锻造

锻造是一种利用锻压机械对金属坯料施加压力，使其产生塑性变形以获得具有一定机械性能、一定形状和尺寸锻件的加工方法，是锻压（锻造与冲压）的两大组成部分之一。通过锻造能消除金属在冶炼过程中产生的铸态疏松等缺陷，优化微观组织结构，同时由于保存了完整的金属流线，锻件的机械性能一般优于同样材料的铸件。负载高、工作条件严峻的重要零件，除形状较简单的可用轧制的板材、型材或焊接件外，多采用锻件。锻造分为热锻、温锻、冷锻。热锻是在金属结晶温度以上进行；温锻是将模具加热至金属锻造温度进行；冷锻是冷模锻、冷挤压、冷镦等塑性加工的统称。冷锻是在金属结晶温度以下进行。

优缺点：优点有物料消耗少，生产效率高，具有良好的强度性能，适用于精密成型。缺点是模具要求高，模具难以加工，价格昂贵，不适合小批量生产。

成本参考：较贵，需开模。

设计注意事项：锻造一般用于金属粗加工，而后进行精细加工，如CNC、抛光。

应用领域：热锻应用领域：国防工业如飞机、坦克、枪支；机床零件如主轴、传动轴、齿轮和切削刀具等；电力工业发电设备如水轮机主轴、透平叶轮、转子、护环等。交通运输工具如工业机车、汽车、轮船发动机曲轴和推力轴等。温锻应用领域：等速万向节三销槽壳、钟形壳等。冷锻应用领域：精密冷锻件应用范围广泛，可应用于汽车、摩托车、电动工具、家用电器、航空航天、军工等领域。

手工锻造

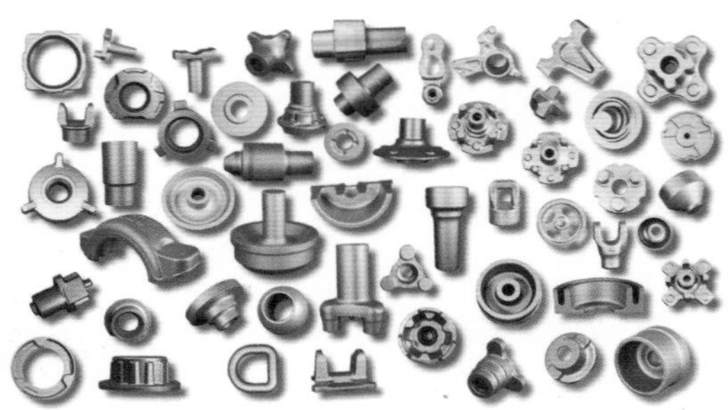
金属锻造零件

CMF关键词推荐

创新价值：新工艺、新技术　　消费价值：金属感、哑光

商业价值：高效率、易加工、安全　　社会价值：循环再生

4.1.2.10 旋压

金属旋压技术的基本原理类似于古代的制陶生产技术，也叫滚压法，是指通过旋转使金属材料的受力点由点到线由线到面，同时在某个方向给予一定的压力使金属材料沿着这一方向变形和流动而成型为某一形状的技术。旋压成型的零件一般为回转体筒形件或碟形件，旋压件毛坯通常为厚壁筒形件或圆形板料。

优缺点：生产周期短，技术要求高，适用于钢、铝、铜等不同的金属材料，节约原材料和工具费用，缩短了加工时间。但是，生产率较低，劳动强度较大，比较适用于试制和小批量生产。

成本参考：较贵，需开模。

设计注意事项：旋压工艺适用于各种筒、锥体异形体加工。

应用领域：金属旋压工艺在航天航空、军工、汽车、化工、电子等领域的应用越来越广泛，涉及铝合金轮毂、MAT旋压轮毂、导弹壳体、鼻锥体、喷管、压力容器、燃烧室锥体、发动机

汽车轮毂

旋压加工零件

金属旋压

喷口、鱼雷外壳、炮管及反应堆零件等。

CMF关键词推荐

创新价值：新工艺、新技术

商业价值：高性能、高识别度、轻量化、易加工

消费价值：金属感、光滑、镜面、高亮、奢华、精致、科技

社会价值：循环再生

4.1.2.11 铸造

铸造是将加热后变成液态的金属倒入预先做好的模具内，待其冷却凝固后取出即得所需之铸件。被铸物多为常见的金属或合金材料，而模具的材料可以是砂、陶瓷或是金属。铸造常用于制造形状复杂或大型工件、承受静载荷及压应力的机械零件，如床身、机座、支架、箱体等，许多小型的铸造件仍旧保有一定的数量，例如戒指、玩具兵等等。铸造根据模具类型，可分为砂模铸造与钢模铸造，即模具材料不同。铸造用砂可分为硅砂和非硅砂两大类，硅形成的氧化物称为石英，可耐高温，抵挡金属融汤并维持铸件的造型。

分类	说明	细分类	适合材质	适合熔融温度	产品特征
砂模铸造	砂铸模具，不能重复使用，强度较低	翻砂模铸造	铝与铝合金、铁与铁合金（包含不锈钢）、铜与铜合金	1000～1500°C	表面精度低
		失蜡铸造	铝与铝合金、铁与铁合金（包含不锈钢）、铜与铜合金		
钢模铸造	钢制模具，可重复使用，强度高，可改变压力提高铸件密度、减少缺陷	离心铸造	锌合金、镁合金、铝与铝合金、铜合金，铁基金属亦可	>900°C	表面精度高，体积更小，厚度更薄
		压铸	锌合金、镁合金、铝与铝合金、铜合金		
		半固态铸造	镁合金、铝与铝合金		
		真空铸造	低挥发性的金属较为适合，除了铁基金属之外活性大的钛与稀有金属也非常适合		
		液态金属成型	铝为基底，钛、镍、铜、锆、铌以粉末形式混入		

优缺点：砂模铸造适合一体成型，但尺寸粗糙，精度不高，隐藏缺陷不易被察觉，工作环境恶劣，模具不可重复使用。钢模铸造精度高，模具可重复使用，单外围尺寸准，内壁尺寸不准，不能制作复杂几何外形零件。

成本参考：砂模铸造成本较低，钢模铸造成本较高。

设计注意事项：砂模铸造适合精度要求不高的产品，钢模铸造适合精度要求高的产品，细节表现约可达0.5mm分辨率。

应用领域：砂模铸造在金属工艺品、工业制品、3C类产品、汽车车身中应用较多。

钛合金压铸结构件　　液态金属在医疗器械上的运用

铸造后的金属件

利用离心铸造的大型青铜轴套

压铸制作高细节铝合金属件

CMF关键词推荐

创新价值：新工艺、新技术

商业价值：高性能、高附加值、低成本、易加工、安全

消费价值：金属感、哑光、科技、经典

社会价值：循环再生、可回收、坚固耐用、轻量化、节能减碳

4.1.2.12 粉末冶金

粉末冶金（Powder Metallurgy，PM），材料包含所有金属（包含磁性与非磁性），也包含陶瓷类的粉末材料。首先将物质制作成细小的粉末（颗粒<100μm），粉末可能需要掺合润滑剂与黏结剂制作成喂料，然后把材料粉末或喂料填充到模具（金属或橡胶材质）的模穴中，借由轴向或是等向的压力作用，使得粉末或喂料形成高密度的压缩坯（Compact Part），然后将压缩坯脱模后取出，进行有关的后续固化材料程序，包含脱脂、烧结以及等静压作业。适合材质：金属粉（75μm<多角/非球形粉末<150μm），包含铁及不锈钢、钴、镍、铜、钛、铝、钨等材料的合金，过度细小的粉末必须事先研磨降低表面粗糙度，并且经过造粒。

优缺点： 金属压制成型能大量快速制造形状简单的小型金属零件。缺点有产品尺寸限制于中小型尺寸（长度<1000mm、质量<10000g）、粉末价格高于块材。

成本参考： 粉末冶金一般以粉体质量为计价基础，铁基粉大多是每克0.005 ～ 6元，几何特征复杂会加收手工费，50g约5元。

设计注意事项： 金属粉末压制可搭配模具设计，展现2D截面、阶梯面与简单曲面。

应用领域： 非外观的2 ～ 2.5D造型金属件，包含正齿轮、伞齿轮、结构件，对于轻微的曲面和侧向的工件仍旧可以直接通过模具直接成型。

太阳能腕表

深圳好博窗控－欧普斯执手

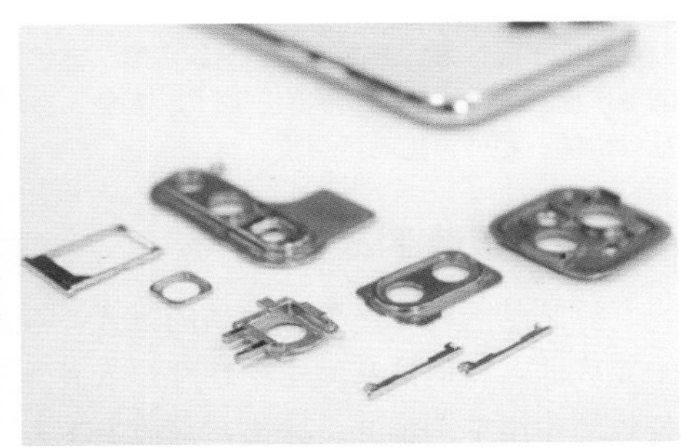
使用金属粉末注塑成形的各种零件

CMF关键词推荐

创新价值：新工艺、新技术

商业价值：高效率、低成本、安全、含油自润、动力传动

消费价值：金属感、精致、真实、科技

社会价值：绿色环保

4.1.3 玻璃成型工艺

玻璃成型工艺分为吹制、浮法、压延/压制、热弯、挤制等经典工艺。在最新的手机玻璃应用上，有玻璃熔接、抛光、热压等方式，最新的技术甚至有玻璃注塑等新型工艺在开发中。本节主要包含平板玻璃成型加工工艺。

4.1.3.1 玻璃吹制

在玻璃瓶及玻璃器皿的生产过程中，主要使用玻璃吹制的方法来进行成型，可分为人工成型、半机械成型和自动化成型。

优缺点： 可以形成各种样式形状的玻璃产品，从艺术瓶到日常用的玻璃瓶，都可以用吹制玻璃，优点是可以透明，它对比别的材质主要缺点是易碎。

成本参考： 几元到几百元一个。

设计注意事项： 主要需要考虑玻璃易碎的特性，同时结合吹制的方式和吹制过程气泡的特性来设计独特的产品。

应用领域： 目前主流采用的玻璃器皿都为吹制法形成，如艺术品、玻璃瓶、酒杯等。

玻璃吹制及制品

CMF关键词推荐

商业价值：高效率、高附加值、高识别度、艺术、装饰、传承、防水

消费价值：亲肤、光滑、透明、透光、多色、奢华、精致、真实、家居、科技、经典、时尚、文化

社会价值：循环再生、可回收

4.1.3.2 玻璃浮法

浮法是一种生产平板玻璃的方式，浮法玻璃生产的成型过程是在通入保护气体的锡槽中完成的。玻璃液从池窑中连续流入并漂浮在相对密度大的锡液表面上，在重力和张力及拉辊的作用下，铺开、摊平，形成上下表面平整的浮法玻璃。

优缺点：厚度的均匀性比较好，其产品的透明度也比较强，因为经过锡面的处理，所以比较光滑，光学性能比较强，浮法玻璃的装饰特性特别好，浮法玻璃透明、明亮、纯净，是建筑门窗、天然采光材料的首选材料。

成本参考：15 ～ 100元/m^{2}不等。

设计注意事项：浮法玻璃厚度从2mm到20mm不等，不同的需求采用不同厚度的浮法玻璃，浮法玻璃的硬度及透光性是它的强项，我们使用的浮法玻璃大部分是需要经过钢化处理的，但是钢化处理后玻璃侧边受到冲击溶液破碎，这项需要注意。

应用领域：广泛运用于建筑门窗、汽车、家电等各大领域，是日常生活中必不可少的组成部分。

手机钢化玻璃

浮法成型生产线

CMF关键词推荐

商业价值：高效率、低成本、装饰、防水、艺术

消费价值：光滑、透明、透光、家居、科技

社会价值：循环再生、可回收

4.1.3.3 玻璃压延

压延一种生产平板玻璃的方式，也叫压制。压延一般分为单辊法和双辊法：单辊法是将玻璃液浇注到压延成型台上，台面或轧辊刻有花纹，轧辊在玻璃液面碾压；双辊法生产压花玻璃又分为半连续压延和连续压延，玻璃液通过水冷的一对轧辊，随辊子转动向前拉引至退火窑，一般下辊表面有凹凸花纹，上辊是抛光辊，从而制成单面有图案的压花玻璃。

优缺点：可以在玻璃表面形成各种装饰纹理，装饰效果强。

成本参考：15 ～ 100 元/m^{2}不等。

设计注意事项：压花玻璃的厚度同浮法玻璃类似，透光不透明，可用在需要阻断视线的地方，我们使用的大部分压延玻璃是需要经过钢化处理的，但是钢化处理后玻璃侧边受到冲击溶液破碎，这项需要注意。

应用领域：广泛应用于建筑隔断、光伏玻璃、家电玻璃。

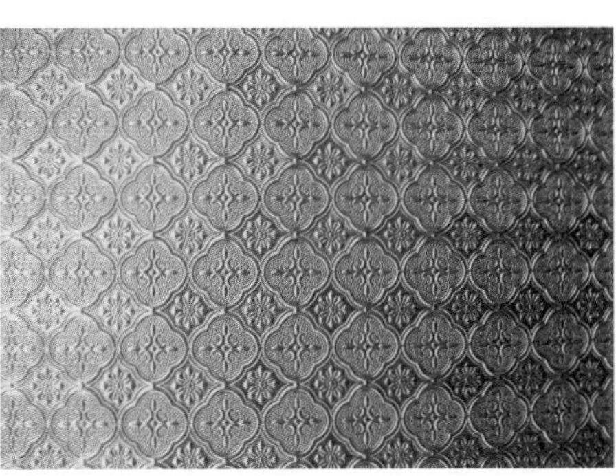

压延玻璃

CMF关键词推荐

创新价值：新工艺、新技术
商业价值：高效率、高附加值、高识别度、低成本、艺术、装饰、传承、防水
消费价值：亲肤、透明、透光、奢华、精致、真实、家居、科技、经典、时尚、文化
社会价值：循环再生、可回收

4.1.3.4 玻璃热弯

玻璃热弯是将平板玻璃加热软化后在模具中成型，再经过退火而制成的带有曲面或弧度的玻璃，玻璃热弯后一般制成单曲面、多曲面玻璃。

优缺点：热弯玻璃曲面中间连接无驳口，外观优美，还可根据要求制作各种不规则曲面。

成本参考：热弯玻璃成本高于平板玻璃。

设计注意事项：热弯玻璃直线边弯曲容易出现瑕疵，且玻璃越厚过渡半径越大，其中单曲面玻璃在距离边100 ～ 150mm处会有一个翘边的情况，不能很好地和模具贴合，对模具精细化程度要求较高。

应用领域： 热弯玻璃广泛应用于家具、玻璃水族馆、玻璃洗手盆、玻璃柜台、家电面板玻璃、汽车、玻璃装饰品等。

Ghost的扶手椅

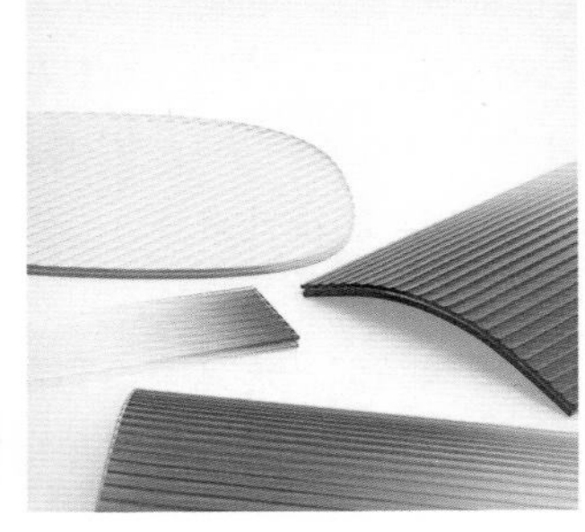

THE FLUTED GRADIENT TABLE 桌子

卡萨帝冰箱520，玻璃面板采用热弯工艺加工

CMF关键词推荐

创新价值：新工艺、新技术
商业价值：高性能、高附加值、高识别度、艺术、装饰、防水
消费价值：透明、透光、奢华、精致、科技
社会价值：循环再生、可回收

4.1.4 陶瓷成型工艺

陶瓷分为生活陶瓷（日化陶瓷）与工业陶瓷（精细陶瓷），生活陶瓷采用泥浆手工/石膏模注浆/树脂模注浆法工艺，工业陶瓷采用陶瓷粉末注塑成型。

陶瓷粉末的粉末压制/冷等静压/热等静压与金属粉末的硬质合金几乎完全相同，但由于不同化合物形成的材质不同，我们仍旧要注意到对于产品的差异。压制法最大的问题是产品的厚度一旦变大，密度不易均匀；太薄，又没有办法成型，因此绝大部分用压制法的都是一些片状或微曲面的小产品；而陶瓷材料相对于金属较为便宜，因此改用其他成型法对于陶瓷材料比较有提高价值的机会。

4.1.4.1 泥浆手工 / 石膏模注浆 / 树脂模注浆法

生活陶瓷（日化陶瓷）成型，泥浆手工工艺为传统工艺，手拉坯和手捏塑陶瓷泥浆团是中国流传很久的民间工艺，主要制作民用品；注浆法是近代大量生产陶瓷器具的方法，可以快速高效地复制大量陶瓷生坯。

制程名称	泥浆加工		泥浆铸造	
分类	手拉坯	捏塑	石膏模铸造	树脂模铸造
工具/设备	转盘	辊轮、压板	石膏模	树脂模
生坯成型手法	手工旋转、拉制	手工捏塑、黏合	少部分黏合	少部分黏合

续表

制程名称	泥浆加工		泥浆铸造	
生坯成型模具	不需要	少部分使用	必要	必要
模具使用次数	无	重复使用	一次使用	重复使用
坯料湿度	面泥可塑	面团可塑	可流动浆料	可流动浆料
后续处理	烧结/上釉/返烧	烧结/上釉/返烧	烧结/上釉/返烧	烧结/上釉/返烧

优缺点：泥浆加工效率低，一致性差。泥浆铸造适合工业品，单价低，一致性好。

成本参考：泥浆加工成本较高，泥浆铸造成本较低。

设计注意事项：泥浆加工适合工艺品，需批量制作可选择泥浆铸造工艺。

应用领域：茶杯、摆件、餐具等。

手拉坯的花瓶、茶杯

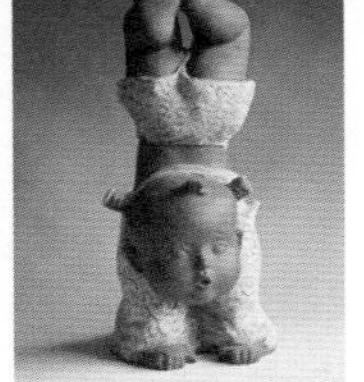

捏塑的陶瓷人偶

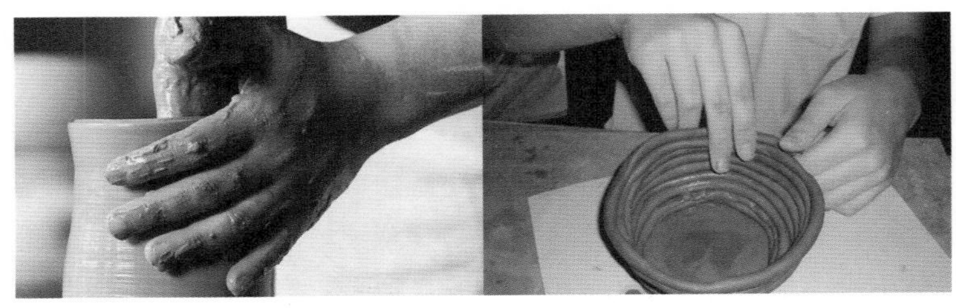

陶瓷手拉坯和捏塑

马克杯

CMF关键词推荐

商业价值：高性能、高附加值、高识别度、易加工、安全、艺术、装饰、传承、透气、耐刮、耐磨

消费价值：亲肤、坚硬、凉感、陶瓷感、高亮、哑光、奢华、真实、自然、温馨、经典、文化

社会价值：生物材料、无毒

4.1.4.2　陶瓷粉末注塑成型

陶瓷粉末注塑成型（Ceramic Powder Injection Molding，CIM），1972年发明至今超过半个世纪，是粉末冶金成型技术下的高阶技术，主要针对陶瓷小型零件的高复杂性，采用塑料模具的概念和注塑成型机大量复制生坯，控制均匀收缩，从而得到精密的产品。

优缺点：陶瓷粉末注塑成型能大量快速制造形状复杂的小型陶瓷零件。但是产品尺寸限制于小型尺寸（长度<30mm、质量<20g）才有优势，模具贵，设备均摊成本提高，后工艺较长，色差明显比较难统一。

成本参考： 陶瓷细粉末价格高。

设计注意事项： 金属粉（0.5μm<颗粒<25μm）包含氧化物/碳化物/氮化物等材料的陶瓷系统，过度细小的粉末必须事先研磨并造粒成大粉团，降低表面粗糙度，否则摩擦力过大导致模具损坏。陶瓷粉末注塑成型可以充分利用现代塑料注塑成型机与其相关模具，展现小型陶瓷零件快速制造工艺。

应用领域： 3C产品、智能手机、智能穿戴等领域。

络派科技（深圳）有限公司-ROttKRON耳饰耳机

小米MIX Fold 2

华为GT 3 Pro

CMF关键词推荐

创新价值：新工艺、新技术
商业价值：高性能、高附加值、高识别度、安全、艺术、装饰、传承、防水、耐刮、耐磨
消费价值：亲肤、坚硬、凉感、陶瓷感、高亮、哑光、奢华、真实、自然、温馨、经典、文化
社会价值：低能耗、无毒

4.1.5 复合材料成型工艺

复合材料（Composition Materials）就是含有不同组分材质的材料，本节提到的所有复合材料将材料组分分为：金属、陶瓷、聚合物（又称为高分子或塑料，更贴近工业）与碳纤维。其中基材绝大部分采用聚合物。并采用模具塑形，添加剂或骨架材料才是其他组分。复合材料分为两类：第一类为碳纤维与环氧/热可塑树脂；第二类为金属/碳纤维与塑胶。

材料类型	碳纤维与环氧/热可塑树脂	金属/碳纤维与塑胶
成型工艺	编织和叠层	橡胶磁材成型
	缠绕成型	纳米注塑成型（NMT）
	喷涂	碳纤维注塑与热压成型

4.1.5.1 编织和叠层

碳纤维的制作方式在20世纪已经确定下来并且稳定地生产，第一种工艺便是单层的碳纤维布进行编织和叠层的作法，类似服饰布料，碳纤维布分为无序和有序编织，进行剪裁、叠层固定后放入模具中进行环氧树脂的灌注成型。材料形式：碳纤维布+液态树脂或热塑性树脂。碳纤维编织成型必须辅以下列数种工艺，使用模具来协助环氧树脂的定型：树脂转移模塑（Resin Transfer Molding，RTM）成型、树脂膜渗透（Resin Film Infusion）成型、真空辅助树脂渗透（Vacuum Assisted Resin Infusion）成型。适合材质：碳纤维、液态的环氧树脂、热可塑的尼龙。

优缺点：产品结构轻量化设计，导热好，防电磁波，碳纤维叠层耗时，编织图形单调无大变化（标准化材料），电的良好导体。

成本参考：较高，碳纤维布+树脂+成型费用。

设计注意事项：碳纤维材料及加工成本较高，不适合做高精密复杂曲面。

应用领域：轻量化产品包含汽车车身、零部件、后视镜、方向盘、无人机、自行车车架、3C产品外壳等。

无序的碳纤维布

正交90度的碳纤维布

斜交编织的碳纤维布

碳纤外壳超级跑车

碳纤维外壳笔记本计算机

碳纤维安全帽

CMF关键词推荐

创新价值：新材料、新工艺

商业价值：高性能、高附加值、轻量化、安全

消费价值：奢华、精致、科技

社会价值：节能

4.1.5.2 缠绕成型

碳纤维缠绕工艺大部分是用来制作管状结构的产品，包含常用的自行车车架、钓鱼竿、各式球拍、高尔夫球杆等等，在众多的运动器材上已经被大量使用。缠绕用的碳纤维是已经分调好的碳纤维带和条。材料形式：碳纤维布+液态树脂。适合材质：碳纤维、液态树脂。

优缺点： 产品结构轻量化设计，导热好，防电磁波。缺点为碳纤维缠绕耗时、标准化困难，电的良好导体有可能导致触电（钓具和球杆）。

成本参考： 较高，碳纤维布+树脂+成型费用。

设计注意事项： 适宜采用管状结构。

应用领域： 轻量化管状产品，比如羽毛球拍、桌球拍、自行车车架、高尔夫球杆和钓竿、风力发电机组。

Vortex N6碟刹轮组

使用碳纤维缠绕式管状结构的渔具钓竿

使用碳纤维缠绕式管状结构的羽毛球拍

碳纤维缠绕在风力发电机中的应用

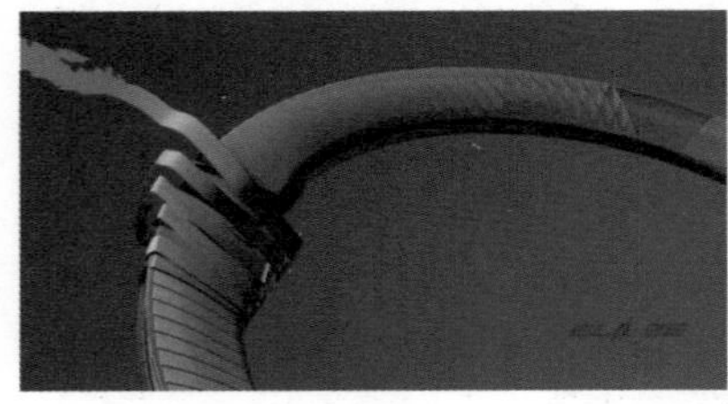

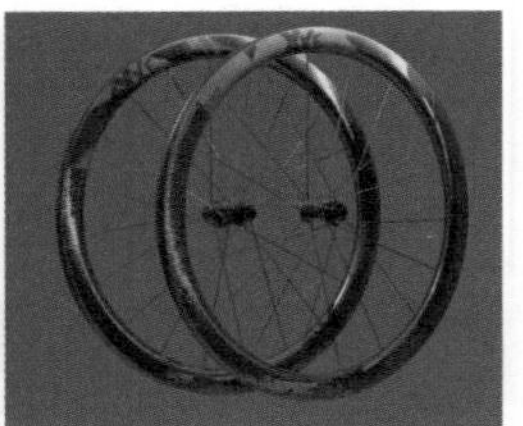

ELILEE搭配一体碳纤维辐条

CMF关键词推荐

创新价值：新材料、新工艺

商业价值：高性能、高附加值、轻量化、安全

消费价值：奢华、精致、科技

社会价值：节能

4.1.5.3 碳纤维喷涂

碳纤维喷涂工艺大部分是用来制作巨大的结构体，早期碳纤维较贵难以取得时这个工艺是使用环氧树脂和玻璃纤维。把适当长度的碳纤维混入液态的环氧树脂中，然后在模型上进行喷涂累积厚度，定型固化后即可使用。近年由于自动化编织技术提升，喷涂法的方式逐渐退到内衬材料上，几乎不用来作为外观件使用。材料形式为碳纤维短纤+液态树脂。

优缺点： 优点有产品结构轻量化设计，导热好，防电磁波，碳纤维短纤价格较低，容易施工。缺点有电的良好导体有触电风险，喷涂易造成材料飞散，厚度也不易控制。

成本参考： 较实惠，碳纤维短纤+树脂+成型费用。

设计注意事项： 外观件较少采用。

应用领域： 散热与隔热用的夹层，大多作为内衬材料不外露。

碳纤维喷涂制作成的软毡

使用碳纤维隔热毡用于超高温（1200 ~ 2500℃）热处理炉具

CMF关键词推荐

创新价值：新材料、新工艺

商业价值：高性能、高附加值、轻量化、安全、隔热

消费价值：奢华、精致、科技

社会价值：节能

4.1.5.4　橡胶磁材成型

橡胶磁材成型与金属粉末注塑成型很类似，不过使用的设备则是用常见的橡胶滚轮法开炼就可以，利用便宜的铁氧体（Fe_2O_3）粉或铁粉直接经过磷化绝缘防锈后，作为橡胶磁材的添加物，此技术的工艺流程为橡胶与磁性粉末准备→喂料混炼→喂料压延成型或注塑成型或冲型→磁化→上色（印刷或贴膜），上色和磁化的程序可以调动。橡胶磁材属于2D造型，色彩的改变取决于印刷油墨，可以比照塑料板材的印刷品，甚至是书本的平面设计作法。材料形式为磁性粉末+橡胶块。

优缺点： 优点有可以磁吸于铁/镍金属制品表面，移除方便无残胶。缺点为造型简单，须搭配其他产品才有功能。

成本参考： 磁性粉末+橡胶+磁化与背胶+后外观处理费用。

设计注意事项： 适合材质有软磁铁粉（包含铁氧体与铁粉）、橡胶（热可塑性橡胶及各种近似类型均可）。

应用领域： 需要磁吸功能的产品，甚至是电子商品。

利用开放式辊轮开炼橡胶磁材

橡胶与磁铁结合成为彩色的产品

利用背胶的橡胶磁材制作成的冰箱贴

CMF关键词推荐

创新价值：新材料、新工艺

商业价值：高性能、磁力吸附

消费价值：柔软、哑光

4.1.5.5 纳米注塑成型

纳米注塑成型（Nano Molding Technology，NMT）是在约2012年导入我国的新技术，发明者是日本的大成化成株式会社，该工艺是将金属零件表面通过酸蚀刻出纳米级孔洞之后，再以工程塑料进行注射并借由化学反应与金属的接口紧密接合在一起。金属零件可通过钣金冲压、锻造、铸造、粉末冶金与切削获得，但主要还是利用钣金冲压金属件，包含铝（1、5、6系列）、不锈钢（304、316）两大材质。材料形式为金属成型件+塑料注塑成型。适合材质：金属（铝与铝合金、不锈钢）、塑料（PPS/PBT/PA66/PPA）。

优缺点：优点有可作为金属件的内部结构补强与紧固，外露塑料材质可以使无线电波穿透，且两种材质表现的视觉冲击富科技感。缺点为大面积金属的纳米处理昂贵，工程塑

采用纳米工程塑料作为天线与信号增益的结构

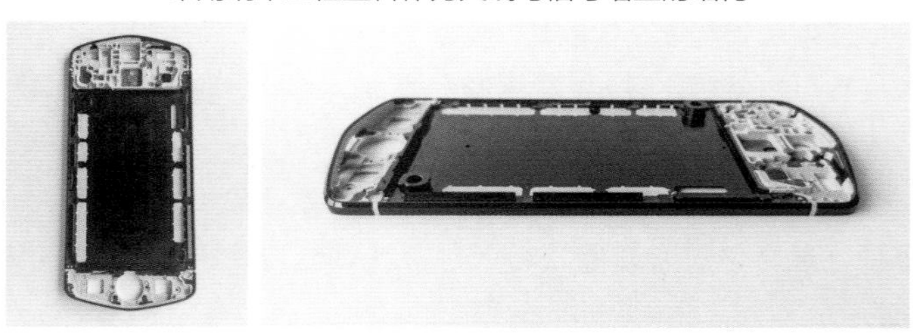

铝合金与纳米注射工程塑料的结合应用，手机中框内部结构，蓝色为纳米注塑，黑色为铝合金

料昂贵且色彩选择较少。

成本参考： 金属件费用（成型+表面处理）+工程塑料（注塑）+后外观处理。

设计注意事项： 纳米注塑成型适用于特殊功能要求，如手机采用金属壳体但需要发射、接收信号。

应用领域： 有关信号穿透的消费电子产品外壳、轻量化汽车零件。4G、5G手机天线应用广泛。

CMF关键词推荐

创新价值：新工艺、新技术

商业价值：高性能、高附加值、轻量化

消费价值：科技

社会价值：节能

4.1.5.6 碳纤维注塑与热压成型

碳纤维注塑与热压成型技术（Carbon Fiber Molding，CFM）是一个最新的工艺，这是以日本三井化学集团开发的碳纤维强化聚丙烯复合单向预浸带（TAFNEX™ CF/PP UD-Tape）作为主要基材，采用传统碳纤维经过特殊药剂浸泡后与聚丙烯复合的新材料，这使得设计师可以采用传统注塑或热压的方式来获得碳纤维产品，不需要再使用环氧树脂，制作的方便性大大提高。此技术的工艺流程为碳纤维成型（编织、叠层与缠绕法）→聚丙烯注塑或直接热压→成品。材料形式为：碳纤维成型件+塑料注塑成型或热压成型。适合材质：碳纤维强化聚丙烯复合单向预浸带（TAFNEX™ CF/PP UD-Tape）、塑料（PP）。

优缺点： 优点有作为碳纤维件轻量化的产品设计，散热好且能防电磁波。

成本参考： 碳纤维加工（材料+成型）+塑料（注塑）+后外观处理。

设计注意事项： 碳纤维强化聚丙烯复合单向预浸带单价高，导电性要小心。

应用领域： 轻量化的结构与外壳等用品。

碳纤维强化聚丙烯复合单向预浸带和一般碳纤维外观差异不大，主要是已经被预浸聚丙烯后加工容易。

碳纤维汽车后视镜，背面注塑结构件

CMF关键词推荐

创新价值：新材料、新工艺、新技术、异种材质结合

商业价值：高性能、高附加值、轻量化、易加工、安全

消费价值：科技

社会价值：节能

4.1.6 增材制造

最初增材制造（Additive Manufacturing，AM）工艺被称为快速原型工艺（Rapid Prototype，RP），利用加法把材料层层叠加，人类手工搭建建筑物是增加材料的一种建模雏形，这是最早的增材制造。随时代进步，增材制造不仅是一种快速原型工艺，它的工作原理的关键是零件是通过在图层中添加材料来制造的；每一层都是从原始CAD数据演算出的零件薄横截面。迄今为止，所有商业化的AM机器都采用基于积层的方法，它们的不同在于可用的材料、层的创建方式以及层相互黏合的方式。这种差异将决定最终零件的精度及其材料特性和机械性能等。它们还将确定零件的制作速度、需要多少后处理、使用的增材制造设备大小以及流程的总体成本等。增材制造必须包含的8个环节为计算机辅助设计工作、STL或AMF档案转换、档案移转到打印设备、打印设备的设定、建模、移动、后处理及应用。

经过多年的发展，ASTM（American Society of Testing Materials，美国材料试验协会）在2009年成立的一个技术委员会（ASTM F42）同意采用增材制造的术语，并把3D打印的工艺整合出7大类别，如下所示。

代表图

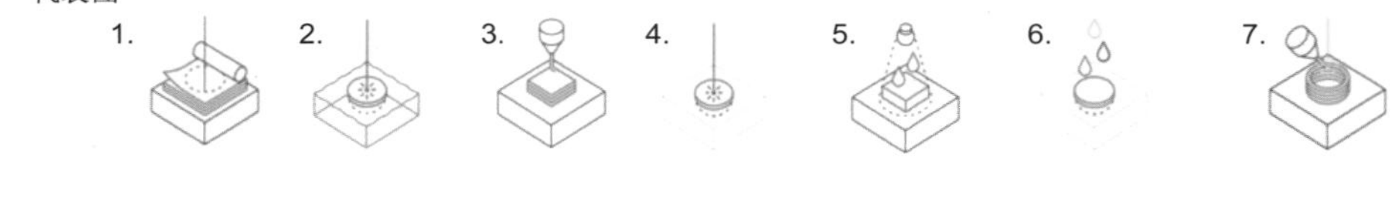

编号	中文名称/(English Name，Abbreviation)	塑料	光固化树脂	金属	陶瓷	复合材料
1.	层叠贴合技术(Sheet Lamination Technology，SLT)	●		○	○	○
2.	槽内光聚合(Vat Photo Polymerisation，VPP)		●	○	○	○
3.	材料挤出(Material Extrusion，MEX)	●		○	○	○
4.	粉体床熔合(Powder Bed Fusion，PBF)	●		●		○
5.	材料喷射(Material Jetting Technology，MJT)	●		○	○	
6.	黏结剂喷射(Binder Jetting Technology，BJT)	●		○	○	○
7.	定向能量沉积(Direct Energy Deposition，DED)	●		●		

注：●打印的基层材料可以一次性固化成型；○打印的材料必须利用后制程才可固化成型。

4.1.6.1 层叠贴合

层叠贴合（LOM）是最早的增材制造建模（SLT包含LOM），1991年首批商业化增材制造技术之一是层叠贴合制造（Laminated Object Manufacturing，LOM），它涉及纸材料片的逐层叠压，每一层使用CO_2激光切割，每张切割后的纸层代表零件CAD模型的一个横截面层。

特征	描述	备注
材质	纸/薄木片/合成塑料	低密度材质
质感	只有尺寸和空间的体验，无重量感	低相对密度（<2）
层精度	0.1 ～ 0.15mm	包含胶水或黏结剂
结构细节度	0.2mm	切割工具与材质的搭配
悬空构造	困难	悬空部分必须之后移除加工
镂空结构	困难	上下层对不准易偏移
构造强度	*	容易受潮，不易保存，胶合界面破坏显著
色彩描述	单色不透明	纸张颜色单一
表面状况	显著层状	表面较粗糙
表面/后处理	可喷漆打磨，类似木工产品作业，轻微加工	容易变形
尺寸限制	A3纸大小，高度20cm以内	强度不佳，扩充不易

注：*表示强度较弱。

优缺点：优点有材料便宜，建模速度快（每一次即为一层材料）。缺点为主要材料的贴合的介质、层材料和贴合剂（层）会有分离的可能；材料厚度限制了最薄分辨率；层与层的对齐不易，尤其在镂空结构中。

成本参考：较低。

设计注意事项：SLT一般用于模型制作，精度不高。

应用领域：设计模型、建筑模型、空间模型。

SLT技术，利用一层一层纸张叠起来组成模型

CMF关键词推荐

创新价值：叠纸成塔

商业价值：高效率、低成本、易加工

4.1.6.2 槽内光聚合

槽内光聚合（VPP）工艺使用可辐射固化树脂或光聚合物作为主要材料。大多数光聚合物对紫外线（Ultraviolet，UV）范围的辐射做出反应，但也可使用一些可见光系统。在光照时，这些材料会经历化学反应变成固体。这种反应称为光聚合，通常很复杂，涉及许多化学物质。随后新的光刻术的引入改变了传统制造法，新的光刻术又称为立体光刻

（Stereo Lithography Appearance，SLA）。

特征	描述	备注
材质	光固化树脂/陶瓷粉末/金属粉末混合	可变化密度材质
质感	有尺寸和空间的体验，重量也能表现	依据添加物而定
层精度	0.05 ～ 0.2mm	根据能量源进步而提升精度
结构细节度	0.1mm	根据能量源进步而提升精度
构造强度	***	固化完全时不易受潮，强度佳
悬空构造	大部分可以	倒立式有些悬空结构要事后加工
镂空结构	容易	能够做出格子结构进行拓扑优化
色彩描述	单色或渐层染色，可透明	打印过程可换树脂色
表面状况	不显著的层状	表面较光滑
表面/后处理	可喷漆打磨，类似木工产品作业，轻微加工	添加陶瓷或金属可脱脂/烧结固化
尺寸限制	A3纸大小，高度20cm或更大	强度佳，扩充容易

注：*** 表示强度较好。

优缺点：优点有光固化树脂的进步使目前VPP打印出来的制品表面非常光滑细致，层分辨率高，能够很快地进行后序的抛光打磨，得到不亚于模具制品的表面；另外UV材料本身透光性好，因此可以打印出透明的产品，很吸睛，如果拌合不吸收UV光的陶瓷粉末，可以打印陶瓷生坯并进行随后的脱脂和烧结。缺点为光固化树脂气味不佳，回收性差导致环保问题；清洗设备和产品使用溶剂多，必须建立抽风排气系统；光固化树脂强度有限，并不耐摔。

成本参考：较高。

设计注意事项：最新的VPP技术，可以实现一次打印出丰富的色彩，制品可以作为定制装饰件，如宝马mini。

应用领域：鞋品鞋底、拖鞋、文创产品、设计模型、摆件饰品。

槽内光聚合采用下投灯光固化的实际打印情形

如透明翡翠般的光固化打印成品

阿迪达斯3D打印鞋

CMF关键词推荐

创新价值：新工艺、滴胶成塔

商业价值：高性能、易加工、快速建模、色彩丰富

消费价值：透光、哑光、智能、科技

4.1.6.3 材料挤出

材料挤出（MEX）技术无疑是目前市场上最受欢迎的增材制造技术，虽然挤出方式有很多，但最常见的是将热量施加在小型移动型腔室中熔化散装的或丝状材料，熔融的材料由进给系统推动挤出并堆积建模。早期将这种方法称为熔丝沉积法（Fused Deposition Modeling，FDM），已被申请成为商业名词而不被ASTM F42所采纳。材料挤出技术可以可视化为类似于蛋糕师傅挤奶油堆积，且后来的材料必须黏合到前一层拉伸的材料上，以便产生足够坚固的结构。材料挤出法是大家熟悉的建模方式，各种色彩丰富的丝材，甚至可以添加金属粉末颗粒，通过脱脂烧结得到金属化的制品。这是增材制造分类中技术普及性最高、材料种类众多、操控较容易的工艺。这也是最受橡胶、塑料件设计师们青睐的工艺。

特征	描述	备注
材质	热塑性橡胶/塑料/金属/陶瓷添加物	可变化密度材质
质感	有尺寸和空间的体验，重量也能表现	依据添加物而定
层精度	0.1 ～ 0.2mm	热塑性材料丝的极限大约是0.1mm
结构细节度	0.1mm	热塑性材料丝的极限大约是0.1mm
构造强度	****	固化后不易受潮，强度佳，甚至有弹性
悬空结构	需要第二材料的支撑	支撑材料必须报废
镂空结构	容易	能够做出格子结构进行拓扑优化
色彩描述	单色或渐层染色，可透明	打印过程可换树脂色
表面状况	根据丝材表现粗糙度	因丝材直径而异
表面/后处理	可喷漆打磨，类似木工产品作业，轻微加工	添加陶瓷或金属，可脱脂/烧结固化
尺寸限制	A3纸大小，高度20cm或更大	强度佳，扩充容易

注：****表示强度很好。

优缺点：优点有材料种类众多，弹性体的加入让MEX在贴近人体的制品中获得重大进展；金属或陶瓷粉末加入后，可以进行间接脱脂固化烧结，得到更广的材质选择；设备简单且可大型化。缺点为丝状材料的结合无法达到高密度，层面不是完全致密的是此技术的致命伤。

成本参考：较低。

设计注意事项：打印精度不高，一般用于快速模型验证。

应用领域：创客、花瓶、功能模型、玩具、结构件等。

3D打印

3D打印机

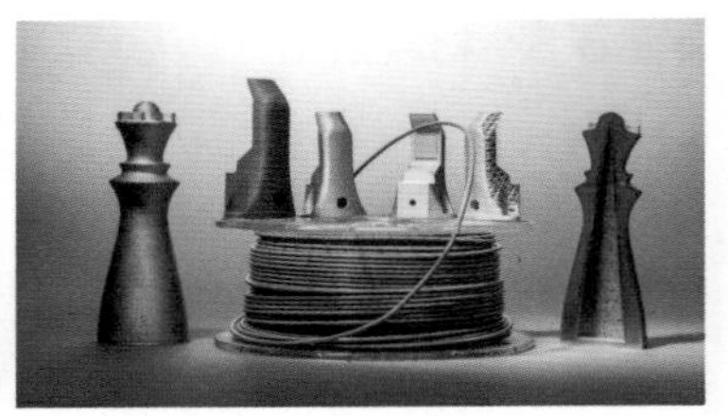

BASF在2020年起推广的金属MEX材料

CMF关键词推荐

创新价值：新工艺、堆胶成塔

商业价值：高效率、低成本、易加工、快速建模、色彩丰富

4.1.6.4 粉体床熔合

粉体床熔合（PBF）工艺是首批商业化的增材制造工艺之一，美国奥斯汀的得州大学开发的选择性激光烧结（Selective Laser Sintering or Melting，SLS/SLM）是第一个商业化的基于PBF的工艺。粉体床熔合最常见的热源就是激光，利用激光的PBF工艺称为激光烧结机，但聚合物激光烧结机器和金属激光烧结机器显著不同；使用的材料原则上所有可以熔化和再凝固的材料都可以用于PBF工艺，包含聚合物与金属（纯元素与合金粉末），但不包含陶瓷材料。有关粉末的性能和要求与传统的粉末成型技术相比，增材制造使用的粉末粒径比较大（15 ～ 75μm，SLM-PBF最佳的范围是35 ～ 55μm；EBM-PBF则在55 ～ 75μm）且粉末外形要光滑且圆，相同材质相比传统的粉末成型使用的粉末成本较低。

特征	描述	备注
材质	塑料/金属	可变化密度材质
质感	有尺寸和空间的体验，重量也能表现	依据添加物而定
层精度	0.05 ～ 0.1mm	根据粉末的粒径可以更小到0.01mm
结构细节度	0.05mm	根据粉末的粒径可以更小到0.01mm
悬空结构	可以，有部分要额外材料支撑	支撑结构要二次加工移除
构造强度	*****	强度佳，甚至有弹性，堪比实体材料
镂空结构	容易	能够做出格子结构进行拓扑优化
色彩描述	单色	打印过程单纯
表面状况	最小达 Ra 30 ～ 50μm	根据粉末颗粒大小而定
表面/后处理	可喷漆打磨以及重切削加工	金属固化后可热处理
尺寸限制	650mm×650mm×650mm	目前最大的尺寸

注：*****表示强度最好。

优缺点：优点有材料选择多，有弹性体的材料可以运用；除了少数工程塑料和金属可以直接获得产品外，其他泛用塑料和陶瓷都不能用此方法。缺点为受限于粉末的种类［包含物理特征（熔点）、化学组分、形状与面貌]、打印的能量源（如激光、电子束等）和黏结剂的种类而有不同的技术挑战，没有规范的做法。

成本参考：较高。

设计注意事项：在增材制造分类中PBF工艺是针对金属和塑料的技术，并且是成品能力最高、工业化程度最高的一种3D打印方式。

应用领域：产品可以直接作为工业制品，尤其是工业上复杂的产品如飞机用的金属喷油嘴。

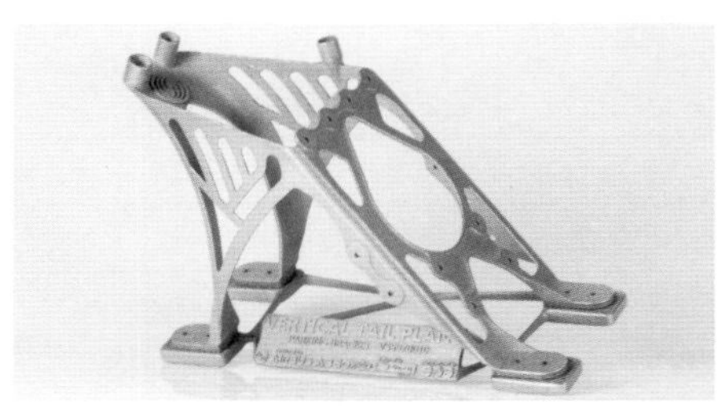

喷射客机制品航空减重设计

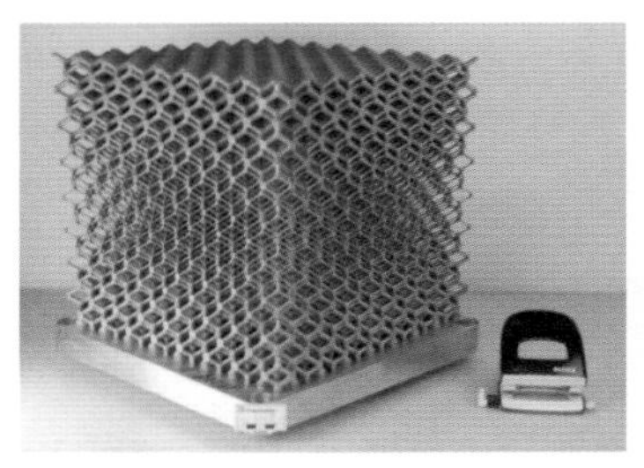

格子状结构3D打印

用于固定光学设备的卫星支架

粉体床熔合加工

CMF关键词推荐
创新价值：新工艺、聚砂成塔
商业价值：高效率、快速建模

4.1.6.5 材料喷射技术

材料喷射技术（MJT）是把材料用喷嘴喷射出来堆积，因此光固化树脂是本技术的首选，不需使用槽桶预存光固化树脂以避免打印产品表面黏糊糊的；低熔点的金属可以直接液化进行喷射，不需要进行固化烧结的复杂程序；另外可用黏结剂把材料粉末混合在一起，透过喷头一起喷出，材料可包含塑料、陶瓷、复合材料和金属粉末。此外，把高熔点的金属熔化也可以作为MJT的工艺，但通常因高温使设备成本提高。大部分材料喷射希望直接获得产品。注意到MJT使用的固化能量是无差别整体照射并无定向性，这点和定向能量沉积法增材制造有很大差异。

特征	描述	备注
材质	高流动树脂/塑料/低熔点金属/陶瓷粉	需调配成可以流动的液态
质感	有尺寸和空间的体验，重量也能表现	依据添加剂而定
层精度	0.05mm	使用粉末或光固化树脂精度略好
结构细节度	0.05mm	使用粉末或光固化树脂精度略好

续表

特征	描述	备注
构造强度	***	看材料，蜡没有太好强度，金属很强
悬空结构	必须有额外材料支撑	支撑结构要二次加工移除
镂空结构	较难	看材料种类以及能量源强度
色彩描述	单色	打印过程难以更换材料
表面状况	最小达 Ra 100μm	根据粉末颗粒大小而定
表面/后处理	可喷漆打磨以及轻切削加工	金属/陶瓷固化后可热处理
尺寸限制	1500mm×1500mm×800mm	还可增大尺寸

优缺点：优点有材料选择极多，但前提是必须能够被喷头喷射出来，最近铸造业开始流行以蜡喷射消失模型，使得MJT有了光明的未来。缺点有MJT低温的材料强度低，选择少，光固化树脂属于比较可行的。

成本参考：较高。

设计注意事项：金属或陶瓷要有高强度的基底，加工过程温度很高，热变形量大，堆积误差大，必须执行后加工方能获得准确尺寸。

应用领域：设计模型、铸造用的消失模型。

Stratasys推出的光固化树脂设备可制作非常精细、多色彩产品

CMF关键词推荐

创新价值：新工艺、堆胶成塔

商业价值：高效率、快速建模

4.1.6.6 黏结剂喷射技术

不同于粉体床技术，黏结剂喷射技术（BJT）是利用黏结剂黏合粉体，再利用热源固化所建模型，少部分甚至需要移至打印设备外使用第二种方式固化模型，这一概念可与前面的粉体床熔合形成对比，粉体床熔合的能量会将粉体颗粒直接熔融以定义零件的横截面。BJT是黏结剂可以保留或事后再去除，已经证明各种聚合物复合材料、金属和陶瓷材料都可以用这个技术来加以成型，材料的选择性变得很广泛。不过事实证明间接获得固化后的模型比较难以被商业化所接受，主要还是技术瓶颈和多次辗转的良率较低导致。某些黏结剂喷射机包含具有颜色的黏结剂，能够制造具有多种颜色的零件。BJT是潜在增材制造分类中针对铸造行业贡献最大的3D打印技术。

特征	描述	备注
材质	塑料/金属/陶瓷砂/陶瓷粉/复合材料	可变化密度材质
质感	有尺寸和空间的体验，重量也能表现	依据添加剂而定
层精度	0.05mm	根据粉末的粒径可以更小到0.01mm
结构细节度	0.05mm	根据粉末的粒径可以更小到0.01mm
构造强度	*****	强度佳，甚至有弹性，堪比实体材料
悬空结构	可以，有部分要额外材料支撑	支撑结构要二次加工移除
镂空结构	容易	能够做出格子结构进行拓扑优化
色彩描述	单色或可染色	打印过程可换调色的黏结剂
表面状况	最小达 *Ra* 30 ～ 50μm	根据粉末颗粒大小而定
表面/后处理	可喷漆打磨以及重切削加工	金属/陶瓷固化后可热处理
尺寸限制	1500mm×1500mm×800mm	还可增大尺寸

优缺点： 优点有材料选择极多，有弹性体的材料可以运用；缺点有BJT间接获得3D建模制品的步骤烦琐，设备投资庞大，科学原理较多使得直接获得产品的项目很少。

成本参考： 较高。

设计注意事项： 目前此技术主要用于制作铸造用砂模及砂芯，在铸造行业属于较新的工艺。

应用领域： 设计模型、铸造用砂模和砂芯。

使用BJT打印出来的砂模作为铸造砂模的取代

使用BJT打印大型砂模已经解决铸造工业的窘境

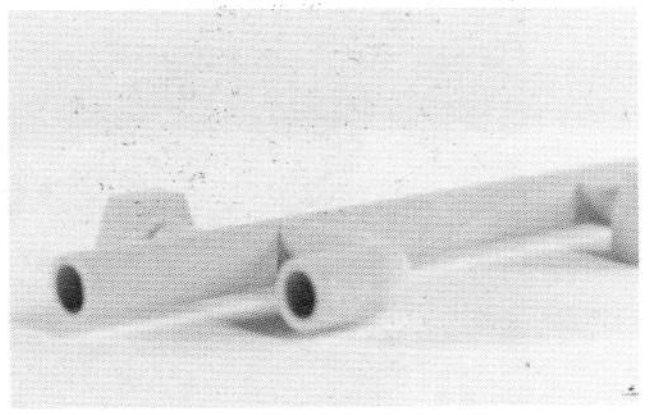

黏合剂喷射3D打印工艺

CMF关键词推荐

创新价值：新工艺、黏沙成塔

商业价值：高效率、快速建模

4.1.6.7 定向能量沉积

定向能量沉积（DED）方式是把固化能量源和材料一起送到3D模型的构建位置，进行点对点积层获得最终产品。在我国因为金属焊接和修补经验的累积，将原有火焰熔化金属进行堆焊的技术演变成大型金属材料喷射制造，甚至已经推广到国际上，这使材料喷射技术接近工业的需求。

特征	描述	备注
材质	金属为主（高分子和陶瓷很少）	可变化密度材质
质感	有尺寸和空间的体验，重量也能表现	依据添加剂而定
层精度	0.1mm	根据粉末的粒径可以更小到0.05mm
结构细节度	0.1mm	根据粉末的粒径可以更小到0.05mm
构造强度	*****	强度佳，甚至有弹性，堪比实体材料
悬空结构	不易	支撑结构要二次加工移除
镂空结构	不易	能够做出格子结构进行拓扑优化
色彩描述	单色或可染色	打印过程可换调色的黏结剂
表面状况	最小达 *Ra* 30 ～ 50μm	根据粉末颗粒大小而定
表面/后处理	可喷漆打磨以及重切削加工	金属固化后可热处理
尺寸限制	1500mm×1500mm×800mm	还可增大尺寸

优缺点：优点有金属零件的硬化层涂布、零件与模具的修补已经是非常容易见到的DED方式。缺点有操作温度高，精度较低。

成本参考：适中。

设计注意事项：应用外观件较少。

应用领域：设计模型、金属零件的表层涂布和修复。

精细粉末的透过DED做法可以获得表面涂层

大型的薄壳金属建的建构，是DED技术的强项

CMF关键词推荐

创新价值：新工艺、聚材成塔

商业价值：高效率、快速建模

4.2 装饰工艺

本节装饰工艺分为“喷、印、刻、氧、物、化、镀、膜”八个类型，即：喷涂类、印刷类、雕刻类、氧化类、物理加工类、化学加工类、镀膜类、薄膜类。

4.2.1 喷

喷，喷涂类主要指采用喷的形式作为装饰加工工艺，常用的有喷涂、喷粉（喷塑）、喷绘、喷砂、喷丸。

4.2.1.1 喷涂

喷涂也称为喷漆，是指通过喷枪或碟式雾化器，借助于压力或离心力，将材料分散成均匀且微细的雾滴，施涂于被涂物表面的涂装方法。涂料是涂覆在被保护或被装饰的物体表面，并能与被涂物形成牢固附着的连续薄膜。通过喷涂可以快速获得均匀或渐变的色彩变化。通过喷涂，现实对产品进行保护、美化、功能提升。过去油性涂料应用较多，随着环保的关注，水性涂料使用开始增加。

优缺点：成本低，工艺成熟，良率高，效果丰富，可以掩盖产品表面本身的一些不良外观；但喷涂涂层硬度低，易刮花。传统喷涂采用的大多是油性涂料，环保性较差，涂料属于化学品，对人体及环境存在危害。

成本参考：以汽车喷漆为例，金属漆料的成本要高于非金属漆，汽车金属漆价格约为60～200元/千克。发动机前盖，车顶喷漆大概在500～800元，后备箱盖是400～700元，全车喷漆一般在4000～8000元。

设计注意事项：为避免造成喷涂色差，可选用同一批次和颜色的喷漆；根据产品用途精准选择不同特性的涂料；正式喷漆之前进行试喷；为确保喷漆均匀，根据产品类型设计好喷涂后的涂层厚度，以确保表面效果及保护功能性；水性涂料效果通常弱于油性涂料。

应用领域：喷涂应用范围极广，比如汽车、家居、家电、3C等消费电子、航空航天、船舶、建筑、包装等等。

大众ID.6X，内饰装饰件采用玫瑰金配色丝光油漆

合众新能源汽车有限公司-哪吒S耀世版

CMF关键词推荐

创新价值：新颜色、新材料、新工艺、新图纹、新技术

商业价值：高效率、高性能、高附加值、易加工、艺术、装饰、安全、抗菌

消费价值：亲肤、光滑、砂感、金属感、陶瓷感、立体感、精细感、镜面、高亮、哑光、透光、荧光、变色、多色、奢华、精致、温馨、智能、科技、舒适

社会价值：绿色环保（水性涂料）、水性

4.2.1.2 喷粉

喷粉工艺主要代指静电粉末喷涂工艺。静电粉末喷涂工艺的原理是在喷枪与工件之间形成一个高压电晕放电电场，使粉末涂料吸附在工件上。当粉末粒子由喷枪口喷出经过放电区时，便捕集了大量的电子，成为带负电的微粒，需喷涂的工件接正极，在正负电荷吸引的作用下，微粒被吸附到带正电荷的工件上去。当粉末附着到一定厚度时，则会发生“同性相斥”的作用，不能再吸附粉末，从而使各部分的粉层厚度均匀，然后经加热烘烤使粉末熔融、流平、固化，即在工件表面形成坚硬的涂膜。工艺流程如下：上件→脱脂→清洗→去锈→清洗→磷化→清洗→钝化→粉末静电喷涂→固化→冷却→下件。

优缺点：相比于有机溶剂型油漆涂料，粉末涂料是不含液体溶剂的100%固体粉末状的涂料，属绿色环保涂料；游离的粉末可以回收利用，涂料回收利用率可达98%。总之，静电粉末喷涂具备五大优势：①成本低；②效果丰富；③物理及化学性能极强；④污染低；⑤工序简单，节约能源。

成本参考：喷粉成本低于喷涂。

设计注意事项：喷粉由于工艺特性，只能选择金属等耐高温基材；喷粉工艺的粉末效果相比于喷涂可选范围较小，金属感弱。

应用领域：金属门窗、暖气片、家电面板、洗衣机侧板、电视壳体、橱柜、卫浴台盆柜、车轮毂。

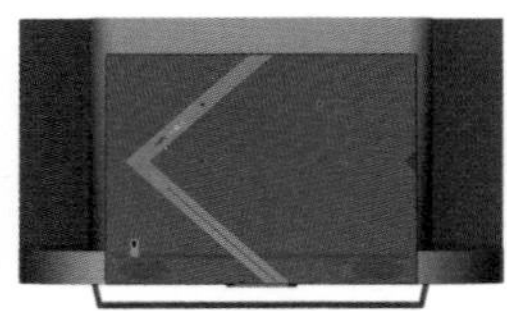

康佳A6MiniLED系列电视－背板喷粉玄青砂

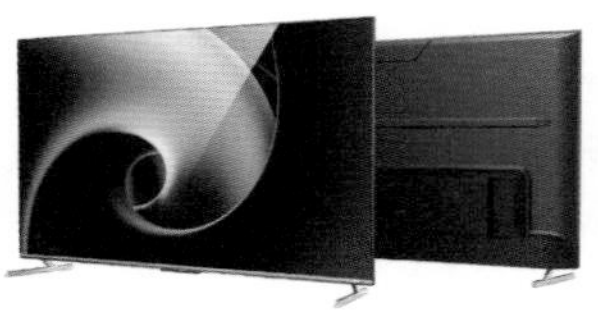

康佳R6高刷新电视－背板喷粉

喷粉－雅迪冠能Q6后衣架工艺：喷粉

CMF关键词推荐

创新价值：新工艺
商业价值：高性能、低成本、装饰、防水、耐磨、耐刮、耐候
消费价值：坚硬、砂感、金属感、哑光、多色、自然
社会价值：绿色环保

4.2.1.3 喷绘

喷绘是平面广告行业的一种基础性的、较为传统的制作工艺，常见于广告板、招贴以及易拉宝等，喷绘工艺依靠喷绘机来完成。喷绘机是一种大尺寸的打印设备，按照墨水种类，目前主要分为两类：溶剂型/水性墨水喷绘机与UV固化喷绘机。其中溶剂型墨水较为传统，此类墨水具备一定的腐蚀性，在喷绘过程中，墨水通过腐蚀渗入纸张等打印材质的内部，因此图像不易掉色，具有防水、防紫外线、防刮等特性。但此类工艺基材较为局限，主要为纸张类材质。UV固化型墨水是新一代的喷绘类耗材，可通过UV喷绘机内置的紫外光使油墨吸收能量后交联固化，相比于溶剂型墨水，VOC含量极低。UV固化喷绘工艺的优点在于可适用多种基材，包括但不限于纸张、亚克力、PET膜材、玻璃、金属板材等，基于此项优势，UV喷绘工艺近年来被引入工业生产领域，并快速发展壮大。

优缺点：UV喷绘作为一种理想、快速、经济型的工艺，适合个性化小批量领域、中高端市场，适用基材种类多。

成本参考：20 ～ 100元/m²。

设计注意事项：无法打印金属效果，需要搭配烫金工艺实现。图纸需要按照CMYK色彩体系制作。高dpi效果效率较低。可以打印微弱曲面，无法直接在起伏较大的曲面上施工。

应用领域：3C电子、家电面板、商用广告招贴、电子显示板彩色灯膜、手表表盘、金属面板。

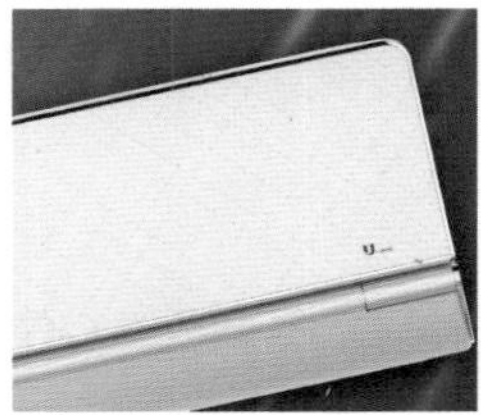

奥克斯舒爽风pro空调－高透PC与立体UV印刷的融合

COLMO星空画境空调－UV哑光正面水墨转印

UV彩印硅胶钥匙包

UV彩印

华帝敦煌套系－高温图案喷绘

电子雾化器－UV彩印

CMF关键词推荐

创新价值：新工艺

商业价值：高效率、低成本、易加工、装饰

4.2.1.4 喷砂

喷砂是表面处理工艺中最常见的工艺之一，喷砂是采用压缩空气为动力形成高速喷射束，将砂料高速喷射到制件表面的处理工艺，常见喷砂磨料有：玻璃砂、玻璃珠、白刚玉、黑刚玉、棕刚玉、不锈钢丸、钢砂、硅塑料砂以及陶瓷砂。喷砂工艺可以塑造哑光或漫反射表面的外观质感，喷砂工艺可以在不同的粗糙度之间灵活切换，在工业设计行业，一般按照目数来区分喷砂的粗细程度，常见的目数有60目、80目、100目、120目、150目、200目、250目、300目，目数越大颗粒越细密。

喷砂的作用有：①工件表面清洁：喷砂处理是通用性强、效率极高的清理方法。一般可用于清理金属或非金属制件表面的氧化皮、残盐、残油、型砂、微毛刺、脱模剂、沉积物、飞边、残胶、残漆、锈蚀层等，适用范围广，成本低。②外观美化：喷砂工艺将砂料高速喷射到制件表面，由砂料对制件表面进行微观的冲击和切削处理，使工件表面获得一定的清洁度和不同的粗糙度，在金属加工当中，喷砂工艺可以清理制件表面的划伤划痕，在遮蔽瑕疵的同时起到美化外观的作用。③表面强化：表面强化分为两个方向，a. 机械性能强化，喷砂工艺可以使制件表面的机械性能得到改善，提高制件的抗疲劳性，消除制件的应力，增加制件使用寿命。b. 附着力强化，在喷漆施工中，通过喷砂可以增加制件表面的粗糙度，提升制件与漆层的接触面积，以此提升制件表面与漆层的附着力，提升制件漆层的耐久性。

优缺点： 优点有工艺施工简单，成本低；相比于化学腐蚀，喷砂工艺属于物理处理工艺，可以十分便捷地在不同粗糙度的磨砂效果中切换；适用于多种基材。缺点有磨砂效果表面耐油污能力较差，喷砂工件不适合在较高温环境使用。

成本参考： 较低。

设计注意事项： 需注意选择合理的喷砂目数，在保证磨砂效果的同时，尽量考虑工件的耐污耐刮擦需求。

应用领域： 3C电子产品外观件美化、家电产品装饰件、工件表面清洁、工件机械性能强化。

Yoga Slim 9i-机身超细陶瓷喷砂

iPhone采用铝合金中框及后盖、喷砂工艺

棕刚玉砂

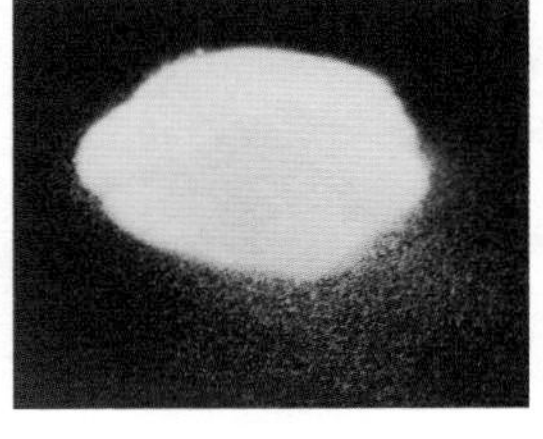
玻璃砂

苹果笔记本为铝合金喷砂+阳极氧化

CMF关键词推荐
创新价值：新工艺、新图纹、AG 效果
商业价值：高效率、低成本、易加工、装饰、朦胧感
消费价值：砂感、哑光、金属感、精致、温馨
社会价值：可回收

4.2.1.5 喷丸

喷丸工艺是一种对制件进行强化的工艺，可以有效地提升制件的耐疲劳性能。在喷丸施工中，高压气流将无数球形丸料高速喷射到制件表面，当每颗丸料撞击到制件表面时，会撞击出均匀凹陷，导致制件表面产生拉伸。被压缩的制件表面试图恢复到原本形态，会产生残余压应力层，制件在压应力层包裹下，可以增强抗疲劳强度，延长工作寿命。喷丸与喷砂采用同样的压缩空气为动力形成高速喷射束，对制件表面进行清洁处理，区别在于喷砂使用的砂料与喷丸使用的丸料存在造型结构差异，体现在施工制件表面，喷砂工艺处理的表面为轻微锯齿结构，喷丸工艺处理的表面为轻微球形凹陷结构，所以喷丸效果的光泽度会高于喷砂。

喷丸工艺的丸料主要分为四类：铸钢丸、铸铁丸、玻璃丸、陶瓷丸。

铸钢丸：使用最为广泛，硬度在40～62HRC，韧性强，使用寿命长于铸铁丸。

铸铁丸：硬度高，韧性差，寿命短，主要用于高强度喷丸场景。

玻璃丸：硬度最低，主要用于不锈钢、铝、镁等不允许铁质污染的材料，也可用于二次喷丸。

陶瓷丸：相比于玻璃丸具有硬度高、密度高、寿命长的优点，是玻璃丸的替代优化材料。

优缺点：优点为可以处理各种形状复杂的产品；缺点为单位产量低，效率低。

成本参考：铸钢丸>铸铁丸；陶瓷丸>玻璃丸。

设计注意事项：喷丸工艺主要是改变工件的物理性能，可增加工件的表面粗糙度以满足后续涂层的附着力需求，在设计工程中，如果需要工件具备哑光磨砂外观效果，优先考虑喷砂工艺。

应用领域：喷丸是一种冷处理工艺，被广泛用于长期处于高应力工况下的金属零件，如飞机发动机的压缩机叶片、机身结构件、汽车传动系统零件等。

铸钢丸

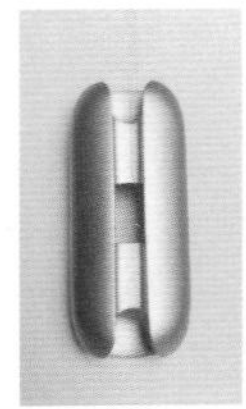
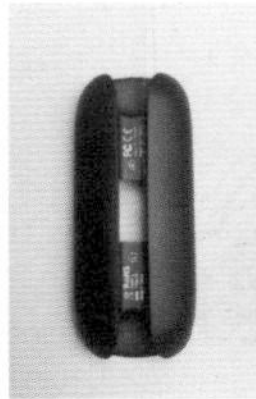

压铸铝表面喷丸效果

CMF关键词推荐

创新价值：新工艺　　消费价值：砂感、哑光、金属感

商业价值：高效率、低成本、易加工　　社会价值：可回收

4.2.2 印

印，为印刷类加工工艺，主要指胶印、丝印、移印、烫印、压印、水转印、热转印、UV转印、曲面印等工艺。

4.2.2.1 胶印

胶印是平版印刷的一种，胶印工艺的实现主要依靠两点：①油（油墨）水不相容原理，②橡胶布（辊筒）对油墨的转移。具体工作过程为首先在印版圆辊上制作好需要印刷的图案，在印版圆辊表面涂布一层湿润剂（水），而后在水层表面黏附油墨，由于油水不相容，印版圆辊与转印滚筒（橡胶辊）接触的过程中，油墨会转移到转印滚筒表面，转印滚筒表面的油墨会在压印滚筒的压力辅助下，转印在印刷介质表面。胶印工艺是通过胶印机来实现，胶印机由一个或者多个单色组合组成，一个单色组合可以完成一种颜色的印刷，每个单色组合都包含印版圆辊、转印滚筒以及压印滚筒。胶印机按照一次走纸完成的印刷色数可以分为单色、双色、四色及多色印刷机，通常CMYK四种颜色的组合可以完成全彩印刷，在此基础上，多色印刷机是由多个CMYK四色组合组成，印刷出的效果层次更为丰富。

优缺点：优点有印刷速度快，印刷质量稳定，印刷周期短，色彩丰富，细腻程度高，可以实现多种颜色、颜色变化、图案及纹理。缺点有打样成本较高，打样周期较长；油墨层厚度薄，无法实现强立体感效果。

成本参考：500张A4纸张的四色胶印费用在70元左右。

设计注意事项：尽量避免金属色系的使用，不要设计强立体感的印刷效果，本工艺不适合在金属基材上加工。

应用领域：印刷品行业、3C电子行业、显示灯膜行业。随着技术的不断更新，胶印也在白色家电以及小家电生产领域被大量使用，例如模内注塑工艺中使用的装饰膜片，一般将胶印工艺作为快速稳定的中低端印刷解决方案，而高端的膜片会使用部分丝网印刷以及UV转印工艺。在手机3C领域，胶印也有一些使用的场景，如在防爆膜或者复合板材背面印刷通透性强且具有不同色相的油墨，配合镀膜等工艺实现年轻化高端化的CMF方案。

nubiaZ405-胶印

MSGM-黑色胶印logo卫衣

多色胶印机

黑鲨5系列-打造梦幻太空战舰纹理背板-8色柯式印刷工艺

CMF关键词推荐

创新价值：新工艺

商业价值：高效率、高附加值、低成本、易加工、装饰

消费价值：多色

4.2.2.2 丝印

丝印，即丝网印刷，属于四大印刷术（凸版印刷，凹版印刷，平版印刷，孔版印刷）中的孔版印刷，也是最简便、使用条件最宽泛的印刷工艺。丝网印刷的制备过程通过网版来实现，将真丝、合成纤维丝或金属丝编织成丝网，通过绷版机将丝网紧绷于网框上，便得到最基本的网版，此时的网版无法进行丝网印刷，原因在于没有图案。在丝网上均匀涂布感光胶，通过紫外线固化的方式将菲林胶片上的图案通过曝光显影的方式拓印在感光胶涂层上。此时，网版的图文部分网孔能够透过油墨，油墨在刮刀的压力挤压下通过网孔漏至承印物上，网版上其余部分在曝光显影的过程中受到紫外线的照射，感光胶凝固，网孔堵住，无法漏墨，在承印物上形成空白。这就是丝网印刷的基本原理。

优缺点：制版和印刷方法简便，可纯手工丝印，也可机印，设备投资少，成本低；不受承印物种类、尺寸、表面材质的限制；由于丝网版柔软，所需印刷压力小，可在曲面、凹面、纺织品、玻璃、陶瓷、金属表面印刷；墨层覆盖力强；便于将耐光颜料渗入油墨中，耐老化耐候性强。缺点：受限于网孔径及油墨材料精度，丝印不适用于精细度要求高的产品。每一套印刷只能实现一个颜色效果，多个颜色需要多次印刷，加工效率低。

成本参考：单一种颜色每平方米30～60元。

设计注意事项：普通丝网印刷的图纸，线条宽度不要低于0.2mm；图纸绘制尽量使用矢量文件；分版图纸非黑即白，以黑色举例，*CMYK*色值中，*C*=0,*M*=0,*Y*=0,*K*=100。

应用领域：纸类印刷、塑料印刷、木制品印刷、玻璃及陶瓷制品印刷（家电装饰面板、手机玻璃后盖、家用电器触控面板、玻璃板、杯子、瓶子、陶瓷器皿）、标牌印刷、电子线路板印刷、印染针织制品等。

手工丝印

机械丝印

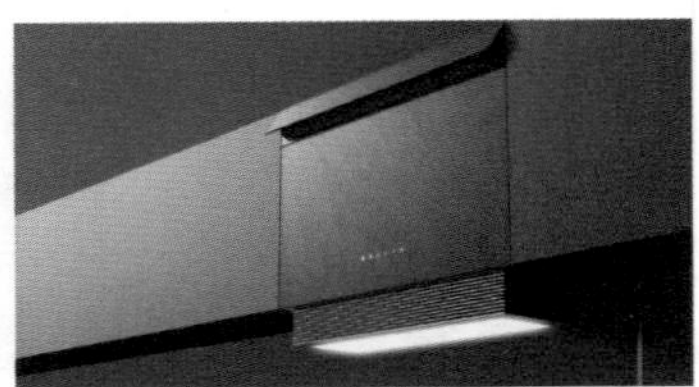

华帝高端厨房空净系统

华帝墨境套系

华帝釉瓷热水器，采用彩晶丝印

中国移动·晓言智能门锁NB版，logo为镜面银丝印

CMF关键词推荐

商业价值：高效率、低成本、易加工、艺术、装饰

4.2.2.3 移印

移印工艺可以在不规则异形对象表面上印刷文字、图形和图像，是特种印刷的一种。移印工艺的核心是硅胶移印头，由于硅胶材质具备柔软弹性，在压力的作用下，硅胶头可以包覆在各类不规则的曲面表面。移印工艺的原理是首先通过蚀刻或者激光雕刻等工艺将图案或文字内容制作成金属凹版，然后通过硅胶转印头将凹版上具备图案或文字形状的油墨转印到制件表面。

优缺点：成本较低，可以在复杂曲面进行表面印刷。

成本参考：单色移印成本=人工费+制版费+油墨费用/数量，参考：1kg油墨可以制作12000个50mm×50mm的工件。

设计注意事项：移印工艺常用于3C电子产品、交通工具、内饰、体育器材等具备复杂形状产品的表面印刷，但不是所有情况都可以使用移印工艺，移印工艺本身也具备一定的局限，移印的印刷面积受限，目前国内最大的非满版印刷尺寸在150mm×450mm以内，满版印刷尺寸的最大直径为300mm，且成本极高；受工艺精度影响，移印图文最细线条需控制在0.2mm及以上；移印工艺需使用特殊油墨（溶剂型），因为普通墨水无法吸附在硅胶转印头表面。

应用领域：3C电子产品、交通工具、内饰、体育器材等具备复杂形状产品的表面印刷。

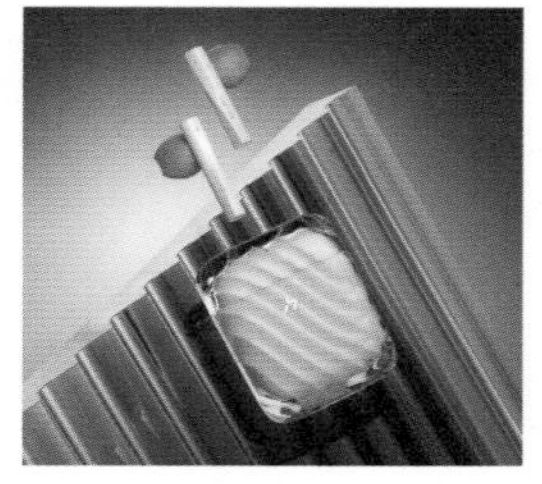

HAKII ICE-耳机后壳移印

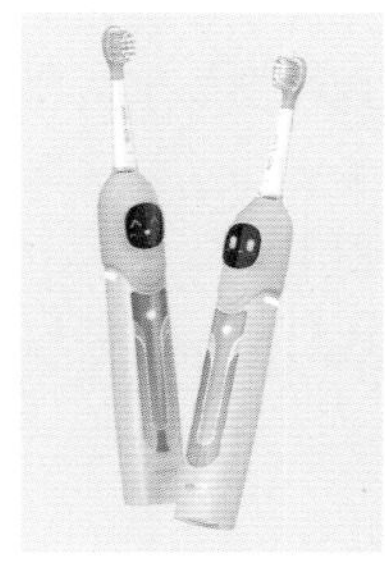

牙宝机器人声波电动牙刷-移印金属银logo

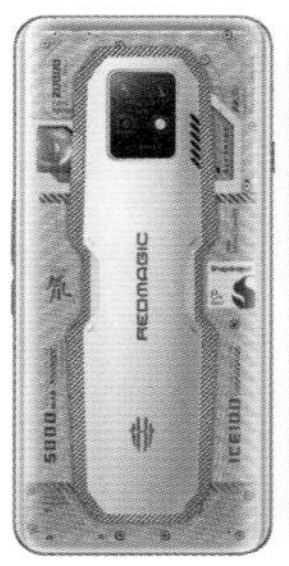

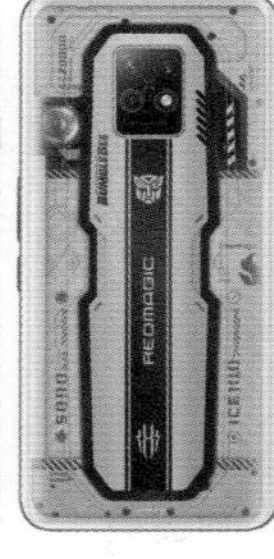

红魔7S Pro大黄蜂版-图案和字符采用移印

硅胶移印头

移印工艺产品案例

CMF关键词推荐

商业价值：高效率、低成本、易加工

4.2.2.4 烫印

烫印是一种低成本的金属效果处理工艺，在家用电器、电子产品、汽车行业以及印刷包装行业被广泛应用。常见的效果有金属拉丝效果、镜面金属效果。烫印箔的效果决定了烫印制件的最终呈现外观，由于烫印工艺主要强调的是金属效果，所以烫印膜片表面都会进行金属镀膜处理（常见的金属镀层材料为铝，如果对耐酸碱以及耐老化等性能有更高要求，需要使用镀铬，成本也会更高一些），在膜片上形成一层金属箔，所以烫印膜片一般称为烫印箔，而烫印工艺也俗称“烫金”。烫印工艺一般用来替代塑料制件的水电镀工艺以及金属制件的铝氧化工艺、不锈钢拉丝工艺，相比于后面三种工艺，烫印工艺具备更加环保的特性，是低成本、低碳、环保的理想外观处理工艺。烫印设备主要包含收放卷设备、烫印头、加热器、压力器，烫印施工过程中，加热器将烫印头加热到一定温度，在压力器的推压作用力下，使烫印箔上的金属或涂料层压烫到被加工的工件表面，以达到装饰目的。

优缺点：优点是成本低、效率高、金属感强，可以替代价格较为昂贵的电镀工艺，并且更加环保。缺点是基于烫印的施工设备及原理，对制件的造型有很大的限制，无法在双曲面等复杂曲面进行加工。

成本参考：以国际品牌的烫金膜61cm×122m规格为例，成本大概为680元。

设计注意事项：在产品开发中，烫印工艺更适合在单曲面的造型制件上施工，例如平面、环形曲面。对于多曲面的制件，如球面、多面体折角，一般会采用模内注塑等工艺替代。烫印的基础效果为金色、银色以及匹配拉丝等基础纹理，设计中不要为烫印工艺选择较为复杂的外观效果；单曲面可以使用烫印工艺，多维曲面尽量减少烫印使用。

应用领域：名片、银行卡、电器产品的高亮装饰条、标牌、交通工具装饰件、进气格栅。

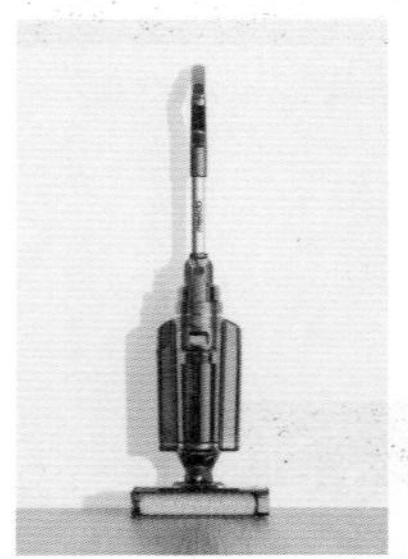

瑞久全能水洗机A8-烫印

海信璀璨X810柜机-烫印

铝制滚珠香薰瓶-烫印

岚图梦想家-烫印

烫印工艺-奔驰进气格栅

烫印膜材料

CMF关键词推荐

创新价值：新工艺

商业价值：高效率、高附加值、低成本、高识别度、轻量化、装饰

消费价值：光滑、金属感、镜面、高亮、透光、奢华、精致、智能、科技

社会价值：绿色环保

4.2.2.5 压印

压印是将模具上的纹理通过物理加压的方式转压到制件表面的工艺。这类工艺很好理

解，常见的硬币、金属器皿的钢印、名片上的凹凸标识都是通过压印工艺处理的。压印工艺本身较为简单，随着压印模具技术的升级，高精密压印技术衍生出了全新的工艺分支——纳米压印技术。

纳米压印技术的关键点在于高精密的压印模具，这类模具一般采用以下两种方式制作：

① 采用激光雕刻的压印模具，这类模具的精度在微米级别，精度在十几微米到上百微米之间，肉眼观测可见到极其细密的排列纹理，通常此类模具用于在金属、玻璃、塑料膜材表面或背面进行UV油墨的压印，经过UV压印的透明材质制件搭配金属油墨或者金属镀膜工艺，可以达到媲美金属材质的质感，并具备一定的透光优势，非常适合制作有显示界面需求的产品面板。

② 采用光刻机通过曝光显影的方式制作的超高精度压印模具，这类模具的精度在纳米级别，肉眼不可见具体纹理细节，此类纹理一般称为光学纹理，因为纹理极度精细，所以可以做到对反射光线进行效果编辑，如达到金属反射质感、七彩反射质感等，此类工艺在防伪标识上使用十分广泛，在部分3C电子产品中也被大量使用。

优缺点： 优点有纳米压印纹理精细度极高，可以模仿金属质感以及光学效果。缺点有纳米压印母模具成本极高，一般是制作母模具后翻刻子模具，而后通过子模具进行压印。

成本参考： 以家电玻璃面板为例，不含税最低成本为130 ～ 140元/米^2。

设计注意事项： 纳米压印工艺模具成本高，一定要先制作小样审查细节效果。纳米压印工艺需要在高亮的底色下衬托出纹理质感，一般需搭配金属镀膜、光学镀膜或者高亮金属油墨封底。

应用领域： 包装行业、家电行业、3C电子行业、货币制作，如手机后盖、汽车内饰装饰件、家电面板、膜片、钞票、防伪。

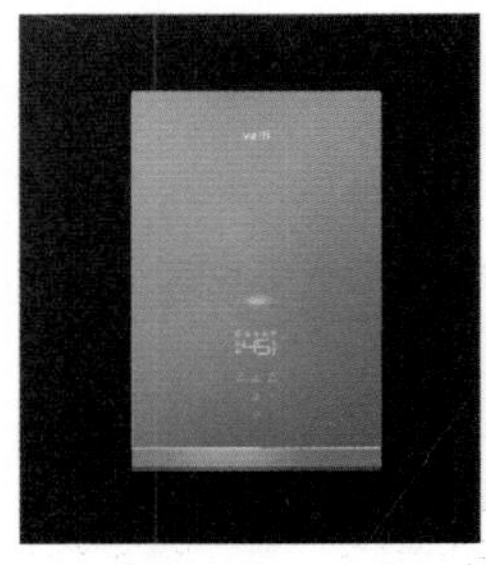

华帝燃气热水器-釉瓷工艺经7道程序4道精准印刷压印形成

W12智能扫拖地机器人-光学纹理压印

小米9采用光学纹理压印

海尔冰箱玻璃面板采用光学纹理压印

CMF关键词推荐

创新价值：新工艺、新技术

商业价值：高效率、高附加值、易加工、装饰、高精度

消费价值：精细感、立体感、多色、无色、奢华、精致、智能、科技、舒适、光学效果

4.2.2.6 水转印

水转印工艺可以在拉伸度高以及形状较为复杂的制件表面进行图文转印。最常见的效果是仿木纹处理。

水转印工艺的原理是通过一种容易溶解于水的水性薄膜来承载平面图文，此类水性薄膜具备优秀的张力。施工中，将水性薄膜平送于水的表面，而后将制件入水的过程中，在水压的作用下，承载图文的薄膜可以均匀地包裹在制件表面，随着时间推移，薄膜会溶解于水中，以此将平面的图文转印在复杂造型的制件表面。经清洗及烘干处理后，在制件表面喷涂一层透明的保护涂层，这时产品便可以呈现出薄膜图文所要表现的视觉效果。

目前最新的水转印技术可以实现立体触感，最新的设备可以以喷绘的形式制作水转印膜片，可以快速进行打样、验证，极大提升了水转印的效率。水转印的工艺步骤：打磨→底漆→色漆→转印→面漆→抛光。

优缺点：优点为可以在复杂曲面进行表面施工；缺点为图案对齐精准度略差于其他表面装饰工艺。

成本参考：在喷涂保护光油的条件下，水转印工艺成本与模内注塑工艺成本相近。

设计注意事项：如果对纹理对位有精准要求，不建议采用水转印工艺；如果工件为非接触装饰面，可以考虑省略表面光油喷涂层，降本明显。

应用领域：日用品、家用电器、交通工具，如汽车内饰装饰件、加湿器、日用品壳体。

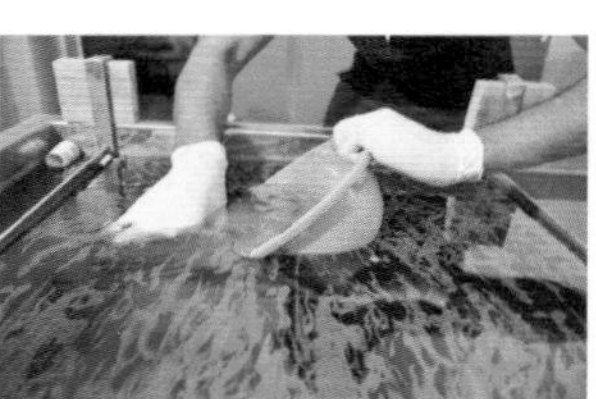

水转印薄膜、转印操作

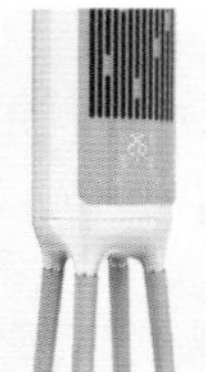

TCL空调器-自然物语

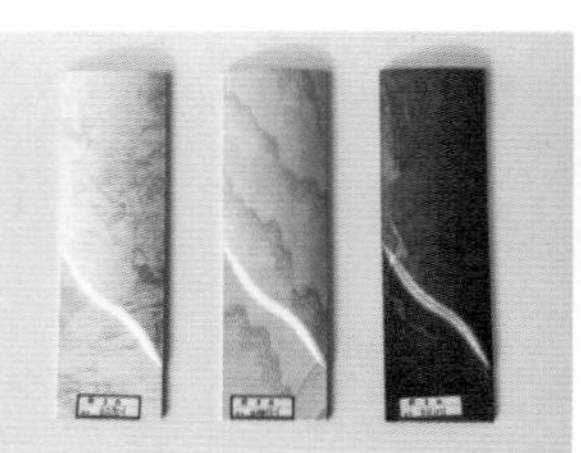

汽车内饰件立体水转印样品、石纹水转印样品

莱克风范吹风机

CMF关键词推荐

创新价值：新工艺、新图纹

商业价值：高效率、低成本、易加工、艺术、装饰、高拉伸、复杂曲面

消费价值：多色、自然、温馨、经典、舒适

4.2.2.7 热转印

热转印工艺是将图文通过印表机以特制转印墨水印在转印专用纸上，再通过热转印机，在高温高压条件下将图文转印到制件表面，完成整个工序流程。热转印工艺可以在皮革、布料、金属、塑料、木制品、纸张等不同基材上面使用。按照转印耗材分类，当下热转印工艺主要分为两类：胶膜热转印与油墨热升华转印。

胶膜热转印的转印纸含有胶质，在高温高压条件下，胶质图案会转印在制件表面。如果转印在纯棉服装上，会存在转印区域不透气的缺点。油墨热升华转印相比于胶膜热转印技术更新一些，主要依靠升华墨水与升华转印纸，热升华油墨在高温的情况下会发生热升华，蒸发至制件表面，如果制件为服装，油墨会直接渗入纺织纤维内，相比于胶膜热转印，油墨的牢度极高，同时通气性好。

优缺点： 印刷步骤简单，不损坏基底材质，对位精准。但在布料上转印后图案会发硬，并且透气性较差。横向拉扯转印图案会产生裂纹。热升华油墨转印，会产生色偏以及位移问题。

成本参考： 热升华转印成本高于胶膜热转印。

设计注意事项： 热升华转印时，必须提前打样对色，确认电脑屏幕颜色与升华转印后工件的表面色差。

应用领域： 服装行业、家电金属面板、消费电子。

胶膜转印

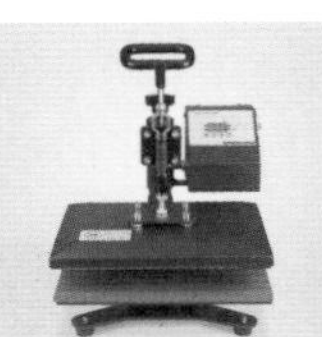

热转印机

热升华油墨的打印设备

热升华油墨转印

FGA丛趣系列饮具－图案纹理热转印

CMF关键词推荐

创新价值：新工艺

商业价值：高效率、低成本、易加工、装饰　　消费价值：多色

4.2.2.8 UV 转印

UV转印工艺是利用UV转印胶水与模具基材（子模胶、母模胶、模具金属）不粘的

特性，将模具上的纹理效果（包括但不限于CD纹、拉丝纹、太阳纹、批花纹、编织纹、喷砂纹、皮纹、3D面、幻彩效果、鼓包效果、猫眼效果、哑面效果、亮面效果、高亮面效果等）通过UV转印工艺转移到PET、PC、PMMA、复合板材、钢化玻璃、铝合金等金属片材上，从而做出丰富的2D、3D外观纹理图案效果。

工艺步骤：

① 开模：通过激光雕刻或者光刻机曝光显影的方式在模具上做出极其精细的凹凸纹理，有的模具可以直接使用，但针对极其精密的纹理，一般会先制作母模具，通过子模具翻刻母模具纹理，子模具可以作为消耗品使用，可以有效保证转印质量以及模具寿命。

② 转印：将UV胶水通过丝印或涂布的方式转印到模具上。

③ 压合：将基材与转印模具贴合在一起，再用压力辊等施压部件将基材紧压到转印模具上。

④ 光固：将基材和转印模具放到光固机中进行光固，可选择LED灯照射或汞灯照射。

⑤ 脱模：将转印好的基材与模具剥离，此时纹理已转印至基材表面。

优缺点：优点有纹理精细、硬度高、耐磨性好；缺点有拉伸性较弱、模具成本较高、成品率相比于UV压印低。

成本参考：以3.2mm厚的钢化玻璃基材为例，成本大约为400 ～ 500元/m^2，尺寸越小成品率越高，成本越低。

设计注意事项：UV转印的纹理极其精细，对设计图纸的要求极高，一般建议在500dpi以上。

应用领域：手机背板、手机摄像头、家电面板、汽车内饰、生活电器装饰件。

万和S1守护神系列智能电热水器-UV转印真实拉丝纹理

晨耀系列超一级能效健康燃气热水器-UV转印超真实拉丝纹理

法迪欧天际烟灶套系-UV转印CD纹旋钮

CMF关键词推荐

创新价值：新工艺、超精细装饰工艺、UV、转印

商业价值：高附加值、装饰

消费价值：精细感、奢华、精致、智能、科技

4.2.3 刻

刻，为采用刻的方式加工，主要有化学蚀刻、激光雕刻工艺。

4.2.3.1　化学蚀刻

化学蚀刻是一种溶液腐蚀过程，是将需要蚀刻的产品浸入蚀刻液中，在一定温度下，将需要蚀刻的部分溶解，在表面形成一定的凹凸图纹，达到装饰等目的。溶液主要有酸性溶液、碱性溶液及电解质溶液。光化学蚀刻的原理与化学蚀刻类似，区别在于应用，偏向于铜版、锌版等印刷凹凸版制作等，后面逐渐朝着精密电子零部件加工方向发展，特别是半导体行业应用广泛。

优缺点：设备简单，成本偏低，但不环保，由于各种酸性溶液调配，存在一定的危险性。

成本参考：化学蚀刻成本相对激光雕刻更低。按照普通的金属结构件来算，一件大概几块到几十块不等，按照面积来算，一平方米大概几百元。

设计注意事项：对于小样件来说，蚀刻时间的测定很重要，可以确保最佳化学蚀刻时间；适当增加蚀刻过程中的测量时间次数，保证蚀刻精度。同时要控制好腐蚀液浓度和温度。

应用领域：电子产品，如手机、平板、笔记本电脑、智能穿戴产品等；生活用品，如滤网、剃须刀网、过滤器等；汽车零部件；机械设备配件；医疗配件等。钢辊、家居板材用的钢板模具、咬花纹理模具，也是采用化学蚀刻。

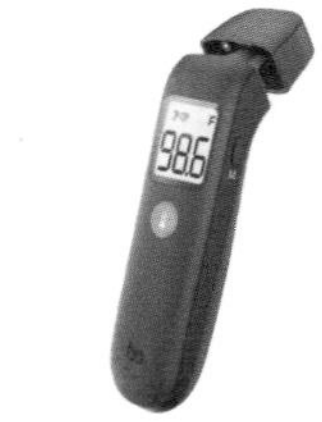

额耳两用测温仪-H455B深灰ABS晒纹

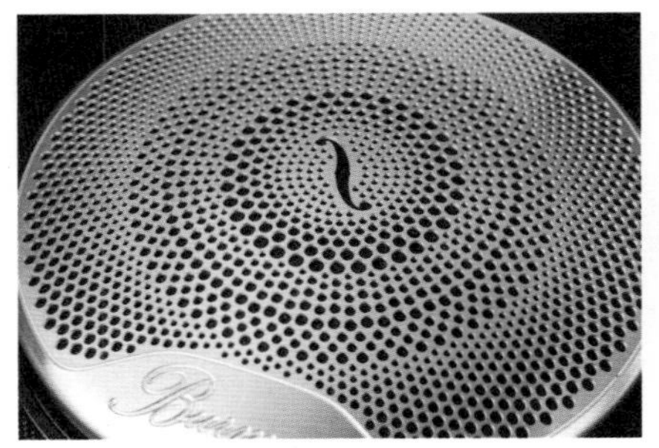
汽车金属扬声器格栅，采用化学蚀刻加工

好博窗控iHandle无基座执手-Logo蚀刻

小黄鸭口算宝-上下壳耳朵注塑晒纹

黑鲨5系列-玻璃表面应用蚀刻呈现高级磨砂感

Realme GT2 Pro采用AG蚀刻

执手Logo蚀刻

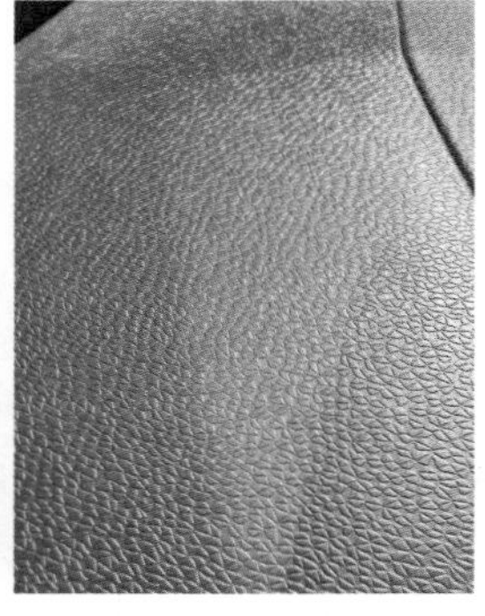

汽车内饰中，塑胶件表面的荔枝纹、皮纹效果通常采用化学蚀刻加工

CMF关键词推荐

商业价值：高附加值、低成本、装饰　　消费价值：自然、家居

4.2.3.2　激光雕刻

激光雕刻是采用激光在模具上雕刻出已经设计好的纹理样式，随之直接生产出带有纹理的产品，这种产品往往外观更精致更高级。激光雕刻是目前应用广泛的表面处理关键性技术之一。

优缺点：优势在于可以加工更高精度、样式的纹理，且适用于3D曲面或弧面，设计自由度高，精细度可达微米级。同时激光加工属于物理性加工，环保无污染。缺点为成本较高。

成本参考：激光雕刻高于化学蚀刻。纹理越精细，价格越高。

设计注意事项：激光雕刻属于参数化设计过程，纹理这一块非常重要。在加工之前一定要与客户提前沟通好产品及模具3D数据、编程等，然后再开始激光雕刻注塑产品。前期就要在软件里实现纹理贴图布局制作效果图，分析脱模角度和防摩擦模拟，减少后续产品脱模拉伤的现象。如果要设计出更复杂更细节化的纹理，就要进行多层分层雕刻，这样呈现的外观效果最好，细节清晰也使得过渡更自然，产品更精致与上档次。

应用领域：汽车领域，如各种内饰及外饰面板，包括后视镜盖、立柱、尾灯、门板、中控面板、仪表板等；电子产品领域，如手表、耳机、手机、平板、笔记本电脑等；家电

长安汽车UNI-V能量几何纹理

吉利几何A内饰激光纹理

家居领域，如电视、冰箱、音响、沙发等；印刷包装行业，如瓦楞纸箱等；工艺品行业，如纸质、布艺、皮革、树脂等工艺品。

CMF关键词推荐

创新价值：新工艺、新图纹
商业价值：高效率、高性能、高附加值、易加工、艺术、装饰、耐污、防污
消费价值：亲肤、哑光、立体感、精细感、奢华、精致、真实、自然、家居、科技、舒适
社会价值：绿色环保

4.2.4 氧化

氧化的方式加工，主要有阳极氧化、微弧氧化、化学氧化工艺。

4.2.4.1 阳极氧化

阳极氧化是铝合金等金属常用的表面处理工艺之一，不仅可以做丰富的色彩效果、图案纹理等装饰，同时本身也有防护等功能性作用。阳极氧化是一种电化学反应，金属在特定的电解液中，外加电流在阳极上形成一层稳定的氧化膜，并且可以在密封之前以多种方式对氧化膜进行着色。工艺本身已经非常成熟，且应用极为广泛。

优缺点：阳极氧化工艺可以在产品金属表面形成致密膜层，在增强机械性能、耐磨耐候性、绝缘性，提高与涂层的结合力等功能性的同时，还可以着色及制作图纹，作为产品外观装饰之用。但其生产过程中会由于材料黏在一起、氧化膜混入杂质、电解温度过高或时间过长等问题出现外观不良等状况。

成本参考：按照面积约5～20元/m²。手机后壳阳极氧化约3～15元。

设计注意事项：阳极氧化工艺多用于部分金属产品表面，特别是铝合金、镁合金等。一些金属例如不锈钢等是不建议采用阳极氧化的。阳极氧化的功能主要是着色和改善原产品表面性能，要根据产品的实际情况，综合其成本来决定是否采用此种工艺，保证性价比。同时在加工过程中要注意硫酸浓度、电解时长及温度、表面损伤、金属基材的成分、电解液杂质等因素，避免产品出现大量不良而增加成本。

应用领域：电子产品领域，如手机中框、笔记本电脑外壳、智能穿戴产品外壳、电子烟外壳等；建筑领域，如外立面、墙面顶面等；家电家居领域，如大小类家电的外壳、门把手、书架、灯罩等；汽车领域，如轮毂、中控面板、饰条等。

AirPods Max铝合金耳罩

MacBook Pro键盘位置阳极氧化熏黑处理

淮安钛谷纯钛冷饮杯，表面阳极氧化工艺

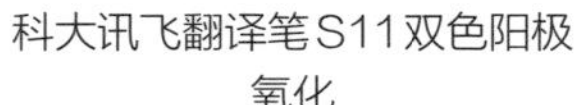

科大讯飞翻译笔S11双色阳极氧化

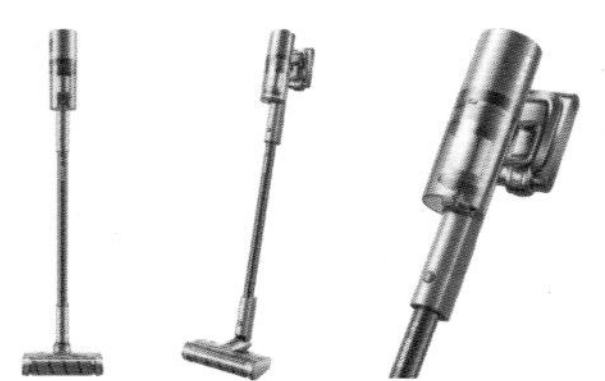

苏泊尔T6吸尘器阳极氧化金属管

B&O耳机外壳为阳极氧化铝

CMF关键词推荐

创新价值：新工艺

商业价值：高效率、高附加值、装饰、耐污、防污

消费价值：金属感、哑光、多色、奢华、精致、真实、科技、舒适

4.2.4.2　微弧氧化

微弧氧化是阳极氧化的进阶版，也叫作等离子体电解氧化（PEO），涂层更优质，是表面陶瓷化的一种技术。原理是通过弧光放电，在瞬间的高温高压作用下，通过电解液与相应电参数的匹配调节，在金属表面生长出以基体金属氧化物为主的陶瓷膜层。

优缺点：微弧氧化解决了一些阳极氧化的缺陷问题，极大提升了膜层综合性能，包括防腐蚀、耐磨、耐高温、电绝缘等，且相对更环保，工艺简单稳定，膜层厚度易于控制等。缺点是由于在更高电压下操作，安全问题是一大隐患。同时电解液温度上升较快，需配备较大容量的制冷和热交换设备。

成本参考：一般行业相比于传统的阳极氧化，微弧氧化的工艺成本更高，大概高15% ～ 20%。主要原因有氧化槽液更换周期更短等。而汽车及航空等工业领域中，要高出更多，大概为50% ～ 120%。而用于轮轴等则更贵，大概高出240% ～ 360%。

设计注意事项：微弧氧化根据其产品的发展方向，其工艺发展会受到影响，比如材料结构组成、轻薄化等。相比于阳极氧化，微弧氧化适用的金属材料种类比较多，更多注重膜层功能性。因此在设计需要表面性能高一些的产品时，可选择此工艺，比如要做一些耐磨、耐热、更高强度零部件，或是电工材料、光学材料等产品，还有一些需要定制化或特殊化处理的产品。当然微弧氧化也可以作装饰性加工，比如多彩配色。在使用微弧氧化工

三星Notebook 9笔记本电脑，采用微弧氧化

HTC One S，采用微弧氧化

艺时要注意金属材料的表面状态、电解液的成分、电压电流的密度、温度及时间等因素。

应用领域： 主要应用于国防航天领域，如军用武器、穿戴设备、卫星；电子产品领域，如笔记本电脑外壳、机箱壳体等；汽车等交通工具领域，如自行车车架、汽车活塞座、气缸、轮毂等。

镁合金黑色微弧氧化

铝合金微弧氧化

镁合金微弧氧化

钛合金微弧氧化

CMF关键词推荐

创新价值：新工艺

商业价值：高性能、高附加值、装饰、耐污、防污

消费价值：金属感、精致、科技

社会价值：绿色环保、无毒

4.2.4.3 化学氧化

化学氧化是通过氧化剂溶液，让零部件在一定温度下进行失电子的氧化反应，进而形成一层膜层的过程。相比阳极氧化，无须通电，是一种纯化学反应。这种工艺主要适用于有色金属，比如铝、镁及其合金等材质。

优缺点： 氧化时间非常短，只有几十秒，效率很高。同时设备比较简单且操作方便，可加工的零部件大小及形状不受限制，增强金属防锈能力，成本很低。但相比阳极氧化，膜层较薄，因此耐磨性很差，且不绝缘。

成本参考： 相比于阳极氧化，成本降低很多，大概降低40% ～ 50%，大概1 ～ 2元/m^2。

设计注意事项： 这种工艺相比阳极氧化的膜层厚度及性能差很多，但比较节约成本。一般应用在一些对表面性能要求不高、超小型、压铸铝及结构复杂的工件及产品领域，比如化学氧化发黑铝合金件制作，化学氧化的方案性价比更高。当然，这种技术也是可以着色的，颜色与药水及操作工艺条件等有关。

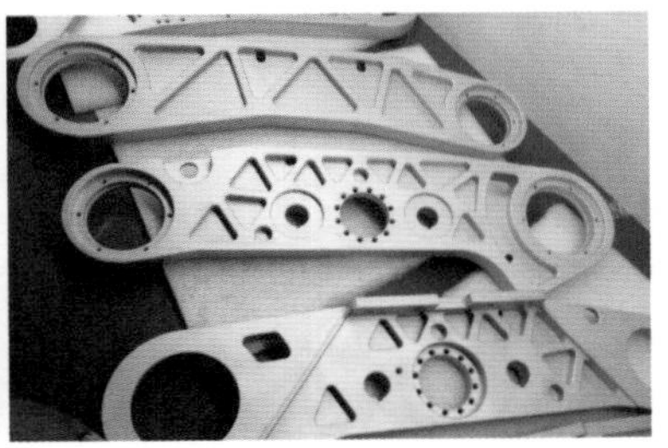

化学氧化与导电氧化

应用领域：总体来讲应用很普遍。一般来说，化学氧化的膜层较薄，不宜单独使用，多与其他工艺做配合。比如可以作为油漆底层，具有防锈抗氧化等功效。可以用在一些大型零部件及组合件上，比如点焊件、铆接件等。

左：化学氧化前　右：化学氧化后

CMF关键词推荐

商业价值：高效率、低成本

消费价值：哑光

社会价值：低能耗

4.2.5 物理方式

物理的方式加工，主要有模压（压纹、压花）、批花（车花、铣花）、拉丝、抛光（磁流变频）、CNC机加工、植绒、打孔、绗缝、电泳、电铸工艺，其中电铸工艺在4.2.7.12中介绍。

4.2.5.1 模压（压纹、压花）

模压，也叫压纹、压花。使用有凹凸纹理的模具，在压力和温度的作用下，使被压/印物品（金属、皮革、UV树脂、纸、塑胶、硅胶等）表面产生形变，形成深浅不一的图案纹理。有平板压纹和辊筒压纹两种。模具纹理实现方式一般有化学蚀刻和激光镭雕等，蚀刻成本更低，激光镭雕会更精致。

金属压印是将板料放在上、下模之间，在压力作用下使材料厚度发生变化，并将挤压外的材料，充塞在有起伏细纹的模具型腔凸、凹处，而在工件表面得到形成起伏鼓凸及字样或花纹的一种成型方法。如目前用的硬币、纪念章等，都是用压印的方法成型。

优缺点：辊筒压花广泛应用于包装行业，成本低，效率高，可以实现有凹凸浮雕感的效果。平板压纹更精致，效率相对较低，如手机行业广泛应用的光学纹理就是平板UV转印。模具纹理工艺成熟，可以实现仿生，如木纹、皮纹，以及凹凸设计纹理等；激光镭雕纹理会更精致，成本会更贵，但是模具易损。

成本参考：加工成本较低，主要成本在模具。

设计注意事项：辊筒纹理要注意设计纹理的连续性，注意不同模具压纹的加工工艺精度差异。

应用领域：包装、箱包、消费电子产品、汽车、家电、建筑家居装饰、钱币、工艺品、纪念章等。

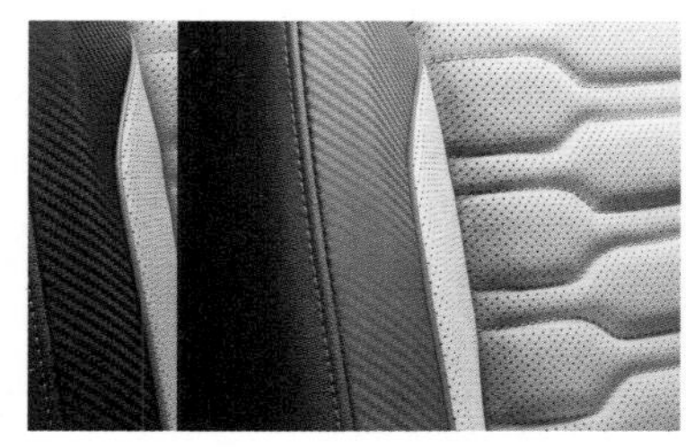
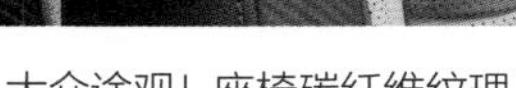

大众途观L座椅碳纤维纹理

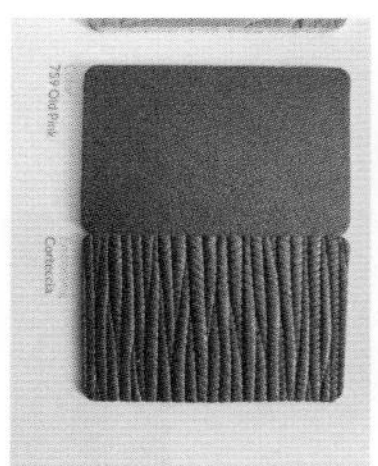

皮革的模压效果

奥迪R8汽车座椅牙印R8标识

CMF关键词推荐

创新价值：新图纹
商业价值：高效率、低成本、易加工、艺术、装饰、流行
消费价值：立体感、精细感、哑光、奢华、精致、家居、温馨、科技
社会价值：低能耗

4.2.5.2 批花（车花、铣花）

批花也叫车花，是一种模仿手工雕刻，使用批花机在金属或其他材质表面雕刻出花纹的工艺。其在首饰加工中使用广泛，在化妆品的包装，比如口红管上曾广泛使用，通过编程可以在圆形的金属管上高效率地雕刻出各种复杂且富有韵律感的花纹。在电子产品上主要用在装饰件上，比如Logo的表面处理。

优缺点： 合适的批花机可以进行旋转铣花，可以在规则造型的管状产品上加工，不同的铣花机可以做不同效果的花纹，如CD纹、高亮纹、网纹、百变纹等。其效果略显粗糙和随意，大面积使用会使质感降低。

成本参考： 在化妆品包装上单批花工艺成本在1元左右。

设计注意事项： 大部分批花机适合规则造型产品的雕刻，如圆形、正圆管等。需要叠加其他工艺来实现更优的质感效果。

应用领域： 首饰、化妆品包装、铭牌、Logo及一些装饰件等。

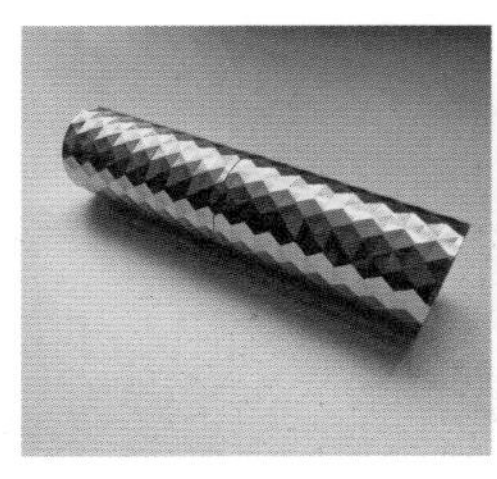

铣花效果

CMF关键词推荐

创新价值：新图纹
商业价值：高效率、低成本、装饰、艺术
消费价值：坚硬、金属感、立体感、奢华、真实、科技
社会价值：低能耗

4.2.5.3 拉丝

拉丝源于金属表面的一种自然质感，是通过砂纸、磨轮等粗糙物体对金属表面进行规律划伤形成的效果。针对金属有拉丝轮、拉丝带等加工方式，控制速度和压力能产生不同的拉丝效果。因为其独特的金属质感，其效果也通过模具拉丝注塑、IML、UV转印等工艺在塑胶和玻璃等材质上仿造。在塑胶仿拉丝效果上，最早通过蚀刻模具达到，效果粗糙不真实，2012年三星S3使用了模具物理拉丝实现了塑胶表面自然真实的拉丝效果，再通过光学镀和喷涂放大拉丝效果和保护纹理，使拉丝效果在塑胶应用上实现质的突破，并风靡一时，是拉丝效果非常成功的应用案例。随着激光镭雕技术的进步，激光镭雕拉丝纹理也达到了自然的效果，并且相对物理拉丝不易产生瑕疵。在金属上，拉丝可分为：直纹拉丝、乱纹拉丝、波纹拉丝、旋纹拉丝、螺纹拉丝。

优缺点： 拉丝质感自然是材质本身的质感，容易搭配各种产品，并且能很好地防指纹和防划伤。

成本参考： 以手机6～7寸大小为例，单拉丝工序价格在0.5～2元。

设计注意事项： 金属材质进行物理拉丝时，使用拉丝轮适合做短丝拉丝，拉丝带适合做长丝。UV转印拉丝效果结合电镀，会产生更深邃更有质感的效果。在塑胶模具注塑的拉丝效果上，越精致精细的拉丝效果，越易磨损，需要做表面处理保护。

应用领域： 拉丝效果在各行业都有广泛应用，如家电、汽车、消费电子、医疗、家居、厨房电器、生活电器等。

不锈钢表面不同拉丝效果样板

康佳A6MiniLED系列电视-金属抛光拉丝

华帝新一代鸳鸯灶BZ8355B-阳极氧化拉丝铝合金

老板电器燃气热水器HT683-背面KMI拉丝，为UV转印拉丝加工

瑞晶锦系列智能开关-不锈钢拉丝

万家乐A3小体积燃气热水器-不锈钢拉丝

CMF关键词推荐

创新价值：新图纹

商业价值：高效率、高附加值、高识别度、低成本、易加工、装饰、耐污

消费价值：亲肤、砂感、金属感、精细感、哑光、奢华、精致、真实、自然、智能、科技

4.2.5.4 抛光

抛光是产品外观加工中常用的工艺，目的有两种，一种是完成高亮甚至镜面的效果，另一种是为后工艺提供优良没有瑕疵的预处理基础。几乎所有的材质都会用到，所以针对不同材质，抛光工艺有非常精确的细分。金属如不锈钢、铝合金、钛合金等都有各自不同的抛光手法，陶瓷、玻璃、塑胶等也有各自的抛光方式。同时针对造型的复杂程度也会有不同的抛光方式，比如复杂造型会用到磁流变抛光。苹果的ipad的不锈钢高亮效果、iPhone 7的铝合金高亮效果都是抛光所达成高亮效果的典型案例，采用磁流变抛光工艺。三星S3的拉丝效果，模具在拉丝前先要进行抛光处理，以达到更细腻更光洁的拉丝效果。

优缺点：抛光效果所达成的高亮效果是高品质的效果，也是常用效果。缺点是易划伤，容易留下指纹。

成本参考：抛光材质不同成本差异较大，也和面积有关。

设计注意事项：金属类做抛光一般会进行粗抛、中抛、精抛三道工序以达到光洁的效果，对于更高要求镜面还有皮之类配合抛光液来完成最后的超镜面处理。大多数材质的抛光效果要进行后处理来进行保护，以防止磨花或留下指纹，不锈钢进行PVD（物理气相沉积）、铝合金进行阳极氧化、塑胶进行喷涂，对于玻璃和陶瓷表面硬度较高的也要进行防指纹处理。

应用领域：抛光效果在各行业都有广泛应用。

iPhone 13不锈钢抛光效果

oppo Find X5陶瓷抛光效果

iPhone 7铝合金后壳抛光效果

CMF关键词推荐

创新价值：新工艺

商业价值：高附加值、装饰

消费价值：光滑、高亮、镜面、精致、真实、智能、科技、经典

4.2.5.5 CNC 加工

CNC加工是一种精度非常高的精雕产品造型加工方式。CNC加工因为其加工效率和难度，最早只在精密件和局部要求高的工件上使用，比如高亮C角效果的加工，手机类的电子产品在模型制作时会使用。苹果最早将CNC用在笔记本电脑的加工上，iPhone 5将CNC工艺大规模用到了铝合金手机外壳的加工上，推动了手机行业规模化量产，国内外品牌纷纷跟进，从此极大提高了金属制品的精致度，并且慢慢延伸到玻璃等产品的加工。

优缺点：CNC加工精致度高，可加工复杂曲面，用在外观件加工上会极大提高产品精致度，比如苹果笔记本电脑外壳和手机外壳，局部使用能给产品带来精致的局部细节，最常用的是CNC加工的C角。但是CNC加工成本高、效率相对较低，并且对原材料也会造成较大浪费。国内很多制造商是结合冲压或锻压来预成型，再结合CNC加工，从而降低CNC加工时间和材料浪费，降低成本。

成本参考：全CNC加工的手机中壳在100元以内。

设计注意事项：在中壳设计时要注意曲面设计的连续性，iPhone6的规则弧度设计可以一把刀头完成外形加工，从而降低了加工难度和时间，曲面复杂则需要换刀头进行加工，会造成成本和加工时间提高的问题。在高亮C角加工时，常见刀纹和崩边问题，刀头的选用和转速都会影响最终效果。CNC加工完成后要进行后工艺处理，针对不同材质有喷涂、氧化、PVD等。

应用领域：手机、笔记本电脑、汽车、大部分产品的精致度辅助加工等。

机身采用CNC加工

Macbook的机身和按键部分都是CNC加工

CMF关键词推荐

创新价值：新工艺、新技术
商业价值：高性能、高附加值、装饰
消费价值：坚硬、精致、真实、金属感、自然

4.2.5.6 植绒

植绒（Flocking）的原理是电荷同性相斥、异性相吸的物理特性，使绒毛带上负电荷，把需要植绒的物体放在零电位或接地条件下，绒毛受到异电位被植物体的吸引，呈垂直状加速飞升到需要植绒的物体表面上，由于被植物体涂有胶黏剂，绒毛被垂直黏在被植物体上。

优缺点：植绒面料手感柔和，使产品增加豪华感，同时还具有减震降噪作用，应用到汽车手套箱或者杂物箱内壁，可降低箱内物体与箱体碰撞时发出的响声，但绒毛的稳固性稳定，易引起静电，热稳定性差，并且洗涤后可能出现褪色。

成本参考：车规级植绒面料大约180～200元/m²，单车大概应用0.3～0.5m，成本偏高。

设计注意事项：由于植绒成本偏高，在设计过程中应根据产品定位合理应用，避免成本过高而影响利润。

应用领域：汽车、工艺品、包装及其他行业，如：地毯、密封条、相框背板、工艺字画、首饰盒、酒瓶、防火门、保险柜等。

植绒首饰盒

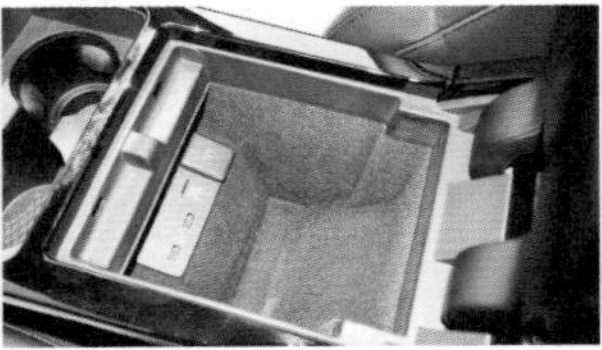

汽车用植绒

CMF关键词推荐

创新价值：新技术

商业价值：高附加值、安全、产品溢价、装饰点缀

消费价值：亲肤、柔软、暖意、哑光、吸音、豪华、精致、温馨、舒适

4.2.5.7 打孔

打孔（Perforate）一般分为模具冲压打孔（规则设计）和数控编程打孔（不规则设计），可以根据产品整体的设计风格和设计元素，通过不同的孔形、孔径、孔距排版，组合设计出各种图案，并与绗缝搭配应用，极大地提升产品装饰性，从而达到溢价效果。

常规打孔	花样打孔	异性打孔	打孔透色
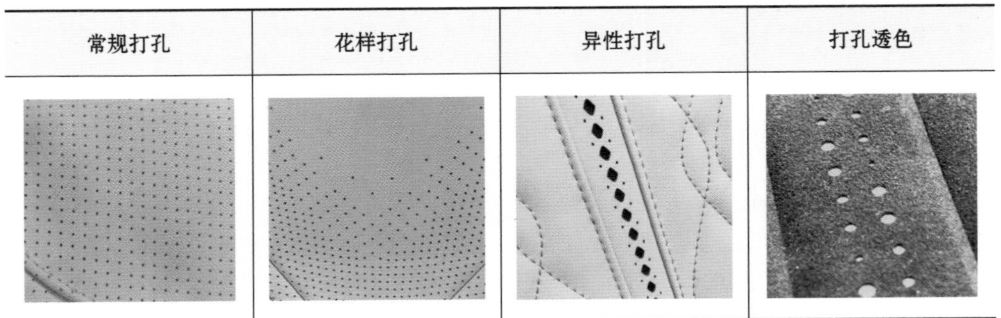			

优缺点：汽车座椅上的打孔，通常是功能性和装饰性的结合，功能性上用于通风，装饰性上使设计更加丰富，但并非所有材料都可以直接进行打孔加工，真皮/超纤类可以直接在基材上进行打孔，PVC/PU类需要对基材进行处理后再打孔，由于工序及打孔模具的

增加必然造成成本增加。

成本参考：根据不同基材和打孔复杂程度，成本大概增加8 ～ 30元/m^2。

设计注意事项：设计师应注意打孔所选择的基材，若在白色基布的PVC上进行打孔设计，建议为半打孔，否则会从孔洞中露出白色基布，影响产品精致感。若在超纤革上进行打孔设计，由于超纤革延展性大，在生产过程中容易造成孔形变形，同样影响产品品质。

应用领域：汽车、服饰及其他行业，如座椅、门板、皮鞋、皮包等。

汽车座椅打孔

皮鞋打孔

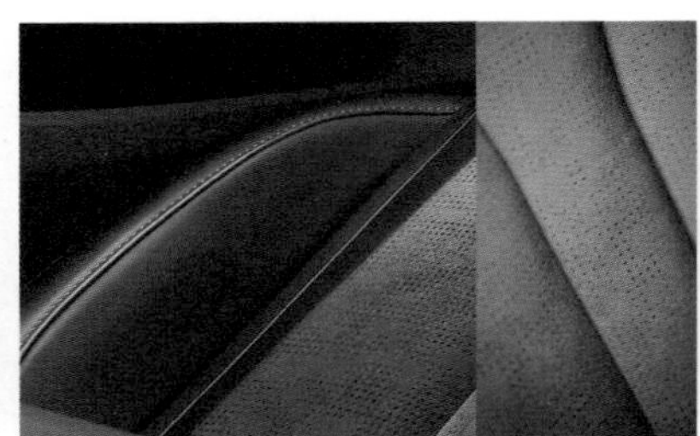

吉利星越L内饰打孔

CMF关键词推荐

创新价值：新工艺、新图纹

商业价值：高效率、高附加值、高识别度、易加工、艺术、装饰、流行、透气

消费价值：奢华、精致、舒适

4.2.5.8 绗缝

绗缝（Quilting）是民间传统工艺，至今已有50余年历史，起步于20世纪70年代，至今绗缝工艺已经非常成熟，大多可分为常规绗缝和花式绗缝，根据产品风格及设计元素，通过对缝线的走向进行组合设计，表面形成自然的鼓包，并可以与打孔设计组合搭配，极大提升产品的精致感及奢华感。

优缺点：虽然绗缝能够为产品提升高级感，但不适合大面积过于密集地使用，容易使皮革失去原有的软质触感，影响产品触感。

成本参考：目前绗缝工艺在汽车座椅上应用得越来越多，从原来的高端车应用慢慢往中等级别车型中延伸，但是受绗缝的工序增加影响，生产效率降低，成本增加。

设计注意事项： 当纤缝与打孔组合设计时，尽量在打孔图案附近为纤缝留出空白，避免打孔造成缝线不顺直，影响品质。

应用领域： 汽车、服饰及其他行业，如：座椅、门板、皮鞋、皮包等。

香奈儿小羊皮

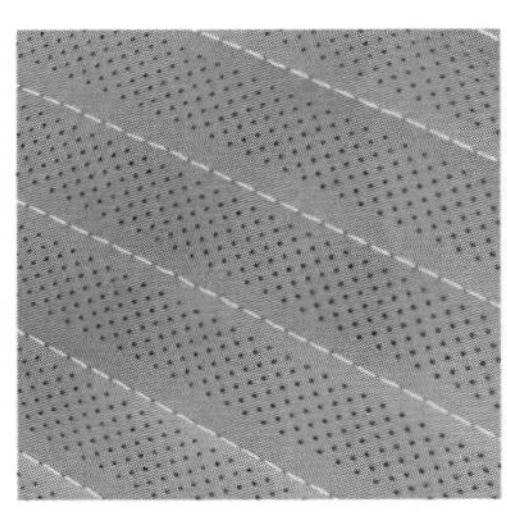
打孔成功案例：打孔与纤缝之间留白

打孔失败案例：打孔与纤缝之间未留白

长城汽车-TANK500内饰，采用纤缝

CMF关键词推荐

创新价值：新工艺、新图纹
商业价值：高附加值、高识别度、艺术、装饰、传承
消费价值：立体感、奢华、精致、经典、舒适、文化

4.2.5.9 电泳

电泳为金属表面金属离子沉积的涂层方式。溶液中带电粒子（离子）在电场中移动，利用带电粒子在电场中移动速度不同，而达到分离的技术称为电泳技术。

优缺点： 电泳具有优良的防腐蚀性、渗透性和装饰性，被广泛应用于金属材料表面涂装。电泳的缺点，比如颜色没法做到像铝材一样的氧化丰富性，涂膜颜色单一，制造成本相对而言较高。膜厚上，若是电泳膜太厚，珠光的电泳层结合力会变差，光面的电泳层外观会出现变皱、粗糙等外观缺陷。电泳层的耐磨性能与氧化层和烤漆比略差。

成本参考： 以手机后盖为例，预计7元左右。

设计注意事项： 电泳颜色限制比较大，应用率最高的是铝合金电泳白色，外观卖点突出。

应用领域： 手机、数码家电、锁具、眼镜架、自行车部件、文具、皮箱扣、打火机等。

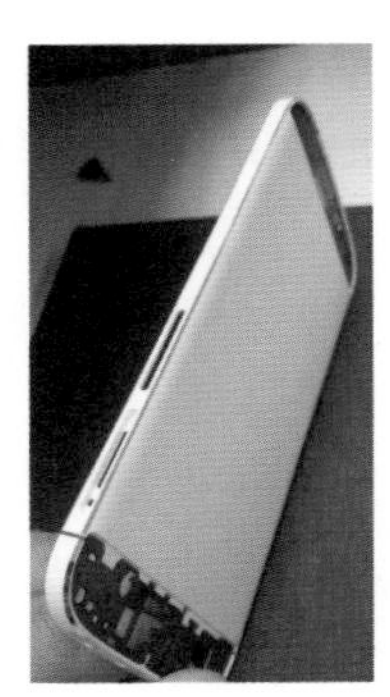
白色电泳电池盖

CMF关键词推荐

创新价值：新工艺
商业价值：高效率、高性能、装饰
消费价值：真实、金属感、高亮、哑光、无味
社会价值：无毒

4.2.6 化学加工

化学加工，指采用化学方式、手段，进行产品工艺加工。如浸染、化学蚀刻、化学抛光、化学氧化。本节主要介绍浸染、蚀刻、化学抛光。氧化类见4.2.4（阳极氧化、微弧氧化、化学氧化）。

4.2.6.1 浸染

浸染亦称竭染，主要是将被染物浸渍于含染料及所需助剂的染浴中，通过染浴循环或被染物运动，使染料逐渐上染被染物的方法。

优缺点： 不易脱落或很少脱落，颜色饱和度高，渐变效果非常自然细腻，即使用放大镜也看不到任何颗粒或噪点，可打造出高颜值流光溢彩的外观。对于规则的渐变色而言，仅能实现双色渐变，多色或不规则的渐变色较难实现。生产良率或渐变幅度控制有一定要求，尤其是渐变色的颜色管控比印刷复杂，浸染液的温度、水流量把控不到位，染色效果的晶莹度就会受到影响，同时也可能使不同片材之间、同一片材不同部位之间产生色差。且对品质良率控制较好的优质的厂商资源并不是太多。

成本参考： 2.5元左右（手机后盖板）。

设计注意事项： 减少急剧变化的撞色使用（如红配绿），从设计端尽可能应用相邻色（如蓝配紫）。

应用领域： 手机、服装、家居等行业。

小米Play使用浸染的工艺的后盖

CMF关键词推荐

创新价值：新颜色

商业价值：高效率、低成本、装饰

消费价值：多色、真实、传承、智能、科技、文化

4.2.6.2 蚀刻

通过曝光显影或丝印，将不需要蚀刻的部分保护住，直接溶液蚀刻，或是用电流加速蚀刻溶液将金属溶解，而形成不同的字符或者图案，也可加工成通孔。主要工序为预处理（去除杂质）→遮蔽（保护不被蚀刻的部位）→蚀刻→去除遮蔽→后期处理。

优缺点：效率高，图案字符设计度自由，可以一次实现不同大小通孔的加工。缺点是溶剂腐蚀，环保处理难度大，容易对环境造成破坏。

成本参考：一平方米的钢片蚀刻大概100元。

设计注意事项：字符间距最小值为0.02mm，加工的板材厚度在2mm以下，更适合0.5mm以下的薄板。

应用领域：可加工材料：各种金属、合金及不锈钢板材、带材。电子行业主要为金属漏板、盖板、音箱网、键盘按键、铭牌等装饰件。

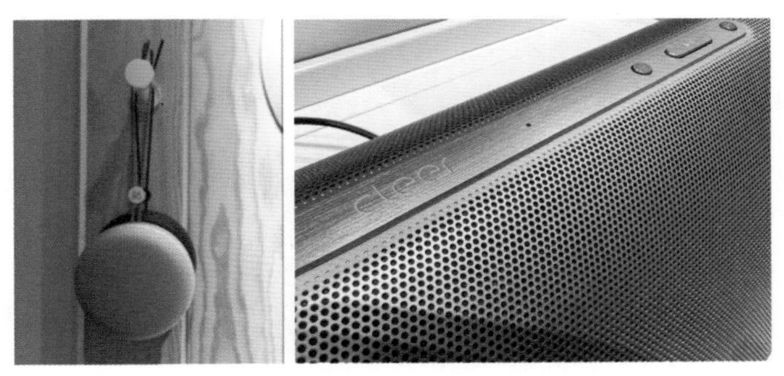

蚀刻音箱网孔、金属蚀刻网孔与字符

CMF关键词推荐

创新价值：新工艺、新图纹

商业价值：高效率、低成本、装饰、透气

消费价值：金属感、精致、真实、智能、科技

4.2.6.3 化学抛光

化学抛光是一种抛光工艺，将金属加工产品浸泡在特制的溶液中，在金属表面反应，形成光亮甚至镜面的效果。该工艺广泛用于金属表面的预处理，可除杂质、控制金属表面粗糙度等。如铝合金喷砂效果，在喷砂后要进行化学抛光以去除杂质和让喷砂感更均匀。化学抛光在化妆品的铝包装上广泛应用，如口红管、睫毛膏管。

优缺点：化学抛光对造型无要求，广泛用于大型或是异形产品的抛光加工，如水龙头等，具有物理抛光无法达到的效果。并且能源消耗低，操作简单、效率高。化学抛光对材质要求较高，如铝材纯度越高越容易做到镜面效果，合金铝抛光效果会差。

成本参考：铝合金手机壳单化学抛光工序在1～4元。

设计注意事项：纯度越高的铝材越容易做到高亮效果，但是纯度高的铝材本身比较软，强度不适合大部分手持电子产品。颜色也会影响最终的抛光效果，颜色越浅越不容易掩盖瑕疵。在预处理的化学抛光中，如铝合金喷砂后的化学抛光，是影响最终砂感的一个重要因素。

应用领域：金属材质加工的预处理，在化妆品包装、家居产品、汽车、电子产品中等都有广泛应用。

化妆品包装上用的化学抛光

水龙头产品使用化学抛光

CMF关键词推荐

创新价值：新工艺

商业价值：高效率、低成本

消费价值：奢华、精致、真实、金属感、智能、科技

社会价值：低能耗

4.2.7 镀

镀，为镀膜类工艺，“镀”（Coating/Plating）是细致严谨的物理喷涂工艺的总称，把镀材（Target，称为靶材）细微化的粒子采用能量附加后喷布到被镀物（称为基材）上，而且基材被施加正电极性后可吸引中性或负电性的细微化靶材附着。镀膜是极为深度的科学，主要是附着力和表面抵抗能力加上外观装饰要求的总和，还要以最低成本展现产品特色。“镀”因为是更细致严谨的物理喷涂，所以镀膜过程要求洁净无尘的车间或洁净的纯水，镀膜都是以纳米级（10 ～ 50nm=0.01 ～ 0.05μm）来堆积材料，杂质颗粒（例如PM2.5，一般环境下的粉尘粒度在2.5μm）会造成镀膜的污染和缺陷，所以镀膜前产品必须要经过清洁程序，确保没有灰尘；车间的工作环境要保证控制洁净等级是无尘室（<100000级落尘，甚至到达10000级）。需注意遮蔽治具的费用往往不在设计概念中，如何遮挡不要镀膜的区域有两种方式，使用遮蔽治具或镀膜完成后以激光清除（不一定可行），因此局部镀膜比全镀成本更高。

“镀膜”的类型如下所示。

<table>
<tr><th colspan="6">镀的分类</th></tr>
<tr><td rowspan="5">干法镀：
真空镀
物理气相沉积
（PVD）</td><td>环境介质</td><td>靶材形状</td><td>介质加热</td><td>基材极化</td><td>基材加热</td></tr>
<tr><td>真空/氩气</td><td>块状靶（粒/板/空心管）</td><td>无</td><td>必要</td><td>必要</td></tr>
<tr><td>蒸发镀/光学镀</td><td>电阻丝加热法
金属舟加热法
电子枪蒸发法</td><td colspan="3" rowspan="3">不导电真空镀（NCVM）
防眩光镀膜（AG）
防反射镀膜（AR）
抗指纹镀膜（AF）
超黑全吸光镀膜技术（UBLAC）
色彩镀膜（金属色/合金色/黑/锖）
抗氧化保护镀膜
加硬镀膜/抗磨耗
导电路径</td></tr>
<tr><td>溅射镀</td><td>直流溅射
中频溅射镀
射频溅射镀</td></tr>
<tr><td>离子镀</td><td>多弧离子镀</td></tr>
</table>

续表

<table>
<tr><th colspan="6">镀的分类</th></tr>
<tr><td rowspan="3">干法镀：
真空镀
化学气相沉积
（CVD）</td><td>环境介质</td><td>靶材形状</td><td>介质加热</td><td>基材极化</td><td>基材加热</td></tr>
<tr><td>真空/氩气</td><td>气体</td><td>无</td><td>必要</td><td>必要</td></tr>
<tr><td colspan="2">蒸发镀
等离子增强蒸发镀（PECVD）</td><td colspan="3">抗氧化保护镀膜
加硬镀膜/抗磨耗</td></tr>
<tr><td rowspan="4">湿法镀：
水电镀</td><td>环境介质</td><td>靶材形状</td><td>介质加热</td><td>基材极化</td><td>基材加热</td></tr>
<tr><td>水/酸（金属解离）</td><td>块状靶（粒/板/柱）</td><td>必要</td><td>必要</td><td>必要</td></tr>
<tr><td>一般厚度（<5μm）</td><td rowspan="2">镀铬
镀镍
镀银
镀铜
镀贵金属</td><td colspan="3" rowspan="2">变色镀膜（金属色/合金色/黑/锖）
抗氧化保护镀膜
加硬镀膜/抗磨耗
导电路径</td></tr>
<tr><td>电铸（10 ～ 300μm）</td></tr>
<tr><td rowspan="3">湿法镀：
化学镀/无电电镀</td><td>环境介质</td><td>靶材形状</td><td>介质加热</td><td>基材极化</td><td>基材加热</td></tr>
<tr><td>水/酸（金属解离）</td><td>块状靶（粒/板/柱）</td><td>必要</td><td>无</td><td>必要</td></tr>
<tr><td colspan="2">镀铜
镀镍</td><td colspan="3">抗氧化保护镀膜
加硬镀膜/抗磨耗
导电路径</td></tr>
<tr><td rowspan="3">喷镀</td><td>环境介质</td><td>靶材形状</td><td>介质加热</td><td>基材极化</td><td>基材加热</td></tr>
<tr><td>溶剂</td><td>金属薄片</td><td>无</td><td>必要</td><td>无</td></tr>
<tr><td colspan="2">贱金属：镀铝、镀锡、镀锌
贵金属：镀银</td><td colspan="3">色彩镀膜
抗氧化保护镀膜</td></tr>
<tr><td rowspan="3">退镀</td><td>环境介质</td><td>靶材形状</td><td>介质加热</td><td>基材极化</td><td>基材加热</td></tr>
<tr><td>水/酸（镀膜层解离）</td><td>无</td><td>必要</td><td>无</td><td>必要</td></tr>
<tr><td colspan="5">将以上各种镀膜层移除并保证不损耗被镀物表面，以便进行返工与修复</td></tr>
</table>

AG、AR、AF为三种常见的光学镀工艺名称，大多数采用电子枪蒸发镀，效率高，也有部分制品不采用真空镀膜的方式来制作AG/AR/AF效果，例如使用浸镀或喷漆的方式，不过由于化学液体的流平性不佳，造成表面不自然反光且膜厚增加透明感不好，大部分高级透光玻璃的AG/AR/AF处理仍采用蒸发镀膜的方法。

<table>
<tr><th>光学镀功能</th><td>防眩光镀膜（AG）</td><td>防反射镀膜（AR）</td><td>抗指纹镀膜（AF）</td></tr>
<tr><th>英文</th><td>Anti-Glare</td><td>Anti-Reflection</td><td>Anti-Fingerprint</td></tr>
<tr><th>工作原理</th><td>使玻璃表面变成哑光效果</td><td>增加光穿透率</td><td>表面张力增强，疏水、油</td></tr>
<tr><th>可重叠处理</th><td colspan="3">AG，AR，AF，AG+AR，AG+AF，AR+AF，AG+AR+AF（AF必须在最后处理）</td></tr>
</table>

厚膜真空镀	直流溅射	中频溅射	射频溅射	多弧离子镀
英文	DC (Direct Current)	MF (Medium Frequency)	RF (Radio Frequency)	MAIP (Multi-arc Ion Plating)
驱动电流	直流	直流-交替	交流	直流
靶材/电源	单靶/单电源	双靶/单电源	单靶/单电源/匹配电容	单靶/单电源
溅射温度	中高	中	中	高
磁控辅助	可	可	可	可
磁性靶	可	可	不可	可
靶材形式	圆盘靶/平面靶/柱靶			
靶材利用率	≤30%			
靶材导电性	必须	必须	非导电性（绝缘）也可	必须
等离子气体	氩气解离形成等离子，不参与反应			
反应气体	无	氧气、氮气、乙炔	氧气、氮气、乙炔	氧气、氮气、乙炔
反应镀膜	无	可（氧/碳/氮/合金化）	无	可（氧/碳/氮/合金化）
膜层	金属/合金膜	金属/合金	金属/非金属/陶瓷膜	金属/合金膜
膜层粗糙度	中	细	细	粗
成膜率比值	1	0.5 ～ 0.65	0.8 ～ 1.0	1.5 ～ 2
生产成本	***	****	*****	**
电源功率	≤40kW			

注：*越多表示价格越高（最多5颗*，最少一颗*）。

4.2.7.1 蒸发镀

将靶材加热到其熔化并沸腾产生蒸气，靶材的蒸气附着到被镀物表面形成固体镀膜，这便是蒸发镀（Evaporation Coating）。可熔化物质都会产生蒸气可进行镀膜。

材料形式	靶材形状——颗粒状/丝状/板状/条状（方便加热熔化，材料体积不能太大）
适合靶材材质	金属与合金具有内阻能借由通电熔化蒸发，非金属的元素如硅、碳以及陶瓷可采用电子枪或激光等高能加热熔化蒸发
适合基材材质	非金属材料，表面状态如与金属不亲和必须喷底涂（Primer，一种镀膜亲和的漆）
镀膜颜色	银色与黄金色可直接使用金属色；其余靠透明漆调色（中涂和面涂）
使用气体	氩气，不参与反应
工艺说明	产品清洗→上架→抽真空预热→靶加热→靶蒸发→移除挡板开始镀膜→结束镀膜遮挡板→降温→破真空→取下镀膜后产品
搭配后制程	静置 溢镀清理去除（激光/手动清理） 表面喷保护漆/喷抗指纹油 表面贴覆保护膜防刮 使用电镀加厚镀层（仅限导电表面）

优缺点： 蒸发镀的效率高，施工方便；但蒸发镀动能低，镀膜层附着力较低、不耐刮，需要二次保护。

成本参考： 较为实惠。无尘室与真空环境的电费、真空设备摊提、靶材消耗（靶材利用率仅30%）、遮蔽治具与清理费用、吊挂工钱。

设计注意事项： 因蒸发镀成本较为实惠，该工艺一般应用介于喷涂与真空镀膜之间。蒸发镀膜效率高，10分钟左右可以出一炉，而后再进行表面喷色漆着色，形成金属感色彩效果。

应用领域： 外观金属感装饰、抗氧化、不导电真空镀、塑料或陶瓷金属化的导电路径涂布、化妆品、装饰用品、消费电子外观件、卫浴五金、照明设备、酒店用品。

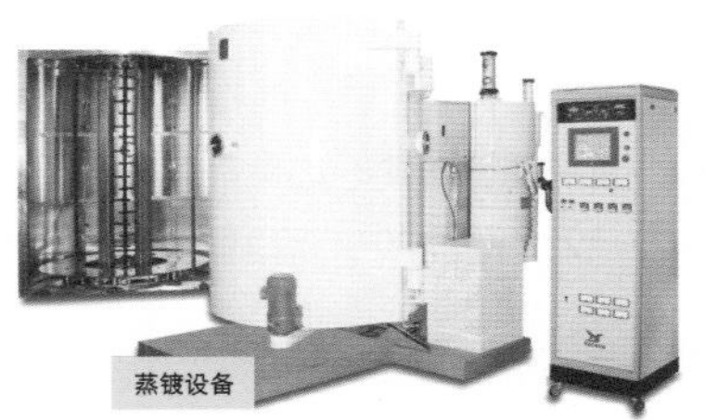

真空蒸发镀的设备外观

圣诞树上挂的金属彩球是蒸发镀铝后喷涂有颜色的透明漆

化妆品瓶罐上的金属光泽装饰镀膜

CMF关键词推荐

创新价值：新工艺、新技术
商业价值：高效率、高附加值、低成本、易加工、装饰
消费价值：光滑、金属感、高亮、精致、科技
社会价值：绿色环保、低污染

4.2.7.2 光学镀

光学镀（Opticle Coating）的定义在于基材必须是光可穿透的，玻璃、有机玻璃和蓝宝石等都是光学镀的基材。光学镀的目的在于利用镀膜改变基材的光学特性，主要是光学性能上常见的物理参数，包含折射率、反光率、眩光防止与滤光等等，特别是眼镜和望远镜等具有特殊功能的光学器具之需求。当然，眼睛是人类大脑的输入端，欺骗视觉也是装饰产品的一种手段，光学镀的工艺便是利用镀层的靶材薄膜厚度和几何形状来得到色彩上的差异并随视觉角度不同而改变的有趣方式。

材料形式	靶材形状——颗粒状/丝状/板状/条状（方便加热熔化，材料体积不能太大）
适合靶材材质	金属与合金具有较强反射要严格控制膜厚；各种陶瓷单晶和化合物可采用电子枪或激光等高能加热熔化蒸发产生奇特的效果
适合基材材质	非金属材料，表面状态如与金属不亲和必须喷底涂（Primer，一种镀膜亲和的漆）；玻璃和有机玻璃是光学镀的最佳基材

续表

镀膜颜色	银色与黄金色可直接使用金属色；其余靠镀膜结构与配方，色彩调整困难
使用气体	氩气，不参与反应
工艺说明	产品清洗→上架→抽真空预热→靶加热→靶蒸发→移除挡板开始镀膜→结束镀膜遮挡板→降温→破真空→取下镀膜后产品
搭配后制程	静置 溢镀清理去除（激光/手动清理）

优缺点：光学镀的膜层很薄，能阻挡有害光线，光学镜片在镀光学膜之后，不能以高温的热水或洗剂清洗，以免镀层剥落；色彩调整不易。

成本参考：较高，无尘室与真空环境的电费、真空设备摊提、靶材消耗（靶材利用率仅30%）、遮蔽治具与清理费用、吊挂工钱。

设计注意事项：光学镀膜可以实现丰富的色彩效果、叠加效果、渐变效果，需要进行特定光学设计，这里涉及专业的光学设计工程专业知识，一般由专业的镀膜工程师负责，光学镀膜有多层结构，多的达几十层膜层结构。

应用领域：透镜类的光学指定效果（遮光、滤光、反光、偏光、变色）、手机后盖膜片、运动眼镜、消费电子产品装饰件等。

滑雪护目镜，采用光学镀膜

华为mate30天空之境

realme GT Neo2纳米光学镀膜

CMF关键词推荐

创新价值：新颜色、新工艺、新技术

商业价值：高性能、高附加值、高识别度、艺术、装饰、安全、滤光

消费价值：金属感、镜面、高亮、透明、透光、变色、多色、奢华、精致、智能、科技、时尚、保护眼睛

社会价值：绿色环保、低污染、遮光透影

4.2.7.3 防眩光镀膜

防眩光镀膜（Anti-Glare，AG）在玻璃或有机玻璃上镀上一层透明物质使玻璃表面粗糙度增加和浮起凸块的作法，防眩光其实与喷漆上的哑光做法非常类似，只是基材不一样。防眩光原理：当外界的光线反射上去时，AG玻璃表面就会形成漫反射，从而减少光的反射，达到不刺眼的目的，让观赏者能体验到更佳的视觉效果。光泽度越低，它表面的漫反射效果就越好，外界眩光的影响就越小。

材料形式	靶材形状——颗粒状/丝状（方便加热熔化、材料体积不能太大）
适合靶材材质	易于蒸发的透明化合物材料
适合基材材质	透明玻璃和有机玻璃（PMMA、PC、PETG等）
镀膜颜色	通常都是透明的，依据镀膜材料决定
使用气体	氩气，不参与反应
工艺说明	产品清洗→上架→抽真空预热→靶加热→靶蒸发→移除挡板开始镀膜→结束镀膜遮挡板→降温→破真空→取下镀膜后产品
搭配后制程	静置 溢镀清理去除（激光/手动清理）

优缺点：防眩光镀膜可防止玻璃反射外来之第二光源干扰影像判别。缺点：AG制品表面容易留下划痕，对技术要求较高。

成本参考：适中，无尘室与真空环境的电费、真空设备摊提、靶材消耗（靶材利用率仅30%）、遮蔽治具与清理费用、吊挂工钱。

设计注意事项：AG效果除了采用镀膜工艺，还可以采用淋涂、喷涂、转印、贴膜、蚀刻、喷砂、喷丸等工艺实现。通过AG与高亮对比，可以打造高对比度视觉效果。可组合应用AG、AR、AF，如AG+AF（防眩光+防指纹）、AR+AF（防反射+防指纹）、AG+AR+AF（防眩光+防反射+防指纹）。

应用领域：透镜类与玻璃之光学的眩光防止、手机后盖、家电壳体、消费电子外观件。

华帝高端厨房空净系统-纳米级AG光学镀膜层

荣耀v40——钛空银版本背部采用AG磨砂+双纹理双镀膜工艺

三星GalaxyNote10莫奈彩AG防眩光镀膜

CMF关键词推荐

创新价值：新工艺、新技术

商业价值：高性能、高附加值、高识别度、装饰、耐污、防眩光、提升视觉质量

消费价值：亲肤、砂感、精细感、哑光、精致、温馨、科技、舒适、保护眼球

4.2.7.4 防反射镀膜

防反射镀膜（Anti-Reflection，AR）通过提高玻璃透光率、降低玻璃反射率达到光线增透的目的。一般用高低折射率材料交叉堆叠形成镀膜（真空蒸发镀或磁控溅射镀膜）。AR玻璃透光率可达到99%以上，反射率可以控制在1%以下。

材料形式	靶材形状——颗粒状/丝状（方便加热熔化，材料体积不能太大）
适合靶材材质	易于蒸发的透明化合物材料
适合基材材质	透明玻璃和有机玻璃（PMMA、PC、PETG等）
镀膜颜色	通常都是透明的，依据镀膜材料决定
使用气体	氩气，不参与反应
工艺说明	产品清洗→上架→抽真空预热→靶加热→靶蒸发→移除挡板开始镀膜→结束镀膜遮挡板→降温→破真空→取下镀膜后产品
搭配后制程	静置 溢镀清理去除（激光/手动清理）

优缺点：优点：防反射镀膜可防止玻璃反射外来之光源干扰影像判别，俗称增透效果，并且可以实现抗积水、防止结雾的效果。缺点：单层AR镀膜往往很难达到理想增透效果，一般采用双层、三层，甚至更多层。

成本参考：适中，无尘室与真空环境的电费、真空设备摊提、靶材消耗（靶材利用率仅30%）、遮蔽治具与清理费用、吊挂工钱。

设计注意事项：AG玻璃表面可再做AR镀膜，经过AR处理的AR玻璃，可以让显示屏的亮度减小到最低，内容可以清晰地呈现出来，体验感更好。可组合应用AG、AR、AF，如AG+AF（防眩光+防指纹）、AR+AF（防反射+防指纹）、AG+AR+AF（防眩光+防反射+防指纹）。

应用领域：透镜类与玻璃之光学的反光防止，高清显示屏、相框、手机及各类仪器的摄像头、汽车前后挡风玻璃、太阳能光伏产业等。

防反射镀膜ar

视窗玻璃-AR减反射玻璃

舒视系列AR钢化膜

CMF关键词推荐

创新价值：新工艺、新技术

商业价值：安全、防反光

消费价值：精细感、镜面、高亮、透光、智能、科技、保护眼球

社会价值：保护健康

4.2.7.5 抗指纹镀膜

抗指纹镀膜（Anti-Fingerprint，AF）是根据荷叶组织具有表面张力的原理，在玻璃表面镀上表面张力值高的材料，使其具有较强的疏水性，这样就可以使玻璃表面具有抗油

污、抗指纹等效果。

材料形式	靶材形状——颗粒状/丝状（方便加热熔化，材料体积不能太大）
适合靶材材质	易于蒸发的透明化合物材料
适合基材材质	透明玻璃和有机玻璃（PMMA、PC、PETG等）
镀膜颜色	通常都是透明的，依据镀膜材料决定
使用气体	氩气，不参与反应
工艺说明	产品清洗→上架→抽真空预热→靶加热→靶蒸发→移除挡板开始镀膜→结束镀膜遮挡板→降温→破真空→取下镀膜后产品
搭配后制程	静置 溢镀清理去除（激光/手动清理）

优缺点：抗指纹镀膜可防止水、油污与指纹沾黏于透明玻璃表面，亦能抗菌，防尘。缺点：AF镀膜耐用性能不佳，使用一定时间后逐步失效。

成本参考：较高，无尘室与真空环境的电费、真空设备摊提、靶材消耗（靶材利用率仅30%）、遮蔽治具与清理费用、吊挂工钱。

设计注意事项：AF镀膜可以减少指纹、弱化指纹，在特定情况下无法完全避免指纹，其次，随着时间的推移，效果会减弱。可组合应用AG、AR、AF，如AG+AF（防眩光+防指纹）、AR+AF（防反射+防指纹）、AG+AR+AF（防眩光+防反射+防指纹）。

应用领域：透镜类与玻璃之光学的疏水性与防指纹。AF玻璃主要用于触摸屏的显示玻璃盖板，如手机屏保护玻璃、触摸显示屏玻璃盖板等。AF镀膜为单面镀膜，在玻璃的正面使用。

米动手表青春版1S-镀膜AF

荣耀x10-AF镀膜

vivo S7-AF镀膜

一加6-抗指纹镀膜AF

CMF关键词推荐

创新价值：新工艺、新技术

商业价值：高性能、高附加值、疏水

消费价值：无指纹

4.2.7.6 不导电真空镀

不导电真空镀应该称为非导电金属镀膜（Non-Conditive Vacumm Metallization，NCVM），主要是在金属质感的装饰要求下的一种不导电的金属镀膜技术，利用低熔点金属包含锡（Sn）、铟（In）、硅铝（SiAl）及绝缘化合物氧化硅（SiO_2）等薄膜交替镀于塑料（尤其是有通信功能的3C产品）外壳，利用其相互不连续之特性，最终得到外观有金属质感且不干扰无线通信传输之效果。采用NCVM技术制出的成品可以通过高压电表几万伏特的高压测试，不导通或不被击穿。

材料形式	靶材形状——颗粒状/丝状/板状/条状（方便加热熔化，材料体积不能太大）
适合靶材材质	低熔点金属与合金具有较强反射要严格控制膜厚；各种陶瓷单晶和化合物可采用电子枪或激光等高能加热熔化蒸发产生奇特的效果
适合基材材质	非导电体，通常是塑料、有机玻璃和玻璃等
镀膜颜色	银色与黄金色可直接使用金属色；其余靠透明漆调色（中涂和面涂）
使用气体	氩气，不参与反应
工艺说明	产品清洗→上架→抽真空预热→靶加热→靶蒸发→移除挡板开始镀膜→结束镀膜遮挡板→降温→破真空→取下镀膜后产品
搭配后制程	静置 溢镀清理去除（激光/手动清理） 中涂变色与表涂保护

优缺点：具有金属感又能使无线信号穿透；不导电金属色泽均较微暗、无法做跳色；蒸发镀动能低，镀膜层附着力较低、不耐刮，需要二次保护。

成本参考：成本高。无尘室与真空环境的电费、真空设备摊提、靶材消耗（靶材利用率仅30%）、遮蔽治具与清理费用、吊挂工钱。

设计注意事项：不导电电镀与导电电镀效果类似，重点在不导电功能，可以解决如触控屏幕操作，防止误触，如玻璃显影屏幕。NCVM可应用于各种塑料材料，如PC、PC+ABS、ABS、PMMA、NYLON、工程塑料等，符合工艺的绿色环保要求，是无铬（Non-Chrome）电镀制品的替代技术。

应用领域：具有无线信号收发又需要金属质感装饰的电子产品，如3C类产品天线盖附近区域，手机、GPS卫星导航、蓝牙耳机等；冰箱玻璃面板，海尔UMI冰箱、酒柜有采用。

小米降噪耳机Pro FlipBuds Pro

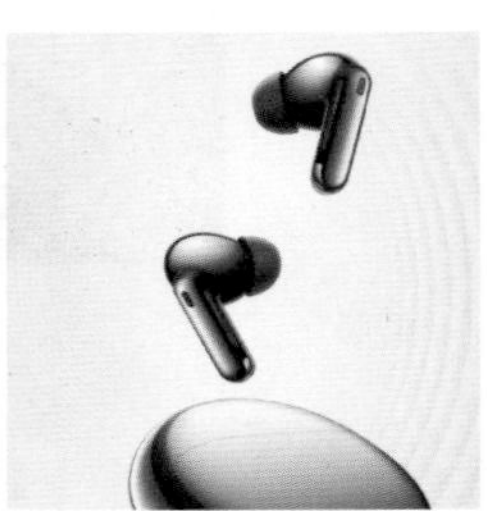

OPPO Enco X2

海尔冰箱，采用NCVM制成的UMI膜片

CMF关键词推荐

创新价值：新工艺、新技术

商业价值：高性能、高附加值、高识别度、艺术、装饰、耐磨、不导电、通信

消费价值：光滑、金属感、镜面、高亮、奢华、精致、智能、科技

社会价值：绿色环保

4.2.7.7　直流溅射镀

直流溅射镀是所有溅射镀中成膜效率最高的，增加了磁控辅助可以进行铁磁性靶（铁/镍/钴）的镀膜，直流溅射较适合于纯金属及纯金属镀膜。

材料形式	靶材形状——圆盘/板片/圆柱体，背面或里面有磁石磁控，并通水冷却靶面
适合靶材	金属与合金，必须是可导电的无机材料
适合基材	不易在真空逸气的固体材料，由于镀膜过程有温度升高现象，聚合物塑料要注意镀膜的时间和熔点或软化点的要求
镀膜颜色	银色与橘金、黄金色可直接使用金属与合金色
使用气体	氩气形成等离子
工艺说明	产品清洗→上架→抽真空预热→靶加热→靶溅射→移除挡板开始镀膜→结束镀膜遮挡板→降温→破真空→取下镀膜后产品
搭配后制程	静置 溢镀清理去除（激光/手动清理） 表面喷涂保护层 使用电镀加厚镀层（仅限导电表面）

优缺点：直流溅射效率高，附着力好，膜层纯度高，可控性、重复性好，膜厚只能以物理性刮除测量或电镜观察才准确；但是效率低，直流溅射靶温高后效率会降低。

成本参考：较高，无尘室与真空环境的电费、真空设备摊提、靶材消耗（靶材利用率仅30%）、遮蔽治具与清理费用、吊挂工钱。

设计注意事项：溅射镀膜不适合在复杂造型上应用。

应用领域：反光要求、金属导电，如手机壳体、鼠标、功能性薄膜、微电子领域、光伏产品。

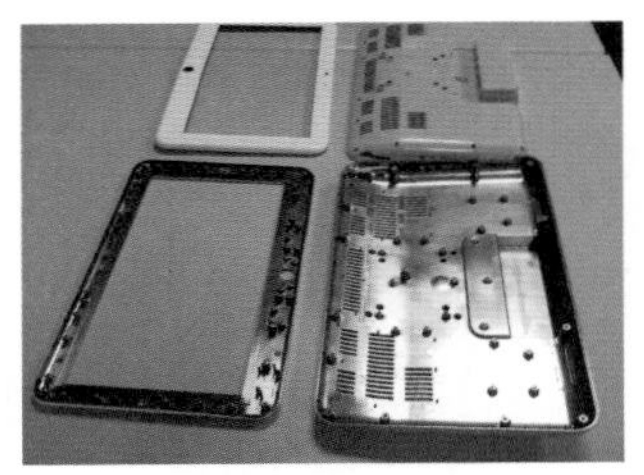

塑料壳内部直流溅射金属铜+不锈钢作为电磁波屏蔽功能

汽车车灯的反射层是以铝直流溅射

CMF关键词推荐

创新价值：新工艺

商业价值：高性能、高附加值、高识别度、艺术、装饰、耐磨、导电

消费价值：光滑、金属感、镜面、高亮、奢华、精致、智能、科技

4.2.7.8 中频溅射镀

中频溅射是采用中频（40kHz）电源的磁控溅射镀膜方法轮流施加在两支靶上，所以等于是两支直流电用一部中频电源来交替溅射，这便可以在一支不溅射的靶上进行“中毒”作业，所谓中毒就是让金属靶与反应气体如氧气、氮气或是乙炔等分别反应获得氧化、氮化、碳化等金属物质，只要膜层够薄尚可导电，在下一轮溅射时就会剥除靶上的这层物质，使基材获得不同化合物的变色、加硬以及阻抗增大的效果。中频溅射的功率是直流溅射的1/2，因此间歇镀膜使膜层密度好、表面细腻。

材料形式	靶材形状——圆盘/板片/圆柱体，背面或里面有磁石磁控，并通水冷却靶面
适合靶材	金属与合金，必须是可导电的无机材料；可与反应气体产生化合物（氧化物、氮化物、碳化物）的金属
适合基材	不易在真空逸气的固体材料，由于镀膜过程有温度升高现象，聚合物塑料要注意镀膜的时间和熔点或软化点的要求
镀膜颜色	银色与黄金色可直接使用金属与合金色；其余靠气体成分与金属反应 氧化色系：蓝色与紫色很难，绿色与红色更困难（不建议使用） 氮化色系：黄金到棕色，玫瑰金需要真黄金调色，价格高 碳化色系：灰黑色
使用气体	氩气形成等离子，氧气、氮气与乙炔作为反应气体
工艺说明	产品清洗→上架→抽真空预热→靶加热→靶溅射→移除挡板开始镀膜→结束镀膜遮挡板→降温→破真空→取下镀膜后产品
搭配后制程	静置 溢镀清理去除（激光/手动清理） 表面喷涂保护层 使用电镀加厚镀层（仅限导电表面）

优缺点：中频溅射表面细致，适合外观装饰与耐磨镀层，但成膜率较低。

成本参考：较高，无尘室与真空环境的电费、真空设备摊提、靶材消耗（靶材利用率仅30%）、遮蔽治具与清理费用、吊挂工钱。

设计注意事项：中频溅射镀可以镀出黄金和玫瑰金色，这些镀膜要有真正的黄金加入，属于贵金属镀膜。

应用领域：反光要求、不同色系黄金、棕金、蓝色等金属色泽；金属表面自润与加硬防刮，不锈钢板材表面。

半圆溅射镀戒指

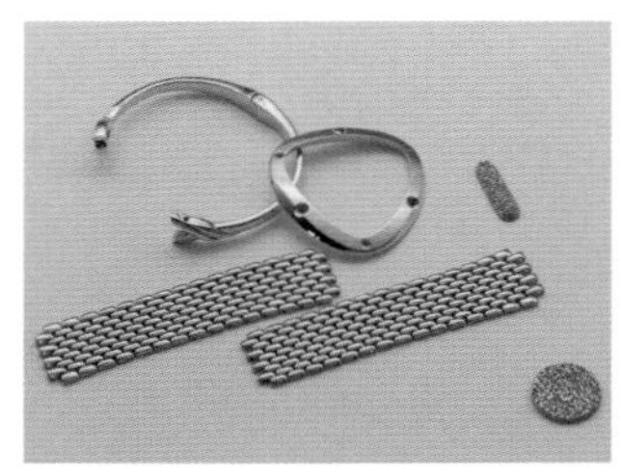

钛靶及24K金靶溅射镀表带

柱形合金靶溅射镀表壳及表带

配合不一样的基底材质与花纹，搭配溅射靶与气体的变化，可以做出不同色彩的不锈钢彩钢，也是采用中频溅射来进行

CMF关键词推荐

创新价值：新工艺

商业价值：高性能、高附加值、高识别度、艺术、装饰、耐磨

消费价值：光滑、金属感、镜面、高亮、奢华、精致、智能、科技

4.2.7.9 射频溅射镀

用交流电源代替直流电源就构成了交流溅射系统，由于交流电源的频率在射频段（约13.56MHz），所以称为射频溅射。射频溅射几乎可以用来沉积任何固体材料的薄膜，获得的薄膜致密、纯度高、与基片附着牢固、成膜率高、工艺重复性好。常用来镀各种合金膜、磁性膜以及其他功能膜。特殊材料可经光电磁转换变色的薄膜，相变化薄膜能作为数据记载，作为可重复读写的记录媒体，记录历史，如光盘。

材料形式	靶材形状——圆盘/板片，背面或里面有磁石磁控，并通水冷却靶面
适合靶材	金属与合金，必须是可导电的无机材料；可与反应气体产生化合物（氧化物、氮化物、碳化物）的金属；绝缘材料要能加上匹配电容，才能镀好
适合基材	不易在真空逸气的固体材料，由于镀膜过程有温度升高现象，聚合物塑料要注意镀膜的时间和熔点或软化点的要求
镀膜颜色	银色与黄金色可直接使用金属色；其余靠气体成分与金属反应、化合物色系决定 氧化色系：蓝色与紫色很难，绿色与红色更困难（不建议使用） 氮化色系：黄金到棕色，玫瑰金需要真黄金调色，价格高 碳化色系：灰黑色
使用气体	氩气形成等离子，氧气、氮气与乙炔作为反应气体
工艺说明	产品清洗→上架→抽真空预热→靶加热→靶溅射→移除挡板开始镀膜→结束镀膜遮挡板→降温→破真空→取下镀膜后产品
搭配后制程	静置 溢镀清理去除（激光/手动清理） 表面喷涂保护层 使用电镀加厚镀层（仅限导电表面）

优缺点：射频溅射可进行非导体镀膜，非导体溅射靶较脆、易粉末化，膜层也容易粉末化。

成本参考： 较高，无尘室与真空环境的电费、真空设备摊提、靶材消耗（靶材利用率仅30%）、遮蔽治具与清理费用、吊挂工钱。

设计注意事项： 溅射镀膜不适合在复杂造型上应用。

应用领域： 集成电路绝缘膜、压电声光功能膜、化合物半导体膜及高温超导膜。

光盘记忆层镀膜，采用射频溅射镀

CMF关键词推荐

创新价值：新工艺

商业价值：高效率、高性能、高附加值、高识别度、艺术、装饰、耐磨、电磁波屏蔽

消费价值：光滑、金属感、镜面、高亮、奢华、精致、智能、科技

4.2.7.10 多弧离子镀

多弧离子镀（Multi-Arc Ion Plating，MAIP）或称IP镀膜，作为物理气相沉积技术的一个分支，是在真空蒸镀和真空溅射的基础上发展起来的一门新型涂层制备技术，也称为真空弧光蒸镀法，它把真空电弧放电用于电弧蒸发源。适当的真空环境中引弧可以诱导靶材释放大量热离子，使其沉积于较冷的基材上便可进行镀膜，也可加入反应气体得到化合物薄膜来改变基材表面的颜色、硬度等。

材料形式	靶材形状——圆盘/板片/圆柱，背面或里面有磁石磁控，并通水冷却靶面
适合靶材	金属与合金，必须是可导电的无机材料；可与反应气体产生化合物（氧化物、氮化物、碳化物）的金属
适合基材	不易在真空逸气的固体材料，由于镀膜过程有温度升高现象，聚合物塑料要注意镀膜的时间和熔点或软化点的要求
镀膜颜色	银色与黄金色可直接使用金属色；其余靠气体成分与金属反应 氧化色系：蓝色与紫色很难，绿色与红色更困难（不建议使用） 氮化色系：黄金到棕色，玫瑰金需要真黄金调色，价格高 碳化色系：灰黑色
使用气体	氩气形成等离子，氧气、氮气与乙炔作为反应气体
工艺说明	产品清洗→上架→抽真空预热→靶引弧→靶起弧→移除挡板开始镀膜→结束镀膜遮挡板→降温→破真空→取下镀膜后产品
搭配后制程	静置 溢镀清理去除（激光/手动清理） 表面喷涂保护层 使用电镀加厚镀层（仅限导电表面）

优缺点： 多弧离子镀膜具有沉积速率高、涂层附着力好、涂层致密、操作方便、成膜率高等优点，但成膜率高表面容易粗糙。

成本参考： 较高，无尘室与真空环境的电费、真空设备摊提、靶材消耗（靶材利用率仅30%）、遮蔽治具与清理费用、吊挂工钱。

设计注意事项： 常用于改善材料的硬度、耐磨性和耐腐蚀性等性能。多弧离子镀因为成膜速度快大多用于装饰镀的打底，犹如喷漆的底漆底涂一般，在反应气体结合靶材镀出金黄色后，再配合同在真空炉内的黄金靶或玫瑰金靶（颜色固定），与直流溅射或中频溅射交替镀，得到装饰镀膜的颜色与抗磨、耐刮性都好的复合镀膜层。

应用领域： 表面装饰、表面加硬与耐磨、电磁波屏蔽、机械零件、飞机、船舶、汽车、飞机发动机。

多弧离子镀在玻璃上的应用

手表

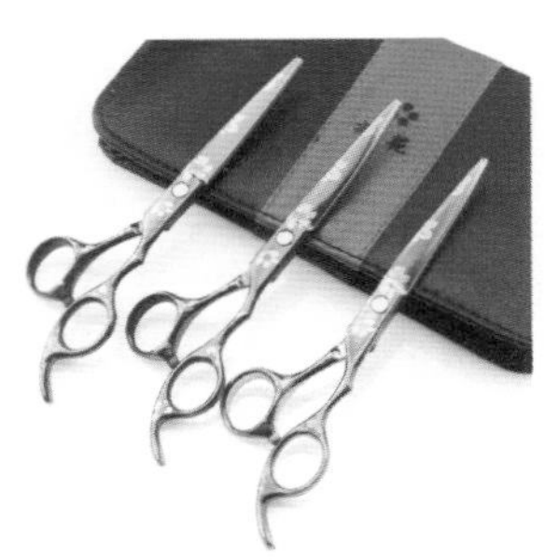
剪刀

CMF关键词推荐

创新价值：新工艺

商业价值：高效率、高性能、高附加值、高识别度、艺术、装饰、耐磨、耐蚀、电磁波屏蔽

消费价值：光滑、金属感、镜面、高亮、奢华、精致、智能、科技

4.2.7.11 电镀 / 水镀

电镀从单质金属到合金都是可行的，主要是电镀液的调配，所以电镀是一种湿法作业，又称水镀，整个电镀过程都是在水溶液中进行直到清洗完毕。靶材通常是阳极，经过电镀电流解离后附着到导电的基材（阴极）上。非导体表面要喷涂导体薄膜，可使用蒸发镀、溅射镀、传统喷导电漆、浸导电液或离子交换上锡钯合金胶等；电镀后可以与其他镀膜交替执行，以求得最终的表面性质（颜色、耐磨、抗氧化）。有关非金属基材的电镀，必须要在基材表面涂上一层导电金属膜，这层导电金属膜与基材之间的附着力变得非常重要。塑料材料通常会使用离子交换（三价铬或六价铬，注意六价铬便宜但对人体危害大，已经被法律明言禁止），把塑料表面弄成多孔状，如此含有丁烯成分的塑料如ABS、PMMA、PC等才可以进行电镀，经过离子交换后，被镀物表面会形成多孔，在需要被镀的位置喷上锡钯胶（Sn-Pd导电液），便可进行后续电镀作业。

材料形式	靶材形状——颗粒/板片/圆柱
适合靶材	金属及合金等导电物
适合基材	所有被镀物基材表面都要能导电，绝缘物必须要喷或浸镀导电物质
镀膜颜色	银色与黄金色可直接使用金属色；其余靠金属成分如黑色电镀（锡-镍）合金
使用电镀液	金属离子的酸性溶液（环保问题在此）
工艺说明	产品导电检查（绝缘物喷导电物质）→酸洗或清洗活化表面→上架→浸入电镀液（加热/空气搅拌）→加电流/调电压开始电镀→结束镀膜→举起被镀物→取下镀膜后产品清理
搭配后制程	静置 溢镀清理去除（激光/手动清理） 表面喷涂保护层 可与PVD搭配镀层调色

优缺点： 液体的电镀产能很大、镀层均匀，电镀限制较真空镀少，电镀废液比较难以处理。

成本参考： 较高，电镀的电费、电镀设备摊提、靶材消耗（靶材利用率约80%）、遮蔽防镀治具与清理费用、吊挂工钱、废水处理费用。

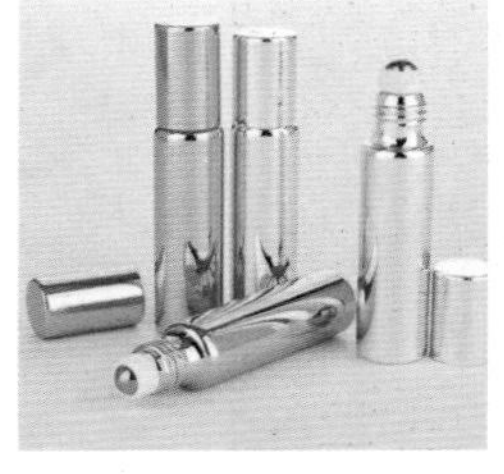

塑料制品电镀，使用离子交换浸泡涂上锡钯胶后便可以镀出金属层

金属的汽车轮框经过电镀可以呈现镜面效果

设计注意事项： 电镀是一个大称呼，在效果上一般指高亮金属效果。水镀对水消耗大、污染大，目前应用越来越少，大部分工厂迁址至靠海口的专属水镀园区。水镀可以360度无死角镀膜上去，而电镀保护溅射镀膜，只能保证正面镀膜效果。

应用领域： 表面装饰、表面加硬与耐磨、电磁波屏蔽、汽车内饰装饰件、手机后盖、TWS壳体、家电装饰件。

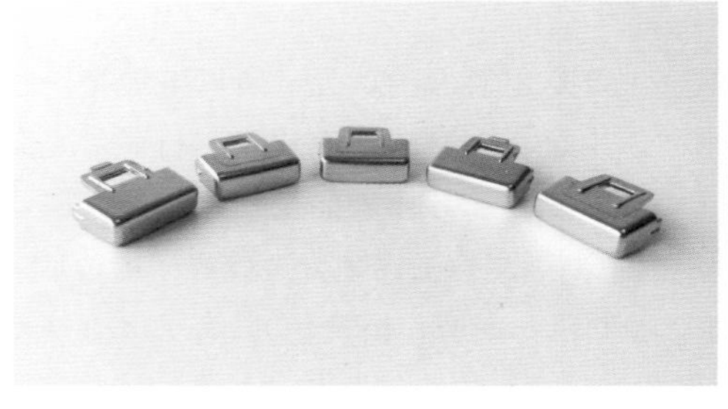

汽车内饰水镀件

CMF关键词推荐

创新价值：新工艺

商业价值：高效率、高性能、高附加值、高识别度、艺术、装饰、耐磨、电磁波屏蔽

消费价值：光滑、金属感、镜面、高亮、奢华、精致、智能、科技

4.2.7.12 电铸

电铸基本上与电镀相同，不过阴极的基材变成一个模型，加长时间使电镀层增厚并最终达到规格要求（30 ～ 1000μm，甚至更厚的模具），然后取出模具并使电铸层脱离，最后再把模具重新吊挂再电铸。电铸是利用电沉积方法在作为阴极的原型上进行加厚电镀，从而复制出与原型一样的制品的方法。电铸是电沉积技术的重要应用技术之一。利用电铸法所获得的制品可以是模具的模腔，也可以是成型的产品，还可以是一种专业型材。广义地说，为获得较厚镀层的电沉积过程，都可以叫作电铸。

材料形式	靶材形状——颗粒/板片/圆柱
适合靶材	金属及合金等导电物
适合基材	所有被镀物模具基材表面都要能导电，绝缘物必须要喷或浸镀导电物质，基材尽可能可耐受高温和酸蚀，重复使用寿命要高
镀膜颜色	银白色、合金色如黄金（黄铜）、橘金（纯铜）
使用电镀液	金属离子的酸性溶液（环保问题在此）
工艺说明	产品导电检查（绝缘物喷导电物质）→酸洗或清洗活化表面→上架→浸入电铸液（加热/空气搅拌）→加电流/调电压开始电铸→结束电铸→举起被镀物→脱模取下电铸产品清理
搭配后制程	静置 溢镀清理去除（激光/手动清理） 背胶与附膜保护表面（电铸铭板/标牌） 机械加工（电铸模具） 可与PVD搭配镀层调色

优缺点： 电铸的精细度高，电铸类似于微型3D打印，可以制作细微特征与3D特征（电铸模具的设计），耐磨、一致性好；电铸耗时，越厚的产品单价越高。

成本参考： 较高；但电铸铭牌工艺成熟、精致、成本较低，根据大小成本从几毛到几元。

设计注意事项： 电铸厚度远大于电镀膜层，可用于制作母模或复制膜，也可做产品外观件。镍会皮肤过敏。电铸Logo字符间距最小值为0.25mm，厚度在0.04 ～ 0.15mm之间。产品的颜色通过后处理PVD来实现。电铸模注塑的素材如果要做水镀，素材材料需要导电。

应用领域： 表面装饰、塑料模具如光盘用的母板、鞋面的花纹模具等，如手机按键、数码按键、摄像头装饰、电脑导光板、汽车车灯、DVD、音响等，电铸Logo为常见铭牌制作方式。

电铸制品

电铸中空黄金福袋

CMF关键词推荐

商业价值：耐磨、耐刮

消费价值：金属感、高光

4.2.7.13 化学镀

化学镀又称为无电电镀，是一种依靠化学反应把金属镀在基材之上的工艺，该工艺并不需要通电，依据氧化还原反应原理，在含有金属离子的溶液中，将金属离子还原成金属而沉积在各种材料表面形成致密镀层。化学镀常用溶液：化学镀银、镀镍、镀铜、镀钴、镀镍磷液，镀镍磷硼液等。

材料形式	酸解离的金属离子化溶液
适合靶材	金属及合金等导电物
适合基材	所有被镀物模具基材表面都要能导电，绝缘物必须要喷或浸镀导电物质，基材尽可能可耐受高温和酸蚀，重复使用寿命要高
镀膜颜色	银白色、合金色如黄金（黄铜）、橘金（纯铜）
工艺说明	产品导电检查（绝缘物喷导电物质）→酸洗或清洗→喷涂导电物→上架→入液（加热/空气搅拌/浓度控制）→结束化学镀→举起被镀物→取下化学镀产品清洗
搭配后制程	静置 溢镀清理去除（激光/手动清理）

优缺点：不需要耗电，也不用控制真空环境，化学镀步骤少于其他真空电镀法，生产效率高，沉积速率可达每分钟几微米到数百微米。化学废液处理棘手。

成本参考：化学镀的加热电费、设备摊提、化学液体消耗（利用率约80%）、遮蔽防镀治具与清理费用、吊挂工钱、废水处理费用。

设计注意事项：适用于涂覆形状复杂的基体；涂层致密性好。湿法镀膜包含电镀、化学镀、阳极皮膜、电泳等，它们都使用同样的槽式流水线。

应用领域：表面装饰、导电与表面金属化、电磁波屏蔽等。

化学镀镍的机器零件

化学镀镍涂层的硬盘驱动器盘片

化学镀镍应用于汽车行业

CMF关键词推荐

创新价值：新工艺

商业价值：高效率、高性能、高附加值、耐磨、电磁波屏蔽

消费价值：金属感、高亮

4.2.7.14 喷镀

喷镀，是一种新型喷涂技术，接近或替代电镀工艺。以喷涂的手法喷出电镀般的金属质感，目的是节省电镀的费用和繁杂的步骤，因此这是一种金属化的步骤。利用极细微的金属薄片或熔化金属厚喷涂于基材表面。纳米喷镀是一种细微化的化学镀工艺，是以喷漆的概念喷涂金属离子酸液后形成金属镀膜的手段。

喷镀方法	金属喷镀	金属微滴喷镀
英文	Metal Nano-Coating	Metal Sparying Coating
别称	纳米喷涂化学镀	金属熔射
作业原理	氧化与还原	高温熔融液化
作业温度	常温（靶材不熔化）	高温（靶材熔化）
靶材（镀物）	铝箔、银箔	铝、锡、锌、镍、不锈钢等
载体	溶剂与透明漆	无
载体气流	空气/水	氩气
膜厚	5 ～ 20μm	30 ～ 50μm

优缺点：优点是成本低于镀膜，施工更便捷；缺点是喷镀效果弱于镀膜。

成本参考：成本介于喷涂与镀膜之间。

设计注意事项：目前喷镀工艺应用不够成熟。

应用领域：适用于金属、树脂、塑料（ABS、发泡塑料、回收塑料）、玻璃（水晶）、陶瓷、亚克力、木材、水泥、磷镁等各种材料。可应用于汽车、电器、工艺品、电脑、手机、饰品、家具、包装等。

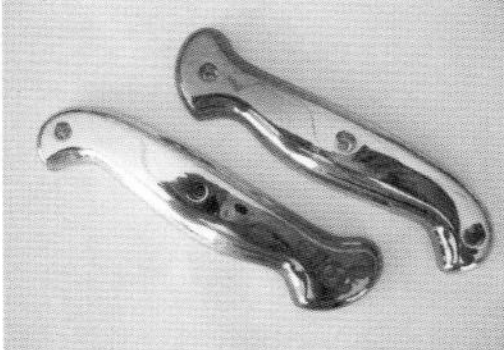

纳米镜面喷镀零件

车身喷镀

CMF关键词推荐

创新价值：新工艺、新技术

商业价值：高附加值、高识别度、低成本、易加工、艺术、装饰、耐磨、电磁波屏蔽

消费价值：金属感、镜面、高亮、奢华、精致、智能、科技

社会价值：绿色环保

4.2.7.15 退镀

退镀是把所镀在基材上的靶材料移除，目的是修复缺陷或已经剥落的镀膜层，并且必须要能够回收基材保障其外观及欲镀面不受损坏；同时在产品设计应用时，有一种应用方法为先镀膜覆盖，然后有意去掉，留下部分镀层作为装饰。退镀方式如下：

退镀分类	物理方法	化学方法
原理基础	利用外力或能量，对镀层表面进行打击或烧毁使其剥落、清除	使用化学药剂，与镀层发生反应后去除镀层
条件	基材强度必须耐受外加能量 基材不变形 基材能够耐高温	基材有足够的强度和表面硬度 基材必须耐酸碱 基材低吸水、不怕潮湿
退镀工艺	**工作方式和程序描述**	**优缺点**
激光/等离子清除法	使用高能量对镀膜进行清除，镀膜因高温而脱落（要素：能量源/压力或能量强度/温度）	高温易使基材受伤，镀膜残留物不易再次去除
喷砂/滚动研磨	使用物理撞击力使镀膜脱落（要素：喷砂压力或转数/颗粒材质/颗粒尺寸/施加时间）	撞击可能伤及基材表面导致凹陷
电解法	使用电解方式使连续的导电镀膜剥离（要素：电解液成分/电解液浓度/温度/电流电压）	当连续导电膜不连续后就无法执行；如果基材也导电，有可能伤及基材
化学分解法	不同的镀膜有不同的退镀化学药剂，例如真空电镀的许多薄膜可以高锰酸钾等药剂进行表面镀膜分解（要素：退镀液成分/退镀液浓度/温度/电流电压）	注意化学药剂的伤害，包含环保的问题，化学法可能对基材损害最小，但使用的药剂可能违反环保要求

成本参考： 较高。

设计注意事项： 利用镀膜工艺形成想要的效果或功能，通过退镀去掉多余的地方，形成相应的图案、纹理。

应用领域： 手机中框、后盖、消费电子壳体、TWS耳机。

荣耀青春版9中框采用PPVD退镀和激光雕刻先进组合工艺

华为T9200后盖采用退镀工艺

坚果投影仪，增亮UV膜片通过转印、真空镀膜、退镀进行勾勒纹理，再采用双组分油墨丝印暗纹

CMF关键词推荐

创新价值：新工艺、新技术

商业价值：高附加值、装饰

消费价值：科技

社会价值：绿色环保、可回收

4.2.7.16 镀铜、镀镍、镀铬、镀银

水电镀中的四大材质便是铜、镍、铬、银，根据材质的特性，注意要比较镀膜靶材与基材的密度、电阻率、热膨胀系数和比热容。

电镀靶材	铜	镍	铬	银
材料密度/(g/cm^3)	8.9	8.9	7.2	10.5
成膜率(阻值)	***	**	*	****
电阻率/nΩ · m	16 ～ 18	67 ～ 69	120 ～ 125	14 ～ 15
线性热膨胀系数	17.5	13	6.2	19.5
抗氧化程度	*	***	****	**
氧化后颜色	绿及黑	绿	绿	白
附着力	****	***	**	*****
电镀打底层	****	***	****	*
成本参考	便宜	贵	次贵	最贵

注：*越多表示越好（最多5颗*，最少1颗*）。

设计注意事项：非导电物的打底以铜为主，主要是铜导电性高、成膜率好、价格便宜，镀完铜底再进行其他膜层的附加处理。电镀主液常用硫酸铜；由于铜质地柔软，作为其他金属镀层的底材非常适合，铜的成膜率高且密度大更是各种铸造与锻造物表面填补的好材料。通常以镍作为金属导体和合金的打底镀层，施加高电压与大电流称之为“冲击镍”，使镍层附着于金属或合金上电镀银因导电性高是最好的选择，不过费用高。铬通常需要依附在铜或镍上，主要因为铬的硬度高、不易刮伤，由于铬颜色白亮夺目，在汽车和自行车装饰上应用较多。

应用领域：镀铜用于印刷线路板；镀镍用于电子元器件、汽车、膜片、Logo；镀铬用于汽车仪表、内饰、装饰件；镀银用于电子工业、仪表、仪器。

镀镍汽车轮毂

镀铬Droplet mini灯

镀铬AeroBull蓝牙音响

镀铜自行车

镀铜车轮毂

CMF关键词推荐

创新价值：新工艺、新技术

商业价值：高性能、高附加值、高识别度、艺术、装饰、耐磨、耐刮、导电

消费价值：光滑、金属感、镜面、高亮、透光、奢华、真实、智能、科技

4.2.8 膜

膜，为薄膜类加工工艺，指以薄膜材料作为装饰的基材，作为颜色、图案、纹理的载体，通过注塑、吸覆、粘贴、转印等形式，加工至工件或产品上。薄膜在CMF中应用广泛，常见的如IMD工艺（膜内装饰），包含IML、IMF、IMR、IME、IMT、INS；OMD工艺（膜外装饰）；在家电行业常用彩膜制成彩板（见3.2.6.4彩膜、3.2.7.1彩板）；家居行业为装饰膜、手机行业常用装饰膜（也叫防爆膜）。根据工艺类型有：热转印膜、水转印膜、烫金膜、水贴膜等。膜的加工有片材膜加工，也有卷对卷膜加工。

4.2.8.1 模内装饰

膜内装饰一般指IMD、IML、IMR、IMF、IMT、IME等工艺，薄膜材质为PET、PC等。膜片先进行纹理转印、电镀、印刷等效果处理工艺，印刷好黏合剂，再预热加工出形状，进入模具内进行注塑。IML的油墨纹理等效果位于膜片和塑胶之间，膜片起了很好的保护作用。IMD工艺最早是日本日写公司发明的，国内在2000年前后开始蓬勃发展，代表企业为石狮通达。

优缺点：因为膜片具有可印刷等特性，使IMD的表现手法非常丰富，设计度非常自由，并且可以叠加工艺实现富有惊喜感的效果。

成本参考：手机电池盖大小全工艺IML产品，包含UV转印、电镀，在10～16元。

设计注意事项：IML效果工艺层位于膜片和塑胶之间，膜片更好地保护了效果层，表面性能可靠度更高。IMT和IMR膜片只起转印载体的作用，膜片转印完成后去掉，再喷涂油漆保护。

应用领域：IMD类工艺应用非常广泛，在家电领域、电子产品、汽车内饰等中都有大量应用。

TOKIT 智能热敏炉操作面板采用IMD

使用IMD工艺的bose耳机

小天鹅水魔方二代滚筒洗衣机，显示区域采用IMD

CMF关键词推荐

创新价值：新工艺

商业价值：高效率、高附加值、耐污、轻量化、易加工、艺术、装饰、保护

消费价值：触控、哑光、精致、智能、科技

4.2.8.2 IMD

IMD（In-Mold Decoration）也称IMR，即模内装饰技术，属于注塑表面材料应用技术，它将传统的注塑成型技术与后加工技术相结合，将装饰图案及功能性图案通过高精度印刷机印在箔膜上，通过高精密送箔装置将箔送入专用成型模具内进行精确定位后，通过射出塑胶原料的高温及高压，将箔膜上的图案转写至塑胶产品的表面，是一种能够实现装饰图案与塑胶一体成型的技术。IMD是膜内装饰工艺的统称，细分为IML、IMF、IMR、IME、IMT、INS等工艺。

优缺点： IMD工艺打破了传统塑胶外观先注塑成型再进行印刷、喷漆或者电镀等后加工工艺，一次成型即可同时实现不同颜色、纹理、图案等效果，在色彩一致性等方面有大幅度提升，同时具备节能环保的优势；但是由于额外设计和制作膜片所以周期较长，批量生产不良品率约为10% ～ 20%。

成本参考： 模具成本低于INS。

设计注意事项： 由于延展性限制，IMD工艺只适用于平面或轻微弯曲的产品表面（立体成型高度不超过1.5mm，R角需大于0.2度），IML一般采用丝印，精度稍微低一些，PC膜应用较多。

应用领域： 汽车、家电及其他行业，如汽车装饰件、开关面板，冰箱、空调控制面板等。

海信璀璨C200 X810柜机

华硕飞行堡垒9，采用激光科技纹理+IMD膜片

大众途观L内饰IMD工艺

大众帕萨特内饰装饰件IML

CMF关键词推荐

创新价值：新工艺

商业价值：高效率、高附加值、耐刮、易加工、艺术、装饰、保护

消费价值：亲肤、光滑、触控、金属感、高亮、透光、奢华、精致、智能、科技

4.2.8.3 INS

INS（Insert Thermoforming-film to Molding），模内嵌片注塑，是指将带有外观效果的INS薄膜预先吸塑/高压成型，把多余的膜边冲切，再把冲切好的薄膜壳片放置在注塑模具内进行注塑。流程为：薄膜加热→高压空气成型（或者吸塑成型）→刀模裁切→已成型薄膜壳片放入模腔→合模→注塑成型→开模。

优缺点： 可用于仿木纹及金属效果的薄膜表面，能加工各种复杂的三维产品，如平面、曲面、包边等产品，立体成型高度可达40mm；由于原材料成本相对较高，所以不适合低总量或批量不稳定产品。

成本参考： 模具价格约为IMD工艺的1.8倍，但是大批量生产后成本均摊，单个产品成本与IMD持平。

设计注意事项： 能够制作弯曲深度相对较大的表面装饰（立体成型高度可达40mm）。INS一般采用花辊印，静电更高，采用ABS膜。

应用领域： 汽车、家电及其他行业，如汽车装饰件、开关面板，冰箱、空调控制面板等。

广汽埃安V，内饰采用全新2.5D触感INS膜片

哪吒S耀世版，IP主视区域的碳纤纹理INS装饰件

CMF关键词推荐

创新价值：新工艺

商业价值：高性能、高附加值、易加工、艺术、装饰

消费价值：亲肤、金属感、哑光、奢华、精致、真实、自然、家居、温馨、经典

4.2.8.4 IME

IME（In-Mold Electron）是传统的模内装饰（IMD）技术与柔性印刷电路的结合，是IMD工艺的下一步延展，将机械式多功能控制开关用IME控制开关转换，并通过注塑及散热分析，得出模内电子产品在注塑成型的充填、温度分布、翘曲以及稳定工作下散热的特点，最终制作实物并安装整车测试性能；得到的INE控制开关可以准确完成所有功能的控制；由此，塑胶产品赋予了电子功能，是“智能皮肤”或“电子皮肤”的关键技术。

优缺点：高度集成的IME工艺比原来的机械式开关减重近70%，推进轻量化进程；同时实现了去按键化，更好地进行人车交互。随着电子技术的发展和汽车仪表盘表面工艺的升级，未来IME市场潜力巨大。缺点：由于IME涉及模块整合，需多个供应链企业合作，导致工艺普及率不高，应用成本高。

成本参考：由于导电油墨成本过高，目前IME工艺还处在初期阶段。

设计注意事项：IME控制开关由于简化了机械式开关的结构，因此对应的造型设计也要做出改变。

应用领域：汽车、家电、消费电子、医疗器械等领域，如汽车装饰件、开关面板，冰箱、空调控制面板等。

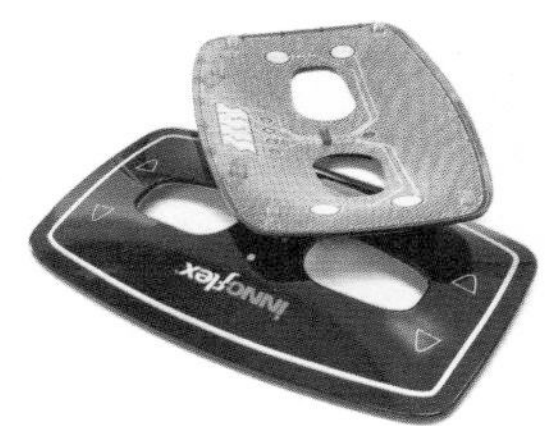

家电中的应用

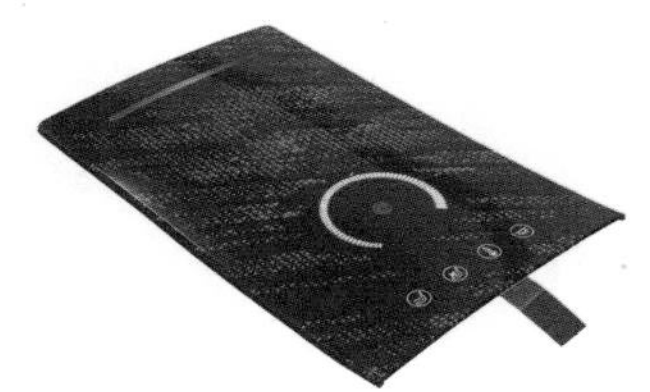

膜内电子部件

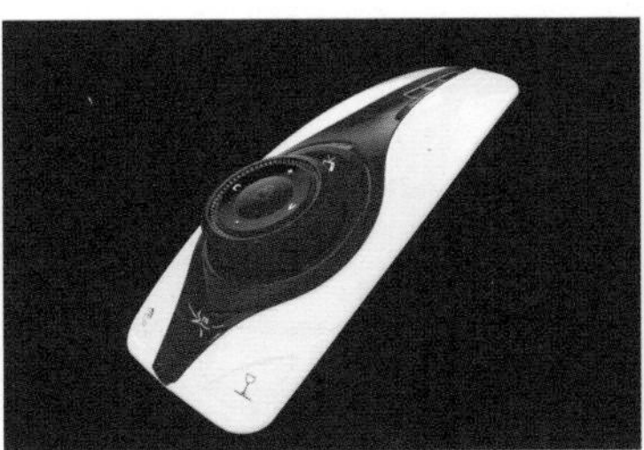

汽车行业的应用

CMF关键词推荐

创新价值：新工艺、新技术

商业价值：高性能、高附加值、高识别度、装饰

消费价值：触控、发光、精致、智能、科技

社会价值：低能耗

4.2.8.5 IMT

IMT是一种脱胎于IML的工艺，是在智能手机行业追求极致减薄的环境下产生的工艺，主要工艺和IML一致，区别在最后将IML的PET保护膜片去掉，用喷涂透明UV漆代替，减少了0.1mm的PET厚度。小米4最早在后盖上应用了这个工艺，为业界熟知。在其后其他品牌的使用中产生了重大质量问题，IMT工艺的使用急剧减少。2013年联想手机的CMF团队开发了另一种IMT工艺，可以规避这个质量问题。小米4用的IMT工艺其主要工序是：先在PET膜片上用UV转印、电镀、印刷等工艺完成光学纹理等效果，然后用IML的工艺将膜片和塑胶注塑成型，再将PET膜片去除掉，最后上喷涂线喷透明UV漆保护。

优缺点：可在塑胶注塑壳上实现类似玻璃的精致纹理效果，传统IMT有技术风险。

成本参考：手机电池盖大小全工艺IMT产品，包含UV转印、电镀，在12～18元。

设计注意事项：注意不能做高拉伸的造型，产品不能有倒扣。

应用领域：智能手机领域、IOT产品等。

小米4后盖运用IMT工艺效果

Redmi10X

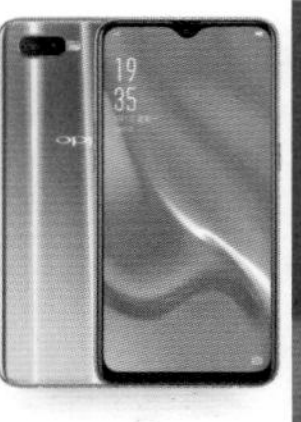

OPPO K1

CMF关键词推荐

创新价值：新工艺、新图纹

商业价值：高效率、低成本、易加工、艺术、装饰

消费价值：光滑、金属感、镜面、高亮、精致、智能、科技、无味

4.2.8.6 模外装饰

模外装饰（Out Mold Decoration），简称OMD，技术正名为“高压转印”，也有三次元加饰、TOM、DOD等叫法。OMD工艺能够实现视觉、触觉、功能等效果的结合，是典型的CMF工艺之一：OMD分为OMR和OMF。OMR释放膜片，即不带膜材，只转印涂层到素材表面，膜材会被撕掉，再用UV灯固化UV保护层。OMF带膜材，类似IML。

优缺点：OMD免喷涂，作为环保技术，大幅替代传统喷涂工艺，应用潜力较大；在素材表面可实现灵活多变的外观效果，模具不限制效果变化，木纹、石纹、皮纹、塑料金属化等效果呈现丰富；ID造型大弧度产品，或倒扣造型，非常适用，比IMD应用区间更大；触感佳，立体感佳，真实感佳。缺点是厂商少，性能测试需要继续优化，转印膜材普遍被台资或日资企业垄断，设备机台略贵，行业应用面目前较小，其次受限于设备，无法加工大件。

成本参考：手机后盖12元（喷涂保护15元）。

设计注意事项：OMR在膜材的拉伸过程中纹理容易变形，尤其是中规中矩的纹理，形变后视觉变化明显；如果只是OMR，即转印完不喷涂保护，环境检测等测试项较难通过，如需要通过需要喷涂保护；目前OMR很难结合光学镀实现精致的金属质感，这是OMD技术突破的一个重点和难点。

应用领域：汽车领域应用居多，也可用于笔记本键盘、手机、手机保护套等。

模外覆膜样品

OMD样品

CMF关键词推荐

创新价值：新图纹、新工艺、新技术
商业价值：高效率、高性能、艺术、装饰
消费价值：金属感、真实、自然、家居、科技、触感、3D立体效果
社会价值：环保、无毒

4.2.8.7 烫金膜

烫金膜是烫金工艺使用的材料，因其具有金属效果，所以叫烫金膜，没有金属效果的叫烫印膜。在烫印模具上将所需图案等做好，再烫印到产品上。烫金工艺应用广泛，包装行业应用最为常见，不限于纸类包装，玻璃瓶、金属瓶也可使用烫金工艺。服饰也多用烫印，电子产品的Logo也较为常用，手机的功能机时代除使用了金属质感的烫金膜，还使用了镭射效果烫金膜。

优缺点：烫金工艺相对简单，它有优于丝印等的金属质感，并且可以通过模具实现自由设计。烫金附着力较差，在电子产品上一般在透明件内表面使用，外表面需要再喷涂进行性能加强。

成本参考： 标准卷（0.6m×80m）一支大部分在100元左右，一个手机品牌Logo的烫金工艺成本在0.5元左右。

设计注意事项： 对于硬的基材，比如硬塑胶、金属、玻璃等，使用软的烫金模具，比如硅胶。对于软的基材，比如纸张布料等，使用硬的烫金模具，比如铜、钢。烫金效果整体质感偏弱，不适合在精致度和质感要求高的产品上大面积使用，更适合局部点缀使用，面积越小质感越强。在硬的基材上面积越大对底材要求越高，如果底材不平，烫金的效果会大打折扣。

应用领域： 香烟、酒类、化妆品等包装领域，服饰的图案，电子产品的Logo以及图案。

三菱烫金Logo

纸质包装的烫金效果

鞋子上的幻彩烫金效果

CMF关键词推荐
创新价值：新工艺、新图纹
商业价值：高效率、低成本、易加工、艺术、装饰
消费价值：金属感、高亮、家居、真实、智能、科技
社会价值：无毒

4.2.8.8 热转印装饰膜

热转印是一项新兴的印刷工艺，该工艺印刷方式分为转印膜印刷和转印加工两大类，转印膜印刷采用网点印刷（分辨率达300dpi），将图案预先印在薄膜表面，印刷的图案层次丰富、色彩鲜艳，千变万化，色差小，再现性好，能达到设计图案者的要求效果，并且适合大批量生产。转印加工通过热转印机一次加工（加热加压）将转印膜上精美的图案转印在产品表面，成型后油墨层与产品表面融为一体，逼真漂亮，大大提高产品的档次。但由于该工艺技术含量较高，许多材料均需进口。

优缺点： 无须制版、晒版、重复套色的步骤，无须丝网印刷和热转印方式所需要的各式型号的工具、材料。采用万能打印机，只需要另外准备一台普通电脑。一个操机人员就可以完全独立地进行印刷操作，省人力物力，并且方式简单，立等可取，对操机人员的经验要求低，只要了解简单的图片处理软件就可以了。缺点：立体感、精细感表现力一般。

成本参考： 0.3元以上（根据产品图案面积大小成本发生变化）。

设计注意事项： 可靠性测试、面积大小、曲面变化等，需要专业热转印设备，对于陶瓷、金属等物品，需要表面有热转印涂层。

应用领域： 可应用于皮革、纸张、塑胶、玻璃等很多材料表面。

热转印膜材

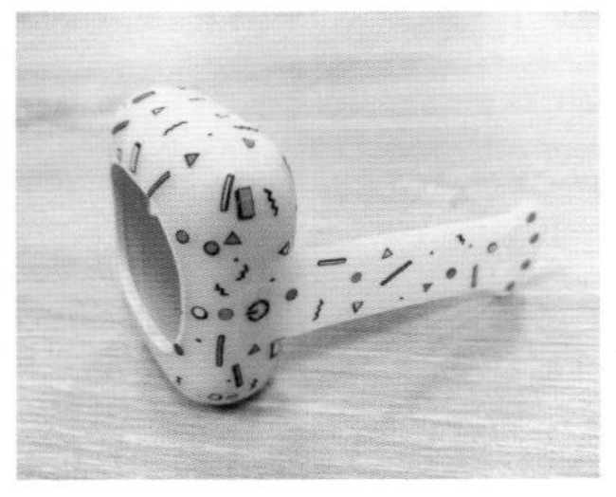
热转印产品效果

CMF关键词推荐

创新价值：新工艺、新图纹

商业价值：高效率、低成本、易加工、艺术、装饰

消费价值：精致、自然、家居

社会价值：无毒

4.2.8.9　手机装饰膜

手机装饰膜是伴随玻璃材质在手机中的大规模应用而产生的，贴在玻璃底部。它的前身是贴在玻璃背面用于防止玻璃碎裂伤人的防爆膜，主要以PET材质为主，有些高拉伸的玻璃使用TPU材质。因为PET膜片易于做效果的特性，将原先应用于IML工艺的效果移植过来，并更有发展，结合包装的胶印工艺和更精细的转印纹理，发展出了特别炫酷、深邃的效果。华为的荣耀8是最先将UV转印的光栅纹理的手机装饰膜用于手机玻璃后盖的产品，并取得了巨大成功。

优缺点： 手机装饰膜具有防爆和提升效果质感两个功效，膜片的特性使它容易叠加各种工艺效果，比如胶印、UV转印、电镀等，可以做出丰富的效果。

成本参考： 以手机后盖为例，进行UV转印、电镀、印刷等全工艺，5 ～ 10元左右。

设计注意事项： 手机装饰膜片适合叠加工艺。

应用领域： 香烟、酒类、化妆品等包装领域，服饰的图案，电子产品的Logo以及图案。

手机装饰膜片

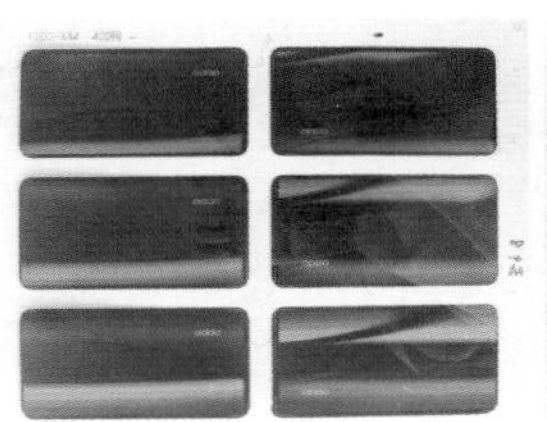

手机装饰膜

CMF关键词推荐

创新价值：新工艺、新图纹、新技术

商业价值：高效率、高附加值、低成本、艺术、装饰、流行

消费价值：金属感、镜面、高亮、哑光、多色、精致、真实、智能、科技

4.2.8.10 家居装饰膜

家居装饰膜一般指PVC、PP、PET、PVDF（户外）膜，可直接贴于墙面，或压贴、吸塑至板材上。家居装饰膜可分为直接贴膜及压贴制成板材两大类型。直接贴膜的装饰膜带有背胶，可贴覆于墙面、产品表面。制成板材则平贴至板材上，如木塑板、多层板。装饰膜PP材料不能吸塑，延展性不佳；PVDF主要用于户外，防紫外线；PET更加环保；PVC多数采用油性油墨，PVC可吸塑、包覆，可用于较复杂曲面。厚度为12 ～ 18丝（0.12 ～ 0.18mm）的装饰膜，主要用于门窗、线条、型材包覆；厚度为35 ～ 45丝（0.35 ～ 0.45mm）的装饰膜，主要用于橱柜、门板，采用吸塑工艺。

优缺点： 效果丰富，可模拟手感、肤感。缺点：缺少材料的真实触感，无法真正意义上替代传统材料所具有的价值感。

成本参考： 常规价位2 ～ 10元/m^2，中端产品10 ～ 20元/m^2，高端产品每平方米则从几十元至200元左右。

设计注意事项： 目前装饰膜在逐步采用水性油墨。

应用领域： 家居空间、墙体、板材表面、产品表面。

德硅集团PVC 3D家具真空吸塑装饰膜应用于地板、家具

CMF关键词推荐

创新价值：新材料、新工艺
商业价值：高效率、高性能、低成本、耐污、抗菌、防水、易加工、艺术、装饰
消费价值：亲肤、光滑、金属感、哑光、精致、自然、家居、温馨
社会价值：绿色环保、水性

5 CMF 方法篇

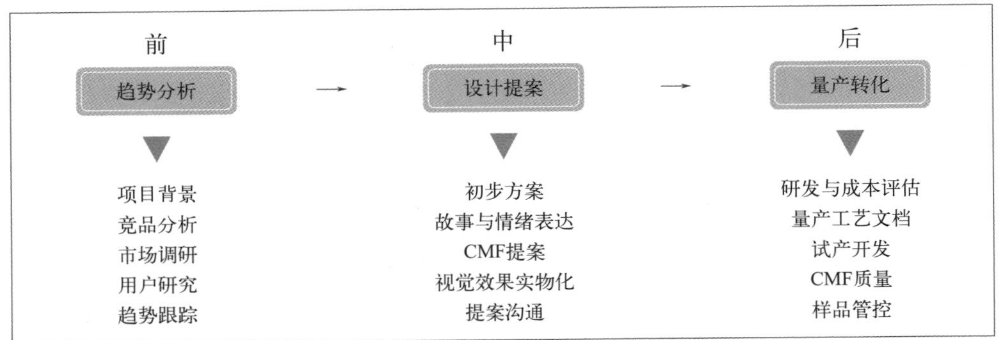

CMF设计方法图（黄明富绘）

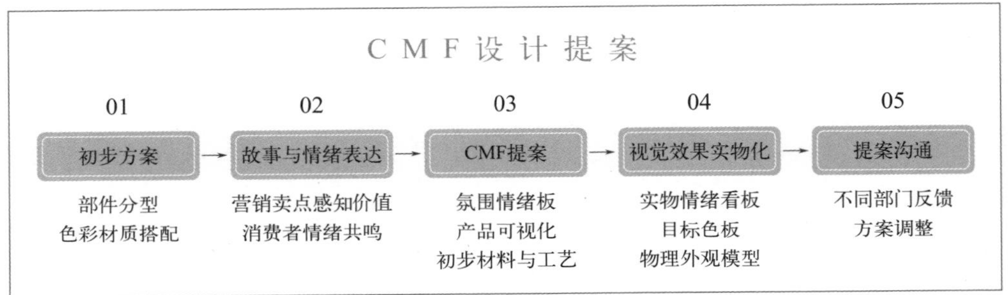

CMF设计方法-设计提案图（黄明富绘）

5.1 前期——趋势分析

5.1.1 项目背景研究

项目开始阶段需要详细了解产品定义以及背景资料，通常称为产品简报，可以是一份简短的摘要文件，概述项目的总体范围、手头的具体任务、预算和预期的时间表。这是启动CMF设计过程所需的最重要的信息。而且，产品简报的质量越好，任务越清晰，设计越成功。理想情况下，一份好的产品简报应该包含尽可能多的目标消费者信息，如年龄、性别、地理位置、市场类型和产品类别（独家、主流或低端）。此外，任何市场调查和竞争对手的信息，如已经存在的产品，具有潜在的兴趣和竞争特征值得考虑，都是非常有用的。

对于独立咨询公司来说，产品简介直接来自客户。在具有嵌入式CMF团队的大型组织中，CMF可能来自产品规划、市场营销部门，或者可以与整体产品设计概要一起创建。

以广汽研究院-广汽集团2+X系列概念车项目为例。

项目背景：广汽研究院基于自主研发的新能源专属平台，融合“TO YOU，TO

US，TO ALL”（“全民主角、全心相伴、全城共享”）的设计理念，为都市出行创新推出“2+X”系列双座纯电动小型概念车。“2+X”是一个很有意思的概念，当中的“2”代表了广汽自主研发的1.97米的轴距的小型纯电动平台，而“X”则代表，在城市生活中有着多元出行需求的群体。

设计目标：结合新能源、智能化、情感化发展趋势，针对未来都市出行方式，创新2座小型车用户体验，通过“X”赋予小型车新的价值，引领未来出行风尚。

总体策略：基于三辆同平台、差异化的概念车，满足不同用户需求，探索市场反馈。

5.1.2 竞品分析

CMF设计的难题有很多不同的部分。将所有这些部分整合在一起将有助于最大化时间和结果，收集尽可能多的关于要设计的产品的信息。

产品简报中的信息，往往都会包含竞品内容，如其他品牌已存在的产品，分析其功能参数、价格定位、市场类型等。而作为CMF设计师，需要做的竞品分析还包括：不同品牌该产品针对不同价位、不同市场，所作出的不同CMF应对，直观总结剖析目前现有市场在CMF外观方面的分布情况。

另一种竞品信息收集的方法是访问已经在使用该类型产品的消费者，并通过提出有关颜色、材料和饰面等功能特征的问题来采访他们。这个过程可以获得与功能性元素相关的有趣见解，而功能性元素可能无法满足消费者的功能性或审美需求。

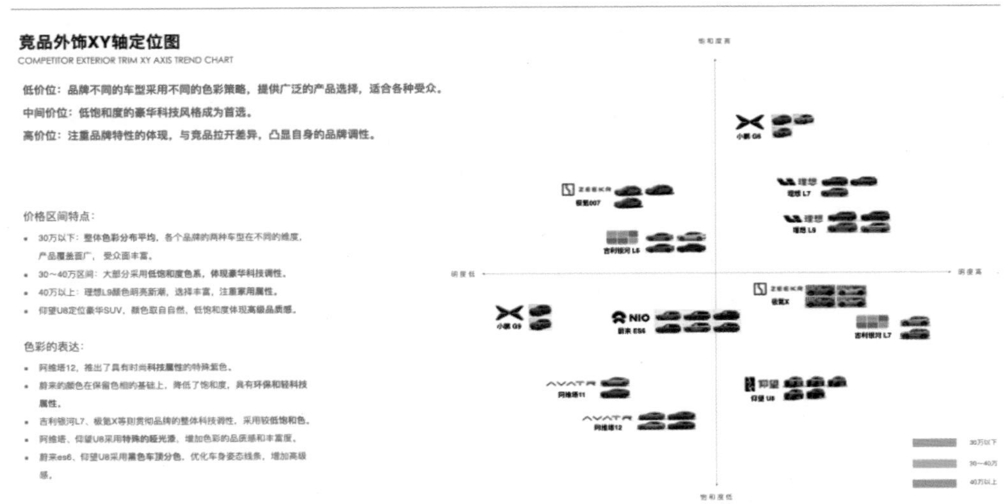

汽车行业外饰XY轴定位分析图（科美研创高懋森）

这里CMF的竞品分析目的是提取具有普遍意义的参考，甄别自己产品所需并提出具有差别化的CMF设计。

汽车行业外饰车身颜色竞品分析（科美研创高懋森）

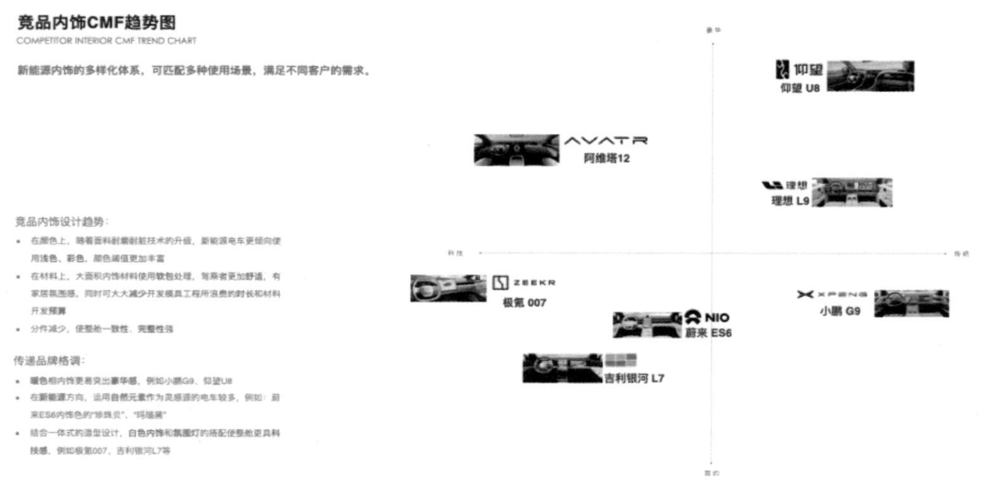

汽车行业内饰CMF趋势分析图（科美研创高懋森）

5.1.3 市场调研

在开始CMF设计之前，对市场进行调查和分析是接近目标消费者的基础练习。竞争对手的分析和市场研究是一个复杂的过程，通常由具有市场营销、统计和商业战略等专业背景的专家进行。这项工作包括根据市场层次和目标消费者对现有和未来的产品进行映射或定位。在大型企业中，这些信息通常可通过消费者洞察或产品规划部门获得。在小型企业中，可外包给外部顾问公司来进行。

为了CMF设计的目的，调查市场的过程是由设计师进行的，并专门用来得出设计的见解。这一过程可以通过不同的方法进行，包括设计人类学或设计思维，这些方法有很多现有的资源、参考书目和参考文献。关键在于，设计师进行的市场调查过程本质上更注重定性，而不是定量的评估。

一种方法是访问市场，观察、拍摄和购买类似的产品或潜在的竞争产品。这个过程提供了一个概念，现有的功能特征和审美趋势，目前正在发生的市场。通常情况下，已经有很多值得注意的创新，在某些情况下是值得改进的，这种方法可以避免浪费时间和资源。

访问和调查市场还可能涉及不同行业的交叉，以及预测产品偏好和使用的相似性。例如，家用电器和消费电子产品目前正在合并成一个全新的产品类别，以前只有消费电子产品才有的触摸屏或运动传感器等功能已经进入了家庭领域。

5.1.4 用户研究

当涉及与产品的交互时，有不同的功能需求和期望。清晰地定义和识别消费群体将有助于更准确地设计和定位产品。目标消费者是一个通常被称为消费者细分过程的结果。大公司和小公司为了更准确地用定制的信息或产品来瞄准他们，将人们按照一组相似的特征和消费行为划分为不同的群体。根据业务模式的不同，公司可能只针对一种或几种消费群体。

为了创造有针对性的CMF设计，与创造消费者细分的人密切合作是非常重要的。在大型组织中，他们可以是内部部门的一部分，也可以是完全致力于理解消费者的外部机构。一旦明确界定了消费群体，设计师的工作是将他们的愿望具体化为有形的设计元素，使他们活起来。

作为产品开发过程的一部分，公司通常会安排几轮消费者反馈，包括一系列的焦点小组，在这些小组中，潜在的产品用户会被邀请查看一组物理提示或外观模型，这些提示或外观模型在外观和功能上都与最终产品非常接近，以便提供实时反馈。

5.1.5 趋势跟踪

与趋势打交道的本质是要理解它们不是静态的，而是一个快速移动的、有生命的实体，它总是在变化、合并和多样化发展着。在经验丰富的CMF设计师多年的专业实践中，大多已经形成了令各自信服的过程来理解和处理趋势，从定义它们实际上是什么，到根据不同的类别和影响绘制它们，以获得不同的见解。这个过程现在自然地发生在一个持续的基础上，几乎像一个训练有素的直觉。

趋势有不同的标签，从宏观层面，涉及大的变化和事件，到微观层面，侧重于宏观趋势的有形和可量化的表现。趋势跟踪过程是基于对市场环境中不同变化的持续观察、记录和分析。由于这是一个与产品设计并行运行的持续过程，它也允许我们回顾时间，以发现进化的模式，进而有助于预测可能的未来场景，以及新兴消费者的需求、欲望和愿望。

在设计颜色、材料和饰面时，所有层次的趋势都很重要。虽然有些品牌倾向于只将颜色和材料与微观趋势联系起来，但重要的是要了解宏观趋势将对我们设计的产品产生的影响。

当具体到颜色趋势时，不同的颜色或颜色组合可以由许多因素驱动，包括经济状况的变化。如全球对环境保护的关注和对更本地化、更可持续的生产方式的支持，推动了天然色素的重生，正在推动全新的色彩设计策略和营销活动。

5.2 中期——设计提案

5.2.1 CMF 初步方案

5.2.1.1 部件分型

为了通过性能和可用性优化产品效益，CMF零件拆分设计应该与制造设计同步进行。材料的选择应该在产品设计过程的开始就完成，而不是孤立地进行。

除了预期的产品功能外，零件分解也可能是制造过程的一个驱动因素或结果。

定义分型是分析产品的零件分解，以了解实际有多少个零件，以及需要指定多少种不同的颜色、材料或饰面。由于这可能是一个复杂的过程，它有助于给每个要指定的部分编号。为了开始CMF探索，通常需要工业设计师或产品工程师提供所有外部部件的扩展视图以及产品的正投影六视图。

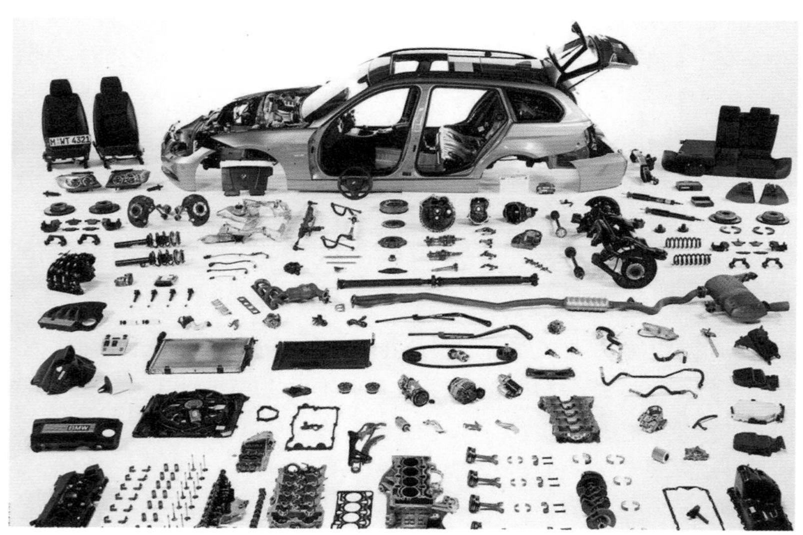

汽车零部件拆分示意图

5.2.1.2 色彩材质搭配

理想情况下，部件拆分应该超越产品的简单美学造型，成为用户能够通过普遍线索直观识别的价值主张。例如，如果一个部件的颜色和材质有变化，在设计时就应该考虑到这一功能，并且设计的材料应该能够提供多种颜色和纹理变化的可能性。

通过视觉和物理部分的分离，创造出直观吸引力的产品，实用工具就是一个很好的实例，因为它们的价值主要取决于它们的功能性能。它们通常色彩鲜艳，从周围环境中脱颖而出，它们的功能部分，如抓握区域，通常通过增加表面纹理，或使用橡胶、硅树脂等防滑材料来强调。在表面装饰方面，图案、纹理和整体组成的规模和分布必须与物体的大小成比例。在一个小物体上使用过大的图案会使它看起来没有细节，因此会降低它的感知和实际价值。产品的表面细节和零件细分越复杂，产品的感知价值和实际价值就越高。在手表和高级珠宝行业，手工制造的方法极端关注细节，进而提高了产品的稀有和排他性。这并不一定意味着小表面应该充满装饰，而是涉及颜色、材料和纹理的不同元素的组成应该经过深思熟虑，以便使产品作为一个整体看起来很好，同时拥有完美的细节。在探索过程中，每个会改变颜色或材质的部分应该隔离在一个单独的数字层中，稍后可以在Adobe Photoshop中打开以可视化和单独处理。或者直接用3D模型进行渲染，将颜色、材质和成品以逼真的方式表现出来，探索各种部件的CMF应用组合。

广汽研究院－广汽集团2+X系列概念车，2U车型：内饰色彩材质搭配

长城汽车－芭蕾猫，内饰色彩材质搭配

5.2.2 故事与情绪表达

除了CMF设计下的技术和实践工作之外，为每个产品创建一个引人入胜的叙述也同样重要，即建立故事与情绪表达。

通过关键的视觉元素和具体的信息来讲故事是一种吸引客户和最终消费者的设计交流方式。如果这个过程是基于现实世界的事件、新兴的消费者行为或当前的市场趋势，那么这个过程就会更有效，构建故事，然后将最初的问题或挑战与建议的设计策略结合起来，这不仅会让故事更有关联性，也会让故事更有吸引力。

讲故事本身就是一个完整的学科，但CMF设计的关键是故事的信息，除了与实际的市场事件相关，还必须是有趣的、创造性的，从颜色、材料或技术的角度来看是独特的。以耐克为例，他们的故事通常植根于材料和技术的创新，这些创新是如此具有颠覆性和创新性，以至于它们也成为了营销信息的一部分。

然而，并不是所有的故事都适合所有的产品，即使它们是当前的。这完全取决于什么对品牌、产品和消费者有利。在某些情况下，他们的关键故事已经是品牌的一部分，因此必须转移到不同的CMF元素。在其他情况下，可以在一个新的CMF故事的基础上嵌入一个新的信息。目前，在跨行业的方法中，一些关键的故事正在发展，包括材料的原始状态与特征和可持续的制造工艺，以及涉及当地采购、尊重传统技术和技能保存等方面。所有这些都根植于我们此刻正在经历的集体意识的回归，这促使我们重新评估产品是如何制造的，它们来自哪里，以及它们对环境的实际影响是什么。

广汽研究院-ENO.146概念车，内饰座椅设计以材料创新驱动设计

5.2.2.1 营销卖点感知价值

通过感官体验传达积极的情绪可以提升产品的价值。至少80%的CMF设计是关于它为消费者创造的感知价值。每个人，无论种族、社会地位、教育程度或性别，都在寻找理

想的对象，以满足情感需求和无形的利益，如地位、美貌和归属感。通过CMF设计创造价值，不仅考虑了实际高端制造工艺的知识，也考虑了纯粹基于情感感知的文化联系，将普通物品转化为身份象征。

我们周围的物品，除了那些纯粹的功能性目的之外，已成为了我们是谁或我们渴望成为谁的表征。这些物品的附加价值超越了简单的功能，成为我们自身体验和我们与世界的情感联系的反映。增值可以是真实的，也可以只是一种感觉。无论哪种方式，创建理想故事和理想对象的生活方式目标是CMF设计的核心。

通过使用高端材料、复杂的表面处理或复杂的制造工艺，真正的价值很可能是有形的和可衡量的，用来提供质量更好、性能更好的产品，因此价格也更高。

另一方面，可以创造感知价值，以提供一个产品的外观是高端的。这可以通过使用低成本的新奇表面处理，引人注目的颜色组合，或通过创建一个与豪华对象相似的整体美学组成来实现。不需要使用昂贵的材料或技术，就能以合理的价格传达出一种声望感。

长城汽车第三代哈弗H6，采用可透光皮革设计

5.2.2.2 消费者情绪共鸣

消费者的情绪共鸣来源于文化感知，了解目标消费者的文化背景，并融入产品将被放置的环境，是成功的产品和品牌定位的基本步骤。审美感知随着文化背景的变化而变化，对每个消费群体都产生着不同的、不断变化的影响。甚至消费者群体也在不断地转变、合并和发展。根据不同的影响或趋势，产品需要支持不同的审美价值和愿望，这些影响或趋势可以是本地的、全球的或两者的融合。

花西子－苗族印象，采用苗族银饰设计为灵感

由于审美偏好与不同的CMF元素直接相

关，相同的颜色、材料或饰面可以根据不同的文化被感知。例如，在巴西和中国等国，不断壮大的新兴中产阶级的主要愿望是追求新奇，获得新的名牌和标志性产品。虽然这两种文化差异很大，但新奇是普遍存在的，是体验产品梦寐以求的属性，因为它被认为是进步、乐观、社会流动性和自我完善的象征。

5.2.3 CMF 提案

5.2.3.1 氛围情绪板

情绪板是一种概念上的帮助，提供即时的灵感和与目标消费者的情感联系，代表了他们的欲望和愿望，以及在物理世界中产品和对象的外观和感觉。情绪板并不总是需要完全现实或字面上的，可以是一种投射或一种用不同的视觉线索表示的理想的生活方式。

创建情绪板首先要明确目标用户，根据之前做的市场分析、用户研究，结合产品定义去创建人物角色。创建人物角色是众多不同类型的设计人类学工具之一，用来获取和交流关于消费者的线索和见解。人物角色是人、他们的生活、欲望、愿望和价值观的原型或表征。它们基于真实的数据，而不是刻板印象或文化假设，事实上，基于真实世界的数据创建人物角色将帮助我们避免对市场或消费者的刻板印象或误解。

人物角色和情绪板之间的主要区别是，人物角色主要关注生活方式背景——社会活动、环境、文化；而情绪板关注的是支持设计过程的关键和具体的美学线索。当与CMF设计一起工作时，建议同时创建人物角色和情绪板，因为，当人物角色将消费者的世界带入生活中时，情绪板将消费者与特定的视觉和功能设计元素直接联系起来。

通常情况下，情绪板在公司内部被用作一种转化方式，将无形的价值转化为具体的视觉表达和功能美学元素。通常它们作为风格趋势或外观和感觉的方向，为未来的产品开发设计提供视觉指南。它们可以是基于数字图像的、物理对象的或数字和物理的结合体，都是为了进一步清晰地表达创建CMF调色板所需的信息。

对于CMF设计而言，一个好的情绪板很关键，为产品找到或创建正确的视觉方向，定义视觉设计语言，风格和其他美学元素，如颜色、纹理、材料。事实上，在某些情况下，通常很难找出与情绪板完全契合的图片，如果时间和预算允许情况下，可专门为它创建和拍摄图像作为过程的一部分。

作为一个经验法则，情绪板的具体内容取决于所设计产品的类型和传达明确信息所需的信息量，通常情况下，越少越准确越好。

PPG工业涂料，全球色彩趋势色彩情绪板

无论图片和元素的顺序如何，如果我们设计同样的产品对于不同的消费者细分或用户来说，所有的情绪板在完全相同的组件和理想情况下，应采用相同的布局，这样更容易直观地比较和区分外观和感觉。基本上，通过为不同的消费群体使用相同的情绪板布局和内容，能够更好地一一比对群体情绪差异，并欣赏他们之间的差异和相似之处。

广汽研究院-广汽集团2+X系列概念车，2U车型情绪板

5.2.3.2 产品可视化

在色彩与材质的多种搭配尝试小节提到过3D模型渲染制作数字可视化效果图。CMF可视化分解应直接对应于视觉的重要元素和次要元素，比例上可理解为：主要色或材料、辅助色或材料、强调色或材料。在进行最终设计之前，将产品内部的不同协调可视化是很重要的，因为物理材料和颜色样本在工作台上可能看起来很好，但在应用到产品本身时，在不同的组合和分布中完全不同。不建议在有完成产品的数字或物理可视化之前就决定颜色或材料组合。

产品可视化也可以是物理的外观模型或原型样机。虽然目前有非常好的计算机程序能够创建非常精确和现实的可视化三维产品与相应的颜色和材料变体，但制作物理外观模型仍是强烈推荐的，特别是当产品有复杂的形式和详细的部分分割，它们会在比例、构图、外观和感觉上给人一种更真实的感觉。

上汽大众：途昂车型，外饰漆配色方案及内饰配色方案

5.2.3.3 CMF 初步材料与工艺方向

在产品可视化的多种组合尝试后，内部设计评审，初步确定材料与工艺方向。为指导下一步的方案深化打下基础，并作为初步成本评估依据。这个阶段的材料与工艺方向其实

是后面量产工艺文档的雏形，格式不限，其主要目的是简明扼要以方便沟通，期间要经过多轮讨论修改。待各部门达成一致后，CMF会去制作最终的量产工艺文档。

深蓝汽车科技有限公司－深蓝S7，内饰材料与工艺

5.2.4 视觉效果实物化

5.2.4.1 实物情绪看板

创建CMF实物情绪看板，是对应于每个产品部件的样品或颜色、材料和成品的有形表示的物理集合。根据产品的复杂程度，色板的大小、细节和复杂性的总体级别可能有所不同。设计CMF色板是一个过程，不仅仅是挑选颜色和材料样本，它必须得到适用的设计策略的支持。

一个好的实物情绪看板应该包括并仔细地呈现所有必要的信息，以便清晰地沟通和表达新的设计方案。在大多数情况下，CMF情绪看板是数字文档和物理显示的组合。关键要素是情绪板和角色设定的组合、描述感官和功能CMF属性的关键词，以及相应的零件分解标注，正确编号并明确列出。在关键词和已确定的零件分解之后，该过程的下一步是开始收集颜色、材料和饰面的样本。当创建一个初始的和更鼓舞人心的色板时，样本可以有任何来源。它们可以是真实的物体、现有的材料探索、新奇的颜色或材料效果、有趣的表面处理等。

广汽研究院－广汽集团2+X系列概念车，2US车型色彩材质看板

实物情绪看板重要意义之一是在设计评审中，带来直观的视觉体验辅助；另外的重要意义是为接下来的量产准备翔实的参考样品。通常设计师方案中所需效果在供应商现有的材料库中并不存在，实物情绪看板可以在跟材料供应商的沟通中

提供明晰的目标效果，方便材料工程师向该效果靠近。实物情绪看板越充足，制作过程中的不必要浪费就会越少，也是所有设计师需要铭记于心的工作准则。

5.2.4.2 目标色板

在实物情绪看板的转化之下，指导量产用的目标色板就已确立，同时做好色板的命名编号管理工作，并将其分配到各个供应商和生产环节中。

然而，随着色板越来越受限于不同材料、不同行业的制造技术，在大型企业中，为了缩短生产时间，建议从现有的供应商那里获得和利用样品，这些样品已经被预先批准用于大规模生产。为此，拥有内部CMF设计团队的公司不断构建和填充自己的内部材料库，对鼓舞人心的和制造的CMF样本进行分类编码，以便根据项目需要快速准确地参考。在大多数情况下，每个材料样品都与供应商有联系。

当确认目标色板之后，要根据量产的实际材料去制作相对应的目标色板。比如伊莱克斯A9空气净化器，基础目标色板是浅灰色ABS，其他零部件有PP材料、织物、金属喷粉，这些不同材料和工艺都要去匹配浅灰色，PP塑料件和金属喷粉相对来说是比较好控制配色的工艺，而织物的染色相对不易，CMF设计师最初是想从面料供应商的材料库中去挑选，但确实无法满足，只能开启织物的染色配色工作。诚然这也是CMF设计师工作中价值的体现，不断接触新材料新工艺，挑战的同时积累更多新知识投入到将来的工作。

卡秀万辉涂料色板实物图

伊莱克斯A9空气净化器

羊毛织物样板、皮革绗缝样板、超纤样板、激光纹理样板

5.2.4.3 物理外观模型

物理外观模型不需要在细节层面上完全准确，只要它们能够收集和传达设计的整体形式、姿态、外观和感觉即可。用于物理模型的材料可以是实际的最终材料，也可以是模拟材料，以显示最终产品的美学效果。通常在制作前，CMF会提供符合模型实际生产的加工材料和工艺，有别于量产中的定义，是为了更好地与模型加工沟通，最大化呈现接近实际想要的效果。在制作中，如果目标色板已经建立，那么模型厂收到的外观效果指令会非常清晰；如果目标色板未建立，只有实物情绪看板，一定程度上会给模型厂带来难题，尤其有些特殊材料和特殊效果超出了模型厂的能力范围。有时，CMF设计师会作为模型厂和材料供应商的桥梁，促进行业内部的良性合作。

完成外观模型回到公司内部需要进行评审，不仅可以就人机工学、使用感受提供反馈，更能直观地评估色彩、材料的搭配，大面积的色彩是否易于接受、细节的点缀和材料是否合理、局部的标志和图标是否契合整体外观，有了这些第一手的直观感受，为下一步的方案确定和调整提供可靠依据。

创维汽车EA8 Concept外观实车模型实拍

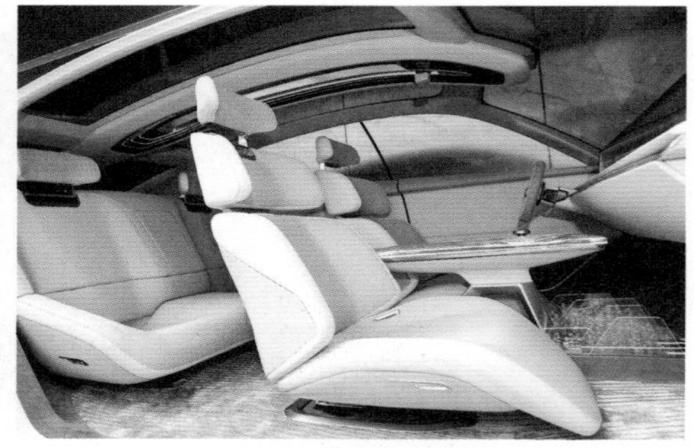

吉利汽车 银河之光实车模型内饰实拍

5.2.5 提案沟通

当CMF设计方案完成，需要展现给其他部门和项目决策者，以期得到相关评价并将项目按流程继续走下去。可以说这样的提案沟通在CMF工作中占了不小比重，无论是小型设计公司还是大型企业。沟通汇报中，除了必备的数字化效果图和物理外观模

型，更重要的是梳理清楚提案的故事设定、情绪看板，让项目决策者们全面感受到方案的深入思考，才能调动他们输出更多反馈，不管是积极的还是负面的，都是宝贵的信息。

5.2.5.1 不同职能部门反馈

在方案设计阶段需要设计评审，由CMF设计师提供数字化效果图、故事设定、情绪看板和物理外观模型，其他部门或项目决策者会就其职能范围对方案进行评价和反馈。

首先，结构和研发工程师多会着眼于产品的硬件和功能，而使用的功能环境影响了关于其颜色、材料和完成规格的许多决定。在指定颜色和材料时，需要考虑不同类型的物理环境。其中之一是产品的完全功能和可操作的空间。这可以是内部或外部，或两者的结合，取决于产品。

以运动器材为例，必须遵守和满足与这项运动的性能有关的一些技术规范。如果是户外运动，CMF的设计必须考虑与环境条件有关的不同方面，如极端暴露在阳光下或极度潮湿下。还有个人环境，它与用户的个人空间和生活方式紧密相连。根据使用者的审美偏好、价值观和愿望，物体不是孤立存在，而是与其他产品共存于同一空间，并以不同的方式进行排列。这些考虑是特别重要的，因为它们帮助我们从整体的生活方式和产品系统方面进行思考，在功能上或美学上相互联系，而不是单个或孤立的项目。将整个产品或品牌投射到整个产品生态系统中，可以确保用户更快更好地采用。

其次，市场部门的反馈至关重要。在许多情况下，市场本身决定了产品创新周期。市场零售商推动了CMF设计变体创造的一个重要方面，因为他们直接要求产品制造商提供独家的颜色、材料或饰面。这一策略有助于他们从竞争中脱颖而出，同时在大众市场产品中给消费者带来一种排他性的感觉。这就是美国移动设备零售商的情况，不同的零售商要求至少有一种独家颜色来匹配他们的品牌颜色。通过这种方式，不同零售商提供的产品可以在形式和功能上完全相同，但每个都有独特的独家颜色。

在零售环境中，不同的产品类别被称为SKU（库存单位）。这些是可以购买的每个不同的CMF设计变体产品的唯一标识符。根据一种产品的颜色、表面图案或材料的变化，SKU的数量也会增加。管理库存就成为CMF在市场中植入产品的一个重要部分。有时，即使经过广泛的趋势跟踪和预测，有些产品还是卖不出去，需要迅速修改或下架。从CMF设计的角度来看，为了生产一个成功的零售驱动的产品组合，与销售团队的营销终端紧密合作是至关重要的。

最后，项目决策者会综合多方的反馈意见，给出设计方案的评价和调整建议。

5.2.5.2 方案调整

越是大型企业，决策层面越多，要做的设计汇报与评审也非常多，根据项目的不同阶段与时间节点，其他职能部门和项目决策者给予的反馈也会不同，CMF的方案也会相应在不同阶段做出调整。有些与结构功能相关，有些与硬件布局相关，有些与成本造价相关，有些与供应商供应链相关，有些与品牌策略相关，太多的影响因素糅合使得CMF设计方案要不断调整去兼顾所有。当然近年来，也有企业秉持设计优先的策略，将ID和CMF设计作为优先主导。

5.3 后期——量产转化

这个阶段我们称为CMF实现，将方案转化为量产。CMF开发通过不同材料技术的应用，汇集了设计概念的构思和执行。开发阶段是对设计和创新的真正可能性进行测试、批准并最终纳入新的大规模生产运行的阶段。

注塑生产线

IMD（膜内装饰）生产线

在进入量产阶段，CMF设计师通常会前往加工厂进行现场打样、效果确认、签样。

5.3.1 研发与成本评估

这里说的成本评估其实在前面的提案沟通和方案调整中已有涉及，CMF在提出方案的同时给出初步的材料、工艺、表面处理建议，研发和采购团队基于CMF的初步设想（CMF Intent）去进行成本评估，期间也会有多轮探讨。当有些表面处理在方案初期阶段无法定型，成本评估需要做多种预案来应对，以免后期在切换材料、工艺和表面处理时带来报价纠纷。

5.3.2 量产工艺文档

不同行业、不同企业对这份定义文件的称呼不一，但目的是相同的：清晰呈现CMF的具体定义，为量产提供准确指导。

一旦确定了CMF色板，开发过程就开始了，首先要确定哪些供应商将根据新设计开发预生产样品。要开发的样本数量取决于所提出的CMF设计元素的复杂性。一般来说，需要开发的颜色、材料越多，涉及的供应商和供应商就越多。不同材料和技术的供应商往往会同时分开工作，为了正确地管理这一过程，建议为每个供应商创建一个准确、清晰的技术规范文件。

因为CMF规范是最常用的可视化和书面的技术规范文档，由设计师创建，以指导供应商完成手头的开发任务。CMF规范通常由产品元素的分解视图组成，每个部件有相应的标注和编号。最常见和最容易使用的可视化类型是正投影视图，在一个单一页面中显示产品的正面、背面、顶部、底部和侧面视图。CMF规范中的信息越具体，制造商理解和执行任务就越清晰。

每一个标注都应该包括部件的名称和编号，所需开发类型的描述和目标样本，目标样本是需要匹配的视觉和触觉参考。我们总是建议在供应商的规格中包含一个目标样本，并保留一个副本样本作为参考，以便在开发完成后检查结果。文档的格式不限，有PS/AI图形化，也有Excel文字表格化，不论呈现形式如何，宗旨就是明晰无误地传递产品所需的外观工艺定义。

对不同部件所需要的开发的一些描述可以包括材料类型（树脂、木皮、金属等）、光泽度（高亮、哑光、半光）、表面处理类型（拉丝、喷砂、金属抛光）等方面。CMF规范往往是复杂的文档，需要花费时间来创建，并需要大量的精力来准备。在这个阶段，良好的管理、计划和组织能力绝对是加分项。

除了零部件技术规范文档，有些企业还会单独准备Texture Specification，即表面纹理定义。一般塑料注塑件较多的产品，大部分外观件的效果呈现依赖于模具纹理，即使前面提到的CMF规范文档中对纹理有基础定义，但还需要更为细节的说明。在Texture Specification中，将每个需要做模具纹理的零件拆解，用不同的颜色给面做出清晰纹理需求区分。有的单一零件中还包含不同的纹理处理，此时这样的拆解尤为重要。

另外，产品中涉及标志、图标应用的文档通常被称为丝印文档，有些企业叫Graphic Specification。大多数情况下丝印是这些图标的常用工艺，因此图标相关文档会被称为丝

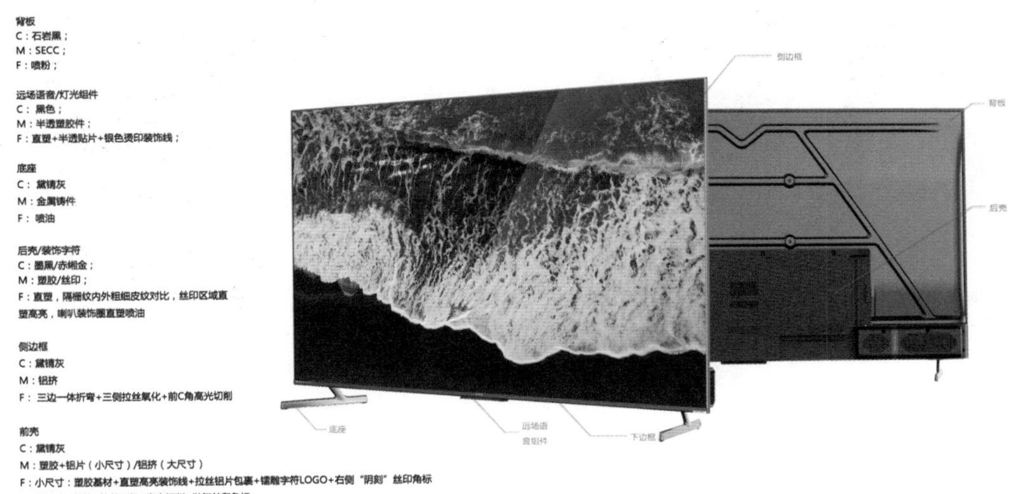

深圳康佳电子科技有限公司–M6系列电视，色彩、材料、工艺标识

印文档。当然实际情况下，考虑产品表面的不同材料和处理工艺，乃至成本需求，标志和图标都会有不同的加工方式。Graphic Specification通常是矢量格式，按比例制作规范图形，标注处理工艺和尺寸大小、位置、间距和公差范围等必要信息。

5.3.3 试产开发

当CMF量产工艺文档完成，下一步就是向供应商做简报，并确保要求是真实的，更具体地说，要求的颜色或完成效果实际上可以通过指定的材料实现。为了适应生产过程和与供应商来回沟通时的大量妥协，总是需要进行调整。通常第一个开发循环是不令人满意的，这是正常的。与供应商和制造商的合作应该被视为一个尝试和犯错的过程，在这个过程中会发现新的机会和限制。同时在这一过程中，CMF可以及时调整和修正CMF Specification，以期奔向正式量产的圆满呈现。

在CMF开发时间框架方面，建议计算大约3个循环的样本匹配，直到可以批准满意的结果进行量产。CMF设计中的产品创新真正在于研发时间和资源的准确分配，特别是当开发时间和成本没有被低估或低于计划时。一般来说，分配给CMF开发的时间越多，创新成果就越多。

试产过程中，产品的外观状态如果在1～2个循环之后，仍然难以达到CMF的预期效果，一般会安排CMF去工厂进行现场跟进。有些大型项目的外观涉及到不同的材料种类和加工工艺，供应商需要各个不同的二级供应商来协助完成，此时安排CMF的现场跟进就需要提前做好行程和时间安排，不同职能部门共同制定明确而有效的出差计划。有些企业在地理位置和客观条件允许情况下，可以在刚开始第一个循环就介入现场跟进，也是非常高效的举措。

汽车内饰装饰件铝合金基材样品

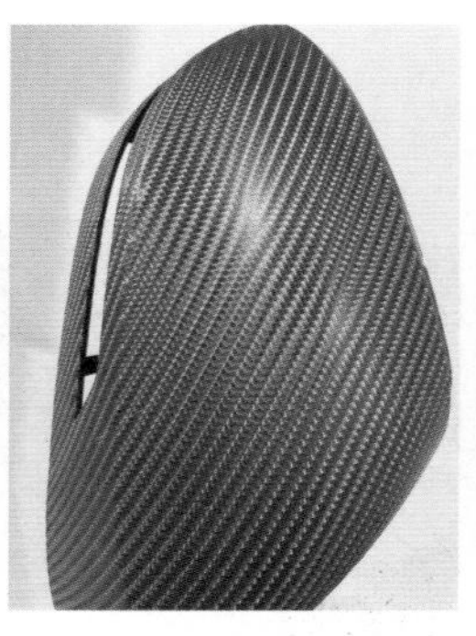

汽车后视镜壳体碳纤维激光纹理注塑样品

汽车内饰面料样品

5.3.4 CMF质量控制

在设计CMF量产实现时，与供应商携手合作是至关重要的，以便在给定的项目概要和最直接的制造约束条件下，了解可能实现的目标。

一般企业的质量团队会制定外观瑕疵检验标准，其中也包含色差的管控。色差产生的因素很多：同一目标颜色存在多种材料表现，原材料的不同注定了色彩匹配会存在差异。即使某产品外观件仅使用同一种材料，但是由于不同零部件结构模具设计的差异、加工过程的变量，仍然会产生色差。通常质量对色差有一个可接受的公差范围，ΔE满足这个范围即可批准出货，当然各企业定的公差范围不一，都是基于各自对外观的追求和对良品率的综合考量。有时会出现这样的情况：满足ΔE的范围，目视差异却很大，CMF和质量团队以及产品决策团队会做出协商，就某些敏感颜色进行特殊签样流程和管控，确保让产品以最佳的外观状态面世。现实中，这样的情况经常存在，需要CMF设计师有敏锐觉察力以及协调和推动的沟通力。

配色的过程受许多不同方面的影响，如所用颜料的类型、选用的应用方法以及基色或表面纹理或基材。有一系列的测量工具可以支持这个过程：包括数字颜色阅读器，标准灯箱和颜色校正照明。在色差管控中常用到的是色差仪，辅助判断颜色的色相、明暗，有些表面效果还需要加上光泽度仪、粗糙度仪去判定。更多时候，即使单一的色相、光泽、粗糙度能拆解分卸，其综合后的表象还是需要CMF有自己的合理综合评判。

5.3.5 样品管控

样品管控涉及签样流程、样品标签、样品留存、样品更替。

签样流程。CMF量产过程中，贯穿了样品的批准，一般流程是：目标色板→量产零部件→量产整机。目标色板之前有介绍过，量产零部件是基于目标色板在实际产品中的应用，量产整机是指所有外观零部件装配好，所有外观均满足出货状态。

样品标签。签样件需要有合理的标签，标注出项目名称、生产厂家、材料、工艺、日

深圳康佳电子科技有限公司-M6系列电视，纹理样板及签样板

期、签字人员，如有需要可以加上色差、光泽度等其他相关信息。有些量产零部件由于材料和工艺制程的特殊性，其波动性较大，CMF和质量团队往往会要求加做限度范围样件，用以保证量产的顺利进行。

样品留存。企业和供应商需要做好所有这些签样件的留存保管：所有签样件一般需要复制多份，保证上下游相关环节团队都能接触到这些签样件并应用于各管控环节，确保量产外观的质量。保管好这些签样件，对公司其他项目和未来项目的管理都有便利，相同或相近效果可以沿用，以保证公司全部产品的外观一致性。

样品更替。不同材料其颜色效果在一定时间范围以外会发生变化，材料厂家和质量团队需要定期对签样的目标色板进行更替，以确保生命周期较长的产品或者多平台共享的产品在外观上有稳定连贯的颜色输出。

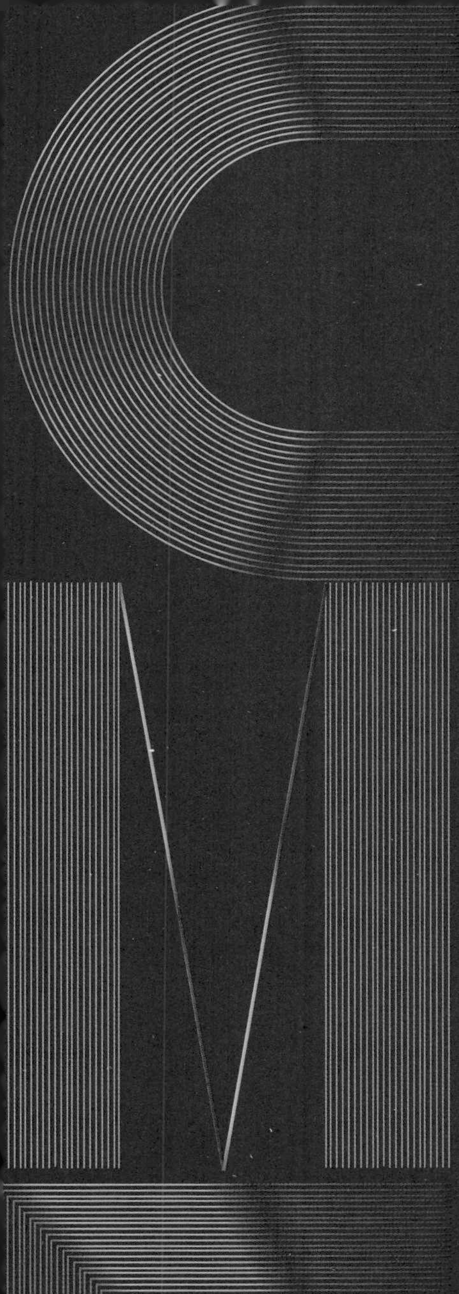

6

CMF 流程篇

CMF设计师从事创意的设计流程，在不同行业、不同领域、不同工作岗位上，CMF设计流程存在较大差异。在本章介绍来自产品领域、材料领域的CMF设计流程。产品领域包括：汽车行业、手机行业、家电行业、定制家居行业，材料领域包括汽车内饰材料行业。其中汽车行业、汽车内饰材料行业偏向真实项目实操流程；手机行业偏向ID与CMF的全流程配合关系；定制家居行业偏向商业流程；家电行业偏向设计管理、节奏管理。这些行业覆盖了商业流程、设计管理、部门配合、具体CMF项目实操四个典型流程。

6.1 汽车行业 CMF 设计流程

汽车造型设计是整车设计开发的先导，完整的汽车造型设计实质上应包含形体设计和CMF设计两部分，是将造型艺术、色彩设计、材料及工艺选用和工程设计等不同专业技术在汽车产品上进行有机结合。具体CMF设计流程如下。

（1）车型定位、标杆竞品分析

结合车型的风格、售价、标杆竞品车型等信息，从销量、外观内饰颜色设置、用材用料等方面对标杆竞品车型

进行CMF调研分析，整理归纳得出结论。

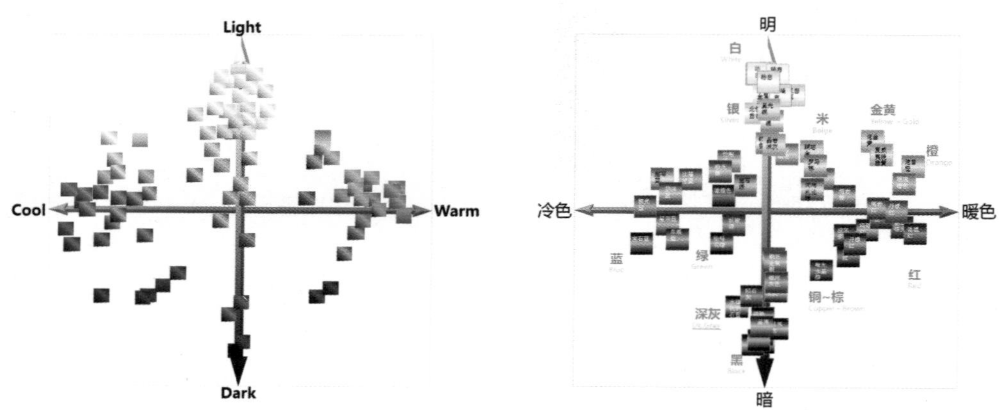

汽车色彩竞品分析

（2）消费群体分析

针对消费群体的年龄、学历、收入、价值观、兴趣爱好等方面进行分析，只有了解消费者的想法才能更精准地捕捉用户需求，更好地完成CMF设计规划。

消费群体分析及定位

（3）设计趋势分析

消费者喜好变幻莫测，将最新的流行趋势进行整理归纳，得出共性结论融合到CMF规划中，只有了解消费者的想法，与之购买欲相契合，才能使产品立于不败之地。

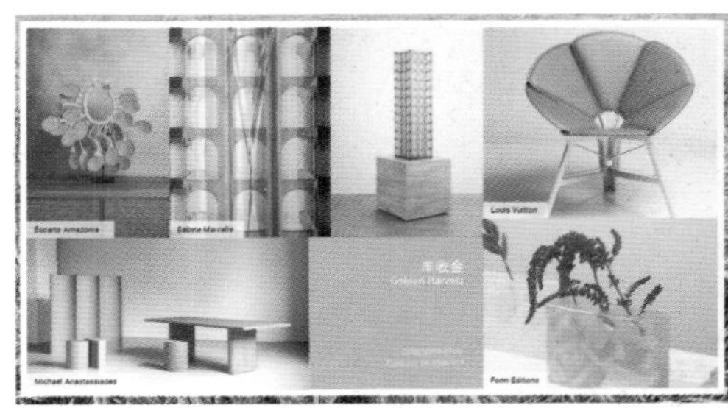

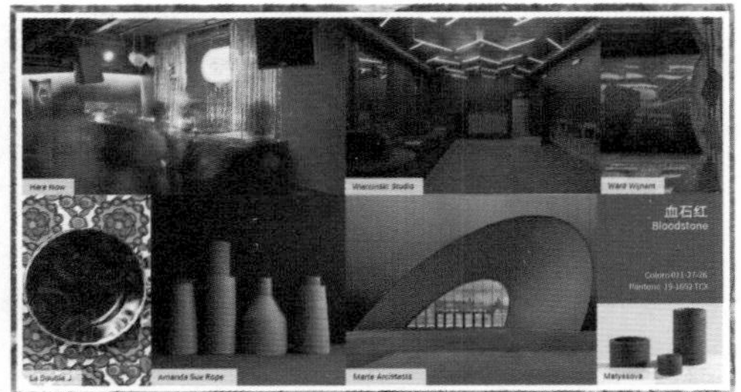

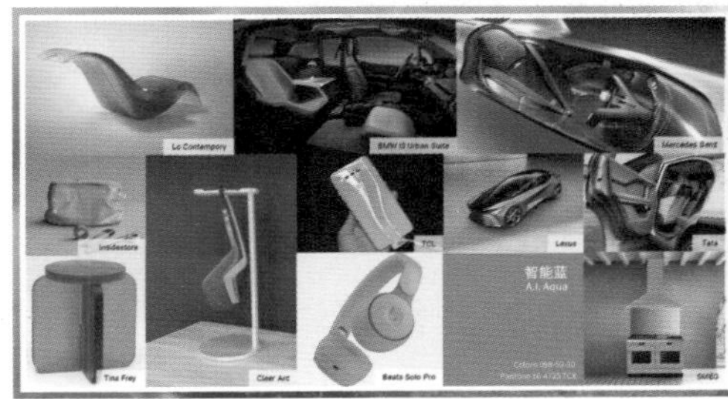

WGSN2022年CMF设计趋势

（4）设定主题、关键词、意向图

将车型定位、标杆竞品、消费群体、设计趋势的分析结论进行归纳总结，明确设计主题，并确定准确的关键词和意向图，以更好地传达设计观点。

（5）设计方案

结合不同的设计意向图进行CMF元素提取，应用到造型设计中，要求对颜色搭配、应用位置及比例、材质效果、纹理等进行合理搭配，渲染清晰准确，以最直观的方式展现CMF设计。

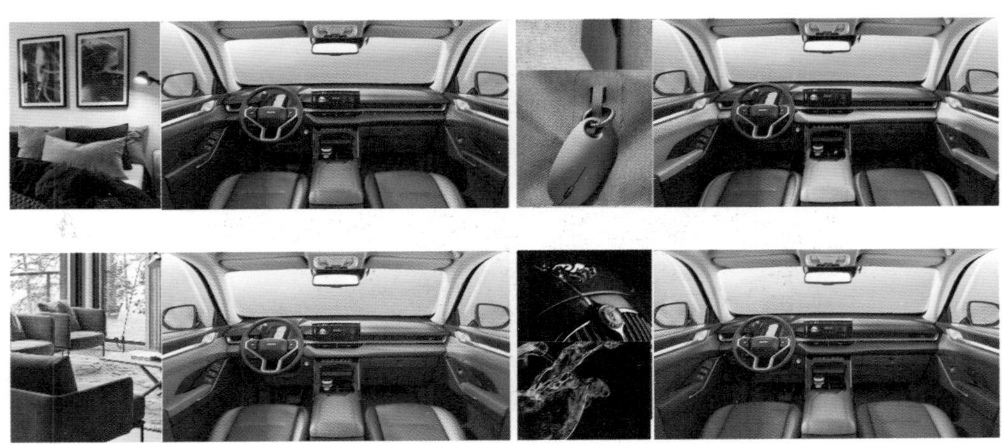

长城汽车第三代哈弗H6内饰设计与意向图

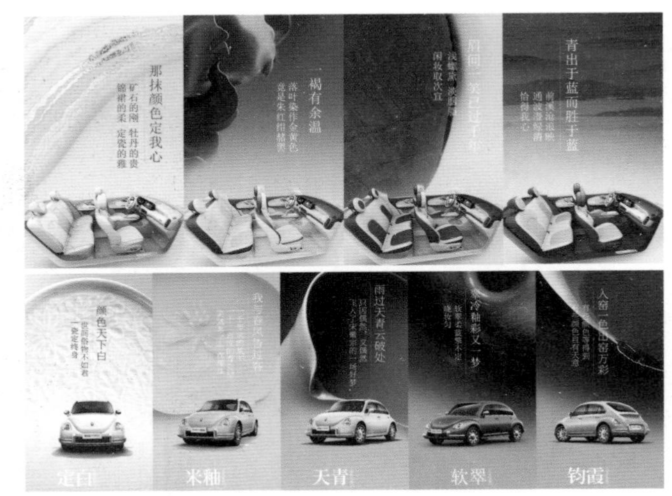

长城汽车内饰、外饰CMF设计呈现

（6）色彩材质纹理定义

根据CMF设计方案，对每一种颜色、纹理、工艺效果进行定义，以支持工程可行性分析，色彩纹理定义有着承上启下的作用，是设计师与工程师对接的重要文件之一，也是设计落地的第一步。

（7）色彩纹理样板甄选

根据色彩材质纹理定义中的每一种效果，进行色卡或样板挑选，组合搭配出与CMF设计方案一致的样板，此过程需要多家相关供应商共同支持。

汽车外饰色彩材质纹理定义图（黄明富绘）

汽车内饰色彩材质纹理定义图（黄明富绘）

色彩纹理样板挑选

（8）设计落地及过程管控

每一位合格的CMF设计师都应该保证设计与产品的一致性，所以在实际生产过程中，设计师要对产品进行色彩、纹理深度、纹理光泽度等进行严格比对及确认，本着数值为辅、目视为主的原则进行质量把控，以保证设计方案完美落地。

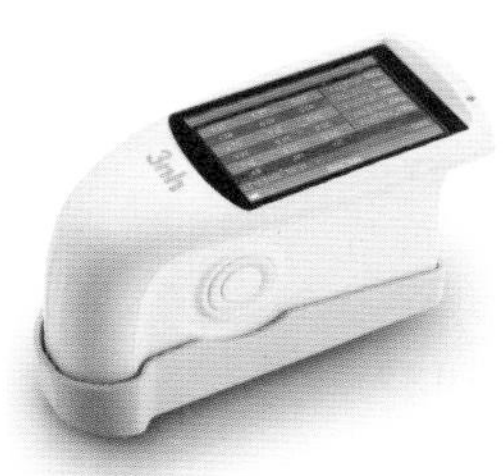

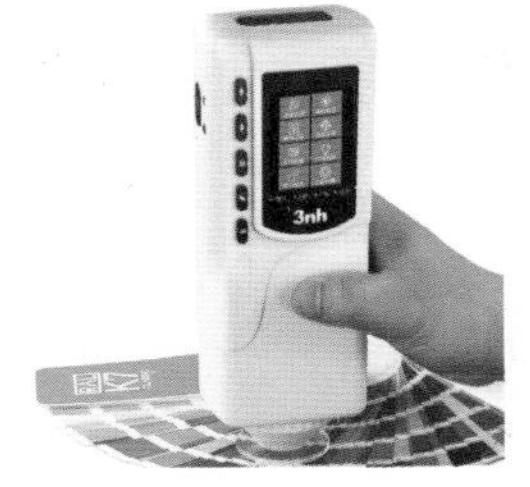

光泽度仪与色差仪

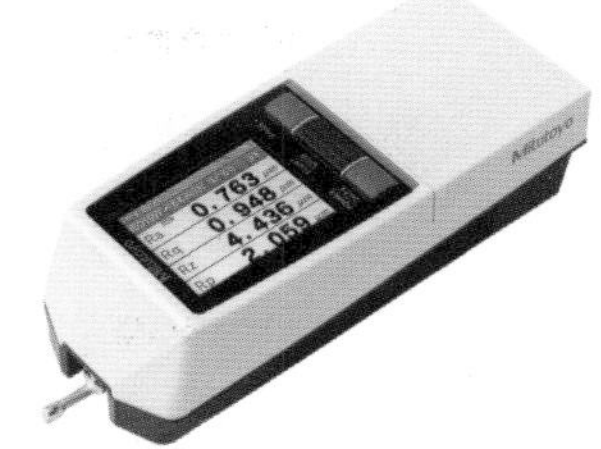

粗糙度测量仪

6.2 手机行业CMF设计流程

手机等消费类电子产品的CMF设计流程，是一套完整且详细的体系，不仅对产品的前期设计开发具有至关重要的管控意义，而且对产品的落地实现也具有至关重要的作用。其设计流程是严格建立在ID设计流程的基础之上，采用嵌入式的方式进行，其大致分成四个关键阶段，包括项目需求、导入设计、设计输出及设计落地，并在此基础上形成推荐、评审、结论、实现四个重要的环节，并在每个节点的基础上形成不同的具体工作内容。

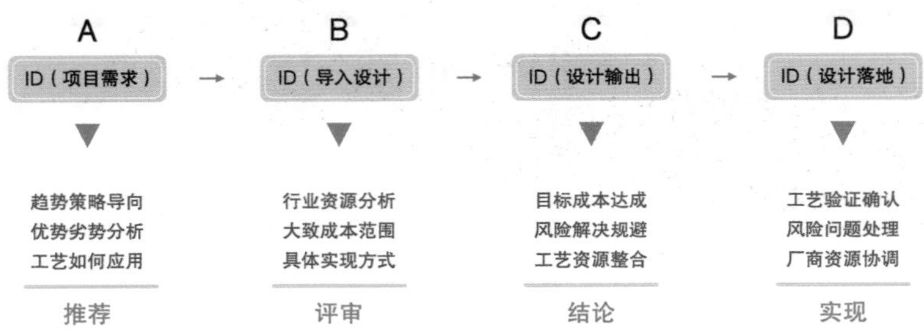

手机行业ID与CMF在流程上配合关系（黄明富绘）

站在产品创新研发的IPD流程角度来看，我们将其分成两个重要的阶段：创新预研的CDT阶段和方案落地的PDT阶段，CDT阶段重要的是完成从设计想法到方案呈现的“创意设计化”阶段，PDT则是完成从设计方案到产品落地实现的“设计产品化”阶段。

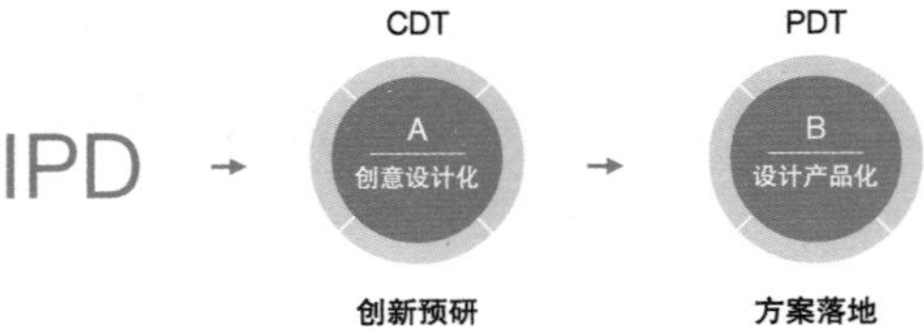

IPD流程下的两个研发阶段图，CDT：创意设计化，PDT：设计产品化（黄明富绘）

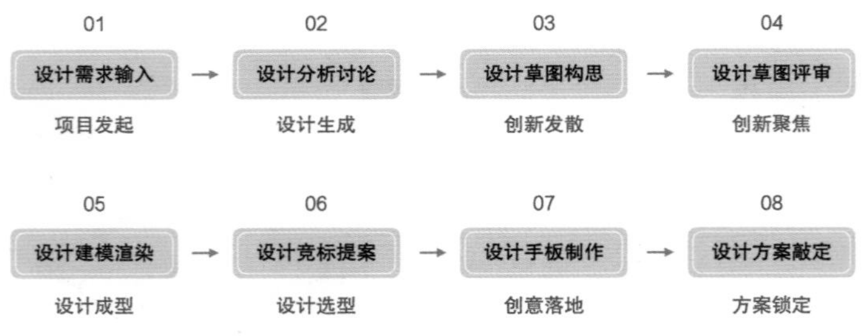

CDT创意设计化流程图（黄明富绘）

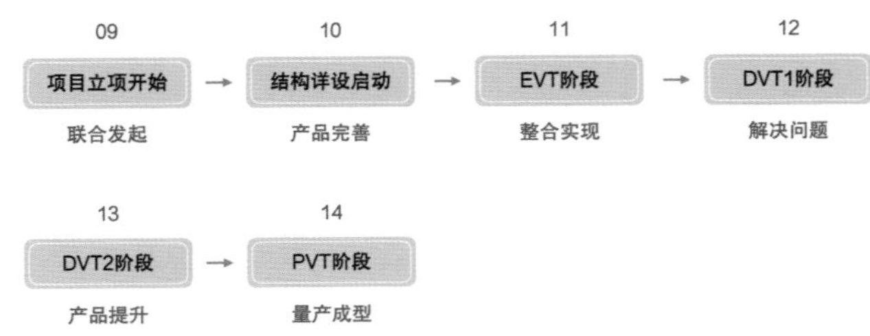

PDT设计产品化流程图，EVT：前期试产，DVT：批量试产，PVT：正式量产（黄明富绘）

6.2.1 创意设计化流程具体操作

01：设计需求输入（一同参加吸纳需求）

ID：设计需求作为ID设计重要的指令性文件，由项目经理或ID以PPT的书面形式输入给对应BG（事业群）的相关设计师。

CMF：CMF和ID共同参与设计说明书的解读。

02：设计分析讨论（参与讨论统一思想）

ID：结合设计指令相关内容，确定明确的造型特征、风格定位、设计亮点等信息。

CMF：CMF根据品牌价值及市场机会进行策略导向，给出推荐的工艺材料、加工方式，及相对优选的CMF设计方案。

03：设计草图构思（整合信息提出建议）

ID：头脑风暴+设计想法的充分融合与表达。

CMF：对设计方案进行CMF全方面的推荐，帮助设计在该提升阶段多一些解决方案。

04：设计草图评审（聚焦方案整合创新）

ID：确定具体的设计方案，再次核实是否满足设计需求。

CMF：针对具体的设计方案，评审提出相应的改善与提升建议。

05：设计建模渲染（关注细节有效提升）

ID：设计方案生成造型，聚焦细节功能方面的推敲。

CMF：针对材质应用、色彩搭配、量产可行性、成本区间控制及风险给出建议与细则。针对方案给出不同成本要求的解决方案与设计建议，最终由设计师用PPT统一展现。

06：设计竞标提案（集中优势突出亮点）

ID：设计师给相关BG（事业群）进行提案演说，讲述设计理念、设计定位及解决方案。

CMF：CMF共同参与。提案成功→方案锁定进入下一环节，提案失败→方向定义不对从03阶段重来，细节修改从05阶段重来。

07：模型手板制作（保证效果还原设计）

ID：根据评审意见选择最终需要做手板的设计，由设计师跟进模型的落地。

CMF：CMF和手板厂确认其表面效果及质感，跟进不同材质和颜色的制作并封样保存，作为以后调色的标准。

08：设计方案敲定（理性分析总结成果）

ID：设计手板提交BG（事业群）-PM（产品经理），最终设计方案锁定，ID工作结束。

CMF：CMF根据确认的手板，锁定外观效果，保留相关的颜色及材料样板。

6.2.2 设计产品化流程具体操作

09：项目立项开始（团队成立设计交接）

ID：ID与CMF进行方案交接（效果图+丝印图+提案文件+工艺说明）。

CMF：a. 制作配色文件（配色方案PPT+配色PSD文件）。

b. 分部件制作丝印图纸（保密要求）。

c. 结合MD（结构设计）要求与生产要求重新制作加工分类工艺说明。

d. 建立项目相关联系人列表通讯录。

e. 与PJM（项目经理）核对项目T（阶段验证）至P（小批量试产）阶段的时间点。

10：结构设计启动（结合现实调整方案）

ID：ID与MD（结构设计）详细校准相关参数。

CMF：a. 与MD（结构设计）详细讨论评估并落实工艺材料方面的可行性。

b. 根据情况随时更新工艺加工分类表数据。

c. 制作CMF项目样品册。

d. 与相关供应商详细沟通CMF工艺细节。

e. 建立供应商列表，方便后期快速联系。

11：EVT-验证试产阶段（实现设计发现问题）

CMF：a. 喷涂部件：准备结构件素材进行首次调色打样，确认颜色效果。时间允许的话T0（阶段验证）进行产线体验证，不允许T1验证。

b. 生成配色方案（PPT+实际结构件）。

c. 前往供应商处进行工艺效果沟通，考察全制程环境，排查CMF风险。

d. 给出针对T0相关问题排查的书面邮件，发送MD（结构设计）、ID、项目经理

12：DVT-1-小批量试产阶段（解决问题逐项落实）

CMF：a. 落实改进所有外观件CMF的效果需求（喷涂+氧化+丝印+塑胶粒子等）

b. 完善该阶段所有结构件样品的编号及问题记录，收编于样品册。

c. 完成标准样的现场打样及确认，为T2阶段做准备。

d. 不同成本阶梯的CMF方案落地。

e. 完成T1阶段CMF问题排查与模具修改报告，落实问题点。

f. CMF提升工作该阶段可以启动。

13：DVT-2-小批量试产阶段（效果锁定量产整合）

CMF：a. 将T1阶段修模报告中的所有CMF问题点妥善解决。

b. 启动供应商完成限度样的划定与制作。

c. 与项目经理&工程结构检讨量产阶段可能出现的问题和与对应措施。

d. 完成T1阶段指定的CMF提升动作。

14：PVT-正式量产阶段（保证量产持续跟进）

CMF：CMF持续跟进，配合品质&解构&工程&交付完成后续工作。

15：项目复盘

CMF：总结经验及方法。

6.3 家电行业CMF设计流程

家电行业CMF设计通常以1个年度为单位进行更新换代，家电产品包含白色家电（冰箱、空调、洗衣机、热水器等）、黑色家电（电视、音响等）、厨电（灶具、油烟机、集成灶等），从家电企业角度，完整的CMF设计流程包含从开发启动、项目可行性、概念验证、量产计划、量产开发、量产验证、量产批量、量产面世八个主要阶段。

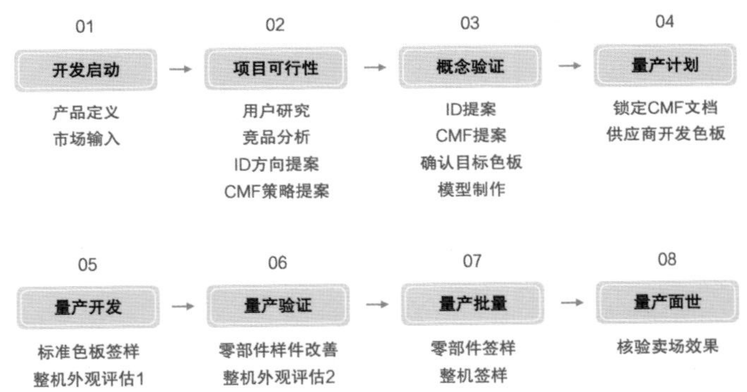

家电行业CMF设计流程图（黄明富绘）

CMF设计在家电开发的整个生命周期当中，扮演着策略层面的作用，具体可以分为三个方面：

第一、品牌调性的设立，通过对颜色、材质、纹理的定义，可以有效地区分集团内部多品牌之间同类产品的主题调性（如：高端奢华、简约精致、年轻时尚、性能强劲等），同时也是与竞品差异化的有效途径。

第二、市场竞争下的快速反应机制，常规家电产品的开发周期，从产品企划、设计到开发上市，一般为两年左右，而CMF从设计到落地，一般可以压缩在一年内完成，所以面对市场的强竞争产品，可以通过快速切换CMF方案来做到差异化竞争。

第三、产品溢价，同样的产品属性与功能配置，可以通过搭配不同的CMF方案来划分高、中、低等不同的产品定价，以较小的CMF成本投入获取较高的产品溢价空间。

6.3.1 家电CMF的设计节奏

家电CMF设计流程需要符合两季三代的产品上市与开发节奏，两季指春季新品（主打五一黄金周到电商618）与秋季新品（主推十一黄金周与电商双十一、双十二），即产品上市节奏；三代指上市一代、设计一代、储备一代，即产品开发节奏，需要强调的是，三代产品的开发节奏是并行的，即同时需要有不同的团队分别进行上市产品的跟进、优化/当代新品的设计开发/未来产品的设计储备，根据以上的不同工作需求，家电CMF设计需要进行不同的职能划分。严格按照节奏完成三代的CMF设计，是家电CMF持续创新与竞争力的重要保障，三代设计的关系如图所示：

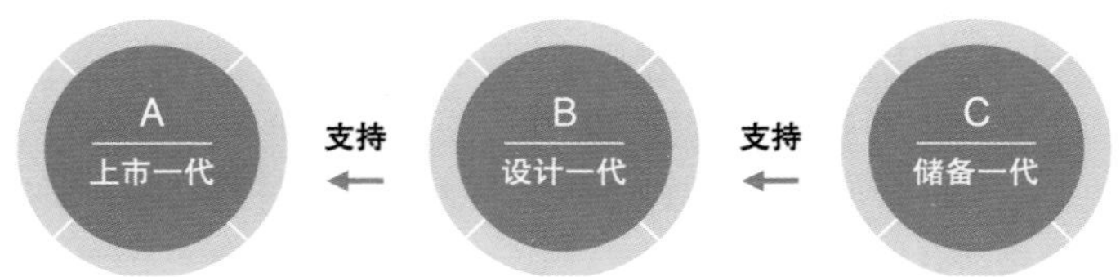

家电行业CMF设计节奏图，完整的家电CMF设计分工，可以分为常规CMF设计/设计一代、预研CMF设计/储备一代、CMF设计管理/上市一代（黄明富绘）

从设计的时间节奏来划分，以2024年为例，可以按照如下的表格来确认设计开发节奏。

家电行业三代CMF设计开发节奏图（黄明富绘）

6.3.2 家电CMF的色彩设计

6.3.2.1 色彩管理

色彩管理的主要目的是控制色库的色彩数量，保证上市的颜色数量可控，可以有效地整合生产制作过程中的色料数量，色彩数量越少，生产过程中的物料类目便越精简，可以有效地做到降本提效。色彩管理通过搭建色彩的分级以及上下市原则，既能保证色彩的持续更新与竞争力，又能有效控制色彩种类，以此控制物料成本。具体可以参考下图来实施。

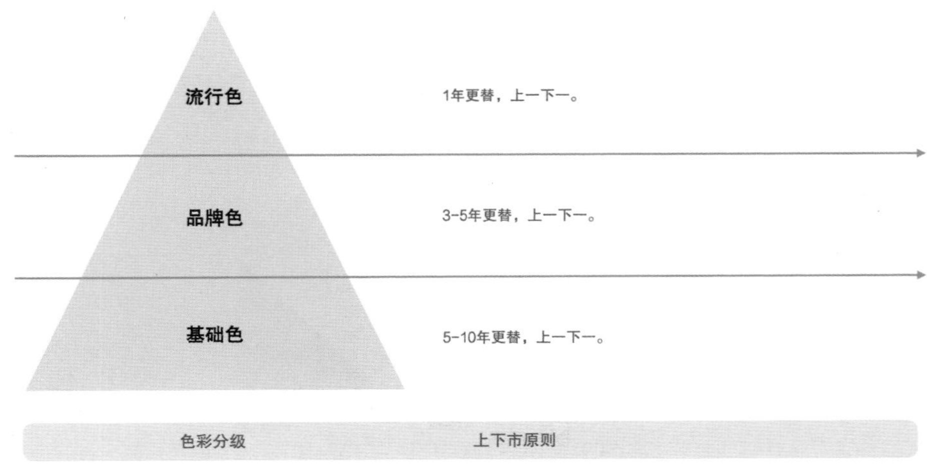

家电行业色彩管理图（黄明富绘）

6.3.2.2 色彩开发

家电流行色开发：主要参考行业（如PANTONE、NCS、RAL等）的年度流行色，以及家装涂料行业的部分色彩趋势，锁定基本色相，而后结合家电的色彩属性，降低色彩饱和度，同时通过工艺增加色彩的金属质感以及色彩亮度等方式，快速制作大量的色彩样本，通过穷举法以及用户调研，甄选出年度的流行色彩。常规情况下一年产出一款家电流行色，由于产品属性以及摆放空间的差异化，有时也会考虑在同一流行色的色相下，同时开发深浅两款年度流行色。

家电品牌色开发：品牌色的开发是家电色彩开发的重中之重，一般可以通过两个渠道进行开发。第一种渠道是参考前一年的流行色销售情况，倘若该流行色十分受欢迎，可以考虑将前一年度流行色升级为品牌专有色，以此延长优秀色彩方案的生命周期。第二种渠道是根据品牌的色彩体系进行开发，色彩体系可以分为色域三角（左图）以及色相环（右图），色域三角主要规定色彩的黑度白度以及色彩饱和度，色相环是用来规定色彩的色相（红、黄、蓝、绿色相），在制定品牌色时，要锁定品牌色彩所处的色域以及色相范围，不同品牌之间要做区隔，与竞品之间也需要做到区隔。通过色彩体系开发的品牌色，具备优秀的差异化以及本品牌内部的协调性，其中协调性尤为重要，它可以保证每一代品牌色的产品放在一起，都可以搭配协调，以此凸显品牌的传承以及品牌形象，进一步凸显品牌调性。

家电基础色开发：基础色一般泛指所有产品都会使用的基础色彩，一般为黑白灰，随着金属色在家电的流行，也会考虑加入金银等颜色。因为使用的数量最多，基础色的设定需要充分考虑色母粒等大宗物料的调色、色准等基本情况，保证基础色的可实现性难度较低，成本可控，同时也要充分调研用户喜爱的基础颜色，如冷白还是暖白，深灰还是浅灰等，这其中的细节更需要反复雕琢。

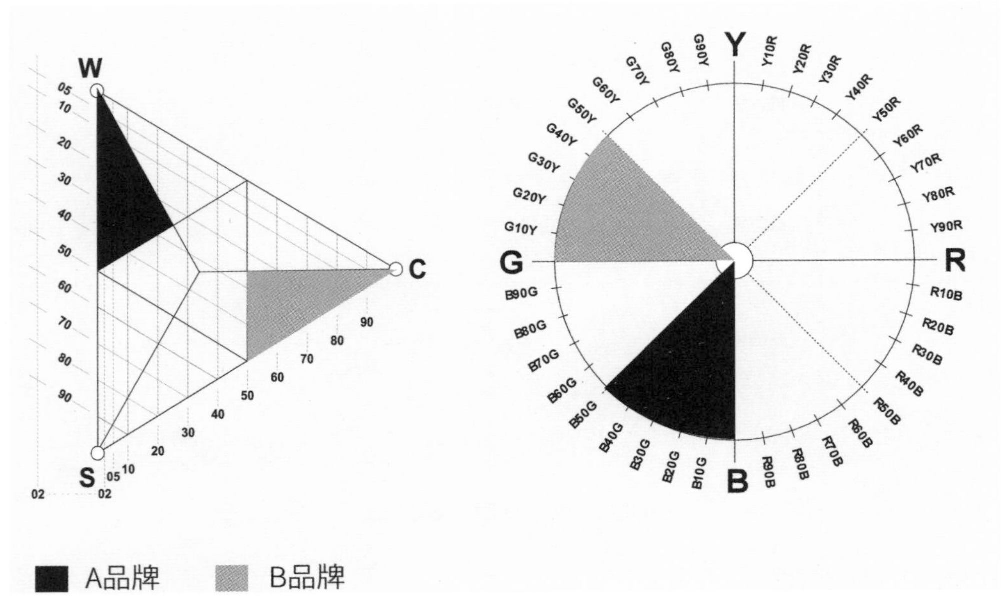

家电行业色彩体系图（黄明富绘）

6.3.3 家电 CMF 的材料设计

家电面板材料类目主要有：金属钣金、塑料、玻璃、石材，受到家电的使用条件以及使用环境限制，家电产品的应用材料一般情况下不会超出以上几种材料的范畴。随着居民生活水平以及审美素质的提升，嵌入式家电的受众逐渐增多，家电材料设计呈现出家居化的应用趋势，大量的新材料从家居行业导入家电领域。基于特定材料进行工艺开发及升级，在实际项目中应用最为普遍。

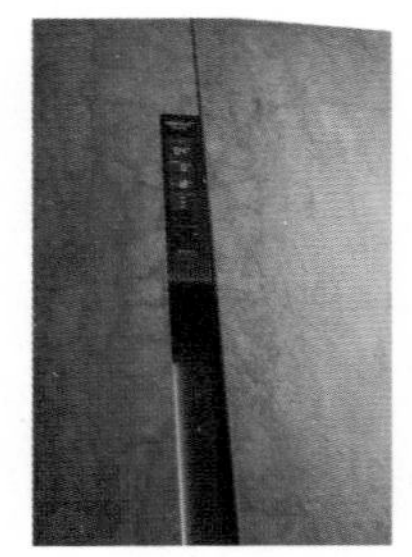

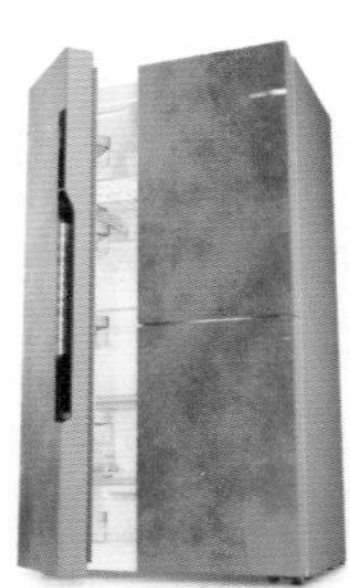

博世冰箱，面板采用岩板材料

COLMO 冰箱曜岩黑冰箱，面板采用玻璃材料

6.3.4 家电 CMF 的工艺设计

品牌独占性与引领性：独占性指该工艺在行业内仅有本品牌使用，为独家工艺，是本

品牌首发。引领性指该工艺为本品牌首发，当前有2～3家竞品跟风使用，仍属于行业较为领先的工艺。除此之外，每个品牌都会有互相通用的工艺，通用工艺一般会通过与品牌色的结合、特殊的纹理设计风格等方式，体现品牌的差异性。在工艺开发的策略中，独占工艺的开发需要投入最多的资源与精力，这块工作一般由预研CMF设计团队完成；引领工艺与通用工艺可以根据品牌的具体需求按照不同的比例开发，一般由常规CMF设计团队与设计管理团队共同完成。

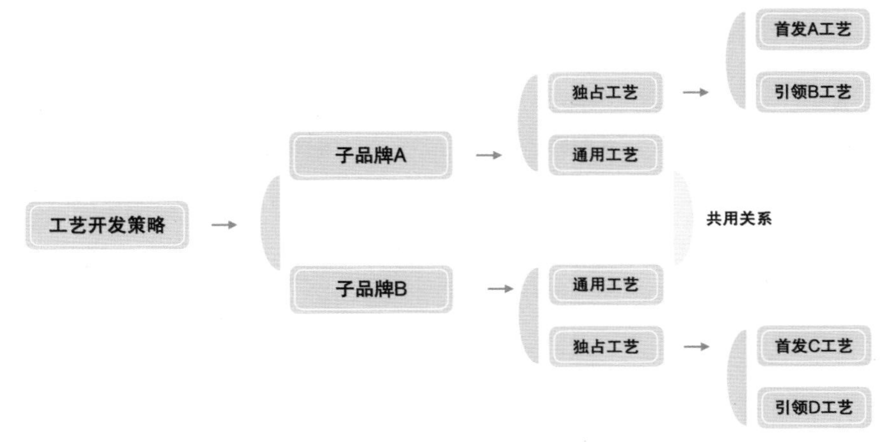

家电工艺开发策略图（黄明富绘）

工艺延续性：是工艺开发的一种基本方法论，一般指下一代工艺的开发需要延用半数以上的现有工艺生产设备，所以工艺的开发是逐年优化升级，直至某一个时间节点，所有的产线完全被替换，此时的全新工艺，可以称为迭代工艺。基于工艺延续性开发出的工艺，具备多种优势：开发投入少，生产设备投入少，工艺整体成本提升可控；工艺的可靠性较高，验证成本低；开发节奏可控，可以保证持续稳定的工艺创新。

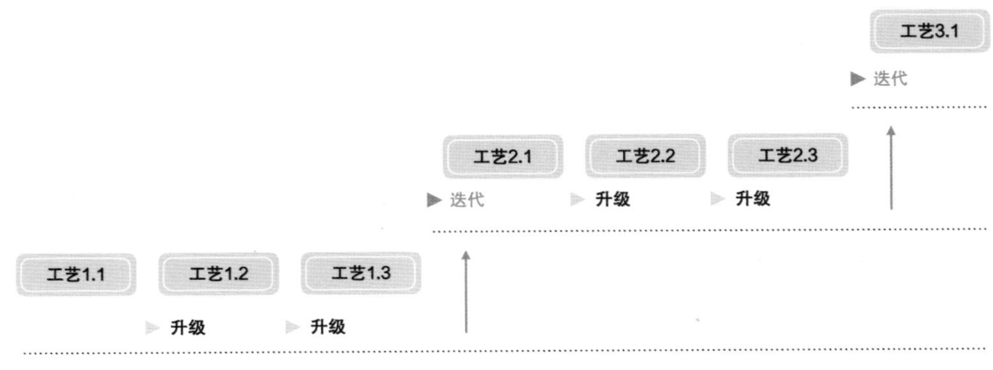

家电行业工艺迭代图（黄明富绘）

6.4 定制家居行业 CMF 设计流程

定制家居是空间CMF的重要载体，对于空间氛围、生活环境、办公环境、商业空间环境产生重要的影响。定制家居行业有着自身的独特性：材料尺寸大，板材通常达到2.44m×1.22m，最大可达3.4m高度；从板材到柜体、空间，涉及硬装、软装的配合；消费者角度板材不是产品的最终形态，需要通过家装软件进行呈现、确认，最终进行安装。从定制家居企业角度，完整的CMF设计流程包含从调研立项、新品设计、新品预研、小批验证、数据维护、备货下单、软件测试、新品发布。

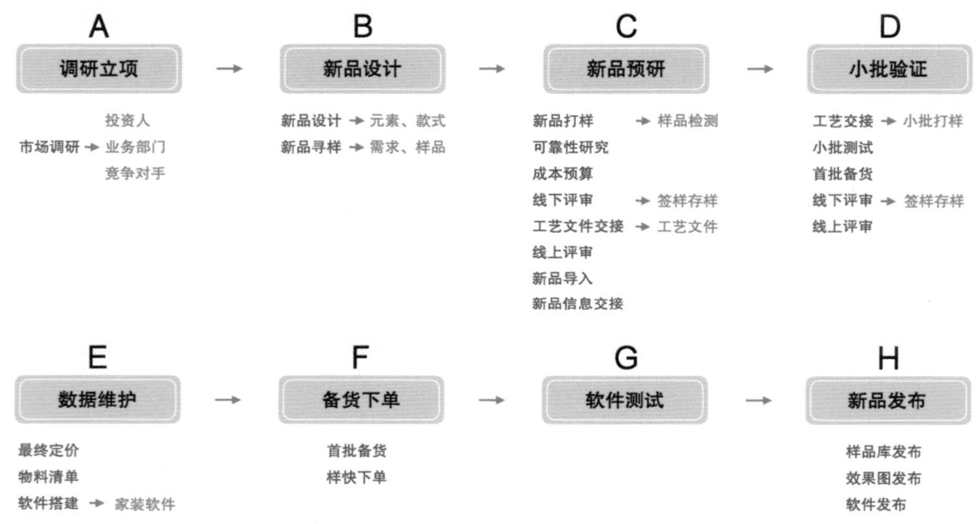

定制家居行业CMF设计流程图（黄明富绘）

6.5 汽车内饰行业 CMF 设计流程

汽车内饰材料的CMF设计是整车造型设计开发进程中非常重要的环节，对整车设计理念的转化、座舱环境的构建和感官品质的营造有着重要的影响。汽车内饰材料CMF设计的完整流程主要包括前瞻趋势研究、市场情报收集、设计策略制定、创意概念设计、产品设计提案、设计方案转化、持续优化改进以及顺利转入量产等多个阶段。

6.5.1 前瞻趋势研究

前瞻趋势研究工作是做好汽车内饰材料CMF设计的基础和前提，它对后续新车型内饰材料的设计开发有着重要的参考和指导意义。针对社会背景与现象、消费群体、生活方式、设计潮流、新材料新技术创新、先锋案例、跨领域趋势报告等进行情报的收集整理和研究分析，总结出汽车内饰材料CMF设计的未来发展趋势，并针对趋势主题进行内饰材料产品的前瞻设计与储备。

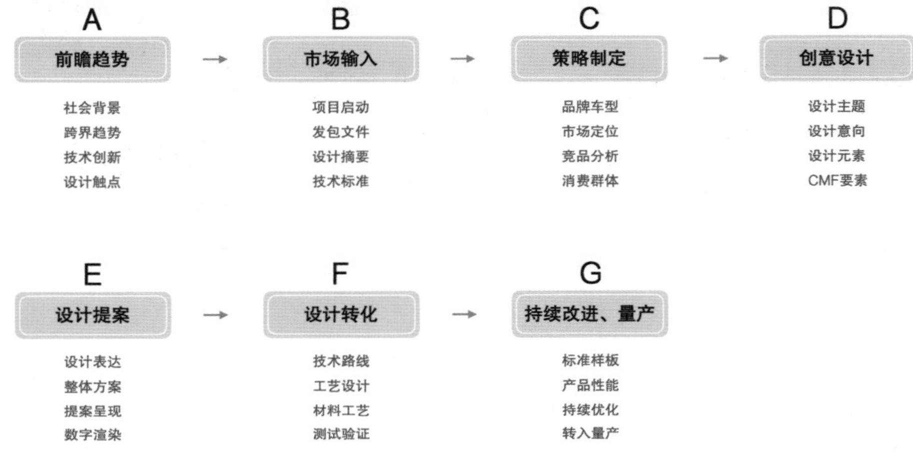

汽车内饰材料CMF设计流程（黄明富绘）

内饰材料前瞻趋势研究（旷达2020/2021CMF趋势报告）

6.5.2 项目需求输入

参加主机厂新车型项目内饰材料设计开发启动会，获取项目发包文件，主要包括开发车型介绍、材料开发目标价格、Design brief设计意向介绍、项目开发时间计划以及技术标准要求等信息。启动会的参加对象一般为内饰材料供应商的商务、项目及设计开发相关人员。

6.5.3 设计策略制定

根据主机厂新项目发包文件资料及相关市场情报等信息，对CMF设计要求进行分析解读。根据目标车型的品牌理念、整车造型、目标消费群体、市场定位以及竞品分析、成本分析等，制定内饰材料的CMF设计策略。

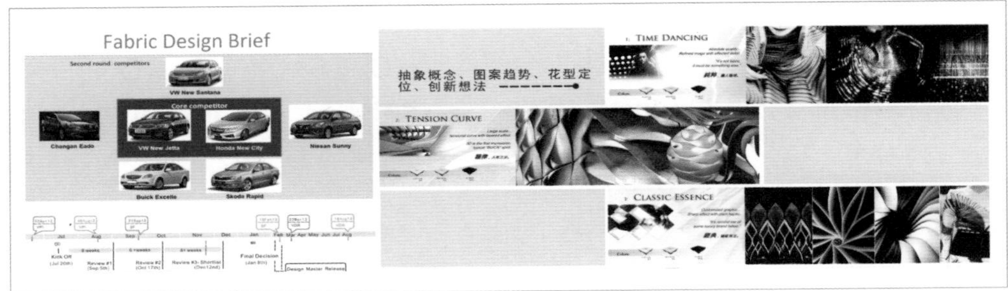

主机厂新车型项目需求输入（旷达吴双全）

内饰材料CMF设计策略制定（旷达吴双全）

6.5.4 创意概念设计

结合制定的目标车型内饰材料CMF设计策略，确定设计主题、设计意向和关键词等，进行内饰材料的CMF创意概念设计，主要工作包括：设计元素提取、图案纹理设计、色彩搭配、材料选择和工艺应用等。

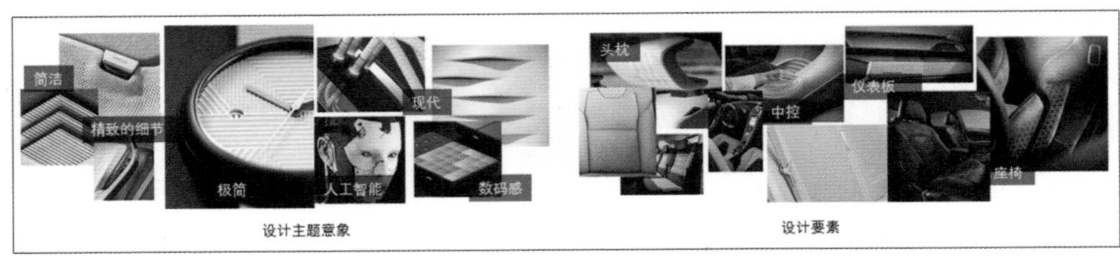

内饰表皮材料设计主题意象板（旷达吴双全）

6.5.5 产品设计提案

产品设计提案的内容主要包括：目标车型内饰材料的CMF设计策略分析，主题、意向和关键词的设计表达与解读，设计方案以及整体渲染效果展示（根据目标零部件造型进行色彩、纹理、材质和工艺的整体搭配）等。产品CMF设计提案呈现的方式主要有PPT文件、视频以及提案展板等。数字化虚拟仿真是产品设计提案工作的重要环节，主要工作包括数字模型的建立、材质库的搭建和方案的渲染。通过产品设计提案，与主机厂设计师进行交流沟通，结合反馈意见进行设计提案的不断优化。

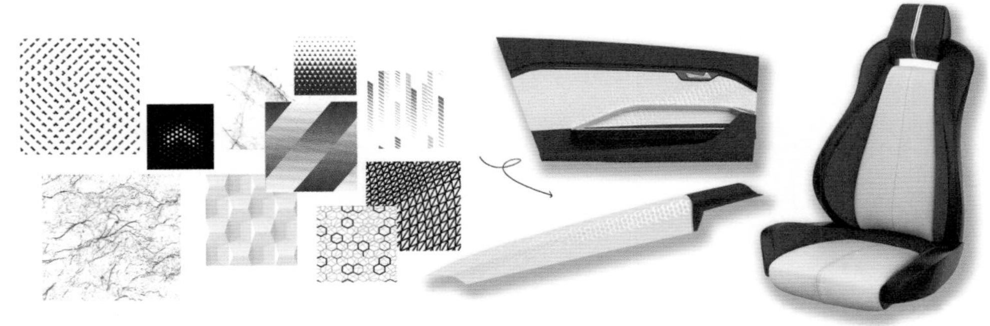

内饰表皮材料设计提案（旷达吴双全）

6.5.6 设计方案转化

通过设计方案的工程可行性评估、开发工艺设计、技术路线制定、原材料的选择和准备、工装模具的设计开发、特殊工艺的应用和产品的试验验证等，完成设计方案从概念

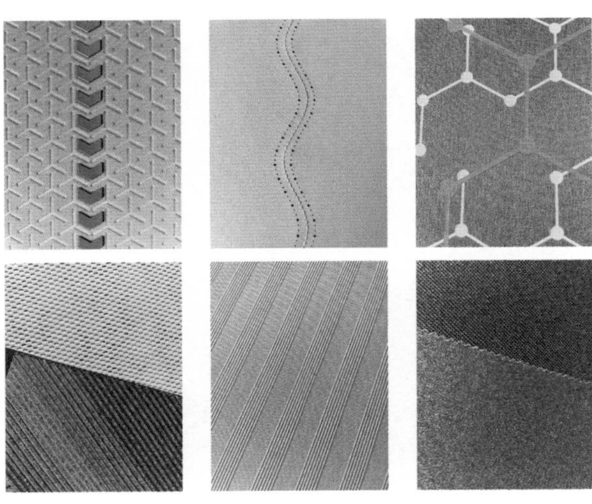

内饰表皮材料设计成品实拍图

化、数字化到实物样品的转化。在转化过程中，颜色的开发和产品性能的试验验证是两个比较重要的环节。

6.5.7 持续改进与转入量产

对试制转化后的实物样品进行评审，提出改进意见，进行产品CMF设计的持续改进和优化。新产品的认可一般包括色彩纹理外观认可和产品工程认可两个阶段。色彩纹理等外观确认后，获得主机厂签发的外观设计封样。产品性能试验验证完成后，获得主机厂签发的工程标准样板。内饰材料供应商根据主机厂签发的工程标准样板，制作并发放用于内部生产制造过程中品质管控的标准样板。设计开发阶段任务基本完成，后续转入量产阶段。

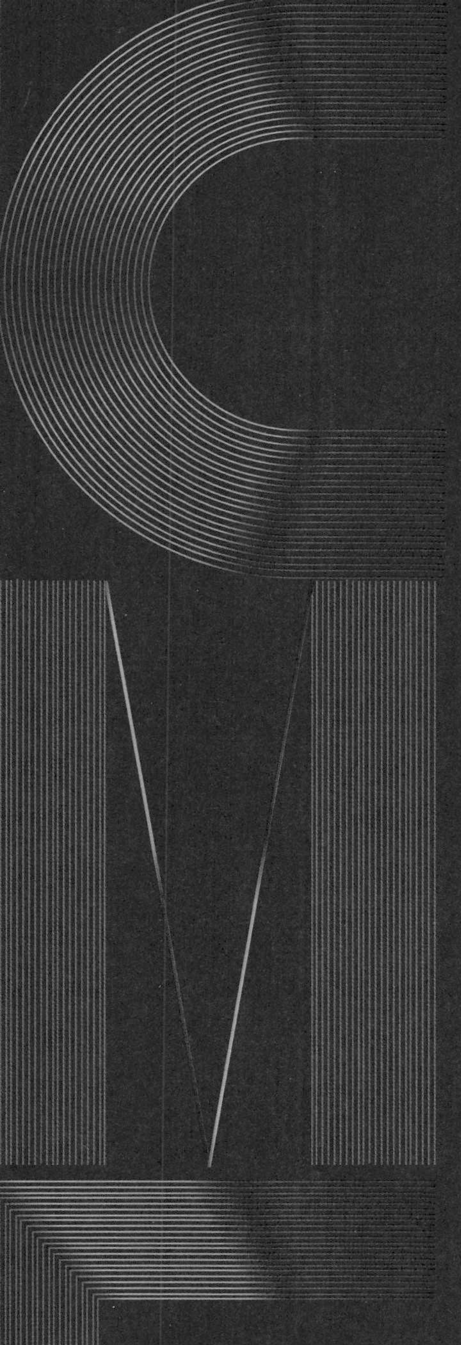

7
CMF 清单篇

材料与工艺，做为CMF设计师从事创意的重要元素，合理应用材料与工艺，突破过去的材料与工艺，跨行业了解材料与工艺是CMF设计师经常面临的问题。本章节列举了多个行业常用的材料与工艺清单，方便进行快速查阅、了解，涉及的行业有：汽车行业、电子行业（包含手机、耳机）、家电行业、家居行业。

7.1 汽车行业常用材料、工艺

汽车外饰常用材料与工艺（黄明富绘）

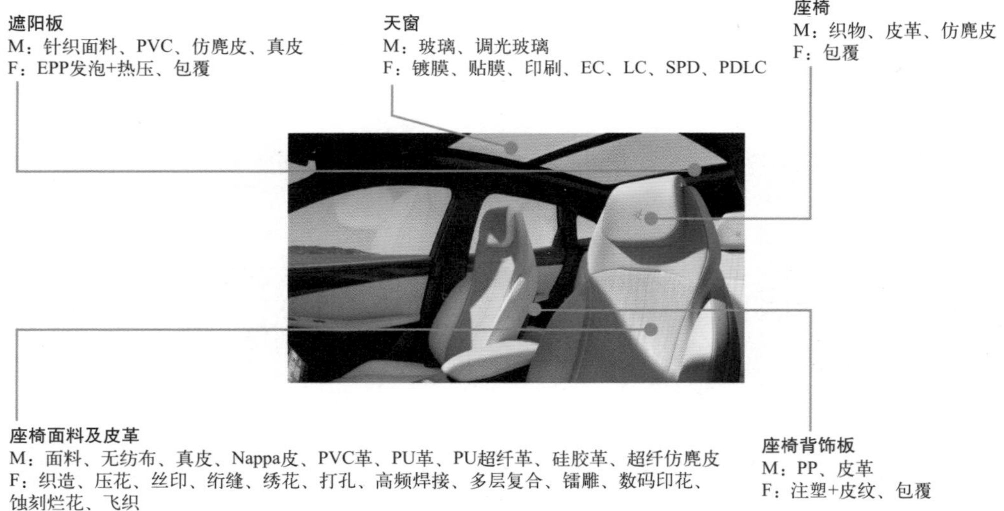

汽车内饰常用材料与工艺（黄明富绘）

方向盘
M：塑胶、皮革、真皮、真木、碳纤维
F：注塑、包覆

仪表板
M：PP、PVC、真皮、PC+ABS、铝
F：注塑+皮纹、搪塑、包覆、纳米压印

顶棚
M：织物、仿鹿皮、真皮
F：模压、包覆

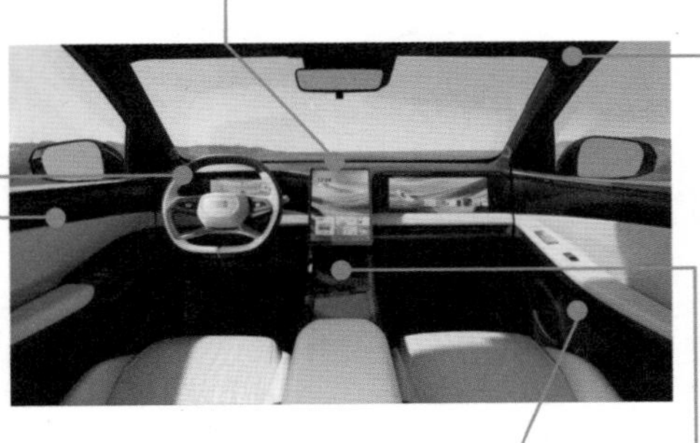

装饰件
M：膜片、金属铝、塑胶、真木、碳纤维
F：水转印、IMD、INS、纳米压印、注塑+皮纹、喷涂

门板
M：PP、PVC、皮革、仿鹿皮、织物
F：注塑+皮纹、吸覆、包覆

中控台
M：PP、PVC、皮革、PC+ABS、铝、液态金属
F：注塑+皮纹、搪塑、包覆、电镀、纳米压印

汽车内饰常用材料与工艺（黄明富绘）

7.1.1 汽车外饰常用材料工艺清单

汽车外饰常用材料工艺清单

部件名称	工艺	材料	部件名称	工艺	材料
车身	高温漆喷涂	钣金	后保险杠上护板	冲压	不锈钢
前/后保险杠上本体	低温漆喷漆	PP	轮眉	注塑+皮纹	PP
前/后保险杠下装饰板	免喷涂注塑	PP/ABS/PMMA		低温漆喷漆	PP
	注塑+喷涂	PP	侧窗三角板	注塑+皮纹	ASA
	注塑+皮纹	PP		喷漆	ASA
	碳纤维	碳纤维	车身装饰条	喷漆	ABS
侧边梁	注塑+皮纹	PP		电镀	ABS
	低温漆喷漆	PP		碳纤维	碳纤维
	碳纤维	碳纤维		冲压	铝
前保险杠下格栅	免喷涂注塑	PP/ABS/PMMA	行李架	喷涂	低温漆
	注塑+皮纹	PP		银色/黑色阳极氧化	铝

7.1.2 汽车内饰常用材料工艺清单

汽车内饰常用材料工艺清单							
部件名称		工艺	材料	部件名称		工艺	材料
仪表板	仪表板上本体	注塑+皮纹	PP	门板	中护板	包覆	皮革类、仿麂皮、织物
		搪塑	PVC		肘枕	包覆	皮革类、仿麂皮、织物
		包覆	真皮、PVC		侧除霜格栅	注塑+皮纹	PP
	仪表板下本体	注塑+皮纹	PP		地图袋	注塑+皮纹	PP
		搪塑	PVC			植绒	植绒面料
		包覆	皮革类			包覆	同门板下本体
	杂物箱	注塑+皮纹	PP		开关面板	注塑+皮纹	ABS
		搪塑	PVC			注塑+喷漆	ABS
		包覆	皮革类			实木	木皮
	杂物箱扣手	注塑+皮纹	PC+ABS			真金属	铝
		电镀	PC+ABS		扬声器盖板	注塑+皮纹	PC+ABS
		真金属	铝			真金属	不锈钢、铝
	中置扬声器	注塑+皮纹	PC+ABS			包覆	真皮
		真金属	铝		内扣手手柄	电镀	PC+ABS
		包覆	真皮、织物	侧围	A/B/C柱上护板	注塑+皮纹	PP
	HUD盖板	注塑+皮纹	PC+ABS			低压注塑	织物
	转向管柱护罩	注塑+皮纹	PP			包覆	仿麂皮、真皮
副仪表板	副仪表板膝部护板	注塑+皮纹	PP		A/B/C柱下护板	注塑+皮纹	PP
		吸覆	PVC、PU			包覆	真皮
		包覆	皮革类		行李箱左右饰板	注塑+皮纹	PP
	副仪表板左右侧下护板	注塑+皮纹	PP			模压成型	针刺、簇绒
		模压成型	针刺		门槛	注塑+皮纹	PP
	中央肘枕	包覆	皮革类、仿麂皮	座椅	座椅	包覆	皮革类、仿麂皮、织物
	杯托垫	胶垫	EPDM		旁侧板	注塑+皮纹	PP
门板	门板上本体	注塑+皮纹	PP			包覆	真皮
		吸覆	PVC		背饰板	注塑+皮纹	PP
		包覆	皮革类、仿麂皮			包覆	皮革类
	门板下本体	注塑+皮纹	PP	装饰件	仪表板/门板/副仪表板/装饰板	注塑+皮纹	PC+ABS
		吸覆	PVC			喷漆	PC+ABS
		包覆	皮革类、仿麂皮			喷漆+丝网印刷	PC+ABS

续表

汽车内饰常用材料工艺清单							
部件名称		工艺	材料	部件名称		工艺	材料
装饰件	仪表板/门板/副仪表板/装饰板	喷漆+镭雕	PC+ABS	装饰件	门槛装饰条	注塑+皮纹	PP
		电镀	PC+ABS			真金属	铝
		水转印	PC+ABS			碳纤维	碳纤维
		IMD/INS	薄膜	顶棚	顶棚	模压	织物、仿麂皮
		实木	木皮			包覆	真皮
		真金属	铝		遮阳板	EPP发泡+热压	针织面料、PVC、仿麂皮
		碳纤维	碳纤维			包覆	真皮

7.1.3 汽车内饰材料常用材料与工艺清单

汽车内饰材料常用材料清单		汽车内饰材料常用工艺清单		
材料	应用场景	工艺	适用材料	应用场景
机织面料	座椅/门板/仪表板/扶手/遮阳帘等	织造	织物	座椅/门板/仪表板/顶棚/遮阳板/遮阳帘/立柱等
纬编针织面料	座椅/门板/仪表板/顶棚/遮阳板/遮阳帘/立柱等	压花	织物/真皮/合成革/超纤仿麂皮	座椅/门板/仪表板等
经编针织面料	座椅/门板/仪表板/顶棚/遮阳板/卧铺/立柱等	丝网印花	织物/真皮/合成革/超纤仿麂皮/无纺布	座椅/门板/扶手/仪表板/顶棚等
水刺/针刺无纺布	座椅/顶棚/衣帽架/地毯/行李箱等	绗缝	织物/真皮/合成革	座椅/门板/仪表板等
缝编无纺布	座椅/门板/顶棚等	绣花	织物/真皮/合成革/超纤仿麂皮	座椅/门板/仪表板/扶手/顶棚等
牛皮（真皮）	座椅/门板/仪表板等	打孔	真皮/合成革/超纤仿麂皮	座椅/门板/仪表板等
Nappa皮	座椅/门板/仪表板等	高频焊接	织物/合成革/超纤仿麂皮	座椅/门板/仪表板等
PVC革	座椅/门板/仪表板/扶手/高架箱等	多层复合	织物/真皮/合成革/超纤仿麂皮	座椅/门板/仪表板等
PU革	座椅/门板等	镭雕	织物/真皮/合成革/超纤仿麂皮	座椅/门板/仪表板等
PU超纤革	座椅	数码印花	织物/真皮/合成革/超纤仿麂皮/无纺布	座椅/门板/扶手/仪表板/顶棚等
TPO革	仪表板	蚀刻烂花	织物/超纤仿麂皮	座椅/门板等
硅胶革	座椅/门板/仪表板等	飞织	织物	座椅/门板/仪表板等
超纤仿麂皮	座椅/门板/仪表板/扶手/遮阳板/立柱/顶棚等			

7.2 电子行业常用材料、工艺

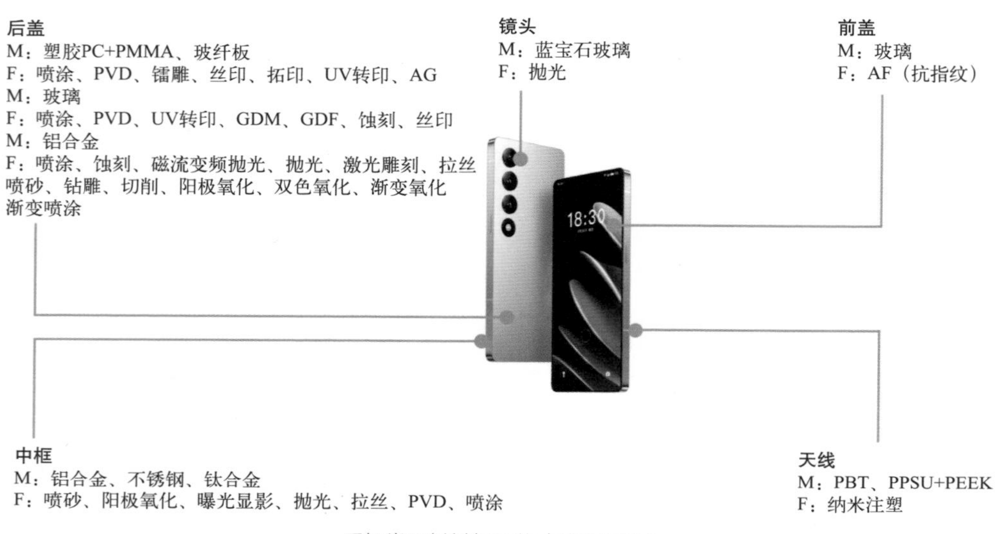

手机常用材料与工艺（黄明富绘）

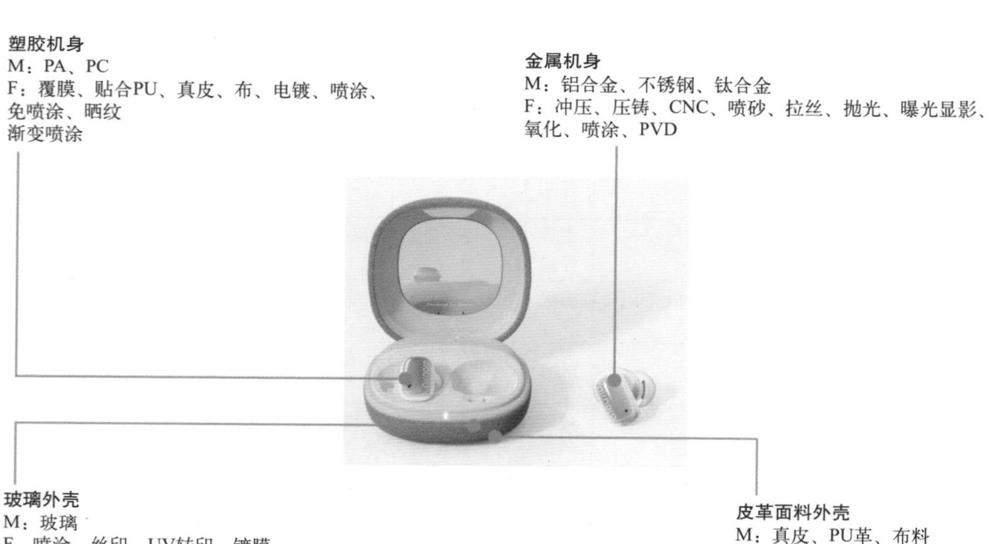

耳机常用材料与工艺（黄明富绘）

7.2.1 手机行业常用材料工艺清单

手机行业常用材料工艺清单		
材料		工艺
塑胶	PC	塑胶表面免喷涂+晒火花纹 VDI-XX
	ABS	塑胶表面免喷涂+模具精雕纹理（参考样板）
	PC+ABS	塑胶表面免喷涂 EF 材料（塑胶颗粒）
	PC+GF 玻纤	表面喷涂（高光珠光 UV/PU、高光金属 UV/PU、砂纹漆、哑光珠光 UV/PU、哑光金属 UV/PU、绒毛漆）
	PMMA	表面撒点喷涂（同色点/异色点/单反立体点）
	PET	表面光哑同体-PVD 镭雕工艺+二氧化碳镭雕（字符金属全光 PT-XX+表面仿金属喷砂 X 分光）
	RUBBER-TPU/TPU	Rubber 表面油压纹理+表面喷涂爽滑 PU
金属	铝合金-X 系	AL 表面喷砂（砂型 225#）+阳极氧化-单色/双色（一氧/二氧）
		AL 表面塑金+阳极氧化-单色/双色（一氧/二氧）
		表面 logo 冲压+喷涂软性 PU+logo 钻切
		表面曝光显影（光哑同体）+阳极氧化-单色/双色（一氧/二氧）
	不锈钢-SUS	SUS 表面（抛光/拉丝/喷砂）+PVD 着色+喷涂 UV（高光/哑光）
	锌合金	锌合金表面（抛光/拉丝/喷砂）+PVD 着色+喷涂 UV（高光/哑光）
	压铸铝	压铸铝表面喷涂 PU+边缘 CNC/表面 UV 双固化喷涂
	MIM-粉末冶全	MIM 表面（抛光/拉丝/喷砂）十PVD 着色+喷涂 UV（高光/哑光）
玻璃	平板 GLASS	背面喷涂 UV（高光/哑光）
	2.5D GLASS	背面 PVD++UV 转印
	2D GLASS	GDM/GDF
	3D GLASS	正面蚀刻纹理+背面 GDF+UV 转印
	复合板材 PC+PMMA	IMF/IMR
		图案热转印
		高压空气热弯+UV 转印
其他	陶瓷	表面抛光+PVD
	布料	真实布料贴合
		环氧树脂布料贴合

7.2.2 耳机常用材料工艺清单

耳机行业常用材料工艺清单

材料类型	成型原料	基础工艺	深化处理	
塑胶材料	PA/PC	覆膜	热转印、烫金、水转印、IML/IMT、水标贴	
		贴合	PU贴合、真皮贴合、面贴合、杜邦纸	
		电镀	溅射镀、真空镀	
		涂装	PU	1、2、3涂
			UV	1、2、3涂
		涂装	特殊	特殊喷涂、橡胶漆、绒毛漆、Baby skin、变色龙幻彩、质感撒点、温感/光感、NCL
		免喷	模出	晒纹VDI
				精雕-纹理
			挤出	普通材料
				亲肤材料
金属材料	铝合金	冲压挤出	喷砂+氧化、拉丝+氧化、抛光+氧化、曝光+氧化、塑金+氧化	
			渐变氧化	单色、双色

材料类型	成型原料	基础工艺	深化处理
金属材料	铝合金	压铸	喷涂、PVD
		CNC	抛光+氧化、喷砂+氧化
	不锈钢	MIM+CNC	抛光+PVD、拉丝+PVD、抛光+PVD、拉丝+PVD
	钛金属		
玻璃材料	2D	平板	背面喷涂、背面印刷、GDF+UV转印
	3D	单曲	背面喷涂
		双曲	背面印刷
			GDF+UV转印
皮革	真皮	特殊、常规、蛋白质、纳帕皮	表面贴合
	PU		
布料	梭织	染色+包裹	
	针织		
其他材料	PM复板	背面PVD、背面喷涂、背面丝印、背面精雕+PVD+喷涂、GDF+UV Moilding	
	透明PC	背面PVD、背面喷涂、背面丝印、背面精雕+PVD+喷涂、GDF+UV Moilding	

7.3 家电行业常用材料、工艺

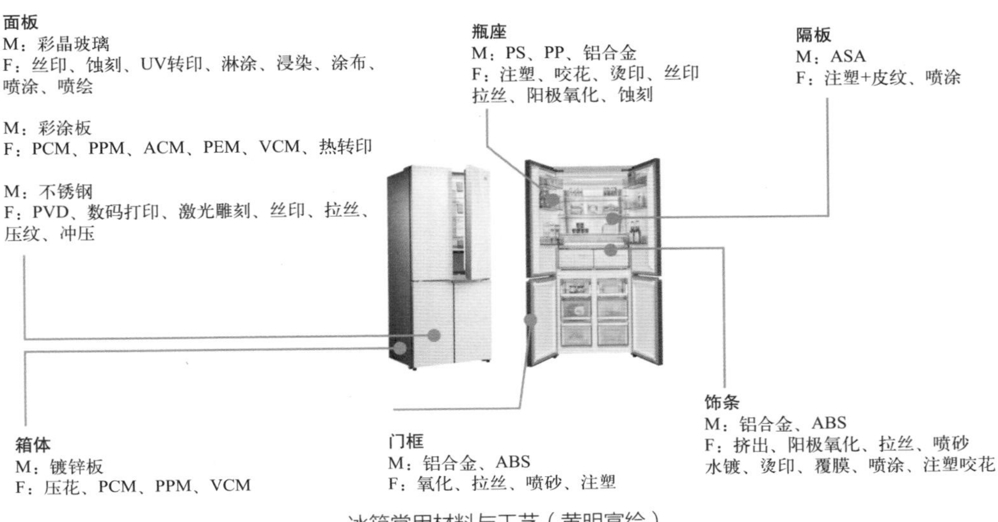

冰箱常用材料与工艺（黄明富绘）

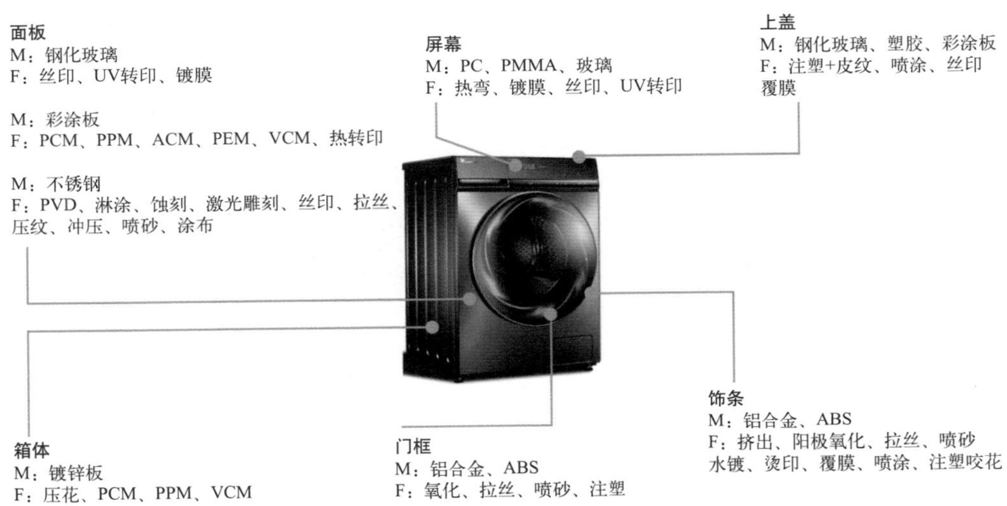

洗衣机常用材料与工艺（黄明富绘）

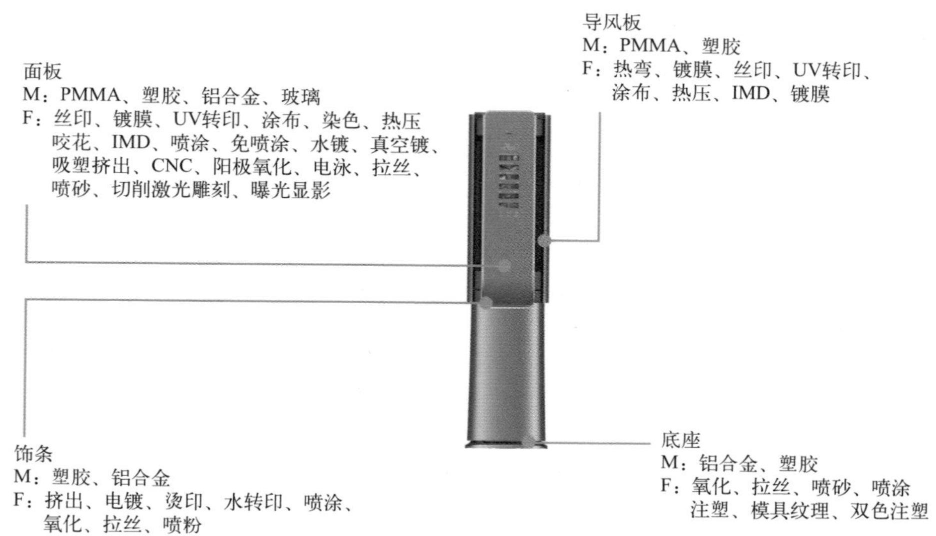

空调常用材料与工艺（黄明富绘）

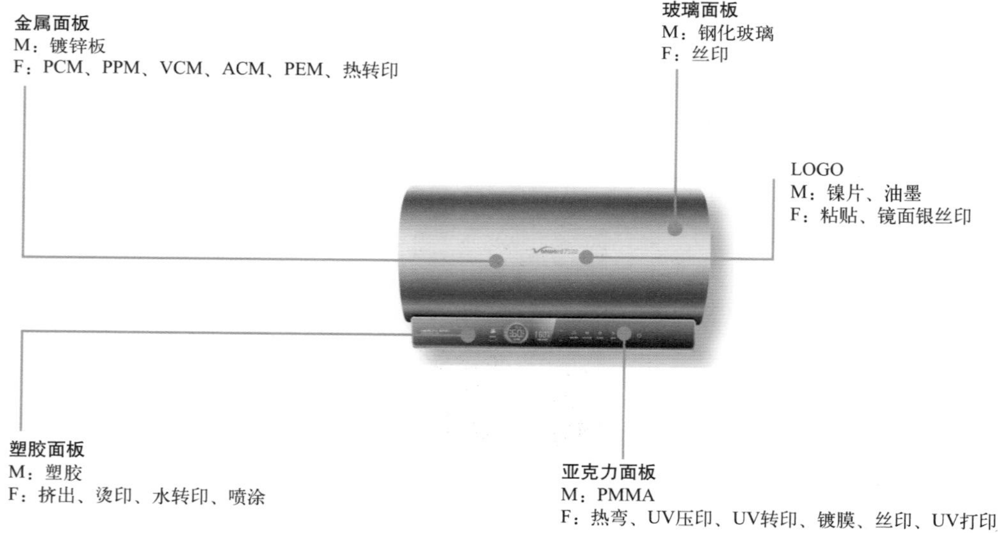

电热水器常用材料与工艺（黄明富绘）

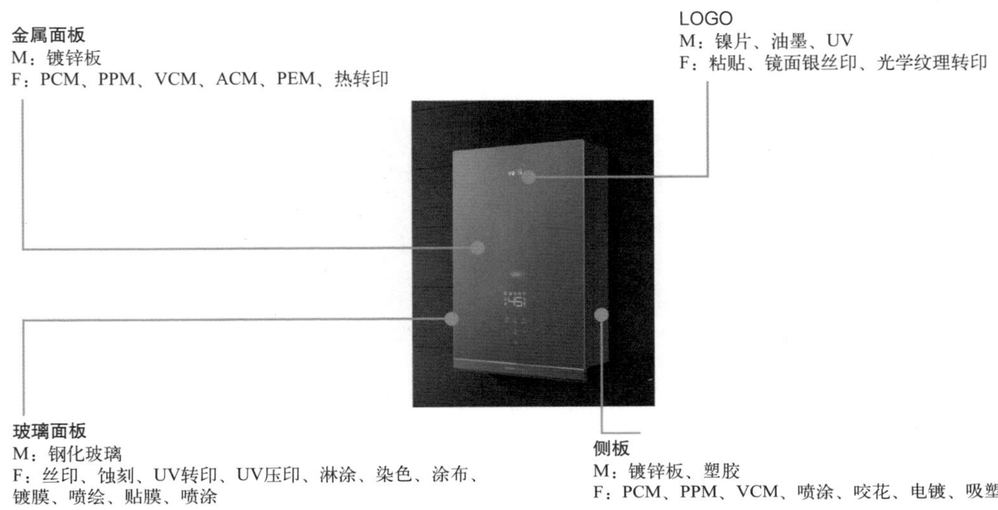

燃气热水器常用材料与工艺（黄明富绘）

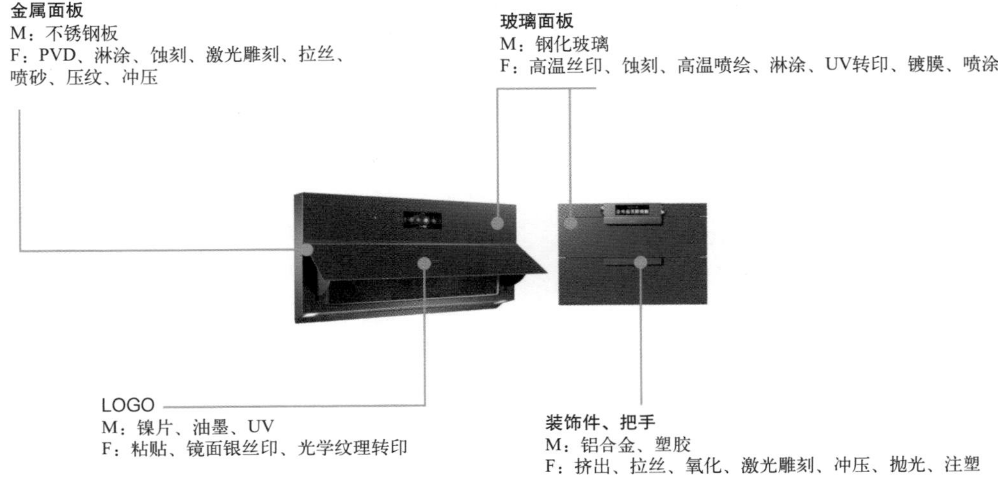

厨电常用材料与工艺（黄明富绘）

配件
M：面料、铝合金、牛皮
F：贴合、氧化、CNC、贴皮包覆、热转印

背板
M：镀锌板、塑胶
F：覆膜、热转印、喷粉
注塑、丝印、镀膜、免喷涂注塑、咬花、蚀刻

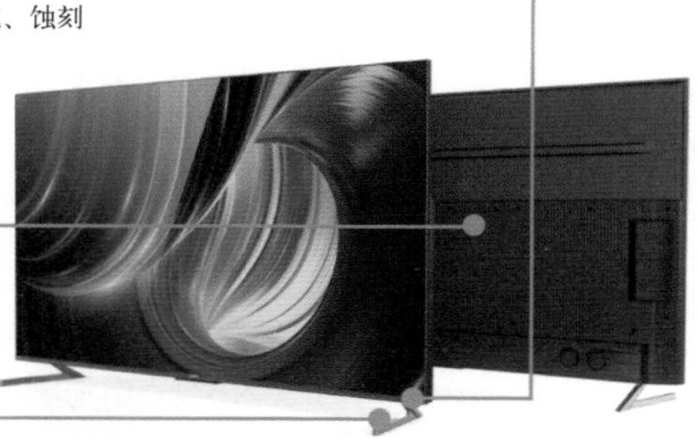

饰条、边框、底座
M：铝合金、不锈钢
F：挤出、CNC、氧化、电泳、拉丝、切削、激光雕刻、曝光显影、折弯、电镀、烫印、水转印、喷涂

电视常用材料与工艺（黄明富绘）

7.3.1 冰箱常用材料工艺清单

冰箱常用材料工艺清单

产品/部件	材料		工艺
外观面板	钢化玻璃	正面	低温/高温油墨丝网印刷、腐蚀（AG工艺、凹蒙工艺）、UV转印/压印、UV打印、淋涂、浸染着色、涂布、高温压延
		背面	低温/高温油墨丝网印刷、腐蚀、UV转印、UV压印、UV打印、浸染着色、涂布、镀膜、喷绘、贴膜、夹胶复合、喷涂
	彩涂镀锌板		PCM预涂钢板、PPM预涂钢板、VCM覆膜板、ACM覆膜板、PEM环保覆膜板、热转印
	201不锈钢板 304不锈钢板 430不锈钢板		PVD着色、DVM数码打印、淋涂、腐蚀蚀刻、激光雕刻、涂布
			丝网印刷
			油磨拉丝
			干磨拉丝

产品/部件	材料	工艺
外观面板	201不锈钢板 304不锈钢板 430不锈钢板	喷砂、压纹、冲压
	ABS树脂塑料	模内注塑、模具咬花、贴膜、吸塑、喷涂
内饰-瓶座	PS/PP	注塑、咬花、烫印、丝网印刷
	钢化玻璃	丝网印刷
	铝合金	铝挤出、铝拉丝、铝阳极氧化、激光雕刻、冲压、腐蚀
装饰侧板	镀锌铁板	物理压花、PCM预涂钢板、PPM预涂钢板、VCM覆膜板
	不锈钢板	油磨拉丝、PVD着色
饰条	铝合金	铝挤出、阳极氧化、物理拉丝、喷砂
	ABS	水电镀、烫印、覆膜挤出
		双料共挤
		喷涂
		注塑咬花

7.3.2 洗衣机常用材料工艺清单

<table>
<tr><th colspan="8">洗衣机常用材料工艺清单</th></tr>
<tr><th>产品/部件</th><th colspan="2">材料</th><th>工艺</th><th>产品/部件</th><th colspan="2">材料</th><th>工艺</th></tr>
<tr><td rowspan="3">外观面板</td><td colspan="2">彩涂镀锌板</td><td>PCM、PPM预涂钢板、VCM、ACM覆膜板、PEM环保覆膜板、热转印、金属粉末喷涂、喷漆</td><td>波轮洗衣机上盖</td><td colspan="2">PMMA</td><td>3D热弯、丝网印刷、镀膜、UV转印、UV压印、纳米涂布、浸染着色、热压纹理</td></tr>
<tr><td colspan="2">304不锈钢板
430不锈钢板</td><td>PVD着色、淋涂、腐蚀蚀刻、激光雕刻、涂布、油磨拉丝、干磨拉丝、喷砂、压纹、冲压</td><td rowspan="6">洗衣机触控面板</td><td rowspan="2">钢化玻璃</td><td>正面</td><td>高温油墨丝网印刷、腐蚀（AG、凹蒙工艺）</td></tr>
<tr><td>钢化玻璃</td><td>背面</td><td>低温油墨丝网印刷、UV转印、镀膜</td><td>背面</td><td>低温油墨丝网印刷、高温油墨丝网印刷、UV转印、UV压印、UV打印、镀膜、喷绘、贴膜、金属贴片</td></tr>
<tr><td rowspan="2">滚筒洗衣机窗屏</td><td colspan="2">PC、PMMA</td><td>热弯成型、镀膜</td><td>PMMA</td><td>正面背面</td><td>烫金、UV压印、UV转印、水转印、丝网印刷、UV打印</td></tr>
<tr><td>钢化玻璃</td><td>背面</td><td>低温油墨丝网印刷、UV转印、镀膜</td><td rowspan="2">PET、PC、PMMA膜片</td><td>正面背面</td><td>UV压印、UV转印、丝网印刷、UV打印</td></tr>
<tr><td rowspan="2">波轮洗衣机上盖</td><td rowspan="2">钢化玻璃</td><td>正面</td><td>高温油墨丝网印刷、腐蚀（AG、凹蒙工艺）、高温压延</td><td>膜片背面</td><td>烫金、水转印、金属贴片</td></tr>
<tr><td>背面</td><td>低温油墨丝网印刷、高温油墨丝网印刷、UV转印、UV压印、UV打印、镀膜、喷绘、贴膜</td><td colspan="2">注塑件</td><td>模内注塑、模内转印、喷涂</td></tr>
</table>

7.3.3 空调常用材料工艺清单

<table>
<tr><th colspan="6">空调常用材料工艺清单</th></tr>
<tr><th>产品/部件</th><th>材料</th><th>工艺</th><th>产品/部件</th><th>材料</th><th>工艺</th></tr>
<tr><td rowspan="8">外观面板</td><td rowspan="2">PMMA</td><td rowspan="2">3D热弯、丝网印刷、镀膜、UV转印、UV压印、纳米涂布、浸染着色、热压纹理</td><td rowspan="4">导风板</td><td>PMMA</td><td>UV压印、纳米涂布、浸染着色、热压纹理</td></tr>
<tr><td rowspan="2">注塑件</td><td rowspan="2">模内注塑、模内转印、喷涂、免喷涂注塑、模具咬花、水电镀、真空蒸镀、吸塑成型</td></tr>
<tr><td rowspan="2">注塑件</td><td rowspan="2">模内注塑、模内转印、喷涂、免喷涂注塑、模具咬花、水电镀、真空蒸镀、吸塑成型</td></tr>
<tr><td>镀锌铁板、铝合金板</td><td>物理压花、PCM预涂钢板、PPM预涂钢板、VCM覆膜板</td></tr>
<tr><td rowspan="2">铝合金</td><td rowspan="2">挤出成型、CNC、阳极氧化、电泳、拉丝、喷砂、钻石切削、激光雕刻、曝光显影、腐蚀穿孔</td><td rowspan="2">装饰侧板</td><td>注塑件</td><td>喷涂、免喷涂注塑、模具咬花</td></tr>
<tr><td>镀锌铁板、铝合金板</td><td>物理压花、PCM预涂钢板、PPM预涂钢板、VCM覆膜板</td></tr>
<tr><td rowspan="2">镀锌铁板、铝合金板</td><td rowspan="2">物理压花、PCM预涂钢板、PPM预涂钢板、VCM覆膜板</td><td rowspan="3">饰条</td><td>注塑件</td><td>挤出、多料挤出、覆膜挤出、电镀、烫印、水转印、喷涂</td></tr>
<tr><td rowspan="2">铝合金</td><td rowspan="2">挤出、氧化、拉丝、喷粉</td></tr>
<tr><td>导风板</td><td>PMMA</td><td>3D热弯、丝网印刷、镀膜、UV转印</td></tr>
</table>

7.3.4 热水器常用材料工艺清单

<table>
<tr><th colspan="5">热水器常用材料工艺清单</th></tr>
<tr><th>产品</th><th>部件</th><th colspan="2">材料</th><th>工艺</th></tr>
<tr><td rowspan="4">电热水器</td><td rowspan="4">外观面板</td><td colspan="2">彩涂镀锌板</td><td>PCM预涂钢板、PPM预涂钢板、VCM覆膜板、ACM覆膜板、PEM环保覆膜板、热转印</td></tr>
<tr><td colspan="2">注塑件</td><td>挤出/多料挤出、烫印、水转印、喷涂</td></tr>
<tr><td rowspan="2">PMMA</td><td>正面</td><td>烫金、UV压印、UV转印、水转印、丝网印刷、UV打印</td></tr>
<tr><td>背面</td><td>烫金、UV压印、UV转印、水转印、丝网印刷、UV打印</td></tr>
<tr><td rowspan="6">燃气热水器</td><td rowspan="3">外观面板</td><td colspan="2">彩涂镀锌板</td><td>PCM预涂钢板、PPM预涂钢板、VCM覆膜板、ACM覆膜板、PEM环保覆膜板、热挂印</td></tr>
<tr><td rowspan="2">钢化玻璃</td><td>正面</td><td>低温油墨丝印、高温油墨丝印、腐蚀（AG、凹蒙工艺）、UV转印、UV压印、UV打印、淋涂、浸染着色、涂布、高温压延</td></tr>
<tr><td>背面</td><td>低温油墨丝印、高温油墨丝印、腐蚀、UV转印、UV压印、UV打印、浸染着色、涂布、镀膜、喷绘、贴膜、夹胶复合、喷涂</td></tr>
<tr><td rowspan="2">装饰侧板</td><td colspan="2">彩涂镀锌板</td><td>PCM预涂钢板、PPM预涂钢板、VCM覆膜板</td></tr>
<tr><td colspan="2">注塑件</td><td>喷涂、免喷涂注塑、模具咬花、水电镀、吸塑成型</td></tr>
<tr><td>饰条</td><td colspan="2">注塑件</td><td>挤出、多料挤出、覆膜挤出、电镀、烫印、水转印、喷涂</td></tr>
</table>

7.3.5 厨电常用材料工艺清单

<table>
<tr><th colspan="4">厨电常用材料工艺清单</th></tr>
<tr><th>产品/部件</th><th colspan="2">材料</th><th>工艺</th></tr>
<tr><td rowspan="3">外观面板及侧板</td><td rowspan="2">钢化玻璃</td><td>正面</td><td>高温油墨丝网印刷、腐蚀（AG工艺、凹蒙工艺）、高温喷绘、淋涂、高温压延</td></tr>
<tr><td>背面</td><td>高温油墨丝网印刷、腐蚀、UV转印、UV压印、UV打印、浸染着色、涂布、高温镀膜、喷绘、贴膜、夹胶复合、喷涂</td></tr>
<tr><td colspan="2">201不锈钢板
304不锈钢板
430不锈钢板</td><td>PVD着色、淋涂、腐蚀蚀刻、激光雕刻、油磨拉丝、干磨拉丝、喷砂、压纹、冲压</td></tr>
<tr><td>把手及饰条</td><td colspan="2">铝合金</td><td>铝挤出、铝拉丝、铝阳极氧化、激光雕刻、冲压、腐蚀、镜面抛光</td></tr>
</table>

7.3.6 电视常用材料工艺清单

<table>
<tr><th colspan="3">电视常用材料工艺清单</th></tr>
<tr><th>产品/部件</th><th>材料</th><th>工艺</th></tr>
<tr><td rowspan="2">饰条、边条、底座</td><td>铝合金、不锈钢</td><td>挤出成型、CNC、阳极氧化、电泳、拉丝、喷砂、钻石切削、激光雕刻、曝光显影、腐蚀穿孔、压铸铝氧化、无缝折弯/一体折弯</td></tr>
<tr><td>注塑件</td><td>挤出、多料挤出、覆膜挤出、电镀、烫印、水转印、喷涂、吹塑</td></tr>
<tr><td>背板</td><td>彩涂镀锌板</td><td>PCM预涂钢板、PPM预涂钢板、VCM覆膜板、ACM覆膜板、PEM环保覆膜板、热转印、金属粉末喷涂、喷漆</td></tr>
</table>

7.4 定制家居行业常用材料、工艺

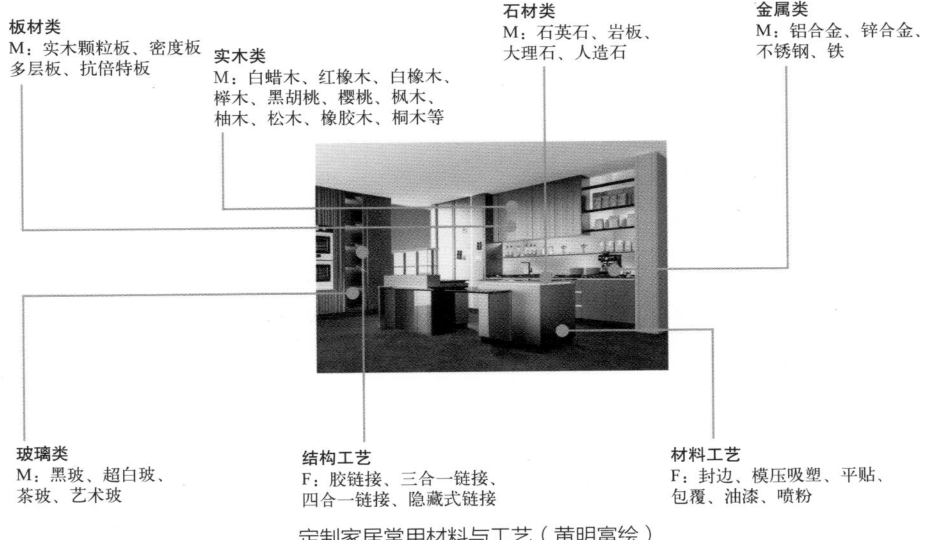

定制家居常用材料与工艺（黄明富绘）

7.4.1 定制家居常用材料清单

家居常用材料清单					
材料名称	**材料种类**				**属性说明**
板材类	实木颗粒板	密度板	多层板	抗倍特板	实木颗粒板、密度板使用较多，用于门板和柜体 多层板其次，常用于柜体
实木类	白蜡木、红橡木、白橡木、榉木、黑胡桃、樱桃、枫木、柚木、松木、橡胶木、桐木等				实木家具中使用频率最高的有：白蜡木、红橡木、白橡木、榉木，其次是黑胡桃、樱桃、硬枫木、柚木 松木、橡胶木、桐木等，多作为辅材 松木常用于软体家具的框架
金属类	铝合金	锌合金	不锈钢	铁	用于家居玻璃门及拉手和桌腿
石材类	石英石	岩板	大理石	人造石 亚克力	用于家具台面、桌面 石英石是最受欢迎的材料，稳定价优； 岩板是新型材料，价格昂贵，主要是台面桌面墙地面，高级感比较强； 大理石层次不齐，花纹天然不稳定； 人造石常用于商业家居为多，高端卫浴也使用
玻璃类	黑玻	超白玻	茶玻	艺术玻	主要用于家居玻璃门和玻璃层板使用，灯光陪衬
皮类（定制家居不常用）					
布类（定制家居不常用）					

7.4.2 定制家居常用工艺清单

<table>
<tr><th colspan="7">定制家居行业常用工艺清单</th></tr>
<tr><th>工艺分类</th><th>工艺名称</th><th colspan="4">工艺种类</th><th>属性说明</th></tr>
<tr><td rowspan="4">结构工艺</td><td>胶链接工艺</td><td colspan="4">冷压胶、热压胶</td><td>根据生产的时效与结构所需使用胶链接工艺；板式家具常用</td></tr>
<tr><td>三合一链接工艺</td><td colspan="4">偏心连接件，由偏心头、连接杆、预埋螺母三部分组成</td><td>三合一连接件对加工精度相对要求低，板式家具常用，工业化大量使用，价格便宜</td></tr>
<tr><td>四合一链接工艺</td><td colspan="4">内外牙M*13、螺栓、横孔锤、螺丝头四部分组成</td><td>三合一连接件对加工精度相对要求低，板式家具常用，工业化大量使用，价格便宜</td></tr>
<tr><td>隐藏连接件链接工艺</td><td colspan="4">预埋子母式链接</td><td>开放式设计，要求细节工艺实用</td></tr>
<tr><td rowspan="6">材料工艺</td><td>封边工艺</td><td>EVA封边</td><td>PUR封边</td><td colspan="2">激光封边</td><td>板式家具最常用工艺，根据可视面要求不用选择三种工艺，EVA封边价格最优，常用于门板和柜体，能看见胶线细节上欠缺。PUR封边价格适中，常用于门板和柜体，封边工艺细节较好。激光封边价格昂贵，使用在常见的门板，一体无缝封边，细节精细</td></tr>
<tr><td>模压吸塑工艺</td><td>PVC吸塑</td><td colspan="3">EVA吸塑</td><td>五面成型一体工艺主要用在家具门板，可塑造3D造型</td></tr>
<tr><td>平贴工艺</td><td>PVC平贴</td><td>PP平贴</td><td>PET平贴</td><td>三聚氰胺平贴/防火板平贴</td><td>板式家具最常用的工艺，效率高，常用在现代风格中</td></tr>
<tr><td>包覆工艺</td><td>PVC包覆</td><td colspan="3">PP包覆</td><td>四边框加门芯板，可塑造3D造型，主要用在家具门板</td></tr>
<tr><td>油漆工艺</td><td>封闭漆</td><td>开放漆</td><td>高光烤漆</td><td>哑光漆</td><td>家居最常用的材料之一，可使用在实木和密度板上，可塑性强，价高，受环保问题影响</td></tr>
<tr><td>静电喷粉工艺</td><td>哑光静电喷粉</td><td colspan="3">高光喷粉</td><td>家具行业新型工艺材料，主要以纯色哑光为主，六面一体，可塑性强，工业化批量生产，稳定价优</td></tr>
</table>

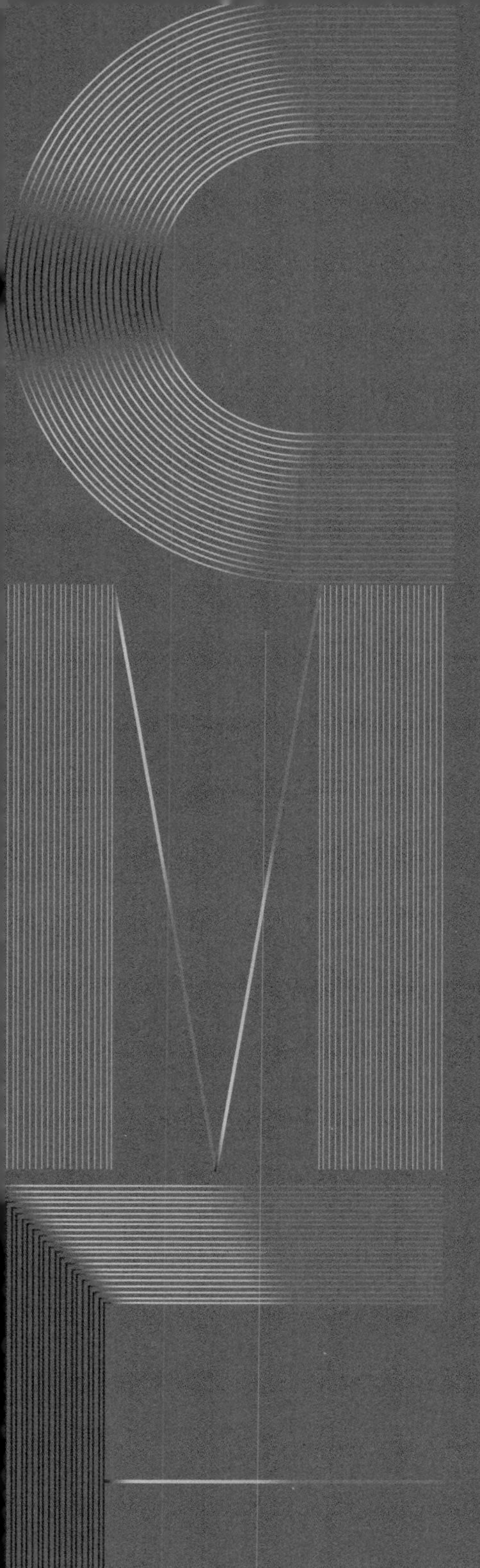

8

CMF 价值篇

CMF 设计创意工作，最终服务对象涉及多个维度，不同服务对象需要的价值呈现存在差异。本章节将价值分为四个大类，为创新价值、商业价值、消费价值、社会价值，以提醒CMF设计师在工作中，进行多维度的研究与思考。既要满足设计需要、企业需要、消费者需求，还要满足社会需求。需求之间往往存在一定的相悖，需要根据具体情形进行考量。前面七个章节从基础篇、色彩篇、材料篇、工艺篇、方法篇、流程篇、材料与工艺清单篇进行了展开，本章将列举前面章节中，介绍到的内容，存在哪些关键价值，进行关键词提取，便于查阅、参考。

CMF价值关键词目录清单							
8.1 创新价值	新颜色	8.2 商业价值	耐老化		8.3 消费价值	听觉	隔音
	新材料		耐污				吸音
	新工艺	8.3 消费价值	触觉	亲肤		综合感官	奢华
	新图纹			柔软			精致
	新技术			坚硬			真实
8.2 商业价值	高效率			光滑			自然
	高性能			砂感			家居
	高附加值			暖意			温馨
	高识别度			凉感			智能
	低成本			触控			科技
	轻量化		视觉	金属感			经典
	易加工			陶瓷感			舒适
	艺术			立体感			时尚
	装饰			精细感			文化
	流行			镜面	8.4 社会价值	绿色环保	
	传承			高亮		循环再生	
	安全			透明		生物材料	
	抗菌			哑光		低能耗	
	抗病毒			透光		低污染	
	易清洁			发光		可降解	
	防水			吸光		可回收	
	透气			荧光		可持续	
	阻燃			变色		节能	
	耐刮			多色		无毒	
	耐磨			无色		水性	
	耐蚀		嗅觉	无味		有机	
	耐高温			低气味			

8.1 创新价值

创新价值是CMF设计师从事创新工作的重要切入点，基于CMFP四个核心元素，增加一项新技术，作为CMF创新源泉。本章节基于5项目关键词链接，包括：新颜色、新材料、新工艺、新图纹、新技术。

创新价值——新颜色							
2.4.1	光致变色	2.5.1.1	蒂芙尼蓝	2.5.3.1	点缀色	3.2.4.3	特种涂料
2.4.2	电致变色	2.5.1.2	玫瑰金	2.5.3.2	渐变色	3.2.4.4	涂料粉体
2.4.3	感温变色	2.5.1.3	爱马仕橙	2.5.3.3	矩阵色	4.2.1.1	喷涂
2.4.4	随角异色	2.5.1.4	克莱因蓝	2.5.3.4	莫兰迪色	4.2.6.1	浸染
2.4.5	变色龙	2.5.1.5	草木绿	2.5.3.5	双色车身	4.2.7.2	光学镀
2.4.6	光学结构色	2.5.2.1	流行色	3.2.2.1	牛皮		
2.4.7	极致黑	2.5.2.2	年度色	3.2.4.1	常规涂料		
2.4.8	极致白	2.5.2.3	传统色	3.2.4.2	效果涂料		

创新价值——新材料							
2.4.1	光致变色	3.1.2.5	锌合金	3.1.4.2	精细陶瓷	3.2.3.4	蚕丝
2.4.2	电致变色	3.1.2.6	锡合金	3.1.5.2	竹子	3.2.3.5	锦纶纤维
2.4.3	感温变色	3.1.2.7	镁合金	3.2.1.1	三聚氰胺装饰纸	3.2.3.11	超细纤维
2.4.8	极致白	3.1.2.8	镍合金	3.2.1.2	杜邦纸（特卫强）	3.2.3.12	欧缔兰
3.1.1.5	PET	3.1.2.9	钴合金	3.2.1.3	水贴纸	3.2.3.13	发光面料
3.1.1.7	PPSU	3.1.2.10	钨合金	3.2.2.1	牛皮	3.2.3.14	混纺面料
3.1.1.11	PEEK	3.1.2.11	贵金属	3.2.2.2	羊皮	3.2.4.3	特种涂料
3.1.1.13	PU	3.1.2.12	液态金属	3.2.2.3	麂皮	3.2.4.4	涂料粉体
3.1.1.15	EP	3.1.3.2	高硼硅玻璃	3.2.2.4	仿麂皮	3.2.5.1	原始木皮
3.1.1.18	UP	3.1.3.3	钢化玻璃	3.2.2.5	翻毛皮	3.2.5.2	科技木皮
3.1.1.22	氟硅胶	3.1.3.4	磨砂玻璃	3.2.2.6	纳帕皮	3.2.6.1	PET膜
3.1.1.23	氟橡胶	3.1.3.5	压花玻璃	3.2.2.7	素皮	3.2.6.2	PVC膜
3.1.1.25	TPE、TPU、TPR热塑性弹性体	3.1.3.6	夹丝玻璃	3.2.2.9	PU合成革	3.2.6.3	PP膜
3.1.2.1	铁/不锈钢	3.1.3.7	中空玻璃	3.2.2.10	PU超纤革	3.2.6.4	彩膜
3.1.2.2	铜	3.1.3.8	大猩猩玻璃	3.2.2.11	发光皮革	3.2.7.1	彩板
3.1.2.3	铝合金	3.1.3.11	3D玻璃	3.2.3.2	麻纤维	3.2.7.5	岩板
3.1.2.4	钛合金	3.1.4.1	生活陶瓷	3.2.3.3	羊毛纤维	3.2.7.6	复合板

续表

创新价值——新材料							
3.2.7.7	玻璃纤维板	3.2.10.2	蓝宝石	4.1.5.3	碳纤维喷涂	4.2.8.10	家居装饰膜
3.2.8.1	砂	4.1.1.14	免喷涂注塑	4.1.5.4	橡胶磁材成形	2.1.1.1	光与色
3.2.9	复合材料类	4.1.5.1	编织和叠层	4.1.5.6	碳纤维注塑与热压成形		
3.2.10.1	仿岩板	4.1.5.2	缠绕成形	4.2.1.1	喷涂		

创新价值——新工艺							
2.4.1	光致变色	3.2.2.10	PU超纤革	4.1.1.16	硅胶注塑	4.1.6.4	粉体床熔合PBF
2.4.2	电致变色	3.2.4.2	效果涂料	4.1.1.18	熔喷	4.1.6.5	材料喷射技术MJT
2.4.3	感温变色	3.2.4.3	特种涂料	4.1.2.1	车削	4.1.6.6	黏结剂喷射技术BJT
2.4.6	光学结构色	3.2.5.1	原始木皮	4.1.2.2	铣削	4.1.6.7	定向能量沉积DED
2.5.3.5	双色车身	3.2.5.2	科技木皮	4.1.2.4	钻削	4.2.1.1	喷涂
3.1.1.13	PU	3.2.6.4	彩膜	4.1.2.6	拉削	4.2.1.2	喷粉
3.1.1.14	PR	3.2.6.5	卷对卷膜	4.1.2.7	弯折	4.2.1.3	喷绘
3.1.1.15	EP	3.2.7.1	彩板	4.1.2.8	拉伸	4.2.1.4	喷砂
3.1.1.16	UF	3.2.7.5	岩板	4.1.2.9	锻造	4.2.1.5	喷丸
3.1.1.18	UP	3.2.7.6	复合板	4.1.2.10	旋压	4.2.2.1	胶印
3.1.1.19	聚氟树脂	3.2.7.7	玻璃纤维板	4.1.2.11	铸造	4.2.2.4	烫印
3.1.1.20	液态硅胶	3.2.7.8	PC板	4.1.2.12	粉末冶金	4.2.2.5	压印
3.1.1.25	TPE、TPU、TPR热塑性弹性体	3.2.8.1	砂	4.1.3.3	玻璃压延	4.2.2.6	水转印
3.1.3.3	钢化玻璃	3.2.8.2	轮	4.1.3.4	玻璃热弯	4.2.2.7	热转印
3.1.3.4	磨砂玻璃	3.2.9	复合材料类	4.1.4.2	陶瓷粉末注塑成型	4.2.2.8	UV转印
3.1.3.5	压花玻璃	3.2.10.1	仿岩板	4.1.5.1	编织和叠层	4.2.3.2	激光雕刻
3.1.3.6	夹丝玻璃	3.2.10.2	蓝宝石	4.1.5.2	缠绕成形	4.2.4.1	阳极氧化
3.1.3.7	中空玻璃	4.1.1.1	热塑	4.1.5.3	碳纤维喷涂	4.2.4.2	微弧氧化
3.1.3.10	2.5D玻璃	4.1.1.10	双色注塑	4.1.5.4	橡胶磁材成形	4.2.5.4	抛光
3.1.3.11	3D玻璃	4.1.1.11	嵌件注塑	4.1.5.5	纳米注塑成形NMT	4.2.5.5	CNC加工
3.1.4.2	精细陶瓷	4.1.1.12	二次及多次注塑	4.1.5.6	碳纤维注塑与热压成形	4.2.5.7	打孔
3.1.5.2	竹子	4.1.1.13	发泡注塑	4.1.6.2	槽内光聚合VPP	4.2.5.8	绗缝
3.2.2.1	牛皮	4.1.1.14	免喷涂注塑	4.1.6.3	材料挤出法MEX	4.2.5.9	电泳

续表

创新价值——新工艺							
4.2.6.2	蚀刻	4.2.7.6	不导电真空镀 NCVM	4.2.7.14	喷镀	4.2.8.5	IMT
4.2.6.3	化学抛光	4.2.7.7	直流溅射镀	4.2.7.15	退镀	4.2.8.6	模外装饰 OMD
4.2.7.1	蒸发镀	4.2.7.8	中频溅射镀	4.2.7.16	镀铜、镀镍、镀铬、镀银	4.2.8.7	烫金膜
4.2.7.2	光学镀	4.2.7.9	射频溅射镀	4.2.8.1	模内装饰	4.2.8.8	热转印装饰膜
4.2.7.3	防眩光镀膜 AG	4.2.7.10	多弧离子镀	4.2.8.2	IMD	4.2.8.9	手机装饰膜
4.2.7.4	防反射镀膜 AR	4.2.7.11	电镀/水镀	4.2.8.3	INS 模内嵌片注塑	4.2.8.10	家居装饰膜
4.2.7.5	抗指纹镀膜 AF	4.2.7.13	化学镀	4.2.8.4	IME 模内电子		

创新价值——新图纹							
2.4.1	光致变色	3.2.3.14	混纺面料	3.2.9	复合材料类	4.2.5.8	绗缝
2.4.2	电致变色	3.2.4.3	特种涂料	3.2.10.1	仿岩板	4.2.6.2	蚀刻
2.4.3	感温变色	3.2.5.1	原始木皮	4.2.1.1	喷涂	4.2.8.5	IMT
2.4.6	光学结构色	3.2.6.1	PET 膜	4.2.1.4	喷砂	4.2.8.6	模外装饰 OMD
3.1.1.12	PVC	3.2.6.2	PVC 膜	4.2.2.6	水转印	4.2.8.7	烫金膜
3.1.3.5	压花玻璃	3.2.6.3	PP 膜	4.2.3.2	激光雕刻	4.2.8.8	热转印装饰膜
3.1.3.6	夹丝玻璃	3.2.7.2	三聚氰胺板	4.2.5.1	模压（压纹、压花）	4.2.8.9	手机装饰膜
3.1.5.1	木头	3.2.7.5	岩板	4.2.5.2	批花（车花、铣花）		
3.1.5.2	竹子	3.2.7.6	复合板	4.2.5.3	拉丝		
3.2.1.1	三聚氰胺装饰纸	3.2.7.7	玻璃纤维板	4.2.5.7	打孔		

创新价值——新技术							
2.4.6	光学结构色	4.1.2.4	钻削	4.1.3.4	玻璃热弯	4.2.7.3	防眩光镀膜 AG
2.4.7	极致黑	4.1.2.5	镗削	4.1.4.2	陶瓷粉末注塑成型	4.2.7.4	防反射镀膜 AR
3.1.1.5	PET	4.1.2.6	拉削	4.1.5.5	纳米注塑成形 NMT	4.2.7.5	抗指纹镀膜 AF
3.1.2.12	液态金属	4.1.2.7	弯折	4.1.5.6	碳纤维注塑与热压成形	4.2.7.6	不导电真空镀 NCVM
3.1.3.7	中空玻璃	4.1.2.8	拉伸	4.2.1.1	喷涂	4.2.7.14	喷镀
3.2.1.3	水贴纸	4.1.2.9	锻造	4.2.2.5	压印	4.2.7.15	退镀
3.2.2.11	发光皮革	4.1.2.10	旋压	4.2.5.5	CNC 加工	4.2.7.16	镀铜、镀镍、镀铬、镀银
3.2.4.2	效果涂料	4.1.2.11	铸造	4.2.5.6	植绒	4.2.8.4	IME 模内电子
3.2.4.3	特种涂料	4.1.2.12	粉末冶金	4.2.7.1	蒸发镀	4.2.8.6	模外装饰 OMD
4.1.2.1	车削	4.1.3.3	玻璃压延	4.2.7.2	光学镀	4.2.8.9	手机装饰膜

8.2 商业价值

商业价值是CMF设计师分析产品功能及对于企业价值的重要切入点，本章节基于24项目关键词链接，清单如下：高效率、高性能、高附加值、高识别度、低成本、轻量化、易加工、艺术、装饰、流行、传承、安全、抗菌、抗病毒、易清洁、防水、透气、阻燃、耐刮、耐磨、耐蚀、耐高温、耐老化、耐污。

商业价值——高效率							
2.1.1.1	光与色	3.2.2.8	PVC 革	4.1.1.12	二次及多次注塑	4.2.1.5	喷丸
3.1.1.1	ABS	3.2.4.1	常规涂料	4.1.1.14	免喷涂注塑	4.2.2.1	胶印
3.1.1.2	PP	3.2.4.2	效果涂料	4.1.1.15	低压注塑	4.2.2.2	丝印
3.1.1.3	PC	3.2.6.1	PET 膜	4.1.1.17	浸塑	4.2.2.3	移印
3.1.1.4	PS	3.2.6.2	PVC 膜	4.1.1.18	熔喷	4.2.2.4	烫印
3.1.1.5	PET	3.2.6.3	PP 膜	4.1.2.1	车削	4.2.2.5	压印
3.1.1.6	PMMA	3.2.6.4	彩膜	4.1.2.2	铣削	4.2.2.6	水转印
3.1.1.12	PVC	3.2.6.5	卷对卷膜	4.1.2.4	钻削	4.2.2.7	热转印
3.1.1.13	PU	3.2.7.1	彩板	4.1.2.5	镗削	4.2.3.2	激光雕刻
3.1.1.17	MF	3.2.7.2	三聚氰胺板	4.1.2.6	拉削	4.2.4.1	阳极氧化
3.1.1.18	UP	3.2.7.4	密度板	4.1.2.7	弯折	4.2.4.3	化学氧化
3.1.1.20	液态硅胶	3.2.7.6	复合板	4.1.2.8	拉伸	4.2.5.1	模压（压纹、压花）
3.1.1.21	固态硅胶	3.2.7.7	玻璃纤维板	4.1.2.9	锻造	4.2.5.2	批花（车花、铣花）
3.1.1.23	氟橡胶	3.2.7.8	PC 板	4.1.2.12	粉末冶金	4.2.5.3	拉丝
3.1.1.24	TPSIV 热塑性有机硅弹性体	3.2.8.1	砂	4.1.3.1	玻璃吹制	4.2.5.7	打孔
3.1.1.25	TPE、TPU、TPR 热塑性弹性体	3.2.8.2	轮	4.1.3.2	玻璃浮法	4.2.5.9	电泳
3.1.2.3	铝合金	4.1.1.1	热塑	4.1.3.3	玻璃压延	4.2.6.1	浸染
3.1.2.6	锡合金	4.1.1.2	吹塑	4.1.6.1	层叠贴合	4.2.6.2	蚀刻
3.1.3.1	钠钙玻璃	4.1.1.3	吸塑	4.1.6.3	材料挤出法	4.2.6.3	化学抛光
3.1.3.2	高硼硅玻璃	4.1.1.4	滚塑	4.1.6.4	粉体床熔合	4.2.7.1	蒸发镀
3.1.3.3	钢化玻璃	4.1.1.5	搪塑	4.1.6.5	材料喷射技术	4.2.7.9	射频溅射镀
3.1.3.5	压花玻璃	4.1.1.6	滴塑	4.1.6.6	黏结剂喷射技术	4.2.7.10	多弧离子镀
3.1.5.1	木头	4.1.1.7	挤塑	4.1.6.7	定向能量沉积	4.2.7.11	电镀/水镀
3.1.5.2	竹子	4.1.1.8	压塑	4.2.1.1	喷涂	4.2.7.13	化学镀
3.2.1.1	三聚氰胺装饰纸	4.1.1.9	注塑	4.2.1.3	喷绘	4.2.8.1	模内装饰
3.2.1.3	水贴纸	4.1.1.11	嵌件注塑	4.2.1.4	喷砂	4.2.8.2	IMD

续表

商业价值——高效率							
4.2.8.5	IMT	4.2.8.7	烫金膜	4.2.8.9	手机装饰膜	4.2.8.10	家居装饰膜
4.2.8.6	模外装饰 OMD	4.2.8.8	热转印装饰膜				

商业价值——高性能							
2.4.7	极致黑	3.1.2.8	镍合金	3.2.3.7	腈纶纤维	4.1.5.3	碳纤维喷涂
2.4.8	极致白	3.1.2.9	钴合金	3.2.3.8	氨纶纤维	4.1.5.4	橡胶磁材成形
3.1.1.1	ABS	3.1.2.10	钨合金	3.2.3.9	丙纶纤维	4.1.5.5	纳米注塑成形 NMT
3.1.1.3	PC	3.1.2.12	液态金属	3.2.3.11	超细纤维	4.1.5.6	碳纤维注塑与热压成形
3.1.1.6	PMMA	3.1.3.2	高硼硅玻璃	3.2.3.12	欧缔兰	4.2.1.1	喷涂
3.1.1.7	PPSU	3.1.3.3	钢化玻璃	3.2.3.13	发光面料	4.2.1.2	喷粉
3.1.1.8	PA	3.1.3.7	中空玻璃	3.2.4.3	特种涂料	4.2.3.2	激光雕刻
3.1.1.9	PBT	3.1.3.8	大猩猩玻璃	3.2.6.3	PP 膜	4.2.4.2	微弧氧化
3.1.1.10	PPS	3.1.3.9	2D 玻璃	3.2.7.3	多层板	4.2.5.5	CNC 加工
3.1.1.11	PEEK	3.1.3.10	2.5D 玻璃	3.2.7.5	岩板	4.2.5.9	电泳
3.1.1.13	PU	3.1.3.11	3D 玻璃	3.2.7.7	玻璃纤维板	4.2.7.2	光学镀
3.1.1.15	EP	3.1.4.1	生活陶瓷	3.2.7.8	PC 板	4.2.7.3	防眩光镀膜 AG
3.1.1.18	UP	3.1.4.2	精细陶瓷	3.2.8.1	砂	4.2.7.5	抗指纹镀膜 AF
3.1.1.19	聚氟树脂	3.2.1.2	杜邦纸（特卫强）	3.2.9	复合材料类	4.2.7.6	不导电真空镀 NCVM
3.1.1.20	液态硅胶	3.2.2.1	牛皮	3.2.10.1	仿岩板	4.2.7.7	直流溅射镀
3.1.1.21	固态硅胶	3.2.2.4	仿麂皮	3.2.10.2	蓝宝石	4.2.7.8	中频溅射镀
3.1.1.22	氟硅胶	3.2.2.5	翻毛皮	4.1.1.13	发泡注塑	4.2.7.9	射频溅射镀
3.1.1.23	氟橡胶	3.2.2.6	纳帕皮	4.1.1.18	熔喷	4.2.7.10	多弧离子镀
3.1.1.24	TPSIV 热塑性有机硅弹性体	3.2.2.7	素皮	4.1.2.5	镗削	4.2.7.11	电镀 / 水镀
3.1.1.25	TPE、TPU、TPR 热塑性弹性体	3.2.2.8	PVC 革	4.1.2.10	旋压	4.2.7.13	化学镀
3.1.2.1	铁 / 不锈钢	3.2.2.9	PU 合成革	4.1.2.11	铸造	4.2.7.16	镀铜、镀镍、镀铬、镀银
3.1.2.2	铜	3.2.2.10	PU 超纤革	4.1.3.4	玻璃热弯	4.2.8.3	INS 模内嵌片注塑
3.1.2.3	铝合金	3.2.3.2	麻纤维	4.1.4.1	泥浆手工/石膏模注浆/树脂模注浆法	4.2.8.4	IME 模内电子
3.1.2.4	钛合金	3.2.3.3	羊毛纤维	4.1.4.2	陶瓷粉末注塑成型	4.2.8.6	模外装饰
3.1.2.5	锌合金	3.2.3.4	蚕丝	4.1.5.1	编织和叠层	4.2.8.10	家居装饰膜
3.1.2.7	镁合金	3.2.3.5	锦纶纤维	4.1.5.2	缠绕成形		

商业价值——高附加值							
2.1.1.1	光与色	3.1.2.12	液态金属	4.1.1.14	免喷涂注塑	4.2.5.3	拉丝
2.4.1	光致变色	3.1.3.7	中空玻璃	4.1.1.16	硅胶注塑	4.2.5.4	抛光
2.4.2	电致变色	3.1.3.8	大猩猩玻璃	4.1.2.1	车削	4.2.5.5	CNC 加工
2.4.3	感温变色	3.1.4.2	精细陶瓷	4.1.2.2	铣削	4.2.5.6	植绒
2.4.4	随角异色	3.1.5.1	木头	4.1.2.4	钻削	4.2.5.7	打孔
2.4.5	变色龙	3.2.1.2	杜邦纸（特卫强）	4.1.2.11	铸造	4.2.5.8	绗缝
2.4.6	光学结构色	3.2.2.1	牛皮	4.1.3.1	玻璃吹制	4.2.7.1	蒸发镀
2.4.7	极致黑	3.2.2.2	羊皮	4.1.3.3	玻璃压延	4.2.7.2	光学镀
2.4.8	极致白	3.2.2.3	麂皮	4.1.3.4	玻璃热弯	4.2.7.3	防眩光镀膜
2.5.1.1	蒂芙尼蓝	3.2.2.4	仿麂皮	4.1.4.1	泥浆手工/石膏模注浆/树脂模注浆法	4.2.7.5	抗指纹镀膜
2.5.1.2	玫瑰金	3.2.2.6	纳帕皮	4.1.4.2	陶瓷粉末注塑成型	4.2.7.6	不导电真空镀
2.5.1.3	爱马仕橙	3.2.2.7	素皮	4.1.5.1	编织和叠层	4.2.7.7	直流溅射镀
2.5.1.4	克莱因蓝	3.2.2.11	发光皮革	4.1.5.2	缠绕成形	4.2.7.8	中频溅射镀
2.5.3.2	渐变色	3.2.3.3	羊毛纤维	4.1.5.3	碳纤维喷涂	4.2.7.9	射频溅射镀
2.5.3.3	矩阵色	3.2.3.13	发光面料	4.1.5.5	纳米注塑成形 NMT	4.2.7.10	多弧离子镀
2.5.3.4	莫兰迪色	3.2.4.2	效果涂料	4.1.5.6	碳纤维注塑与热压成形	4.2.7.11	电镀/水镀
2.5.3.5	双色车身	3.2.4.3	特种涂料	4.2.1.1	喷涂	4.2.7.13	化学镀
3.1.1.7	PPSU	3.2.4.4	涂料粉体	4.2.2.1	胶印	4.2.7.14	喷镀
3.1.1.11	PEEK	3.2.5.1	原始木皮	4.2.2.4	烫印	4.2.7.15	退镀
3.1.2.3	铝合金	3.2.5.2	科技木皮	4.2.2.5	压印	4.2.7.16	镀铜、镀镍、镀铬、镀银
3.1.2.6	锡合金	3.2.7.5	岩板	4.2.2.8	UV 转印	4.2.8.1	模内装饰
3.1.2.7	镁合金	3.2.10.1	仿岩板	4.2.3.1	化学蚀刻	4.2.8.2	IMD
3.1.2.8	镍合金	3.2.10.2	蓝宝石	4.2.3.2	激光雕刻	4.2.8.3	INS 模内嵌片注塑
3.1.2.10	钨合金	4.1.1.10	双色注塑	4.2.4.1	阳极氧化	4.2.8.4	IME 模内电子
3.1.2.11	贵金属	4.1.1.12	二次及多次注塑	4.2.4.2	微弧氧化	4.2.8.9	手机装饰膜

商业价值——高识别度							
2.4.1	光致变色	3.1.2.3	铝合金	3.2.4.2	效果涂料	4.2.5.3	拉丝
2.4.2	电致变色	3.1.2.10	钨合金	3.2.4.3	特种涂料	4.2.5.7	打孔
2.4.3	感温变色	3.1.2.11	贵金属	3.2.4.4	涂料粉体	4.2.5.8	绗缝
2.4.6	光学结构色	3.1.3.4	磨砂玻璃	3.2.5.1	原始木皮	4.2.7.2	光学镀
2.4.7	极致黑	3.1.3.5	压花玻璃	3.2.5.2	科技木皮	4.2.7.3	防眩光镀膜
2.5.1.1	蒂芙尼蓝	3.1.3.6	夹丝玻璃	3.2.7.5	岩板	4.2.7.6	不导电真空镀
2.5.1.4	克莱因蓝	3.1.4.1	生活陶瓷	4.1.1.10	双色注塑	4.2.7.7	直流溅射镀
2.5.1.5	草木绿	3.1.4.2	精细陶瓷	4.1.1.13	发泡注塑	4.2.7.8	中频溅射镀
2.5.2.1	流行色	3.1.5.1	木头	4.1.1.14	免喷涂注塑	4.2.7.9	射频溅射镀
2.5.2.2	年度色	3.1.5.2	竹子	4.1.2.10	旋压	4.2.7.10	多弧离子镀
2.5.3.1	点缀色	3.2.1.2	杜邦纸（特卫强）	4.1.3.1	玻璃吹制	4.2.7.11	电镀/水镀
2.5.3.2	渐变色	3.2.2.1	牛皮	4.1.3.3	玻璃压延	4.2.7.14	喷镀
2.5.3.3	矩阵色	3.2.2.3	麂皮	4.1.3.4	玻璃热弯	4.2.7.16	镀铜、镀镍、镀铬、镀银
2.5.3.4	莫兰迪色	3.2.2.4	仿麂皮	4.1.4.1	泥浆手工/石膏模注浆/树脂模注浆法	4.2.8.4	IME 模内电子
2.5.3.5	双色车身	3.2.2.11	发光皮革	4.1.4.2	陶瓷粉末注塑成型		
3.1.2.2	铜	3.2.3.13	发光面料	4.2.2.4	烫印		

商业价值——低成本							
2.1.1.1	光与色	3.1.1.18	UP	3.1.4.1	生活陶瓷	3.2.4.1	常规涂料
3.1.1.1	ABS	3.1.1.21	固态硅胶	3.1.5.1	木头	3.2.6.1	PET 膜
3.1.1.2	PP	3.1.1.24	TPSIV 热塑性有机硅弹性体	3.1.5.2	竹子	3.2.6.2	PVC 膜
3.1.1.4	PS	3.1.1.25	TPE、TPU、TPR 热塑性弹性体	3.2.1.1	三聚氰胺装饰纸	3.2.6.5	卷对卷膜
3.1.1.5	PET	3.1.2.1	铁/不锈钢	3.2.1.3	水贴纸	3.2.7.1	彩板
3.1.1.12	PVC	3.1.2.3	铝合金	3.2.2.8	PVC 革	3.2.7.2	三聚氰胺板
3.1.1.13	PU	3.1.3.1	钠钙玻璃	3.2.3.1	棉纤维	3.2.7.4	密度板
3.1.1.14	PR	3.1.3.2	高硼硅玻璃	3.2.3.6	涤纶纤维（聚酯）	3.2.7.6	复合板
3.1.1.15	EP	3.1.3.3	钢化玻璃	3.2.3.9	丙纶纤维	3.2.7.8	PC 板
3.1.1.16	UF	3.1.3.5	压花玻璃	3.2.3.10	维纶纤维	3.2.8.2	轮

续表

商业价值——低成本							
4.1.1.1	热塑	4.1.2.2	铣削	4.2.1.3	喷绘	4.2.5.3	拉丝
4.1.1.2	吹塑	4.1.2.3	刨削	4.2.1.4	喷砂	4.2.6.1	浸染
4.1.1.3	吸塑	4.1.2.4	钻削	4.2.1.5	喷丸	4.2.6.2	蚀刻
4.1.1.4	滚塑	4.1.2.5	镗削	4.2.2.1	胶印	4.2.6.3	化学抛光
4.1.1.5	搪塑	4.1.2.6	拉削	4.2.2.2	丝印	4.2.7.1	蒸发镀
4.1.1.6	滴塑	4.1.2.8	拉伸	4.2.2.3	移印	4.2.7.14	喷镀
4.1.1.7	挤塑	4.1.2.11	铸造	4.2.2.4	烫印	4.2.8.5	IMT
4.1.1.8	压塑	4.1.2.12	粉末冶金	4.2.2.6	水转印	4.2.8.7	烫金膜
4.1.1.9	注塑	4.1.3.2	玻璃浮法	4.2.2.7	热转印	4.2.8.8	热转印装饰膜
4.1.1.15	低压注塑	4.1.3.3	玻璃压延	4.2.3.1	化学蚀刻	4.2.8.9	手机装饰膜
4.1.1.17	浸塑	4.1.6.1	层叠贴合 SLT	4.2.4.3	化学氧化	4.2.8.10	家居装饰膜
4.1.1.18	熔喷	4.1.6.3	材料挤出法 MEX	4.2.5.1	模压（压纹、压花）		
4.1.2.1	车削	4.2.1.2	喷粉	4.2.5.2	批花（车花、铣花）		

商业价值——轻量化							
3.1.1.2	PP	3.1.5.1	木头	3.2.7.6	复合板	4.1.5.2	缠绕成形
3.1.1.4	PS	3.1.5.2	竹子	3.2.7.7	玻璃纤维板	4.1.5.3	碳纤维喷涂
3.1.1.5	PET	3.2.1.1	三聚氰胺装饰纸	4.1.1.2	吹塑	4.1.5.5	纳米注塑成形 NMT
3.1.1.9	PBT	3.2.1.2	杜邦纸（特卫强）	4.1.1.5	搪塑	4.1.5.6	碳纤维注塑与热压成形
3.1.1.10	PPS	3.2.2.2	羊皮	4.1.1.13	发泡注塑	4.2.2.4	烫印
3.1.1.18	UP	3.2.2.8	PVC 革	4.1.1.18	熔喷	4.2.8.1	模内装饰
3.1.1.25	TPE、TPU、TPR 热塑性弹性体	3.2.3.2	麻纤维	4.1.2.8	拉伸		
3.1.2.3	铝合金	3.2.3.8	氨纶纤维	4.1.2.10	旋压		
3.1.2.7	镁合金	3.2.3.9	丙纶纤维	4.1.5.1	编织和叠层		

商业价值——易加工							
3.1.1.1	ABS	3.1.1.4	PS	3.1.1.15	EP	3.1.1.24	TPSIV 热塑性有机硅弹性体
3.1.1.2	PP	3.1.1.5	PET	3.1.1.18	UP	3.1.1.25	TPE、TPU、TPR 热塑性弹性体
3.1.1.3	PC	3.1.1.11	PEEK	3.1.1.21	固态硅胶	3.1.2.1	铁/不锈钢

续表

商业价值——易加工							
3.1.2.2	铜	3.2.7.3	多层板	4.1.2.4	钻削	4.2.2.3	移印
3.1.2.3	铝合金	3.2.7.4	密度板	4.1.2.5	镗削	4.2.2.5	压印
3.1.2.6	锡合金	3.2.7.6	复合板	4.1.2.7	弯折	4.2.2.6	水转印
3.1.2.7	镁合金	4.1.1.1	热塑	4.1.2.8	拉伸	4.2.2.7	热转印
3.1.3.1	钠钙玻璃	4.1.1.2	吹塑	4.1.2.9	锻造	4.2.3.2	激光雕刻
3.1.3.2	高硼硅玻璃	4.1.1.3	吸塑	4.1.2.10	旋压	4.2.5.1	模压（压纹、压花）
3.1.3.3	钢化玻璃	4.1.1.4	滚塑	4.1.2.11	铸造	4.2.5.3	拉丝
3.1.4.1	生活陶瓷	4.1.1.6	滴塑	4.1.4.1	泥浆手工/石膏模注浆/树脂模注浆法	4.2.5.7	打孔
3.1.5.1	木头	4.1.1.7	挤塑	4.1.5.6	碳纤维注塑与热压成形	4.2.7.1	蒸发镀
3.1.5.2	竹子	4.1.1.8	压塑	4.1.6.1	层叠贴合 SLT	4.2.7.14	喷镀
3.2.1.1	三聚氰胺装饰纸	4.1.1.9	注塑	4.1.6.3	材料挤出法 MEX	4.2.8.1	模内装饰
3.2.1.2	杜邦纸（特卫强）	4.1.1.13	发泡注塑	4.2.1.1	喷涂	4.2.8.2	IMD
3.2.2.7	素皮	4.1.1.16	硅胶注塑	4.2.1.3	喷绘	4.2.8.3	INS 模内嵌片注塑
3.2.4.1	常规涂料	4.1.1.18	熔喷	4.2.1.4	喷砂	4.2.8.5	IMT
3.2.6.2	PVC 膜	4.1.2.1	车削	4.2.1.5	喷丸	4.2.8.7	烫金膜
3.2.6.4	彩膜	4.1.2.2	铣削	4.2.2.1	胶印	4.2.8.8	热转印装饰膜
3.2.7.2	三聚氰胺板	4.1.2.3	刨削	4.2.2.2	丝印	4.2.8.10	家居装饰膜

商业价值——艺术							
2.1.1.1	光与色	2.5.1.2	玫瑰金	2.5.3.4	莫兰迪色	3.2.3.4	蚕丝
2.4.1	光致变色	2.5.1.3	爱马仕橙	2.5.3.5	双色车身	3.2.3.13	发光面料
2.4.3	感温变色	2.5.1.4	克莱因蓝	3.1.2.2	铜	3.2.4.1	常规涂料
2.4.4	随角异色	2.5.2.1	流行色	3.1.2.11	贵金属	3.2.4.2	效果涂料
2.4.5	变色龙	2.5.2.2	年度色	3.1.3.4	磨砂玻璃	3.2.4.3	特种涂料
2.4.6	光学结构色	2.5.2.3	传统色	3.1.3.5	压花玻璃	3.2.4.4	涂料粉体
2.4.7	极致黑	2.5.3.1	点缀色	3.1.3.6	夹丝玻璃	3.2.5.1	原始木皮
2.4.8	极致白	2.5.3.2	渐变色	3.1.4.1	生活陶瓷	3.2.5.2	科技木皮
2.5.1.1	蒂芙尼蓝	2.5.3.3	矩阵色	3.1.5.2	竹子	3.2.6.4	彩膜

续表

商业价值——艺术							
4.1.1.9	注塑	4.1.4.2	陶瓷粉末注塑成型	4.2.7.2	光学镀	4.2.8.1	模内装饰
4.1.1.10	双色注塑	4.2.1.1	喷涂	4.2.7.6	不导电真空镀NCVM	4.2.8.2	IMD
4.1.1.12	二次及多次注塑	4.2.2.2	丝印	4.2.7.7	直流溅射镀	4.2.8.3	INS模内嵌片注塑
4.1.1.14	免喷涂注塑	4.2.2.6	水转印	4.2.7.8	中频溅射镀	4.2.8.5	IMT
4.1.3.1	玻璃吹制	4.2.3.2	激光雕刻	4.2.7.9	射频溅射镀	4.2.8.6	模外装饰OMD
4.1.3.2	玻璃浮法	4.2.5.1	模压（压纹、压花）	4.2.7.10	多弧离子镀	4.2.8.7	烫金膜
4.1.3.3	玻璃压延	4.2.5.2	批花（车花、铣花）	4.2.7.11	电镀/水镀	4.2.8.8	热转印装饰膜
4.1.3.4	玻璃热弯	4.2.5.7	打孔	4.2.7.14	喷镀	4.2.8.9	手机装饰膜
4.1.4.1	泥浆手工/石膏模注浆/树脂模注浆法	4.2.5.8	绗缝	4.2.7.16	镀铜、镀镍、镀铬、镀银	4.2.8.10	家居装饰膜

商业价值——装饰							
2.1.1.1	光与色	2.5.3.2	渐变色	3.2.2.3	麂皮	3.2.6.3	PP膜
2.4.1	光致变色	2.5.3.3	矩阵色	3.2.2.4	仿麂皮	3.2.6.4	彩膜
2.4.2	电致变色	2.5.3.4	莫兰迪色	3.2.2.5	翻毛皮	3.2.7.1	彩板
2.4.3	感温变色	2.5.3.5	双色车身	3.2.2.7	素皮	3.2.7.2	三聚氰胺板
2.4.4	随角异色	3.1.2.2	铜	3.2.2.8	PVC革	3.2.7.5	岩板
2.4.5	变色龙	3.1.2.3	铝合金	3.2.2.11	发光皮革	3.2.7.6	复合板
2.4.6	光学结构色	3.1.2.6	锡合金	3.2.3.2	麻纤维	3.2.7.7	玻璃纤维板
2.4.7	极致黑	3.1.2.11	贵金属	3.2.3.12	欧缔兰	3.2.7.8	PC板
2.4.8	极致白	3.1.3.4	磨砂玻璃	3.2.3.13	发光面料	3.2.10.1	仿岩板
2.5.1.1	蒂芙尼蓝	3.1.3.5	压花玻璃	3.2.4.1	常规涂料	4.1.1.6	滴塑
2.5.1.2	玫瑰金	3.1.3.6	夹丝玻璃	3.2.4.2	效果涂料	4.1.1.9	注塑
2.5.1.3	爱马仕橙	3.1.4.1	生活陶瓷	3.2.4.3	特种涂料	4.1.1.10	双色注塑
2.5.1.4	克莱因蓝	3.1.4.2	精细陶瓷	3.2.4.4	涂料粉体	4.1.1.12	二次及多次注塑
2.5.2.1	流行色	3.1.5.1	木头	3.2.5.1	原始木皮	4.1.1.14	免喷涂注塑
2.5.2.2	年度色	3.1.5.2	竹子	3.2.5.2	科技木皮	4.1.1.16	硅胶注塑
2.5.2.3	传统色	3.2.1.1	三聚氰胺装饰纸	3.2.6.1	PET膜	4.1.3.1	玻璃吹制
2.5.3.1	点缀色	3.2.2.2	羊皮	3.2.6.2	PVC膜	4.1.3.2	玻璃浮法

续表

商业价值——装饰							
4.1.3.3	玻璃压延	4.2.2.7	热转印	4.2.5.9	电泳	4.2.7.15	退镀
4.1.3.4	玻璃热弯	4.2.2.8	UV 转印	4.2.6.1	浸染	4.2.7.16	镀铜、镀镍、镀铬、镀银
4.1.4.1	泥浆手工/石膏模注浆/树脂模注浆法	4.2.3.1	化学蚀刻	4.2.6.2	蚀刻	4.2.8.1	模内装饰
4.1.4.2	陶瓷粉末注塑成型	4.2.3.2	激光雕刻	4.2.7.1	蒸发镀	4.2.8.2	IMD
4.2.1.1	喷涂	4.2.4.1	阳极氧化	4.2.7.2	光学镀	4.2.8.3	INS 模内嵌片注塑
4.2.1.2	喷粉	4.2.4.2	微弧氧化	4.2.7.3	防眩光镀膜 AG	4.2.8.4	IME 模内电子
4.2.1.3	喷绘	4.2.5.1	模压（压纹、压花）	4.2.7.6	不导电真空镀 NCVM	4.2.8.5	IMT
4.2.1.4	喷砂	4.2.5.2	批花（车花、铣花）	4.2.7.7	直流溅射镀	4.2.8.6	模外装饰 OMD
4.2.2.1	胶印	4.2.5.3	拉丝	4.2.7.8	中频溅射镀	4.2.8.7	烫金膜
4.2.2.2	丝印	4.2.5.4	抛光	4.2.7.9	射频溅射镀	4.2.8.8	热转印装饰膜
4.2.2.4	烫印	4.2.5.5	CNC 加工	4.2.7.10	多弧离子镀	4.2.8.9	手机装饰膜
4.2.2.5	压印	4.2.5.7	打孔	4.2.7.11	电镀/水镀	4.2.8.10	家居装饰膜
4.2.2.6	水转印	4.2.5.8	绗缝	4.2.7.14	喷镀		

商业价值——流行							
2.4.1	光致变色	2.5.3.2	渐变色	3.2.2.11	发光皮革	4.2.5.7	打孔
2.4.5	变色龙	2.5.3.3	矩阵色	3.2.3.12	欧缔兰	4.2.8.9	手机装饰膜
2.5.1.5	草木绿	2.5.3.4	莫兰迪色	3.2.4.3	特种涂料		
2.5.2.1	流行色	3.1.3.4	磨砂玻璃	3.2.5.1	原始木皮		
2.5.2.2	年度色	3.1.3.5	压花玻璃	4.2.5.1	模压（压纹、压花）		

商业价值——传承							
2.5.2.3	传统色	3.1.4.1	生活陶瓷	4.1.3.1	玻璃吹制	4.2.5.8	绗缝
3.1.2.2	铜	3.1.5.1	木头	4.1.3.3	玻璃压延	4.2.6.1	浸染
3.1.2.6	锡合金	3.1.5.2	竹子	4.1.4.1	泥浆手工/石膏模注浆/树脂模注浆法		
3.1.2.11	贵金属	3.2.3.4	蚕丝	4.1.4.2	陶瓷粉末注塑成型		

商业价值——安全							
3.1.1.8	PA	3.1.3.9	2D 玻璃	4.1.1.16	硅胶注塑	4.1.5.2	缠绕成形
3.1.1.18	UP	3.1.4.2	精细陶瓷	4.1.1.17	浸塑	4.1.5.3	碳纤维喷涂
3.1.2.1	铁 / 不锈钢	3.1.5.1	木头	4.1.1.18	熔喷	4.1.5.6	碳纤维注塑与热压成形
3.1.2.3	铝合金	3.2.7.3	多层板	4.1.2.9	锻造	4.2.1.1	喷涂
3.1.2.4	钛合金	3.2.10.2	蓝宝石	4.1.2.11	铸造	4.2.5.6	植绒
3.1.2.10	钨合金	4.1.1.2	吹塑	4.1.2.12	粉末冶金	4.2.7.2	光学镀
3.1.3.6	夹丝玻璃	4.1.1.4	滚塑	4.1.4.1	泥浆手工/石膏模注浆/树脂模注浆法	4.2.7.4	防反射镀膜 AR
3.1.3.7	中空玻璃	4.1.1.5	搪塑	4.1.4.2	陶瓷粉末注塑成型		
3.1.3.8	大猩猩玻璃	4.1.1.13	发泡注塑	4.1.5.1	编织和叠层		

商业价值——抗菌							
3.1.1.7	PPSU	3.1.1.20	液态硅胶	3.2.3.2	麻纤维	4.2.1.1	喷涂
3.1.1.17	MF	3.1.2.4	钛合金	3.2.4.5	涂料配方	4.2.8.10	家居装饰膜
3.1.1.19	聚氟树脂	3.2.1.1	三聚氰胺装饰纸	4.1.1.18	熔喷		

商业价值——抗病毒	
3.2.4.5	涂料配方

商业价值——易清洁					
2.4.8	极致白	3.1.2.3	铝合金	3.2.7.5	岩板

商业价值——防水							
2.4.8	极致白	3.1.1.15	EP	3.1.2.4	钛合金	3.1.3.11	3D 玻璃
3.1.1.1	ABS	3.1.1.17	MF	3.1.3.1	钠钙玻璃	3.1.4.1	生活陶瓷
3.1.1.2	PP	3.1.1.18	UP	3.1.3.2	高硼硅玻璃	3.1.4.2	精细陶瓷
3.1.1.3	PC	3.1.1.19	聚氟树脂	3.1.3.3	钢化玻璃	3.2.1.1	三聚氰胺装饰纸
3.1.1.4	PS	3.1.1.20	液态硅胶	3.1.3.4	磨砂玻璃	3.2.1.2	杜邦纸（特卫强）
3.1.1.5	PET	3.1.1.21	固态硅胶	3.1.3.5	压花玻璃	3.2.2.1	牛皮
3.1.1.6	PMMA	3.1.1.22	氟硅胶	3.1.3.6	夹丝玻璃	3.2.2.2	羊皮
3.1.1.11	PEEK	3.1.1.23	氟橡胶	3.1.3.7	中空玻璃	3.2.2.7	素皮
3.1.1.12	PVC	3.1.1.24	TPSIV 热塑性有机硅弹性体	3.1.3.8	大猩猩玻璃	3.2.6.4	彩膜
3.1.1.13	PU	3.1.1.25	TPE、TPU、TPR 热塑性弹性体	3.1.3.9	2D 玻璃	3.2.7.1	彩板
3.1.1.14	PR	3.1.2.2	铜	3.1.3.10	2.5D 玻璃	3.2.7.5	岩板

续表

商业价值——防水							
3.2.7.7	玻璃纤维板	4.1.1.5	搪塑	4.1.3.2	玻璃浮法	4.1.4.2	陶瓷粉末注塑成型
3.2.10.1	仿岩板	4.1.1.15	低压注塑	4.1.3.3	玻璃压延	4.2.1.2	喷粉
4.1.1.2	吹塑	4.1.3.1	玻璃吹制	4.1.3.4	玻璃热弯	4.2.8.10	家居装饰膜

商业价值——透气							
3.1.1.20	液态硅胶	3.2.2.6	纳帕皮	3.2.3.6	涤纶纤维（聚酯）	4.1.1.18	熔喷
3.1.1.25	TPE、TPU、TPR 热塑性弹性体	3.2.2.9	PU 合成革	3.2.3.8	氨纶纤维	4.1.2.4	钻削
3.2.1.2	杜邦纸（特卫强）	3.2.2.10	PU 超纤革	3.2.3.11	超细纤维	4.1.4.1	泥浆手工/石膏模注浆/树脂模注浆法
3.2.2.1	牛皮	3.2.3.1	棉纤维	3.2.3.12	欧缔兰	4.2.5.7	打孔
3.2.2.2	羊皮	3.2.3.2	麻纤维	3.2.3.14	混纺面料	4.2.6.2	蚀刻
3.2.2.3	麂皮	3.2.3.3	羊毛纤维	3.2.5.1	原始木皮		
3.2.2.4	仿麂皮	3.2.3.4	蚕丝	3.2.9	复合材料类		
3.2.2.5	翻毛皮	3.2.3.5	锦纶纤维（尼龙）	4.1.1.13	发泡注塑		

商业价值——阻燃					
3.1.1.3	PC	3.1.1.10	PPS	3.2.2.8	PVC 革
3.1.1.5	PET	3.1.1.12	PVC	3.2.3.12	欧缔兰
3.1.1.9	PBT	3.2.1.2	杜邦纸（特卫强）	4.1.1.9	注塑

商业价值——耐刮							
3.1.1.1	ABS	3.1.3.8	大猩猩玻璃	3.2.10.2	蓝宝石	4.2.7.12	电铸
3.1.1.18	UP	3.1.3.9	2D 玻璃	4.1.1.9	注塑	4.2.7.16	镀铜、镀镍、镀铬、镀银
3.1.1.25	TPE、TPU、TPR 热塑性弹性体	3.1.3.10	2.5D 玻璃	4.1.1.12	二次及多次注塑	4.2.8.2	IMD
3.1.2.4	钛合金	3.1.4.1	生活陶瓷	4.1.4.1	泥浆手工/石膏模注浆/树脂模注浆法		
3.1.2.10	钨合金	3.1.4.2	精细陶瓷	4.1.4.2	陶瓷粉末注塑成型		
3.1.2.12	液态金属	3.2.7.5	岩板	4.2.1.2	喷粉		

商业价值——耐磨							
3.1.1.1	ABS	3.1.4.2	精细陶瓷	3.2.3.12	欧缔兰	4.2.7.8	中频溅射镀
3.1.1.8	PA	3.2.2.2	羊皮	3.2.7.5	岩板	4.2.7.9	射频溅射镀
3.1.1.25	TPE、TPU、TPR 热塑性弹性体	3.2.2.3	麂皮	3.2.10.2	蓝宝石	4.2.7.10	多弧离子镀
3.1.2.1	铁/不锈钢	3.2.2.5	翻毛皮	4.1.1.9	注塑	4.2.7.11	电镀/水镀
3.1.2.4	钛合金	3.2.2.6	纳帕皮	4.1.1.12	二次及多次注塑	4.2.7.12	电铸
3.1.2.6	锡合金	3.2.2.7	素皮	4.1.4.1	泥浆手工/石膏模注浆/树脂模注浆法	4.2.7.13	化学镀
3.1.2.9	钴合金	3.2.2.8	PVC革	4.1.4.2	陶瓷粉末注塑成型	4.2.7.14	喷镀
3.1.2.10	钨合金	3.2.3.5	锦纶纤维（尼龙）	4.2.1.2	喷粉	4.2.7.16	镀铜、镀镍、镀铬、镀银
3.1.2.12	液态金属	3.2.3.6	涤纶纤维（聚酯）	4.2.7.6	不导电真空镀 NCVM		
3.1.4.1	生活陶瓷	3.2.3.11	超细纤维	4.2.7.7	直流溅射镀		

商业价值——耐蚀					
3.1.2.2	铜	3.1.3.2	高硼硅玻璃	4.1.1.15	低压注塑
3.1.3.1	钠钙玻璃	3.1.4.2	精细陶瓷	4.2.7.10	多弧离子镀

商业价值——耐高温					
3.1.2.8	镍合金	3.1.4.2	精细陶瓷	3.2.6.1	PET膜
3.1.2.10	钨合金	3.2.1.2	杜邦纸（特卫强）		

商业价值——耐老化							
3.1.1.13	PU	3.2.2.7	素皮	3.2.2.10	PU超纤革	3.2.6.3	PP膜
3.2.2.1	牛皮	3.2.2.9	PU合成革	3.2.4.5	涂料配方		

商业价值——耐污							
2.4.8	极致白	3.1.1.22	氟硅胶	3.1.3.10	2.5D玻璃	3.2.7.1	彩板
3.1.1.1	ABS	3.1.1.23	氟橡胶	3.1.3.11	3D玻璃	3.2.10.2	蓝宝石
3.1.1.2	PP	3.1.1.24	TPSIV 热塑性有机硅弹性体	3.1.4.1	生活陶瓷	4.1.1.5	搪塑
3.1.1.5	PET	3.1.2.3	铝合金	3.1.4.2	精细陶瓷	4.1.1.12	二次及多次注塑
3.1.1.11	PEEK	3.1.3.1	钠钙玻璃	3.2.1.1	三聚氰胺装饰纸	4.2.3.2	激光雕刻
3.1.1.13	PU	3.1.3.2	高硼硅玻璃	3.2.2.7	素皮	4.2.4.1	阳极氧化
3.1.1.14	PR	3.1.3.3	钢化玻璃	3.2.2.9	PU合成革	4.2.4.2	微弧氧化
3.1.1.17	MF	3.1.3.5	压花玻璃	3.2.2.10	PU超纤革	4.2.5.3	拉丝
3.1.1.18	UP	3.1.3.6	夹丝玻璃	3.2.3.12	欧缔兰	4.2.7.3	防眩光镀膜AG
3.1.1.19	聚氟树脂	3.1.3.7	中空玻璃	3.2.3.14	混纺面料	4.2.8.1	模内装饰
3.1.1.20	液态硅胶	3.1.3.8	大猩猩玻璃	3.2.6.1	PET膜	4.2.8.10	家居装饰膜
3.1.1.21	固态硅胶	3.1.3.9	2D玻璃	3.2.6.4	彩膜		

8.3 消费价值

消费价值是CMF设计师分析消费者价值的重要切入点，基于触觉、视觉、嗅觉、听觉、综合感官进行关键词链接，清单如下。触觉：亲肤、柔软、坚硬、光滑、砂感、暖意、凉感、触控；视觉：金属感、陶瓷感、立体感、精细感、镜面、高亮、透明、哑光、透光、发光、吸光、荧光、变色、多色、无色；嗅觉：无味、低气味、听觉、隔音、吸音；综合感官：奢华、精致、真实、自然、家居、温馨、智能、科技、经典、舒适、时尚、文化。

消费价值——触觉（亲肤）							
2.4.8	极致白	3.1.2.1	铁/不锈钢	3.2.2.6	纳帕皮	4.1.1.12	二次及多次注塑
3.1.1.1	ABS	3.1.2.2	铜	3.2.2.7	素皮	4.1.1.13	发泡注塑
3.1.1.2	PP	3.1.2.3	铝合金	3.2.2.9	PU合成革	4.1.1.14	免喷涂注塑
3.1.1.3	PC	3.1.2.8	镍合金	3.2.2.10	PU超纤革	4.1.1.16	硅胶注塑
3.1.1.4	PS	3.1.2.12	液态金属	3.2.3.1	棉纤维	4.1.1.17	浸塑
3.1.1.5	PET	3.1.3.1	钠钙玻璃	3.2.3.2	麻纤维	4.1.1.18	熔喷
3.1.1.7	PPSU	3.1.3.2	高硼硅玻璃	3.2.3.3	羊毛纤维	4.1.3.1	玻璃吹制
3.1.1.8	PA	3.1.3.3	钢化玻璃	3.2.3.4	蚕丝	4.1.3.3	玻璃压延
3.1.1.9	PBT	3.1.3.4	磨砂玻璃	3.2.3.5	锦纶纤维（尼龙）	4.1.4.1	泥浆手工/石膏模注浆/树脂模注浆法
3.1.1.11	PEEK	3.1.4.1	生活陶瓷	3.2.3.10	维纶纤维	4.1.4.2	陶瓷粉末注塑成型
3.1.1.15	EP	3.1.4.2	精细陶瓷	3.2.3.11	超细纤维	4.2.1.1	喷涂
3.1.1.17	MF	3.1.5.1	木头	3.2.3.12	欧缔兰	4.2.3.2	激光雕刻
3.1.1.18	UP	3.1.5.2	竹子	3.2.3.14	混纺面料	4.2.5.3	拉丝
3.1.1.20	液态硅胶	3.2.1.1	三聚氰胺装饰纸	3.2.4.1	常规涂料	4.2.5.6	植绒
3.1.1.21	固态硅胶	3.2.2.1	牛皮	3.2.5.1	原始木皮	4.2.7.3	防眩光镀膜AG
3.1.1.22	氟硅胶	3.2.2.2	羊皮	3.2.7.6	复合板	4.2.8.2	IMD
3.1.1.23	氟橡胶	3.2.2.3	麂皮	4.1.1.5	搪塑	4.2.8.3	INS模内嵌片注塑
3.1.1.24	TPSIV热塑性有机硅弹性体	3.2.2.4	仿麂皮	4.1.1.9	注塑	4.2.8.10	家居装饰膜
3.1.1.25	TPE、TPU、TPR热塑性弹性体	3.2.2.5	翻毛皮	4.1.1.10	双色注塑		

消费价值——触觉（柔软）							
2.4.8	极致白	3.2.2.2	羊皮	3.2.3.4	蚕丝	4.1.1.10	双色注塑
3.1.1.8	PA	3.2.2.3	麂皮	3.2.3.5	锦纶纤维（尼龙）	4.1.1.13	发泡注塑
3.1.1.12	PVC	3.2.2.4	仿麂皮	3.2.3.6	涤纶纤维（聚酯）	4.1.1.16	硅胶注塑
3.1.1.20	液态硅胶	3.2.2.5	翻毛皮	3.2.3.7	腈纶纤维	4.1.1.17	浸塑
3.1.1.21	固态硅胶	3.2.2.6	纳帕皮	3.2.3.8	氨纶纤维	4.1.1.18	熔喷
3.1.1.22	氟硅胶	3.2.2.7	素皮	3.2.3.9	丙纶纤维	4.1.5.4	橡胶磁材成形
3.1.1.24	TPSIV 热塑性有机硅弹性体	3.2.2.9	PU 合成革	3.2.3.11	超细纤维	4.2.5.6	植绒
3.1.1.25	TPE、TPU、TPR 热塑性弹性体	3.2.2.10	PU 超纤革	3.2.3.12	欧缔兰		
3.2.1.2	杜邦纸（特卫强）	3.2.3.1	棉纤维	4.1.1.5	搪塑		
3.2.2.1	牛皮	3.2.3.3	羊毛纤维	4.1.1.6	滴塑		

消费价值——触觉（坚硬）					
4.1.4.1	泥浆手工 / 石膏模注浆 / 树脂模注浆法	4.2.1.2	喷粉	4.2.5.5	CNC 加工
4.1.4.2	陶瓷粉末注塑成型	4.2.5.2	批花（车花、铣花）		

消费价值——触觉（光滑）							
3.1.1.2	PP	3.1.1.23	氟橡胶	3.1.3.9	2D 玻璃	3.2.10.2	蓝宝石
3.1.1.3	PC	3.1.1.24	TPSIV 热塑性有机硅弹性体	3.1.3.10	2.5D 玻璃	4.1.1.5	搪塑
3.1.1.4	PS	3.1.2.1	铁 / 不锈钢	3.1.3.11	3D 玻璃	4.1.1.6	滴塑
3.1.1.5	PET	3.1.2.2	铜	3.1.4.1	生活陶瓷	4.1.1.9	注塑
3.1.1.6	PMMA	3.1.2.3	铝合金	3.1.4.2	精细陶瓷	4.1.1.10	双色注塑
3.1.1.7	PPSU	3.1.2.8	镍合金	3.2.2.1	牛皮	4.1.1.12	二次及多次注塑
3.1.1.8	PA	3.1.2.12	液态金属	3.2.2.8	PVC 革	4.1.2.1	车削
3.1.1.9	PBT	3.1.3.1	钠钙玻璃	3.2.3.4	蚕丝	4.1.2.2	铣削
3.1.1.14	PR	3.1.3.2	高硼硅玻璃	3.2.3.5	锦纶纤维（尼龙）	4.1.2.8	拉伸
3.1.1.15	EP	3.1.3.3	钢化玻璃	3.2.3.6	涤纶纤维（聚酯）	4.1.2.10	旋压
3.1.1.16	UF	3.1.3.4	磨砂玻璃	3.2.3.8	氨纶纤维	4.1.3.1	玻璃吹制
3.1.1.17	MF	3.1.3.5	压花玻璃	3.2.3.11	超细纤维	4.1.3.2	玻璃浮法
3.1.1.18	UP	3.1.3.6	夹丝玻璃	3.2.4.1	常规涂料	4.2.1.1	喷涂
3.1.1.19	聚氟树脂	3.1.3.7	中空玻璃	3.2.4.3	特种涂料	4.2.2.4	烫印
3.1.1.21	固态硅胶	3.1.3.8	大猩猩玻璃	3.2.7.6	复合板	4.2.5.4	抛光

续表

消费价值——触觉（光滑）							
4.2.7.1	蒸发镀	4.2.7.8	中频溅射镀	4.2.7.11	电镀/水镀	4.2.8.5	IMT
4.2.7.6	不导电真空镀	4.2.7.9	射频溅射镀	4.2.7.16	镀铜、镀镍、镀铬、镀银	4.2.8.10	家居装饰膜
4.2.7.7	直流溅射镀	4.2.7.10	多弧离子镀	4.2.8.2	IMD		

消费价值——触觉（砂感）					
3.2.4.1	常规涂料	4.2.1.1	喷涂	4.2.1.5	喷丸
3.2.4.2	效果涂料	4.2.1.2	喷粉	4.2.5.3	拉丝
3.2.4.3	特种涂料	4.2.1.4	喷砂	4.2.7.3	防眩光镀膜

消费价值——触觉（暖意）							
3.2.3.1	棉纤维	3.2.3.3	羊毛纤维	3.2.3.12	欧帝兰	4.2.5.6	植绒
3.2.3.2	麻纤维	3.2.3.11	超细纤维	3.2.3.14	混纺面料		

消费价值——触觉（凉感）							
3.1.2.1	铁/不锈钢	3.1.2.5	锌合金	3.1.2.9	钴合金	3.2.3.2	麻纤维
3.1.2.2	铜	3.1.2.6	锡合金	3.1.2.10	钨合金	4.1.4.1	泥浆手工/石膏模注浆/树脂模注浆法
3.1.2.3	铝合金	3.1.2.7	镁合金	3.1.2.11	贵金属	4.1.4.2	陶瓷粉末注塑成型
3.1.2.4	钛合金	3.1.2.8	镍合金	3.1.2.12	液态金属		

消费价值——触觉（触控）							
3.1.2.3	铝合金	3.1.3.9	2D 玻璃	3.1.3.11	3D 玻璃	4.2.8.2	IMD
3.1.3.8	大猩猩玻璃	3.1.3.10	2.5D 玻璃	4.2.8.1	模内装饰	4.2.8.4	IME 模内电子

消费价值——视觉（金属感）							
2.4.6	光学结构色	3.1.2.9	钴合金	3.2.8.1	砂	4.1.2.8	拉伸
2.5.1.2	玫瑰金	3.1.2.10	钨合金	4.1.1.9	注塑	4.1.2.9	锻造
3.1.2.1	铁/不锈钢	3.1.2.11	贵金属	4.1.1.14	免喷涂注塑	4.1.2.10	旋压
3.1.2.2	铜	3.1.2.12	液态金属	4.1.2.1	车削	4.1.2.11	铸造
3.1.2.3	铝合金	3.2.4.1	常规涂料	4.1.2.2	铣削	4.1.2.12	粉末冶金
3.1.2.4	钛合金	3.2.4.2	效果涂料	4.1.2.3	刨削	4.2.1.1	喷涂
3.1.2.5	锌合金	3.2.4.3	特种涂料	4.1.2.4	钻削	4.2.1.2	喷粉
3.1.2.6	锡合金	3.2.4.4	涂料粉体	4.1.2.5	镗削	4.2.1.4	喷砂
3.1.2.7	镁合金	3.2.6.4	彩膜	4.1.2.6	拉削	4.2.1.5	喷丸
3.1.2.8	镍合金	3.2.7.1	彩板	4.1.2.7	弯折	4.2.2.4	烫印

续表

消费价值——视觉（金属感）							
4.2.4.1	阳极氧化	4.2.6.3	化学抛光	4.2.7.10	多弧离子镀	4.2.8.3	INS 模内嵌片注塑
4.2.4.2	微弧氧化	4.2.7.1	蒸发镀	4.2.7.11	电镀/水镀	4.2.8.5	IMT
4.2.5.2	批花（车花、铣花）	4.2.7.2	光学镀	4.2.7.12	电铸	4.2.8.6	模外装饰
4.2.5.3	拉丝	4.2.7.6	不导电真空镀	4.2.7.13	化学镀	4.2.8.7	烫金膜
4.2.5.5	CNC 加工	4.2.7.7	直流溅射镀	4.2.7.14	喷镀	4.2.8.9	手机装饰膜
4.2.5.9	电泳	4.2.7.8	中频溅射镀	4.2.7.16	镀铜、镀镍、镀铬、镀银	4.2.8.10	家居装饰膜
4.2.6.2	蚀刻	4.2.7.9	射频溅射镀	4.2.8.2	IMD		

消费价值——视觉（陶瓷感）					
4.1.4.1	泥浆手工/石膏模注浆/树脂模注浆法	4.1.4.2	陶瓷粉末注塑成型	4.2.1.1	喷涂

消费价值——视觉（立体感）					
4.1.1.6	滴塑	4.2.2.5	压印	4.2.5.1	模压（压纹、压花）
4.2.1.1	喷涂	4.2.3.2	激光雕刻	4.2.5.8	绗缝

消费价值——视觉（精细感）							
3.2.4.1	常规涂料	4.2.1.1	喷涂	4.2.3.2	激光雕刻	4.2.7.3	防眩光镀膜
3.2.4.2	效果涂料	4.2.2.5	压印	4.2.5.1	模压（压纹、压花）	4.2.7.4	防反射镀膜
3.2.4.4	涂料粉体	4.2.2.8	UV 转印	4.2.5.3	拉丝		

消费价值——视觉（镜面）							
2.4.6	光学结构色	3.2.4.2	效果涂料	4.1.2.10	旋压	4.2.7.9	射频溅射镀
3.1.2.1	铁/不锈钢	3.2.4.4	涂料粉体	4.2.1.1	喷涂	4.2.7.10	多弧离子镀
3.1.2.2	铜	3.2.7.6	复合板	4.2.2.4	烫印	4.2.7.11	电镀/水镀
3.1.2.3	铝合金	3.2.7.7	玻璃纤维板	4.2.5.4	抛光	4.2.7.14	喷镀
3.1.2.8	镍合金	3.2.7.8	PC 板	4.2.7.2	光学镀	4.2.7.16	镀铜、镀镍、镀铬、镀银
3.1.2.11	贵金属	3.2.8.2	轮	4.2.7.4	防反射镀膜 AR	4.2.8.5	IMT
3.1.2.12	液态金属	3.2.10.2	蓝宝石	4.2.7.6	不导电真空镀	4.2.8.9	手机装饰膜
3.2.2.8	PVC 革	4.1.2.1	车削	4.2.7.7	直流溅射镀		
3.2.4.1	常规涂料	4.1.2.8	拉伸	4.2.7.8	中频溅射镀		

消费价值——视觉（高亮）							
2.4.6	光学结构色	3.2.4.2	效果涂料	4.1.2.8	拉伸	4.2.7.8	中频溅射镀
3.1.1.14	PR	3.2.4.3	特种涂料	4.1.2.10	旋压	4.2.7.9	射频溅射镀
3.1.2.1	铁/不锈钢	3.2.4.4	涂料粉体	4.1.4.1	泥浆手工/石膏模注浆/树脂模注浆法	4.2.7.10	多弧离子镀
3.1.2.3	铝合金	3.2.7.6	复合板	4.1.4.2	陶瓷粉末注塑成型	4.2.7.11	电镀/水镀
3.1.2.8	镍合金	3.2.7.7	玻璃纤维板	4.2.1.1	喷涂	4.2.7.13	化学镀
3.1.2.11	贵金属	3.2.7.8	PC 板	4.2.2.4	烫印	4.2.7.14	喷镀
3.1.3.8	大猩猩玻璃	3.2.8.2	轮	4.2.5.4	抛光	4.2.7.16	镀铜、镀镍、镀铬、镀银
3.1.3.9	2D 玻璃	3.2.10.2	蓝宝石	4.2.5.9	电泳	4.2.8.2	IMD
3.1.3.10	2.5D 玻璃	4.1.1.9	注塑	4.2.7.1	蒸发镀	4.2.8.5	IMT
3.1.3.11	3D 玻璃	4.1.1.12	二次及多次注塑	4.2.7.2	光学镀	4.2.8.7	烫金膜
3.1.4.2	精细陶瓷	4.1.1.14	免喷涂注塑	4.2.7.4	防反射镀膜 AR	4.2.8.9	手机装饰膜
3.2.3.4	蚕丝	4.1.2.1	车削	4.2.7.6	不导电真空镀		
3.2.4.1	常规涂料	4.1.2.6	拉削	4.2.7.7	直流溅射镀		

消费价值——视觉（透明）							
3.1.1.2	PP	3.1.3.1	钠钙玻璃	3.1.3.10	2.5D 玻璃	4.1.3.2	玻璃浮法
3.1.1.3	PC	3.1.3.2	高硼硅玻璃	3.1.3.11	3D 玻璃	4.1.3.3	玻璃压延
3.1.1.4	PS	3.1.3.3	钢化玻璃	3.1.4.1	生活陶瓷	4.1.3.4	玻璃热弯
3.1.1.5	PET	3.1.3.7	中空玻璃	3.2.10.2	蓝宝石	4.2.7.2	光学镀
3.1.1.6	PMMA	3.1.3.8	大猩猩玻璃	4.1.1.16	硅胶注塑		
3.1.1.15	EP	3.1.3.9	2D 玻璃	4.1.3.1	玻璃吹制		

消费价值——视觉（哑光）							
2.4.7	极致黑	3.2.1.1	三聚氰胺装饰纸	3.2.3.3	羊毛纤维	3.2.4.3	特种涂料
3.1.2.3	铝合金	3.2.1.2	杜邦纸（特卫强）	3.2.3.4	蚕丝	3.2.4.4	涂料粉体
3.1.2.6	锡合金	3.2.2.3	麂皮	3.2.3.8	氨纶纤维	3.2.7.6	复合板
3.1.3.4	磨砂玻璃	3.2.2.4	仿麂皮	3.2.3.11	超细纤维	3.2.7.7	玻璃纤维板
3.1.3.5	压花玻璃	3.2.2.5	翻毛皮	3.2.3.12	欧缔兰	3.2.8.1	砂
3.1.3.6	夹丝玻璃	3.2.2.7	素皮	3.2.4.1	常规涂料	3.2.10.1	仿岩板
3.1.4.1	生活陶瓷	3.2.2.8	PVC 革	3.2.4.2	效果涂料	4.1.1.5	搪塑

续表

消费价值——视觉（哑光）							
4.1.1.9	注塑	4.1.2.9	锻造	4.2.1.4	喷砂	4.2.5.9	电泳
4.1.1.10	双色注塑	4.1.2.11	铸造	4.2.1.5	喷丸	4.2.8.1	模内装饰
4.1.1.12	二次及多次注塑	4.1.4.1	泥浆手工/石膏模注浆/树脂模注浆法	4.2.3.2	激光雕刻	4.2.8.3	INS 模内嵌片注塑
4.1.1.14	免喷涂注塑	4.1.4.2	陶瓷粉末注塑成型	4.2.4.1	阳极氧化	4.2.8.9	手机装饰膜
4.1.1.17	浸塑	4.1.5.4	橡胶磁材成形	4.2.4.3	化学氧化	4.2.8.10	家居装饰膜
4.1.2.1	车削	4.1.6.2	槽内光聚合 VPP	4.2.5.1	模压（压纹、压花）		
4.1.2.2	铣削	4.2.1.1	喷涂	4.2.5.3	拉丝		
4.1.2.6	拉削	4.2.1.2	喷粉	4.2.5.6	植绒		

消费价值——视觉（透光）							
3.1.1.2	PP	3.1.3.5	压花玻璃	3.2.10.2	蓝宝石	4.2.2.4	烫印
3.1.1.3	PC	3.1.3.6	夹丝玻璃	4.1.2.4	钻削	4.2.7.2	光学镀
3.1.1.4	PS	3.1.3.7	中空玻璃	4.1.3.1	玻璃吹制	4.2.7.4	防反射镀膜 AR
3.1.1.5	PET	3.1.4.1	生活陶瓷	4.1.3.2	玻璃浮法	4.2.7.16	镀铜、镀镍、镀铬、镀银
3.1.1.6	PMMA	3.2.2.11	发光皮革	4.1.3.3	玻璃压延	4.2.8.2	IMD
3.1.1.7	PPSU	3.2.4.1	常规涂料	4.1.3.4	玻璃热弯		
3.1.1.12	PVC	3.2.4.2	效果涂料	4.1.6.2	槽内光聚合 VPP		
3.1.2.3	铝合金	3.2.4.3	特种涂料	4.2.1.1	喷涂		

消费价值——视觉（发光）							
2.4.2	电致变色	3.1.2.10	钨合金	3.2.3.13	发光面料	4.2.8.4	IME 模内电子
3.1.1.6	PMMA	3.2.2.11	发光皮革	3.2.4.3	特种涂料		

消费价值——视觉（吸光）			
2.4.7	极致黑	3.2.4.3	特种涂料

消费价值——视觉（荧光）							
2.4.2	电致变色	3.2.3.13	发光面料	3.2.4.3	特种涂料	4.2.1.1	喷涂

消费价值——视觉（变色）							
2.1.1.1	光与色	2.4.3	感温变色	2.4.6	光学结构色	3.2.4.4	涂料粉体
2.4.1	光致变色	2.4.4	随角异色	2.5.3.2	渐变色	4.2.1.1	喷涂
2.4.2	电致变色	2.4.5	变色龙	3.2.4.3	特种涂料	4.2.7.2	光学镀

消费价值——视觉（多色）							
2.1.1.1	光与色	2.5.3.2	渐变色	3.2.4.4	涂料粉体	4.2.2.7	热转印
2.4.1	光致变色	2.5.3.3	矩阵色	4.1.3.1	玻璃吹制	4.2.4.1	阳极氧化
2.4.2	电致变色	2.5.3.5	双色车身	4.2.1.1	喷涂	4.2.6.1	浸染
2.4.3	感温变色	3.1.1.4	PS 聚苯乙烯	4.2.1.2	喷粉	4.2.7.2	光学镀
2.4.4	随角异色	3.2.4.1	常规涂料	4.2.2.1	胶印	4.2.8.9	手机装饰膜
2.4.5	变色龙	3.2.4.2	效果涂料	4.2.2.5	压印		
2.4.6	光学结构色	3.2.4.3	特种涂料	4.2.2.6	水转印		

消费价值——视觉（无色）							
2.4.7	极致黑	2.4.8	极致白	3.1.1.15	EP	4.2.2.5	压印

消费价值——嗅觉（无味）							
2.4.3	感温变色	3.1.1.9	PBT	3.1.1.24	TPSIV 热塑性有机硅弹性体	3.1.3.6	夹丝玻璃
2.4.8	极致白	3.1.1.10	PPS	3.1.2.2	铜	3.1.3.7	中空玻璃
3.1.1.1	ABS	3.1.1.13	PU	3.1.2.3	铝合金	3.1.3.8	大猩猩玻璃
3.1.1.2	PP	3.1.1.15	EP	3.1.2.4	钛合金	3.1.3.9	2D 玻璃
3.1.1.3	PC	3.1.1.16	UF	3.1.2.5	锌合金	3.1.3.10	2.5D 玻璃
3.1.1.4	PS	3.1.1.17	MF	3.1.3.1	钠钙玻璃	3.1.3.11	3D 玻璃
3.1.1.5	PET	3.1.1.18	UP	3.1.3.2	高硼硅玻璃	3.1.4.1	生活陶瓷
3.1.1.6	PMMA	3.1.1.19	聚氟树脂	3.1.3.3	钢化玻璃	3.1.4.2	精细陶瓷
3.1.1.7	PPSU	3.1.1.20	液态硅胶	3.1.3.4	磨砂玻璃	4.2.5.9	电泳
3.1.1.8	PA	3.1.1.21	固态硅胶	3.1.3.5	压花玻璃	4.2.8.5	IMT

消费价值——嗅觉（低气味）							
3.1.1.23	氟橡胶	3.2.1.2	杜邦纸（特卫强）	3.2.2.9	PU 合成革	3.2.6.1	PET 膜
3.1.1.25	TPE、TPU、TPR 热塑性弹性体	3.2.1.3	水贴纸	3.2.2.10	PU 超纤革	4.1.1.5	搪塑
3.1.5.1	木头	3.2.2.1	牛皮	3.2.3.2	麻纤维		
3.1.5.2	竹子	3.2.2.2	羊皮	3.2.5.1	原始木皮		
3.2.1.1	三聚氰胺装饰纸	3.2.2.3	鹿皮	3.2.5.2	科技木皮		

消费价值——听觉（隔音）	
3.1.3.7	中空玻璃

消费价值——听觉（吸音）					
3.1.1.8	PA	3.1.1.13	PU	4.2.5.6	植绒

消费价值——综合感官（奢华）							
2.1.1.1	光与色	3.2.2.3	麂皮	4.1.1.14	免喷涂注塑	4.2.5.1	模压（压纹、压花）
2.4.4	随角异色	3.2.2.4	仿麂皮	4.1.2.1	车削	4.2.5.2	批花（车花、铣花）
2.4.5	变色龙	3.2.2.6	纳帕皮	4.1.2.2	铣削	4.2.5.3	拉丝
2.4.6	光学结构色	3.2.2.9	PU合成革	4.1.2.4	钻削	4.2.5.7	打孔
2.4.7	极致黑	3.2.3.3	羊毛纤维	4.1.2.8	拉伸	4.2.5.8	绗缝
2.4.8	极致白	3.2.3.4	蚕丝	4.1.2.10	旋压	4.2.6.3	化学抛光
2.5.1.1	蒂芙尼蓝	3.2.3.5	锦纶纤维（尼龙）	4.1.3.1	玻璃吹制	4.2.7.2	光学镀
2.5.1.2	玫瑰金	3.2.3.11	超细纤维	4.1.3.3	玻璃压延	4.2.7.6	不导电真空镀NCVM
2.5.1.3	爱马仕橙	3.2.3.12	欧缔兰	4.1.3.4	玻璃热弯	4.2.7.7	直流溅射镀
2.5.1.4	克莱因蓝	3.2.4.2	效果涂料	4.1.4.1	泥浆手工/石膏模注浆/树脂模注浆法	4.2.7.8	中频溅射镀
2.5.3.2	渐变色	3.2.4.3	特种涂料	4.1.4.2	陶瓷粉末注塑成型	4.2.7.9	射频溅射镀
2.5.3.5	双色车身	3.2.4.4	涂料粉体	4.1.5.1	编织和叠层	4.2.7.10	多弧离子镀
3.1.2.1	铁/不锈钢	3.2.5.1	原始木皮	4.1.5.2	缠绕成形	4.2.7.11	电镀/水镀
3.1.2.2	铜	3.2.5.2	科技木皮	4.1.5.3	碳纤维喷涂	4.2.7.14	喷镀
3.1.2.3	铝合金	3.2.7.5	岩板	4.2.1.1	喷涂	4.2.7.16	镀铜、镀镍、镀铬、镀银
3.1.2.4	钛合金	3.2.8.1	砂	4.2.2.4	烫印	4.2.8.2	IMD
3.1.2.11	贵金属	3.2.9	复合材料类	4.2.2.5	压印	4.2.8.3	INS 模内嵌片注塑
3.1.5.1	木头	3.2.10.1	仿岩板	4.2.2.8	UV转印		
3.2.2.1	牛皮	3.2.10.2	蓝宝石	4.2.3.2	激光雕刻		
3.2.2.2	羊皮	4.1.1.12	二次及多次注塑	4.2.4.1	阳极氧化		

消费价值——综合感官（精致）							
2.1.1.1	光与色	2.5.3.5	双色车身	3.2.2.1	牛皮	3.2.9.1	纤维材料
2.4.3	感温变色	3.1.1.6	PMMA	3.2.4.2	效果涂料	3.2.10.1	仿岩板
2.4.4	随角异色	3.1.1.11	PEEK	3.2.4.4	涂料粉体	3.2.10.2	蓝宝石
2.4.5	变色龙	3.1.1.15	EP	3.2.5.1	原始木皮	4.1.1.9	注塑
2.4.6	光学结构色	3.1.2.2	铜	3.2.5.2	科技木皮	4.1.1.10	双色注塑
2.4.8	极致白	3.1.2.3	铝合金	3.2.6.5	卷对卷膜	4.1.1.12	二次及多次注塑
2.5.1.1	蒂芙尼蓝	3.1.2.8	镍合金	3.2.7.6	复合板	4.1.1.14	免喷涂注塑
2.5.1.2	玫瑰金	3.1.2.11	贵金属	3.2.7.7	玻璃纤维板	4.1.2.1	车削
2.5.1.4	克莱因蓝	3.1.3.4	磨砂玻璃	3.2.7.8	PC板	4.1.2.2	铣削
2.5.3.1	点缀色	3.1.3.6	夹丝玻璃	3.2.8.1	砂	4.1.2.4	钻削
2.5.3.2	渐变色	3.1.4.2	精细陶瓷	3.2.8.2	轮	4.1.2.6	拉削

续表

消费价值——综合感官（精致）							
4.1.2.8	拉伸	4.2.2.4	烫印	4.2.5.7	打孔	4.2.7.10	多弧离子镀
4.1.2.10	旋压	4.2.2.5	压印	4.2.5.8	绗缝	4.2.7.11	电镀/水镀
4.1.2.12	粉末冶金	4.2.2.8	UV 转印	4.2.6.2	蚀刻	4.2.7.14	喷镀
4.1.3.1	玻璃吹制	4.2.3.2	激光雕刻	4.2.6.3	化学抛光	4.2.8.1	模内装饰
4.1.3.3	玻璃压延	4.2.4.1	阳极氧化	4.2.7.1	蒸发镀	4.2.8.2	IMD
4.1.3.4	玻璃热弯	4.2.4.2	微弧氧化	4.2.7.2	光学镀	4.2.8.3	INS 模内嵌片注塑
4.1.5.1	编织和叠层	4.2.5.1	模压（压纹、压花）	4.2.7.3	防眩光镀膜	4.2.8.4	IME 模内电子
4.1.5.2	缠绕成形	4.2.5.3	拉丝	4.2.7.6	不导电真空镀	4.2.8.5	IMT
4.1.5.3	碳纤维喷涂	4.2.5.4	抛光	4.2.7.7	直流溅射镀	4.2.8.8	热转印装饰膜
4.2.1.1	喷涂	4.2.5.5	CNC 加工	4.2.7.8	中频溅射镀	4.2.8.9	手机装饰膜
4.2.1.4	喷砂	4.2.5.6	植绒	4.2.7.9	射频溅射镀	4.2.8.10	家居装饰膜

消费价值——综合感官（真实）							
3.1.1.15	EP	3.2.5.1	原始木皮	4.1.3.3	玻璃压延	4.2.6.1	浸染
3.1.2.2	铜	3.2.5.2	科技木皮	4.1.4.1	泥浆手工/石膏模注浆/树脂模注浆法	4.2.6.2	蚀刻
3.1.2.3	铝合金	3.2.6.4	彩膜	4.1.4.2	陶瓷粉末注塑成型	4.2.6.3	化学抛光
3.1.2.11	贵金属	3.2.7.1	彩板	4.2.3.2	激光雕刻	4.2.7.16	镀铜、镀镍、镀铬、镀银
3.1.4.2	精细陶瓷	3.2.7.3	多层板	4.2.4.1	阳极氧化	4.2.8.3	INS 模内嵌片注塑
3.1.5.1	木头	3.2.9	复合材料类	4.2.5.2	批花（车花、铣花）	4.2.8.6	模外装饰
3.1.5.2	竹子	3.2.10.1	仿岩板	4.2.5.3	拉丝	4.2.8.7	烫金膜
3.2.2.1	牛皮	3.2.10.2	蓝宝石	4.2.5.4	抛光	4.2.8.9	手机装饰膜
3.2.2.2	羊皮	4.1.2.12	粉末冶金	4.2.5.5	CNC 加工		
3.2.3.1	棉纤维	4.1.3.1	玻璃吹制	4.2.5.9	电泳		

消费价值——综合感官（自然）							
3.1.3.5	压花玻璃	3.1.5.2	竹子	3.2.2.2	羊皮	3.2.2.7	素皮
3.1.4.2	精细陶瓷	3.2.1.1	三聚氰胺装饰纸	3.2.2.5	翻毛皮	3.2.2.8	PVC 革
3.1.5.1	木头	3.2.2.1	牛皮	3.2.2.6	纳帕皮	3.2.3.1	棉纤维

续表

消费价值——综合感官（自然）							
3.2.3.2	麻纤维	3.2.5.1	原始木皮	4.1.4.2	陶瓷粉末注塑成型	4.2.8.3	INS 模内嵌片注塑
3.2.3.3	羊毛纤维	3.2.5.2	科技木皮	4.2.1.2	喷粉	4.2.8.6	模外装饰
3.2.3.4	蚕丝	3.2.7.3	多层板	4.2.2.6	水转印	4.2.8.8	热转印装饰膜
3.2.3.6	涤纶纤维（聚酯）	3.2.10.1	仿岩板	4.2.3.1	化学蚀刻	4.2.8.10	家居装饰膜
3.2.3.12	欧缔兰	4.1.1.9	注塑	4.2.3.2	激光雕刻		
3.2.3.14	混纺面料	4.1.1.14	免喷涂注塑	4.2.5.3	拉丝		
3.2.4.2	效果涂料	4.1.4.1	泥浆手工/石膏模注浆/树脂模注浆法	4.2.5.5	CNC 机加工		

消费价值——综合感官（家居）							
2.4.8	极致白	3.1.5.1	木头	3.2.3.11	超细纤维	4.1.3.1	玻璃吹制
2.5.3.4	莫兰迪色	3.1.5.2	竹子	3.2.3.13	发光面料	4.1.3.2	玻璃浮法
3.1.1.6	PMMA	3.2.1.1	三聚氰胺装饰纸	3.2.3.14	混纺面料	4.1.3.3	玻璃压延
3.1.1.8	PA	3.2.1.3	水贴纸	3.2.4.2	效果涂料	4.2.3.1	化学蚀刻
3.1.1.12	PVC	3.2.2.1	牛皮	3.2.5.1	原始木皮	4.2.3.2	激光雕刻
3.1.1.15	EP	3.2.2.6	纳帕皮	3.2.5.2	科技木皮	4.2.5.1	模压（压纹、压花）
3.1.1.16	UF	3.2.2.8	PVC 革	3.2.6.1	PET 膜	4.2.8.3	INS 模内嵌片注塑
3.1.1.17	MF	3.2.3.2	麻纤维	3.2.6.2	PVC 膜	4.2.8.6	模外装饰
3.1.3.4	磨砂玻璃	3.2.3.6	涤纶纤维（聚酯）	3.2.6.3	PP 膜	4.2.8.7	烫金膜
3.1.3.5	压花玻璃	3.2.3.7	腈纶纤维	3.2.7.2	三聚氰胺板	4.2.8.8	热转印装饰膜
3.1.4.1	生活陶瓷	3.2.3.9	丙纶纤维	3.2.7.5	岩板	4.2.8.10	家居装饰膜
3.1.4.2	精细陶瓷	3.2.3.10	维纶纤维	4.1.1.9	注塑		

消费价值——综合感官（温馨）							
2.5.1.2	玫瑰金	3.1.1.21	固态硅胶	3.1.5.1	木头	3.2.2.4	仿麂皮
2.5.3.4	莫兰迪色	3.1.1.25	TPE、TPU、TPR 热塑性弹性体	3.1.5.2	竹子	3.2.2.6	纳帕皮
3.1.1.7	PPSU	3.1.3.4	磨砂玻璃	3.2.1.1	三聚氰胺装饰纸	3.2.3.3	羊毛纤维
3.1.1.13	PU	3.1.3.5	压花玻璃	3.2.1.3	水贴纸	3.2.3.6	涤纶纤维（聚酯）
3.1.1.17	MF	3.1.3.6	夹丝玻璃	3.2.2.1	牛皮	3.2.3.9	丙纶纤维
3.1.1.20	液态硅胶	3.1.3.7	中空玻璃	3.2.2.2	羊皮	3.2.3.14	混纺面料

续表

消费价值——综合感官（温馨）							
3.2.5.1	原始木皮	4.1.1.5	搪塑	4.1.4.1	泥浆手工/石膏模注浆/树脂模注浆法	4.2.5.1	模压（压纹、压花）
3.2.6.1	PET 膜	4.1.1.9	注塑	4.1.4.2	陶瓷粉末注塑成型	4.2.5.6	植绒
3.2.6.2	PVC 膜	4.1.1.10	双色注塑	4.2.1.1	喷涂	4.2.7.3	防眩光镀膜 AG
3.2.6.3	PP 膜	4.1.1.12	二次及多次注塑	4.2.1.4	喷砂	4.2.8.3	INS 模内嵌片注塑
3.2.7.2	三聚氰胺板	4.1.1.18	熔喷	4.2.2.6	水转印	4.2.8.10	家居装饰膜

消费价值——综合感官（智能）							
2.4.1	光致变色	3.2.7.8	PC 板	4.2.2.8	UV 转印	4.2.7.9	射频溅射镀
2.4.2	电致变色	3.2.8.1	砂	4.2.5.3	拉丝	4.2.7.10	多弧离子镀
2.5.3.2	渐变色	3.2.8.2	轮	4.2.5.4	抛光	4.2.7.11	电镀/水镀
3.1.2.3	铝合金	3.2.9	复合材料类	4.2.6.1	浸染	4.2.7.14	喷镀
3.2.2.11	发光皮革	3.2.10.1	仿岩板	4.2.6.2	蚀刻	4.2.7.16	镀铜、镀镍、镀铬、镀银
3.2.3.13	发光面料	3.2.10.2	蓝宝石	4.2.6.3	化学抛光	4.2.8.1	模内装饰
3.2.4.3	特种涂料	4.1.1.9	注塑	4.2.7.2	光学镀	4.2.8.2	IMD
3.2.4.4	涂料粉体	4.1.6.2	槽内光聚合 VPP	4.2.7.4	防反射镀膜	4.2.8.4	IME 模内电子
3.2.6.5	卷对卷膜	4.2.1.1	喷涂	4.2.7.6	不导电真空镀	4.2.8.5	IMT
3.2.7.6	复合板	4.2.2.4	烫印	4.2.7.7	直流溅射镀	4.2.8.7	烫金膜
3.2.7.7	玻璃纤维板	4.2.2.5	压印	4.2.7.8	中频溅射镀	4.2.8.9	手机装饰膜

消费价值——综合感官（科技）							
2.1.1.1	光与色	3.1.1.14	PR	3.1.2.11	贵金属	3.2.3.12	欧缔兰
2.4.1	光致变色	3.1.1.15	EP	3.1.2.12	液态金属	3.2.3.13	发光面料
2.4.2	电致变色	3.1.1.19	聚氟树脂	3.1.3.8	大猩猩玻璃	3.2.4.2	效果涂料
2.4.3	感温变色	3.1.1.20	液态硅胶	3.1.3.9	2D 玻璃	3.2.4.3	特种涂料
2.4.5	变色龙	3.1.2.3	铝合金	3.1.3.10	2.5D 玻璃	3.2.4.4	涂料粉体
2.4.6	光学结构色	3.1.2.4	钛合金	3.1.3.11	3D 玻璃	3.2.5.2	科技木皮
2.4.7	极致黑	3.1.2.5	锌合金	3.1.4.2	精细陶瓷	3.2.6.4	彩膜
2.4.8	极致白	3.1.2.7	镁合金	3.2.1.2	杜邦纸（特卫强）	3.2.6.5	卷对卷膜
2.5.3.2	渐变色	3.1.2.8	镍合金	3.2.2.4	仿麂皮	3.2.7.1	彩板
3.1.1.10	PPS	3.1.2.9	钴合金	3.2.2.11	发光皮革	3.2.7.6	复合板
3.1.1.11	PEEK	3.1.2.10	钨合金	3.2.3.5	锦纶纤维（尼龙）	3.2.7.7	玻璃纤维板

续表

消费价值——综合感官（科技）							
3.2.7.8	PC板	4.1.2.11	铸造	4.2.3.2	激光雕刻	4.2.7.8	中频溅射镀
3.2.8.1	砂	4.1.2.12	粉末冶金	4.2.4.1	阳极氧化	4.2.7.9	射频溅射镀
3.2.8.2	轮	4.1.3.1	玻璃吹制	4.2.4.2	微弧氧化	4.2.7.10	多弧离子镀
3.2.9	复合材料类	4.1.3.2	玻璃浮法	4.2.5.1	模压（压纹、压花）	4.2.7.11	电镀/水镀
3.2.10.1	仿岩板	4.1.3.3	玻璃压延	4.2.5.2	批花（车花、铣花）	4.2.7.14	喷镀
3.2.10.2	蓝宝石	4.1.3.4	玻璃热弯	4.2.5.3	拉丝	4.2.7.15	退镀
4.1.1.9	注塑	4.1.5.1	编织和叠层	4.2.5.4	抛光	4.2.7.16	镀铜、镀镍、镀铬、镀银
4.1.1.10	双色注塑	4.1.5.2	缠绕成形	4.2.6.1	浸染	4.2.8.1	模内装饰
4.1.1.12	二次及多次注塑	4.1.5.3	碳纤维喷涂	4.2.6.2	蚀刻	4.2.8.2	IMD
4.1.2.1	车削	4.1.5.5	纳米注塑成形	4.2.6.3	化学抛光	4.2.8.4	IME 模内电子
4.1.2.2	铣削	4.1.5.6	碳纤维注塑与热压成形	4.2.7.1	蒸发镀	4.2.8.5	IMT
4.1.2.4	钻削	4.1.6.2	槽内光聚合 VPP	4.2.7.2	光学镀	4.2.8.6	模外装饰
4.1.2.6	拉削	4.2.1.1	喷涂	4.2.7.3	防眩光镀膜	4.2.8.7	烫金膜
4.1.2.7	弯折	4.2.2.4	烫印	4.2.7.4	防反射镀膜	4.2.8.9	手机装饰膜
4.1.2.8	拉伸	4.2.2.5	压印	4.2.7.6	不导电真空镀		
4.1.2.10	旋压	4.2.2.8	UV 转印	4.2.7.7	直流溅射镀		

消费价值——综合感官（经典）							
2.5.1.2	玫瑰金	3.1.2.2	铜	3.1.5.2	竹子	4.1.4.2	陶瓷粉末注塑成型
2.5.1.4	克莱因蓝	3.1.2.3	铝合金	3.2.5.1	真木皮	4.2.2.6	水转印
2.5.2.3	传统色	3.1.2.11	贵金属	4.1.2.11	铸造	4.2.5.4	抛光
2.5.3.4	莫兰迪色	3.1.3.5	压花玻璃	4.1.3.1	玻璃吹制	4.2.5.8	绗缝
2.5.3.5	双色车身	3.1.4.1	生活陶瓷	4.1.3.3	玻璃压延	4.2.8.3	INS 模内嵌片注塑
3.1.2.1	铁/不锈钢	3.1.5.1	木头	4.1.4.1	泥浆手工/石膏模注浆/树脂模注浆法		

消费价值——综合感官（舒适）							
2.4.4	随角异色	3.1.1.15	EP	3.1.1.25	TPE、TPU、TPR 热塑性弹性体	3.1.3.4	磨砂玻璃
2.4.8	极致白	3.1.1.21	固态硅胶	3.1.2.2	铜	3.1.3.5	压花玻璃
2.5.1.2	玫瑰金	3.1.1.23	氟橡胶	3.1.2.3	铝合金	3.1.4.1	生活陶瓷
2.5.2.3	传统色	3.1.1.24	TPSIV 热塑性有机硅弹性体	3.1.2.11	贵金属	3.1.4.2	精细陶瓷

续表

消费价值——综合感官（舒适）							
3.1.5.2	竹子	3.2.3.3	羊毛纤维	3.2.7.2	三聚氰胺板	4.2.2.5	压印
3.2.1.1	三聚氰胺装饰纸	3.2.3.7	腈纶纤维	4.1.1.5	搪塑	4.2.2.6	水转印
3.2.1.2	杜邦纸（特卫强）	3.2.3.8	氨纶纤维	4.1.1.6	滴塑	4.2.3.2	激光雕刻
3.2.2.1	牛皮	3.2.3.9	丙纶纤维	4.1.1.9	注塑	4.2.4.1	阳极氧化
3.2.2.3	麂皮	3.2.3.10	维纶纤维	4.1.1.10	双色注塑	4.2.5.6	植绒
3.2.2.4	仿麂皮	3.2.3.14	混纺面料	4.1.1.12	二次及多次注塑	4.2.5.7	打孔
3.2.2.5	翻毛皮	3.2.4.1	常规涂料	4.1.1.13	发泡注塑	4.2.5.8	绗缝
3.2.2.6	纳帕皮	3.2.4.2	效果涂料	4.1.1.16	硅胶注塑	4.2.7.3	防眩光镀膜 AG
3.2.2.7	素皮	3.2.4.4	涂料粉体	4.1.1.17	浸塑		
3.2.3.1	棉纤维	3.2.5.1	原始木皮	4.2.1.1	喷涂		

消费价值——综合感官（时尚）							
2.5.1.1	蒂芙尼蓝	2.5.2.1	流行色	3.1.2.3	铝合金	4.2.7.2	光学镀
2.5.1.2	玫瑰金	2.5.2.2	年度色	3.2.5.2	科技木皮		
2.5.1.4	克莱因蓝	2.5.3.2	渐变色	4.1.3.1	玻璃吹制		
2.5.1.5	草木绿	2.5.3.3	矩阵色	4.1.3.3	玻璃压延		

消费价值——综合感官（文化）							
2.5.2.3	传统色	3.1.4.1	生活陶瓷	4.1.3.1	玻璃吹制	4.1.4.2	陶瓷粉末注塑成型
2.5.3.4	莫兰迪色	3.1.5.1	木头	4.1.3.3	玻璃压延	4.2.5.8	绗缝
3.1.2.2	铜	3.1.5.2	竹子	4.1.4.1	泥浆手工/石膏模注浆/树脂模注浆法	4.2.6.1	浸染

8.4 社会价值

社会价值是CMF设计师进一步承担社会责任的重要切入点，本章节基于绿色环保、循环再生、生物材料、低能耗、低污染、可降解、可回收、可持续、节能、无毒、水性、有机等进行关键词链接，清单如下。

社会价值——绿色环保							
2.1.1.1	光与色	3.1.1.20	液态硅胶	3.1.1.24	TPSIV 热塑性有机硅弹性体	3.1.5.1	木头
2.4.6	光学结构色	3.1.1.21	固态硅胶	3.1.1.25	TPE、TPU、TPR 热塑性弹性体	3.1.5.2	竹子
3.1.1.5	PET	3.1.1.22	氟硅胶	3.1.4.2	精细陶瓷	3.2.1.1	三聚氰胺装饰纸

续表

社会价值——绿色环保							
3.2.1.2	杜邦纸（特卫强）	3.2.3.5	锦纶纤维（尼龙）	3.2.6.1	PET膜	4.2.2.4	烫印
3.2.2.4	仿麂皮	3.2.3.6	涤纶纤维（聚酯）	3.2.6.3	PP膜	4.2.3.2	激光雕刻
3.2.2.7	素皮	3.2.3.7	腈纶纤维	3.2.7.3	多层板	4.2.4.2	微弧氧化
3.2.2.9	PU合成革	3.2.3.8	氨纶纤维	3.2.7.4	密度板	4.2.7.1	蒸发镀
3.2.2.10	PU超纤革	3.2.3.9	丙纶纤维	4.1.1.5	搪塑	4.2.7.2	光学镀
3.2.3.1	棉纤维	3.2.3.11	超细纤维	4.1.1.14	免喷涂注塑	4.2.7.6	不导电真空镀
3.2.3.2	麻纤维	3.2.3.12	欧缔兰	4.1.2.12	粉末冶金	4.2.7.14	喷镀
3.2.3.3	羊毛纤维	3.2.5.1	原始木皮	4.2.1.1	喷涂	4.2.7.15	退镀
3.2.3.4	蚕丝	3.2.5.2	科技木皮	4.2.1.2	喷粉	4.2.8.10	家居装饰膜

社会价值——循环再生							
3.1.1.1	ABS	3.1.2.7	镁合金	3.2.2.4	仿麂皮	3.2.8.2	轮
3.1.1.2	PP	3.1.2.8	镍合金	3.2.2.9	PU合成革	4.1.1.5	搪塑
3.1.1.3	PC	3.1.2.9	钴合金	3.2.3.1	棉纤维	4.1.2.1	车削
3.1.1.4	PS	3.1.2.10	钨合金	3.2.3.2	麻纤维	4.1.2.2	铣削
3.1.1.5	PET	3.1.2.11	贵金属	3.2.3.3	羊毛纤维	4.1.2.3	刨削
3.1.1.6	PMMA	3.1.2.12	液态金属	3.2.3.4	蚕丝	4.1.2.4	钻削
3.1.1.8	PA	3.1.3.1	钠钙玻璃	3.2.3.5	锦纶纤维（尼龙）	4.1.2.5	镗削
3.1.1.10	PPS	3.1.3.2	高硼硅玻璃	3.2.3.6	涤纶纤维（聚酯）	4.1.2.6	拉削
3.1.1.11	PEEK	3.1.3.3	钢化玻璃	3.2.3.7	腈纶纤维	4.1.2.7	弯折
3.1.1.12	PVC	3.1.3.4	磨砂玻璃	3.2.3.8	氨纶纤维	4.1.2.8	拉伸
3.1.1.24	TPSIV热塑性有机硅弹性体	3.1.3.5	压花玻璃	3.2.3.9	丙纶纤维	4.1.2.9	锻造
3.1.2.1	铁/不锈钢	3.1.3.6	夹丝玻璃	3.2.3.11	超细纤维	4.1.2.10	旋压
3.1.2.2	铜	3.1.3.7	中空玻璃	3.2.3.12	欧缔兰	4.1.2.11	铸造
3.1.2.3	铝合金	3.1.3.8	大猩猩玻璃	3.2.5.1	原始木皮	4.1.3.1	玻璃吹制
3.1.2.4	钛合金	3.1.3.9	2D玻璃	3.2.5.2	科技木皮	4.1.3.2	玻璃浮法
3.1.2.5	锌合金	3.1.3.10	2.5D玻璃	3.2.7.6	复合板	4.1.3.3	玻璃压延
3.1.2.6	锡合金	3.1.3.11	3D玻璃	3.2.7.8	PC板	4.1.3.4	玻璃热弯

社会价值——生物材料							
3.1.1.19	聚氟树脂	3.2.2.2	羊皮	3.2.3.1	棉纤维	3.2.7.3	多层板
3.1.4.1	生活陶瓷	3.2.2.3	麂皮	3.2.3.2	麻纤维	3.2.7.4	密度板
3.1.5.1	木头	3.2.2.5	翻毛皮	3.2.3.3	羊毛纤维	4.1.4.1	泥浆手工/石膏模注浆/树脂模注浆法
3.1.5.2	竹子	3.2.2.6	纳帕皮	3.2.3.4	蚕丝		
3.2.2.1	牛皮	3.2.2.7	素皮	3.2.5.1	原始木皮		

社会价值——低能耗							
2.4.1	光致变色	3.1.1.18	UP	3.2.5.1	原始木皮	4.2.5.1	模压（压纹、压花）
2.4.2	电致变色	3.1.1.23	氟橡胶	3.2.6.5	卷对卷膜	4.2.5.2	批花（车花、铣花）
3.1.1.12	PVC	3.1.3.7	中空玻璃	4.1.1.15	低压注塑	4.2.6.3	化学抛光
3.1.1.15	EP	3.2.1.3	水贴纸	4.1.4.2	陶瓷粉末注塑成型	4.2.8.4	IME 模内电子
3.1.1.16	UF	3.2.2.7	素皮	4.2.4.3	化学氧化		

社会价值——低污染			
4.2.7.1	蒸发镀	4.2.7.2	光学镀

社会价值——可降解							
3.2.2.1	牛皮	3.2.2.5	翻毛皮	3.2.3.2	麻纤维	3.2.5.1	原始木皮
3.2.2.2	羊皮	3.2.2.6	纳帕皮	3.2.3.3	羊毛纤维	3.2.6.3	PP 膜
3.2.2.3	麂皮	3.2.3.1	棉纤维	3.2.3.4	蚕丝	3.2.7.3	多层板

社会价值——可回收							
3.1.1.1	ABS	3.1.1.11	PEEK	3.1.2.5	锌合金	3.2.2.8	PVC 革
3.1.1.2	PP	3.1.1.13	PU	3.1.2.6	锡合金	3.2.6.3	PP 膜
3.1.1.3	PC	3.1.1.21	固态硅胶	3.1.2.7	镁合金	3.2.10.1	仿岩板
3.1.1.4	PS	3.1.1.24	TPSIV 热塑性有机硅弹性体	3.1.2.8	镍合金	4.1.1.1	热塑
3.1.1.5	PET	3.1.1.25	TPE、TPU、TPR 热塑性弹性体	3.1.2.9	钴合金	4.1.1.2	吹塑
3.1.1.6	PMMA	3.1.2.1	铁/不锈钢	3.1.2.10	钨合金	4.1.1.3	吸塑
3.1.1.7	PPSU	3.1.2.2	铜	3.1.2.11	贵金属	4.1.1.4	滚塑
3.1.1.8	PA	3.1.2.3	铝合金	3.1.2.12	液态金属	4.1.1.6	滴塑
3.1.1.9	PBT	3.1.2.4	钛合金	3.2.1.2	杜邦纸（特卫强）	4.1.1.7	挤塑